Make: Electronics
実践編

36の実験で独習できるデジタル電子回路

Charles Platt 著
鴨澤 眞夫 訳

Make: More Electronics

Charles Platt

エンジニアという職の素晴らしさと価値を見せてくれた父、モーリス・プラットを偲んで。

目次

まえがき

Preface

本書では、以前に出した入門ガイド、『Make: Electronics』が残していったものを採り上げる。前回詳しくは採り上げなかったトピックや、紙幅がなくてまったく採り上げられなかったトピックだ。また、概念を深く理解できるようにするため、少しだけ細部に立ち入るようになっていることにも気づくだろう。その一方で、「発見による学習」が最大限楽しめるようにも努めた。

採り上げる話題には、すでにMake:誌で非常に違った形で論じたものもある。Make:の連載コラムを書くのはいつでも楽しいが、雑誌という形式は文字数にも図版数にも厳格な制限を課してくるものだ。本書では、ずっと包括的な採り上げ方ができる。

マイクロコントローラはあまり深く掘り下げないことにした。これは、セットアップやプログラム言語について十分詳しく解説するのに必要なスペースが大きすぎるからだ。さまざまなマイクロコントローラチップファミリーについて、ほかの本ですでに解説されている。こちらでは、マイクロコントローラを使うことでプロジェクトを再構築したり簡素化したりする方法を採り上げるが、この方向を追求することは読者におまかせする。

必要なもの

予備知識

前著で採り上げたトピックについては基本的な理解が必要だ。これは電圧、電流、抵抗、オームの法則や、コンデンサ、スイッチ、トランジスタに可変抵抗器、またハンダ付けやブレッドボード、ロジックゲートの初歩的な知識といったものだ。もちろんこうしたトピックはほかの入門ガイドでも学ぶことができる。一般論として、私は読者が『Make: Electronics』か類書を読んでおり、何らかの細部は忘れていても総体としての記憶があるものと想定する。というわけで、一般原則の繰り返しはあまりなしで、ちょっとしたクイックリマインダー程度を載せるようにする。

ツール

以下の機器をすでに所有しているものと想定する。これらはすべて『Make: Electronics』に解説がある：

- マルチメータ（テスター）
- AWG24番の配線材（各色25フィート［8メートル］程度、少なくとも4色）
- ワイヤストリッパ
- プライヤ
- ハンダごてとハンダ
- ブレッドボード（推奨タイプは下に記す）
- 9ボルト電池、またはDC9〜12ボルトで1アンペア供給できるACアダプタ

部品

プロジェクトの作成に必要な部品を掲載する。「付録B：パーツの購入」参照のこと。お勧めの通販先も掲載している。

データシート

データシートについては『Make: Electronics』で論じたが、その重要性はいくら強調しても強調しすぎということがない。未経験の部品に出会ったら使う前に必ずデータシートを確かめる習慣を形成するよう努めてほしい。

一般的な検索エンジンでパーツナンバーを検索すれば、データシートを掲げるサイトがまず半ダースほども出てくるだろう。こうしたサイトはあなたの利便性ではなく、自分らの利益を第一に構成されている。あなたはデータシートを1ページ見るたびに繰り返しクリックさせられることになるのだが、それはサイト所有者が可能な限り多くの広告を表示したいがためである。

時間を節約するにはhttp://www.mouser.comなどの通販サイトで部品番号を検索するとよい。アイコンをクリックするだけでPDF形式のデータシート全体がダウンロードできる。こちらの方が見やすいし印刷もしやすい。

この本の使い方

本書と前書では、スタイルと構成にいくつか変化がある。また、本書での算術記法の読み方についても知っていただきたい。

回路図

『Make: Electronics』での回路図は「オールドスクールの（伝統的）」スタイルで描かれており、配線同士が接続なしにクロスするとき小さな半円を描いて“ジャンプ”する。私がこのスタイルを使ったのは回路を解釈しそこなって間違いを犯すリスクを減らすためだった。本書では、読者が回路図を読む経験をある程度積んでいるはずだし、より現代的かつ世間で一般的に使われているスタイルに慣れる方が大事であると考える。詳しくは図P-1を参照されたい。

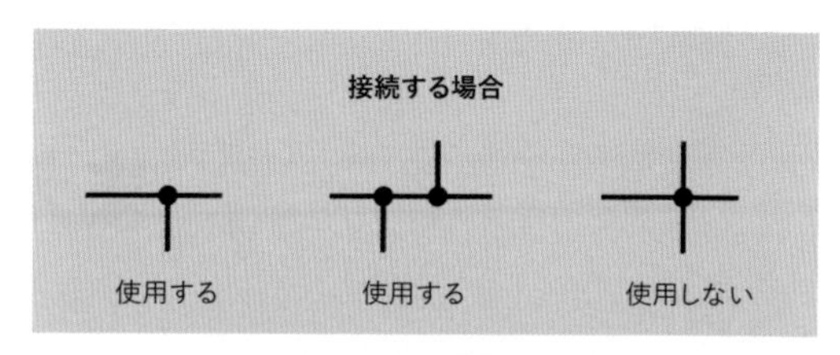

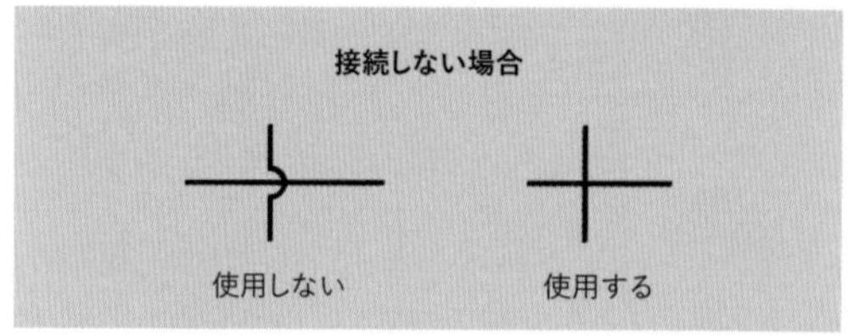

図P-1上　本書のすべての回路図で、電気的に接続される配線同士は常に黒丸で接続される。ただし、一番右の配置は接続のない交差と紛らわしいので使用しない。
図P-1下　接続なしに交差する配線同士は『Make: Electronics』では左のスタイルで示すようにしていた。右のスタイルはより一般的で、本書ではこちらを使う。

また、『Make: Electronics』ではヨーロッパスタイルの小数点表記を使用していた。つまり、3.3Kや4.7Kは「3K3」や「4K7」と書いていた。私は依然としてこのスタイルが好きだ。印刷の悪い回路図でも小数点の位置を間違いにくいからである。しかしこのヨーロッパ風の表記に逆に混乱する読者もいたことから、本書では採用しない。

寸法

集積回路チップは（またそのほかの多くの部品も）、回路基板の穴に差し込むための電線の足を、正式には「リード」と呼ばれるものを使用している。こうした「スルーホール部品」のリード（線）は、0.1インチ単位の間隔になっており、親指と人差し指でつまんで、わりに簡単に配置できる。

こうした人間的尺度による万能のコンパチビリティという牧歌的な情景は、まずはメートル法による侵略により崩壊した。一部のメーカーがピン間隔の標準を2.54ミリ（0.1インチ相当）から2.0ミリに移行し、0.1インチ単位の基板を使っている者たちを苛つかせた。ミリメートルたちはほかの場所にも現れた。1つだけ例を挙げると、本当にどこにでもある部品、パネルマウントLEDの多くは、直径5ミリだ。3/16インチの穴には大きすぎ、13/64インチの穴にきっちりはまるほどは大きくないという半端さである。

本書は米国で書かれ、出版される本なので、普通は私の好みでインチ単位を使う*。ミリメートルとインチの分数・小数の換算表を『Make: Electronics』に掲載している。

これよりはるかに大きな問題は、エレクトロニクス業界全体が表面実装形式に移行していることだ。ピン間隔を0.1インチにするのをやめて、ピンを完全になくし、部品の全長をおおむね0.1インチ以下にしたのだ。こうした部品で回路を組むにはピンセット、顕微鏡、特別なハンダごてがどうしても必要だ。可能ではあるものの、個人的にはぜんぜん楽しくないし、本書には表面実装部品を使ったプロジェクトは存在しない。

数学

数学は大して使わなかったが、シンプルな算数は入っており、理解する必要がある。

スタイルにはプログラム言語で一般的なものを採用した。「*（アスタリスク）」は乗算記号として、「／（スラッシュ）」は除算記号として使用している。項がカッコ内にあるときは、そちらを先に計算する。カッコ内にカッコがあるときは、一番内側のものから計算する。つまり、この例では：

```
A = 30 / (7 + (4 * 2) )
```

最初に4を2倍して8を得、そこに7を足して15を得て、これにより30を割り、Aの値2を得る。

構成

前著と違い、本書は基本的に連続的な構成になっている。これは主としてハンドヘルド機器で読みやすくするためである。2ページにおよぶ大量の細かい文字やらなにやらを扱えるようにはできていないのだ。本書はあちこち拾い読むのではなく、最初から最後まで通しで読んでほしい。

最初のプロジェクトが第2のプロジェクトで使われる概念を築き、第2のプロジェクトが第3のプロジェクトの基礎を固める。この進行に乗らない場合、問題が出ることがあるのだ。

小見出しとしては5つのタイプのセクションがある。

実験

ハンズオン作業こそ、この本の本筋である。

はやわかり

新しい概念を導入したとき、あとで参照しやすいように重要事項のまとめを作っておいたものだ。

背景

本筋からちょっと寄り道して、興味深いとか有用だとか思われた追加情報を入れたものだが、厳密にはプロジェクトの制作に必要とはいえないものもある。簡単な記載のあと、トピックを掘り下げるかはあなた次第だ。

Make Even More

可能なすべてのプロジェクト構成を1から10まで書いていくスペースはないので、検討したさまざまを短くまとめて掲載した。

警告

あなたがやらないようにすべきことを言っておかねばならない場面というのがときどきある。これは使っている部品を保護するためや、面倒なエラーを回避するため、そして（稀だが）あなたを保護するためである。

＊編注：翻訳に際しては適宜メートル法に置き換えた。

動作しないとき

普通、動作する回路を組む方法は1通りだけなのに対し、動かないようになるミスをする方法は何百通りもある。つまり、オッズはあなたに不利にできているわけだが、これは本気で慎重に、きちんとしたやり方で進めることで覆せる。部品が鎮座しているだけで何もしない、というのがどれほどフラストレーションのたまるものかはよく知っている。しかし問題があるときは、以下の手順に従うことで、たいていの場合、よくあるエラーを見つける助けになる：

1. マルチメータの黒リードを電源の負極側に接続し、電圧レンジ（実験に特記なき限りDC）にセットする。回路の電源がオンになっていることを確認する。そしてマルチメータの赤リードを配線のあちこちに触れてみて、おかしな電圧が出ていないか、あるいは電圧のまったく出ていないところはないか調べる。
2. ジャンパ線や部品のリード線がブレッドボード上の正しい位置に刺さっているか、すべてチェックする。

きわめてよくあるのが2つのタイプのブレッドボードエラーだ。1つは、ジャンパをあるべき列より1列上か下かに入れてしまうもの、もう1つは、ブレッドボード内部の導体によりショートするのを失念し、2つの隣り合う部品または配線を、一列に配置してしまうというものだ。図P-2はこれらのよくある問題を示したものだ。チェックして、何が起きているのか完全に理解しておいてほしい！

上の写真では、電解コンデンサのリードはブレッドボードの13列と15列に差し込まれている。しかしこの視点からはそれがよく見えず、青のジャンパ線を間違って14列に差し込んでしまうのはよくあることだ。右側はチップの5番ピンをセラミックコンデンサ経由で接地しているつもりだが、ブレッドボードの横の列に沿った穴はすべて内部で接続されているので、コンデンサはショートされて無意味になり、チップが直接グランドに接続されている。下の写真はこれらのエラーを修正したところである。

図P-2　ブレッドボード上でもっともよくある2種類のエラーを上写真で示した。下写真はそれを修正したところ。

電源が回路に正しく供給され、部品と配線がブレッドボード上にすべて正しく配置されているとして、さらに5つの可能性を考慮する必要がある：

部品の方向

集積回路チップはブレッドボードにしっかり差し込む必要がある。チップの下に曲がりこんだピンがないか確認すること。ダイオードや極性のあるコンデンサも、向きが正しくなければならない。

接触不良

部品がブレッドボード内部で接触不良を起こすことがたまにある（まれではあるがこれは起きる）。説明のつかない、起きたり起きなかったりする不具合やゼロ電圧があったら、部品のいくつかの位置を変えてみるとよい。経験的には、これは非常に安いブレッドボードを買うと起きやすいようである。また、AWG24番より細い線を使うと起きやすい。（忘れないこと。AWGの数字が大きくなるほど、ワイヤは細くなる。）

部品の値

すべての抵抗器およびコンデンサの値が正しいことを確認する。私の標準の手順は、抵抗器をマルチメータでチェックしてから差す、である。これには時間がかかるが、長い目で見れば時間を節約してくれる。これについては次で詳述する。

破壊

集積回路やトランジスタは電圧の誤り、極性の誤り、そして静電気により破壊されることがある。交換できるように予備を手元に置こう。

人間のバーンアウト

すべてうまくいかなければ休憩を取ること！　長い時間頑張り続けると視野狭窄に陥って、何が悪いか見えなくなることがある。少しの間ほかに注意を向け、問題に戻ってみると、答えが突然明らかになったりする。

作者–読者コミュニケーション

私があなたからの、あるいはあなたが私からのフィードバックが欲しいという状況は3つある。それは以下である：

- 本書にプロジェクトをうまく完成させられなくなるようなミスがあれば、私はあなたに知らせたくなるだろう。また、本書とともに販売したパーツキットに瑕疵があれば、その場合にもお知らせしたい。当たり前だが、問題が見つかれば対処を教えたい。これは私からあなたに知らせる形のフィードバックだ。
- 本書、あるいはキットのパーツにエラーがあるのを見つけたら知らせてくれるのが望ましい。これはあなたから私に知らせる形のフィードバックだ。
- 何かを動作させるのに困難を生じたが、それが私のミスなのかあなたのミスなのかわからないとする。あなたは何らかの助けが欲しいかもしれない。これはあなたが私に依頼する形のフィードバックだ。

そうした状況では個別の対処法を説明しよう。

私があなたに知らせる

あなたの連絡先を持ってないと、本書やパーツキットにエラーがあったときお知らせすることはできない。ゆえにメールアドレスをお知らせいただけるようお願いする。目的は以下となる。あなたのメールアドレスが、ほかのいかなる用途にも濫用されることはない。

- 本書またはその前著である『Make: Electronics』について、明らかな誤りが発見された場合には、あなたにそれについてお知らせし、対策を提供する。
- 本書や『Make: Electronics』と併売される部品キットについて、誤りや問題があれば、あなたにお知らせする。
- 本書や『Make: Electronics』、またはほかの書籍である『Encyclopedia of Electronic Components』について、新版を出版したときは、あなたにお知らせする。これらのお知らせは非常に稀なものとなるはずだ。新版は数年ごとにしか出ないからである。

これまでの保証カードはすべて見ている（これは抽選へのエントリーを保証するものでもある）。ここではもっとよい取引を提供しようと思う。メールアドレス（上記の3つの目的にのみ使用される）を登録してくれた方には、未出版のエレクトロニクスプロジェクトを完全な製作図の入った複数ページのPDFの形でお送りする。楽しく、ユニークで、比較的簡単なものにする予定だ。これはほかの方法では手に入らないものとなる。

登録への参加を推進する理由は、もし誤りが見つかり、しかもそれをあなたにお知らせする方法が存在せず、さらにあなたがそれを自分で発見した場合、あなたがイライラするかもしれないからである。これは私および私の仕事に対する評判に悪いことになるだろう。あなたが不満を抱えているという状況を避けることに、私は多大な関心があるのだ。

- make.electronics@gmail.comに空メールを送るだけである。件名に「REGISTER」と入れてください。

あなたが私に知らせる

見つけた誤りを知らせたいだけという場合、私の出版社の正誤表システムを使う方がずっとよいことになる。出版社は正誤情報を本書の更新時の修正に利用しているからだ。

誤りを見つけたのが確かな場合、ぜひ以下のサイトに来てください：

http://oreil.ly/1jJr6DH

このウェブページには正誤情報の登録方法が書いてある。

あなたが私に依頼する

私の時間は明らかに有限であり、あなたの問題を必ずしも解決できないかもしれない。しかしなお、あなたが動作しないプロジェクトの写真を添付すれば、アドバイスはできると思う。写真は必須である。何かがなぜ動作しないかを、それを見もしないで理解しようとしても、普通は不可能なのだ。

この目的にもmake.electronics@gmail.comが利用できる。件名に「HELP」の語を入れてほしい。

手紙を書く前に

エラー報告をしたり、何かが動かないと言ってくる前には、いくつかやってほしいことがある：

- 最低1回は回路を組み直してください。掲載したすべてのプロジェクトは、私および最低1人の人間が本書の印刷前に制作を行っているものであり、また、もっともよくある原因は配線ミスであるため、「あんたがやらかしたんだ」と私に言うことは非常に礼儀正しいとは言い難いのだ。
  本書のプロジェクトの制作の際に、私が少なくとも1ダースの致命的配線ミスをやったことを念頭に置いてほしい。あるミスでは数個のチップが焼き切れた。ほかのミスではブレッドボードの一部が溶けた。ミスは起きるのだ。私にも、そしてあなたにも。
- あなたが読者として持っているパワーを意識し、それを適切に使用してください。1つのネガティブなレビューはあなたが認識しているより大きな効果をもたらすことがあるのだ。それは半ダースものポジティブなレビューにまさることがある。私が『Make: Electronics』についてもらった反応はおおむね非常にポジティブなものだったが、私の推奨した部品がオンラインで見つからない、などの小さな問題に怒っているケースもあった。実のところ、そのパーツは販売されていたし、教えてあげられたので嬉しかったのだが、そうなるまではネガティブなレビューが出ていた。

私はAmazonのレビューを読んでいるし、必要であれば常に返事をする。

当然ながら、私が本書を書いたやり方が気に入らないのであれば、遠慮なくそのように言えばよい。

もっと遠くに

本書をやり遂げれば、あなたはエレクトロニクスについて、私の思うところの中級理解の途についた、と考えている。私には「上級」のガイドを書くだけの資格がなく、ゆえにたとえば『Make: Even More Electronics』などという書名で第3の本を書くつもりはない。

さらに知りたいという方のために書いておくが、私がこれまでに言及を避けてきた分野は、電子工学理論、回路設計、回路試験である。回路を自分で生み出すなら、何が起きるか予測し、理解するのに十分な理論を知るべきだし、作ったものがどのようにふるまっているのかを知る能力を身につけるべきだ。このためには、オシロスコープと回路シミュレータソフトがどうしても必要だ。Wikipediaにはフリーソフトのリストがある。こうしたシミュレータにはデジタル回路のパフォーマンスを示してくれるもの、アナログ回路に特化したもの、両者を兼ね備えたものがある。しかしこのトピックは一般書の範囲を超えたものであり、エレクトロニクスをキャリアではなくホビーと見る大部分の人の範囲もおそらく超えるものだ。

エレクトロニクスの理論をもっと知りたいのであれば、Paul Scherzの『Practical Electronics for Inventors』(McGraw-Hill, 2013)が、私が依然としてもっともよくお勧めしている本である。これを有用だと思うには発明家でなければならないということは、まったくない。

参照用としては、私はずっと電子部品の百科事典が必要だと感じてきた。なぜそうした本が存在していないか不思議に思うこともしばしばで――だから自分で書くことにした。

『Encyclopedia of Electronic Components』の第1巻は発売中である。全部で3巻になる予定だ。『Make: More Electronics』がハンズオンのチュートリアルであるのに対し、百科事典形式は情報への素早いアクセスができるようにデザインされている。それは少し技術的でもある。また親しみやすさは減るものの、要点に直行するスタイルで書かれている。個人的には、部品事典というものは、使う可能性のあるあらゆる部品の特性や用途について、記憶をリフレッシュしてくれる貴重な方法であると思う。

MAKEについて

MAKEは自宅の裏庭や地下室やガレージで魅惑のプロジェクトに乗り出す多才な人々により成長中のコミュニティを、結びつけ、刺激し、情報を伝え、楽しませます。MAKEはあらゆるテクノロジーを思うがままにいじり倒し、ハックし、ねじ曲げるあなたの権利を祝福します。MAKEのオーディエンスは成長するカルチャーとコミュニティであり続け、それがわれわれ自身を、われわれの環境を、われわれの教育システムを――われわれの世界全部を改善すると信じています。これは単なるオーディエンスをはるかに超え、Makeが導く世界規模のムーブメントです――われわれはこれを、メイカー・ムーブメントと呼んでいます。

MAKEの詳細はオンラインで：

MAKE magazine：
http://makezine.com/magazine/
Maker Faire：http://makerfaire.com
Makezine.com：http://makezine.com
Maker Shed：http://makershed.com/

本書のウェブページには、正誤表、見本およびそのほかの追加情報を掲載しています。http://bit.ly/more-electronicsでアクセスできます。

準備

Setup

『Make: Electronics』では、ワークエリア、パーツの保管、工具そのほかの基本的なことについてお勧めを書いた。これらの一部はもう改訂すべきだが、残りは繰り返し述べたり、さらに詳しく論じるべきものとなっている。

電源

本書の回路のほとんどは9ボルト電池で駆動できる。電池は安いだけでなく、スパイクやグリッチのない安定した電流を供給する。一方で、電池の電圧は使用にともなってかなり降下するし、どれだけ電流を取り出しているかにより時々刻々と変わってしまう。

DC0ボルトから20ボルト（以上）を出力できる可変出力電源は本当に嬉しいものだが、あなたの予算よりたぶん高い。リーズナブルな妥協案が、コンセントに直接挿して電圧をスイッチで選択できるタイプのACアダプターを買うことだ。これは私が前著でお勧めした通りだ。

もう1つの選択肢が単一電圧のACアダプターの一種、ノートPC用のものを買うことだ。これは多くがDC12ボルト前後を出力し、ボルテージレギュレータを通せば、実験の多くで必要なDC5ボルトや9ボルトが取れる。ボルテージレギュレータは1個1ドル以下で、ノートPC用電源は10ドルもしないので、魅力的な選択肢となっている。電源は最大1アンペア（1,000ミリアンペア）出力できるものがよい。

携帯電話の充電器を使いたいという誘惑に駆られる方もいるかもしれない。電話が死んで余らせているような場合は特に。しかし充電器はDC5ボルトしか出力しないものがほとんどで、以後で書いていく9ボルトのプロジェクトには不向きだ。また、充電器として機能するように設計してあるので、出力電圧を負荷によって下げたりするかもしれない。

ボトムライン：お金が厳しく、しかもプロジェクトの恒久版を作るつもりがないのであれば、9ボルト電池でよい。そうでなければ、予算の範囲でDC12ボルトのアダプターを探そう。

安定化

多くの実験ではDC5ボルトの安定化電源が必要になる。以下の部品が必要だ：

- LM7805ボルテージレギュレータ
- セラミックコンデンサ：0.33μF、0.1μF
- 抵抗器：2.2kΩ
- SPSTまたはSPDTで基板マウント型（リードをブレッドボードの穴にさせるような）のスイッチ
- 汎用LED

図S-1は、これらの部品をブレッドボードの上端部の数列のスペースに収めた様子で、左右のバスをそれぞれ正負のバスとしている。多くの実験で、このレイアウトを使う。写真では9ボルト電池を使っているが、当然ながらACアダプターでもよい。DC出力が7ボルト以上あること。廃熱を出しすぎないようにするため、出力が12ボルトを超えるACアダプターは使用しない方がよい。

図S-1　DC5ボルト安定化電源を供給するための部品の配置状態。

図S-2は同じ回路を回路図で示したもの。コンデンサは電池を使う場合でも入れておいた方がよい。ボルテージレギュレータの正しい動作を確実にするためのものだからだ。

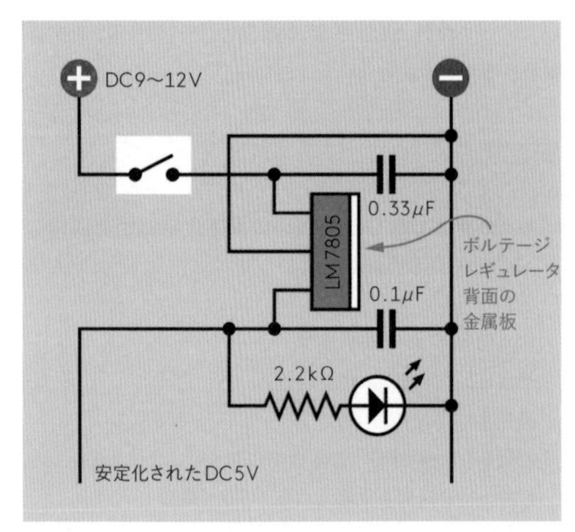

図S-2　DC5ボルト安定化電源の回路図。

スイッチとLEDを入れることをお勧めするのは、これがかなり便利だからだ。どうして回路が動かないのだろうというときに、LEDが光っていて、基板に電源が来ていることを確かめられるのは有用だ。また、回路を改造するのに配線を移動しようというとき、手間なく電源をオンオフできるとありがたいものだ。2.2kΩという比較的高い抵抗をLEDに直列に入れることをお勧めするのは、電池を使っている場合に消費電力を抑えるためだ。

ボーディング・スクール

『Make: Electronics』の初版では、長辺に沿って2本ずつの電源バスがあるタイプのブレッドボードを使っていたので、ボードの左右両側に正負の電源バスが持てた。本書ではもっとシンプルな、長辺に沿って1本ずつのバスしかない、図S-3のようなブレッドボードを使うことにした。

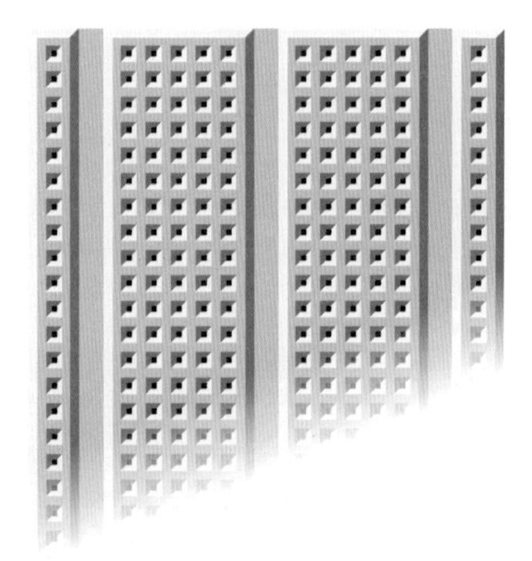

図S-3　両サイドにバスが1本ずつのブレッドボードの外観。本書の回路はすべて、このタイプのブレッドボード用にデザインされている。

この変更にはいくつか理由がある：

- このタイプのブレッドボードは非常に手頃で、特にeBayに出店しているアジアの販売店から直接買うと安い。「herofengstore」だの「kunkunh」だのという意味不明なベンダー名にひるんではいけない。国際配送で10日以上かかるのを気にしなければ、執筆時点でブレッドボードは1枚ほんの2ドルだ。部品購入についてのさらなるアドバイスは「付録B：パーツの購入」を参照のこと。
  ブレッドボードを複数枚買えば、作った回路を保存しつつも新しい回路を新しいブレッドボードに制作することができる。
- プリント基板にハンダ付けして回路の恒久版を作りたい場合は、銅箔のパターンがブレッドボード形式になったユニバーサル基板を使うのが一番簡単だ。このタイプのユニバーサル基板はたいてい、両サイドのバスが1本ずつである。(例としてはラジオシャックの276-170などがある。)こうした基板にブレッドボードから部品を移すとき、レイアウトが完全に同じだと非常に楽である。

- 読者からのフィードバックから、両側に正負2本の電源バスがあるブレッドボードの方がミスをしやすいことが判ってきた。これらのミスは高くついたり面倒だったりする。非常に小さな逆電圧にしか耐えられない部品もあるからだ。

ブレッドボード内部の導体のイメージを常に意識しておくのは重要なので、前著に載せた図をここに再掲する。この図S-4は内面図だ。

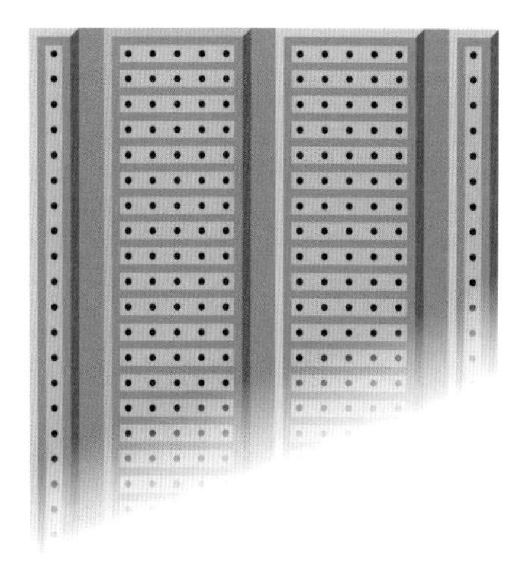

図S-4　ブレッドボードの中の導体が見える内面図。

多くのブレッドボードのバスには1か所か2か所の断点が入っており、場所ごとに電源を分けられるようになっていることは忘れてはならない。ここではこの機能は使わないので、新しいブレッドボードを入手したときは必ず、マルチメータでバスが上から下まで連続しているかどうか確認すること。していなければ断点にジャンパ線を入れる必要がある。これを忘れることは、機能しない回路のよくある原因の1つだ。

配線

読者がブレッドボード回路の写真付きのメールを送ってきて、これはなぜ動かないのか、と尋ねるとする。この読者が使っているジャンパ線が、ブレッドボードにささる小型のコネクタが付いた柔らかいタイプであれば、私の回答は常にこうなる：私にはアドバイスができません。たとえその回路が目の前にあったとしても、私にはアドバイスできない。配線を全部抜いてやり直したらどうでしょう、くらいのものだ。

ブレッドボード用ジャンパ線を入れていくのは、あっという間にできる簡単なものだ。私自身がこうしたジャンパ線の誘惑に負けてきた。何度も何度もだ。そしてしばしば後悔することになった。たった1つの間違いでも、モジャモジャになった配線の中からそれを見つけるのは極めて難しいのだ。

本書の写真で、私がプラグタイプの柔軟なジャンパ線を使ったのが写っているのは、ブレッドボード外のデバイスに接続する必要があったときだけのはずだ。ブレッドボード上では単芯線を短く切って両端の被覆を剥がしたものを使っている。こちらの方が、トラブルシューティングの必要があったときの扱いが断然簡単だ。

また、切ってある単芯線のキットを買うと、長さで色分けされているものだ。これは役に立たない。ブレッドボード配線は、機能に応じて色分けしたいからだ。たとえばブレッドボードの正極バスにつながる配線は、長さに関わらず、赤であるべきだ。同じ長さで並んで走る2本の配線は、混同しないように、コントラストの出る2色になっているべきだ。などなどである。このようにしておくと、ブレッドボードを見て、すばやく機能を判断し、配線間違いを見つける、ということが、ずっと簡単にできる。

自分で決めた色分けで自前でジャンパ線を切るといわれると、ちょっと大変に感じるかもしれない。その場合はお勧めがある。図S-5は本書のプロジェクトすべてで使っているシステムである。

まず、単芯線の被覆を適当な長さ(5センチくらい)だけ剥がす。次に、ブレッドボード上でこのジャンパが接続する長さを見積もる。この長さをXとしよう。この長さを、線に残っている被覆に写し(ステップ2の点線)、ワイヤストリッパで被覆を切る。切った被覆を線の上で滑らせて(ステップ3)、端からおよそ1センチのところまで動かす。そして芯線を切る。両端を曲げてでき上がり。

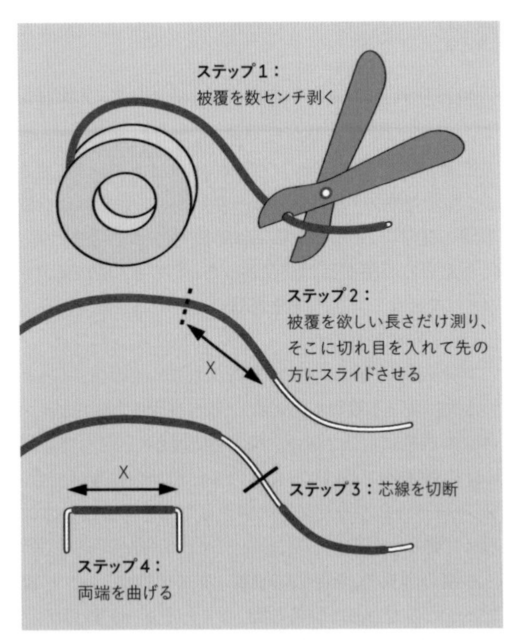

図S-5　ブレッドボードジャンパの簡単な作り方。

切ったジャンパ線の整理と収納には、線長ゲージを自作するとよい。思い通りの長さで線の両端を曲げるのにも便利だ。これはプラスチックまたはベニヤ板の単なる三角形の板で、斜辺に階段状の切れ込みが入っている（図S-6、S-7）。ジャンパ線の芯線は太めで、測った通りに曲げると長さが少し長くなるので、ゲージは目盛の数字より1.5ミリほど短く作るとよい。

ジャンパ線の長さの確認には、ユニバーサル基板（穴の間隔が0.1インチのもの）に当ててみる方法もある。

図S-6　ブレッドボードジャンパ線用のホームメイド線長ゲージ。

図S-7　1.1インチ長の配線を線長ゲージで確認しているところ。

ブレッドボードの穴の間隔は水平、垂直とも0.1インチになっていること、中央の溝の幅は0.3インチであることに留意する。

配線の太さについては、AWG24番がブレッドボード用に最適だと考えている。26番だと差し込む際に非常に曲がりやすいし、差し込んでからも、かなり緩い。逆に22番だとキツすぎる。

eBayやBulk Wireでは線材の余剰ロットがよく販売されている。配線色については、私は赤、オレンジ、黄色、緑、青（光のスペクトラム）、そして黒、茶、紫、灰色、白色（陰影色）を基本色としている。几帳面な方であれば、用途ごとに色を割り当てて、すべてのブレッドボードで使うようにすると、人生がとても楽になるだろう。

最後になるが、図P-2をもう一度見て、2つのよくあるブレッドボードエラーとはどのようなものか思い出してほしい。そんな明らかなミスはやらないよ、と思うかもしれないが、これらは疲れているときや締切に追われているときに、私が確かに自分でやったものなのだ。

ICクリップ（グラバー）

『Make: Electronics』では、マルチメータのプローブの先端に装着できる「ミニグラバー」について触れた。これは少し探しにくかったのだが、今ではラジオシャック（カタログ品番270-0334「Mini Test Clip Adapters」）などの販売店で手に入る*。図S-8では黒のグラバーがメータープローブに取り付けてあり、赤のグラバーは未接続だ。これは便利な組み合わせだと思う。黒のグラバーを接地（マイナス）線のどれかに固定

＊訳注：日本では三和電気計器の「クリップリード」など。

しておき、赤のプローブを回路のあちこちに当てて電圧を見ることができる。グラバーのバネは非常に固く、おそらく最大でも1、2Ωの抵抗が加わるだけだろう。

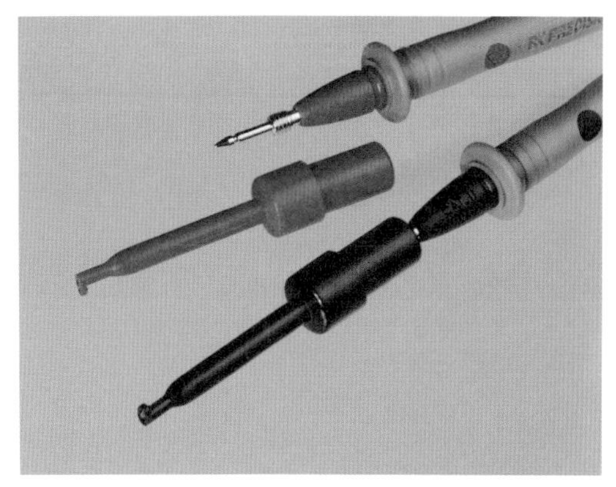

図S-8　ICクリップはメータープローブの1本または2本を変換して配線に固定できるようにして、プローブを持っておく必要をなくすものである。

グラバーの機構がわかる写真を図S-9に示す。内部のバネを押して口を開けたところだ。図S-10では、バネを放して抵抗器のリードを掴んでいる。

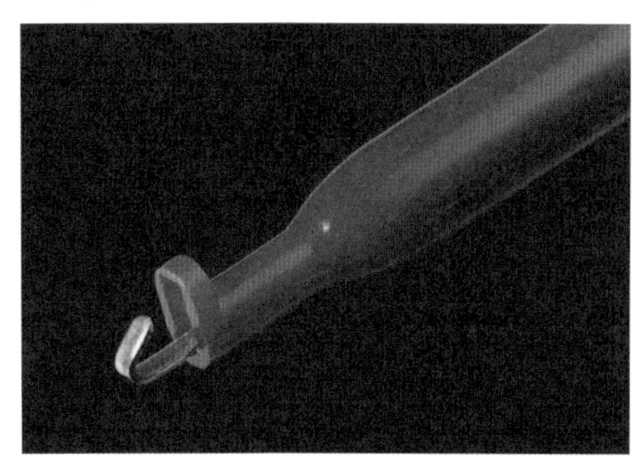

図S-9　ICクリップのクリップを開いたところ。内部のバネに抗してさやを押し上げるとクリップの先が出る。

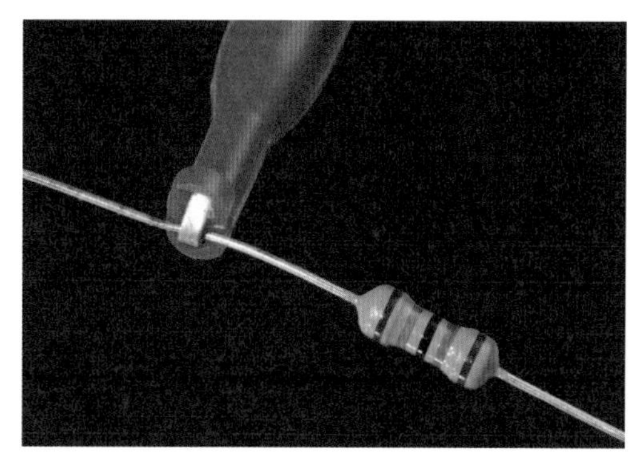

図S-10　手を離すと、グラバーは細長の対象物、たとえば抵抗器のリードを、しっかり掴む。

両端にミノムシクリップのついたジャンパ線（図S-11参照）は、この代用になる。片側のクリップでメータープローブを掴み、反対側を回路のちょうどよい場所に固定するのだ。本書の後の方に、プローブを配線に当てるのに手を取られない、フリーハンドの状態が欲しいところがあり、これについてはそちらでも触れている。個人的にはグラバーの方が優秀だと思うが、メータープローブに半永久的に付けておくのは嫌だという場合などでは、両側ミノムシクリップジャンパ線が代用になる。

また、図S-12のような、両端がICクリップになったジャンパ線も販売されている。これもラジオシャックで販売されている。部品番号278-0016の「Mini-Clip Jumper Wires」だ。この種のジャンパ線の利点は、ミノムシクリップでは近傍の配線などに触れてショートするような小型の部品でも、マイクロICクリップ（ICクリップより小さい）なら固定できるところにある。

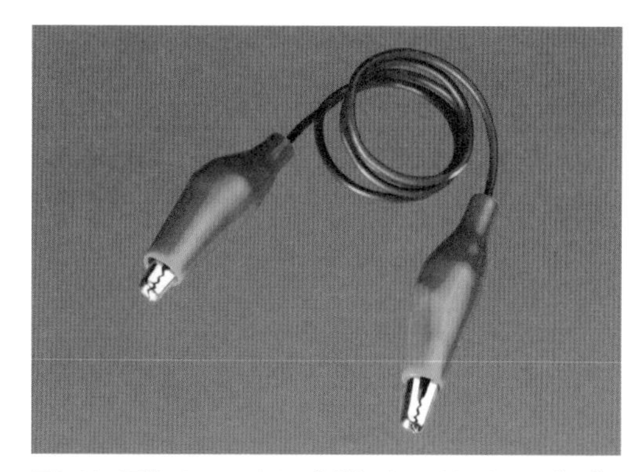

図S-11　両端にミノムシクリップが付いたこの種のジャンパ線は「代用ICクリップ」として使うことができる。片方のクリップでメータープローブを掴み、調べたい回路の配線や接続部を反対側で掴むのだ。

図S-12　両端にマイクロICクリップの付いたジャンパ線は、フルサイズのミノムシクリップでは近くの導体に触れてしまいそうな場所で便利だ。

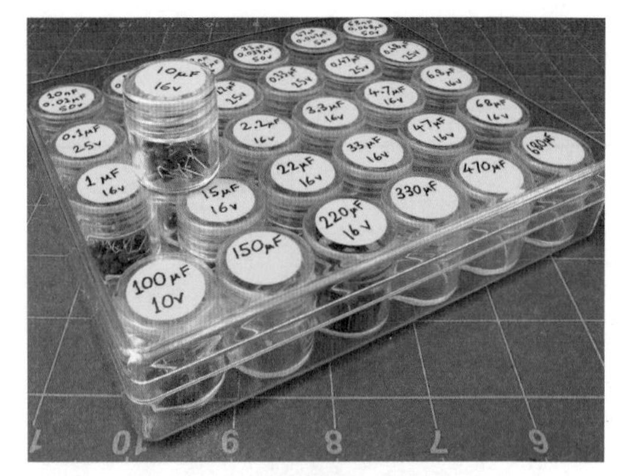

図S-13　現代の多層セラミックコンデンサは非常に小型なので、ビーズ用に作られた収納用品が理想的だ。

部品の収納

コンデンサの収納について、私が『Make: Electronics』に書いたお勧めの方法は、多層セラミックコンデンサの小型化（大容量化）により時代遅れになった。小型部品は小型容器に入れるのがもっとも効率的であり、われわれの欲しいものをジュエリー・ホビーストたちが持っている。

Michael'sなど米国のクラフトショップでは、ビーズ用のありとあらゆる賢い収納システムが見つかるだろう。私が今、多層セラミックコンデンサ用に使っているシステムは図S-13に示すビーズ保管ボックスだ。セラミックコンデンサはこうした小さなねじ蓋の小物入れ（直径1インチしかない）にピッタリだ。これにより、基本の値のコンデンサを0.01μF（10nF）からすべて、16.5センチ×14センチの箱に入れて机上に置いておけるようになった。さらに、この容器のフタはねじ込み式なので、もし間違って箱ごと床に落としたとしても、コンデンサは散らばったりせず、閉じ込められたままだ。これは大事なことだ。コンデンサ同士は非常に似ているので、値で整理し直すのは悪夢である。

抵抗器についても、リードをある程度切り詰めて小さな容器に収まるようにするのがお勧めだ。抵抗器のリードがフルサイズで必要になることは稀だ——そしてもし必要になったとしても、ブレッドボードに被覆付きの配線を足してやればよい。図S-14は、よく使われる30種類の値の抵抗器を収納した例だ。コンデンサの収納システム同様、ひっくり返しても部品は飛び出さない。容器には抵抗器が50本以上入る（図S-15参照）。

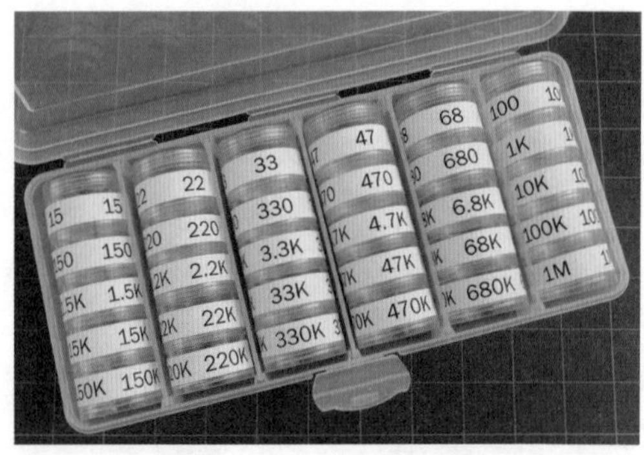

図S-14　少し小型のジュエリー収納容器は抵抗器に適している（リード線を切り詰めれば）。

図S-15　50個の抵抗器がこの小さな容器に収納できる。

検証

私は回路制作の際に、抵抗器やコンデンサの値を、ブレッドボードに差し込む前に確認するよう努めている。10μFのセラミックコンデンサと0.1μFのセラミックコンデンサの見た目はほとんど同じであり、1kΩと1MΩの抵抗器のカラーバンドは1本しか違わない。部品が混ざったりすれば、本気で困るような不具合に直面しかねない。

抵抗器のチェック作業を簡単にするため、私は小さなブレッドボードを使っている。ジャンパ線を出して、オートレンジのマルチメータのプローブにクリップするのだ（図S-16）。これなら抵抗器のリードをブレッドボードに差すだけでよい。確認は5秒で済む。ブレッドボードのソケットは抵抗値をわずかに増すが、これは数Ω程度であり、またいずれにせよ、私はふだん厳密な抵抗値を気にしていない。大きな間違いがないことを確認したいだけなのだ。同じ理由により、このタスクに使うのは最安のマルチメータでよい。

図S-16　プロジェクトで使う抵抗器の値をすばやく確認する簡単なシステム。

入門編は以上だ。それでは、もっとエレクトロニクスなものを作ろう（Make More Electronics）ではないか。

実験

ねばつく抵抗

Sticky Resistance

まずはかんたんなエンターテインメントから始めたいと思う。エレクトロニクスにはいつも何か楽しい部分があるべきだと思うからだ。

この実験には、木工用ボンドとダンボールを使う。こうした材料をエレクトロニクス本で使うのが稀なことは解っているが、3つの意味があるのだ。1つ、これらは電気というものが電線や基板に閉じ込められたものではないと意識させてくれること。2つ、この実験はもっとも根本的で不可欠の部品、バイポーラトランジスタの理解を深めてくれること。3つ、この実験はイオン、抵抗、抵抗率についての総合的な話につながるものであること。

『Make: Electronics』を読んだ方が、トランジスタの基本についてすでに学んでいることは承知しているが、ここでは軽い要約のあとで、基本以上のことに触れていく。

- 各実験で必要な部品の買い方については巻末にまとめてある。「付録B：パーツの購入」参照のこと。

木工用ボンドを使ったアンプ

図1-1は概略図だ。ダンボールは回路の土台となる。（この回路ではブレッドボードは使わない。）まず、トランジスタの足をダンボールに刺す。

2N2222には2つのバージョンがある。1つは小さな金属キャップを持つもの、もう1つは黒い小さなプラスチックのかたまりだ。金属タイプを使っている方は、飛び出しているタブが図の左に来るようにする。黒いプラスチックのタイプ、2N2222またはPN2222を使う場合は、平らな面を右にする――ただし、P2N2222という変種を買ってしまった人は（ほかのパーツナンバーで探しても「同等品」として出てくることがよくある）、平らな面を左にすること。虫眼鏡でパーツナンバーを確認し、疑問があるときは3ページ「記号論」を参照のこと。

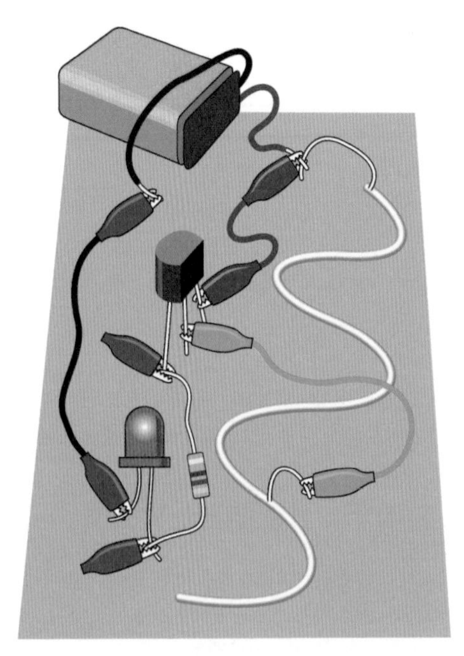

図1-1　最初の実験：必要なのはトランジスタ、220Ω抵抗器、9ボルト電池、パッチコード（両端ミノムシクリップ線）、そして木工用ボンドにダンボールだけである。

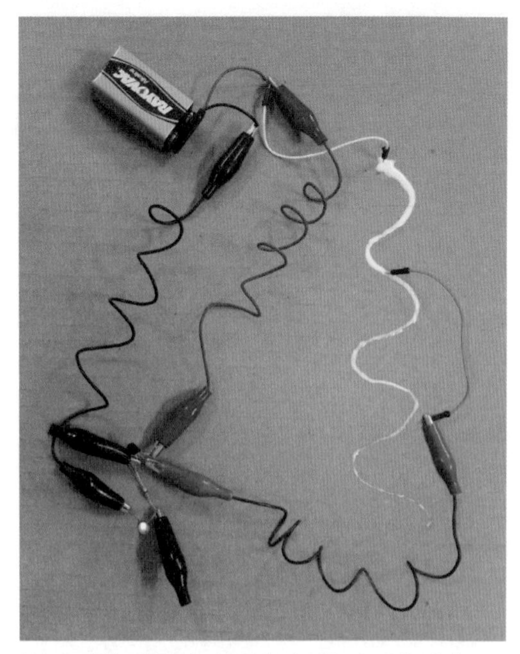

図1-2　実験の様子。ホントに動くのかと疑っている方のために。

部品を図のように組む。LEDの長い方のリードを右に、短い方を左にする。LEDの長いリードに接続した抵抗器は220Ωだ。トランジスタの各リードを挟んだミノムシクリップが互いに触れることがないように注意する。それでは木工用ボンドを取り出して絞り出そう。長さ30センチくらい、厚みは3ミリ以内くらいでジグザグに描く。図1-2のように、だんだん薄くなるように出せると嬉しい。ただし切れ目ができないように注意すること。

なぜ木工用ボンドなのだろうか。家のどこかに転がっていることが多いこと、そしてたまたま、私の望みの電気的特性を持っていることによる。それは絶縁体でもなければ、飛び抜けて良導体ということもないのだ。

木工用ボンドが乾かないように、作業は手早めにやる必要がある。緑の配線を取って（これはトランジスタの中央のリードに接続してある）、ボンドの線の中ごろに触れてみよう。LEDは非常に明るく光るはずだ。それではボンドの線の一番下あたりに触れてみよう。LEDは、ちょっと暗めに光るはずだ。

前の本を読んだ方は、なぜこうなるかわかるだろう——でも、どうであろうと説明を続ける。

何が起きているのか

あなたが絞り出したボンドの線は、上から下まででおよそ1MΩ、つまり3センチで10kΩほどの電気抵抗を持つ。マルチメータで調べたいときは、プローブにボンドがつかないように電線で延長しよう。

トランジスタはアンプとして働く。それはベース（中央のリード）に流れ込む電流を増幅する。増幅後の出力はエミッタ（図1-1では左のリード）から出てくる。この実験では、トランジスタのベースに流入する電流を、高抵抗のボンドを経由することで制限している。LEDは電流に反応して明るさを変えることで、何が起きているか見せてくれる。

トランジスタのやっていることについて視覚的に掴むために、回路から外してみる(図1-3)。緑のミノムシクリップは抵抗器に直接接続する。抵抗器はLEDに接続しているが、LEDは暗いままのはずだ。ボンドの電気抵抗は非常に大きく、LEDが点灯できるだけの電流が流れないのだ。緑のミノムシクリップについた線をずっと上の方、正極電源がボンドに接続している場所から5ミリほどのところまで持っていけば、LEDはいくらか光るはずだ。

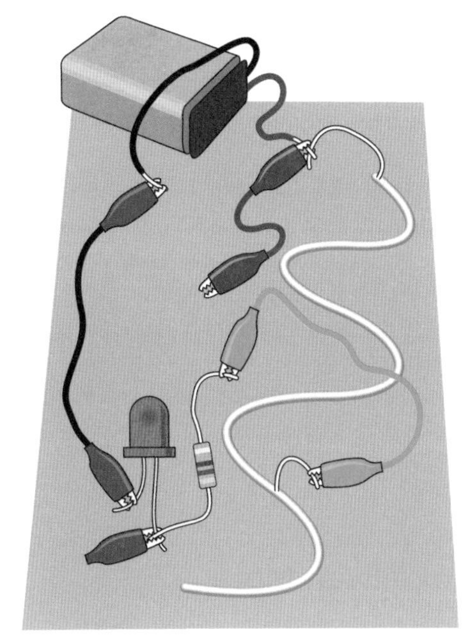

図1-3 LEDへの電流をトランジスタで増幅しないようにすると、ボンドの電気抵抗が大きすぎて、LEDが点灯するほどの電流は流れられない。

記号論

NPNトランジスタの回路図記号や実際の部品のピン配置が覚えられない人のために、図1-4を掲載した。金属缶タイプのトランジスタのタブは、図のどちらかの方向(または中間のどこか)になっているが、いずれにしても、ほかのリード線よりエミッタに近いところにある。回路図記号については、矢印が「Never Points iN(中を指すことがない)」から、これはNPNトランジスタだな、と考えればよい。

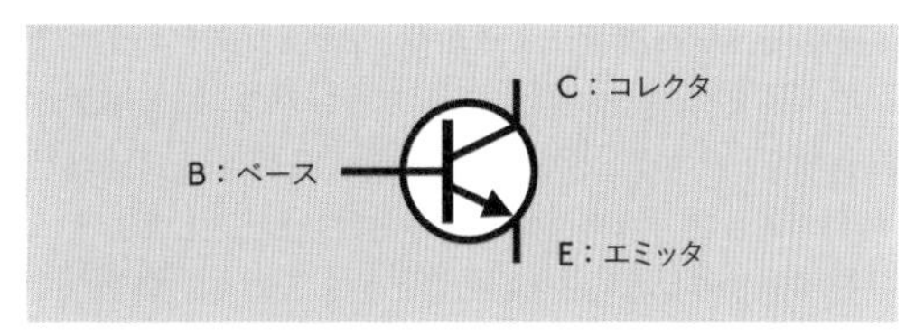

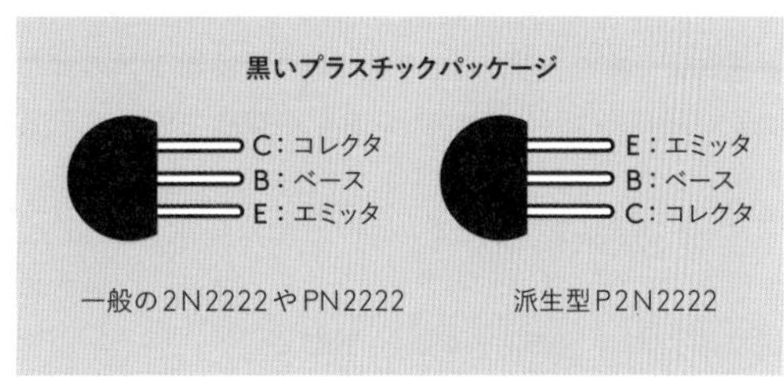

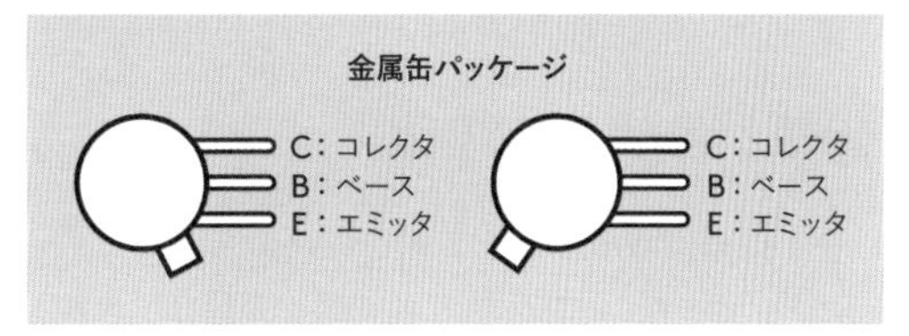

図1-4 NPNトランジスタの回路図記号と上から見た概略図。P2N2222のピン配置が逆転していることについて本文に重要な注意あり。

警告:非標準的なピン配列

プラスチックパッケージの2N2222トランジスタは、誰もが知る限りずっと、平らな面を右にして上から見たとき、リードが上から下にコレクタ、ベース、エミッタの順で並んでいた。一部のメーカーはこのトランジスタをPN2222と呼んでいたが、ピン配列はやはり同じだった。

ところが、今も不明瞭な何らかの理由により、P2N2222というパーツナンバーの製品が2010年頃にOn Semiconductor、Motorola(ほかにもありそう)から発売された。これは性能的には2N2222やPN2222と同一だが、リード線が逆順になっている。

2N2222をネットの販売店で探すとする。2N2222はこのトランジスタのもっとも一般的なバージョンなので、これはごく当然の行動だ。このとき、P2N2222がお勧めされることがあるのだ。P2N2222の中に、この検索語が含まれているためだ。スペックは同じに見えるから、とそのまま買うと、使用時に回路に間違った方向で入れてしまう可能性がある。

問題をさらに複雑にするのは、トランジスタを反対向きに入れても、少し性能は低下するものの、ある程度は動作する、ということだ。つまり、P2N2222を間違った方向で入れて、回路は何らかの結果を出し、しかしそれは期待通りではない、ということがあるのだ。後から間違いに気が付いてP2N2222の向きを入れ替えたとき、非常によくあるのが、やはり期待通りの結果が得られない、である。これはトランジスタが逆接続で壊れているためだ。

ネットで部品を買う人は、パーツナンバーに注意し、また図1-4の配列をメモしておくとよい。また、いつもの通り言うが、データシートをよく読むこと!*

背景：導体と絶縁体

ボンドが乾くのを待つことで、この実験からさらに学ぶことができる。LEDの反応は、ボンドが乾けば乾くほど弱くなるのだ。これはなぜだろう。ボンドの水分の一部が蒸発し、残りがダンボールに吸収されていくからだ。

『Make: Electronics』で書いたのを覚えている方もいると思うが、電流は電子の流れだ。電子が過剰な、あるいは足りない原子や分子のことを、イオンという。木工用ボンドの成分は知らないが、イオン移動を許す化学物質を含んでいることは明らかだ。水はその中をイオンが移動できることにより導電を助ける。

水そのものは良導体ではない。これを示すには純水が必要だ――蛇口から出る水ではない。こちらは不純物としてミネラル分を含んでいる。純水は以前よく蒸留水と呼ばれていた。だがこれは水を沸騰して水蒸気を作り（このとき不純物が取り残される）、水蒸気を凝結することで作られるものだ。昨今でも蒸留水と言う場合はあるが、製造プロセスがエネルギー集約的すぎるため、普通のものではなくなりつつある。代わりに見かけるようになったそれはたぶん「脱イオン」水だ。これはイオン交換などのプロセスで作られている。「脱イオン」は、イオンが入っていないということですな。だから、この水があまり電気を通さないというのは当然といえる。

蒸留水や脱イオン水をコップに入れて、マルチメータのプローブを、何センチか離して入れてみよう。抵抗値は1MΩ以上になるはずだ。これに少しの塩を溶かすと、抵抗値は劇的に低下する。これは塩がイオンになるからだ。

それでは導体と絶縁体の境目はどこにあるのだろうと不思議に思うかもしれない。これに答えるには、「抵抗率」がどのように測られるかを知る必要がある。これはとてもシンプルだ：Rを物体の電気抵抗（単位はΩ）、Aをその断面積（平方メートル）、Lを長さ（メートル）とすると：

$$抵抗率 = (R\Omega * Am^2) / Lm$$

つまり、抵抗率はΩmで測られるのだ。非常に優れた導体の抵抗率は、たとえばアルミの場合、0.00000003Ωmほどである。これは3を1億で割った数である。反対側の端、つまり非常に優れた絶縁体は、たとえばガラスで、およそ1,000,000,000,000（1兆）Ωmの抵抗率を持つ。

この中間のどこかに半導体がある。たとえばシリコンは、抵抗率およそ640Ωmであるが、この値は不純物を「ドーピング」して電子が流れるのを助けてやることで低下させることができる。

木工用ボンドの抵抗率はいくらぐらいだろうか。この計算はあなたに委ねる。マルチメータを使うこと。ダンボールについてはどうだろうか。こちらの抵抗率は非常に大きいが、どうしたら計測できるだろうか。方法を考えてみてほしい。

Make Even More

ボンドの道の太さを3倍や4倍にすると、実験1はどうなるだろうか。LEDを2本、並列つなぎで入れた場合はどうなるだろうか――そして直列つなぎでは?

結果はわかるよ、と思っているかもしれない。しかし、仮説を実験的に検証するのは常によいことだ。

トランジスタを逆に入れてもある程度動作することは前に触れた。トランジスタはベース=エミッタ間の小さな逆電圧（普通は6ボルト未満）に耐えることができるが、9ボルト電池を使えば、何らかの損傷を起こす可能性は上がるだろう。試してみれば、実際にそういうことが起きるのだろうか。起きるとすればなぜだろうか。これに

＊訳注：日本で一般的な2SCシリーズのトランジスタの多くはベースが中央になく、この表記でいえばエミッタ-コレクタ-ベースの配置だ。どんなトランジスタを使うにしても、データシートは確認しよう。

関する情報を検索すると、トランジスタのレイヤーの構成や、その中を電荷がどうやって移動するかについて、いつの間にか学んでいることだろう。これを知っておくのはよいことだ。

回路に逆に入れたトランジスタは、損傷が残ることがあるので、ほかの回路で使わないこと。とはいうものの、次の実験ではこれを検証し、酷使されてない新品のトランジスタと、性能を比べることができる。

実験

数字をちょっと

Getting Some Numbers

概略は以下の通り。次の実験に向けて、『Make: Electronics』にはなかった部品をお見せする。最初の3つはこれだ：

- フォトトランジスタ
- コンパレータ
- オペ・アンプ

これらのデバイスは、実験3から14でちょっと面白い役目を演じ、あなたを楽しませるだろう。また、回路設計のようなトピックを、特にアナログ部品を使って手がけることになる。

その後、以下のようなデジタルチップを使っていく：

- ロジックゲート
- デコーダ、エンコーダ、マルチプレクサ
- カウンターおよびシフトレジスタ

それから論じるのが乱数性、それにセンサ——

しかしまずは、今ここで、われわれみんなが同じページにいて、ちょっとした基本概念たちに取り組むことを確認しなければならない。これらの概念を完全に理解していると感じている人もいるかもしれないが、博識な人ほど知識に隙間があるものなので、どうかこのセクションにちょっとだけ付き合っていただきたい。あとの方のセクションの理解に、ここでの情報が必要なのだ。

必要なもの

- 各実験で必要な部品の買い方については巻末にまとめてある。「付録B：パーツの購入」参照のこと。

以前に図S-2で示したDC5ボルト安定化電源については、もう持っているものと想定する。回路図で「安定化」の文字があれば、LM7805と2個のコンデンサを使ったこの基本の安定化電源が必須である。この実験では、正確な測定を行うために、正確に制御された電圧が必要になる。

トランジスタの動作

数字はエレクトロニクスにおいて避けることができないものだ。実はあなたは、彼らを友達だと思うことができる。何が起きているのか教えてくれるからだ。正確な測定も絶対に必要だ。なぜなら測定が正確でないと、数字はミスリードしてくる無価値なものになるからだ。

というわけで、回路の性能を測定できるように、今度は木工用ボンドでなく半固定抵抗を、LEDでなくマルチメータを使い、実験1を実行する。（これは『Make: Electronics』の実験10に似ているが、増幅というトピックにもっと踏み込んだものとなる。）

あなたは正確な測定に長けているだろうか。ここで確かめてみよう。

ステップ1

まずはマルチメータを「DCマイクロアンペア計測」にセットする。マルチメータによるが、赤のプローブを電流計測用のソケットに必ず差し替えねばならなかったり、セレクタをアンペアに合わせたりする必要があるだろう。オートレンジではないマルチメータの場合、セレクタでマイクロアンペアを選ばなければならない。いずれにしても、測定対象がDCであること（ACではないこと）、赤のプローブがアンペア表示のある（「amp.」「A」「amperes」など）ソケットに差してあることを確認する。

マルチメータは図2-1のように回路に組み入れて使う。

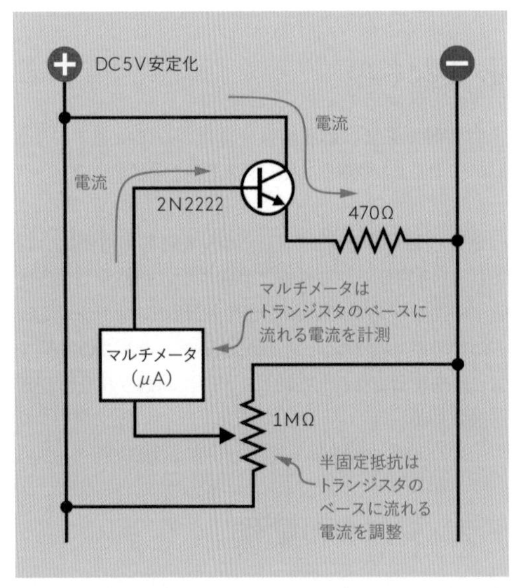

図2-1　トランジスタのベースに流入する電流をマルチメータで測定する。

この回路図に意味のわからない所があれば、図2-2を見ていただきたい。こちらは、2N2222トランジスタのベースと半固定抵抗器のワイパーの間に流れる電流を、マニュアルレンジのメータでマイクロアンペア単位で測定しているところだ。線の柔軟なタイプのジャンパ線をマイクロICクリップで掴んである。写真の右から入っている赤黒のより線は、ブレッドボードにDC5ボルト安定化電源を供給するものだ。メータの読みは、たまたま出ているものである。

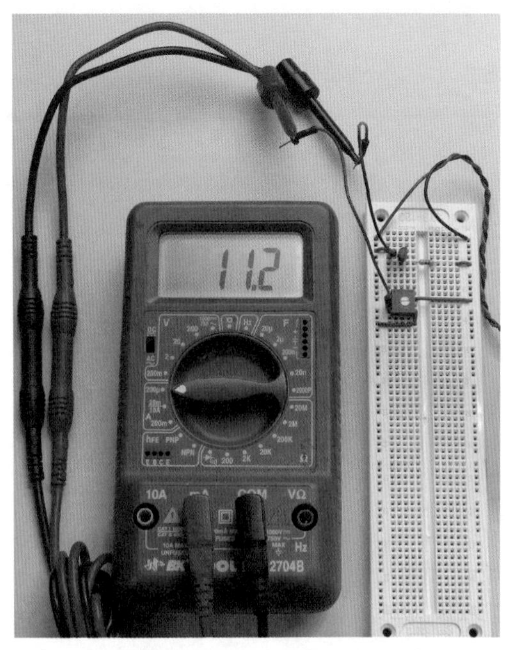

図2-2　半固定抵抗器のワイパーから2N2222トランジスタのベースに流れるマイクロアンペア単位の電流を計測するようにマルチメータをセットする。詳しくは本文参照。

ブレッドボード部分の拡大写真が図2-3である。左から入ってブレッドボード上の丸いプラグで終わる赤黒の電線は、マルチメータからきたものだ。半固定抵抗器は回路図と同じ向きに入れてあるので、リードはそれぞれブレッドボードの別々の列に差し込まれている。もしこれを90度間違えると、リードのうち2本が同じ列の穴に入るので、動作しなくなる。

図2-3　前図の写真のブレッドボードの拡大。

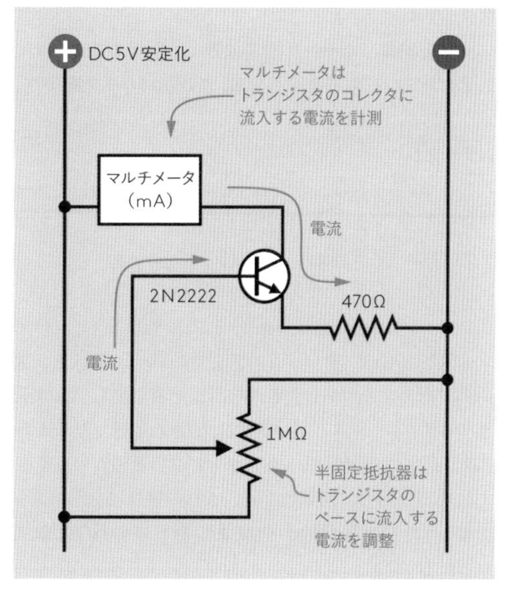

図2-4　今度はトランジスタのコレクタに流入する電流をマルチメータで計測する。

半固定抵抗で、メータの読みが5マイクロアンペアになるように調整する。これはベース電流——半固定抵抗の左から来てトランジスタのベースに流入する電流——である。

ステップ2

ベース電流を記録する。実験記録ノートを維持するというのは本当によいことであり、それは今始めることができる。すべての実験をステップバイステップで記録していけば、あとで記憶のリフレッシュに便利である。「Maker's Notebook」は、これが楽にできる製品だ。

ステップ3

ブレッドボードからメータープローブを取り外し、代わりに普通の配線を入れる。マルチメータがオートレンジでないならミリアンペア計測に切り替えてから、図2-4で示す位置に移動する。

図2-5はこの配置状態の写真だ。前の計測でマルチメータがあった場所には黄色の配線が入れてあり、マルチメータは今はブレッドボードの正極バスと、トランジスタのコレクタを結んでいる。

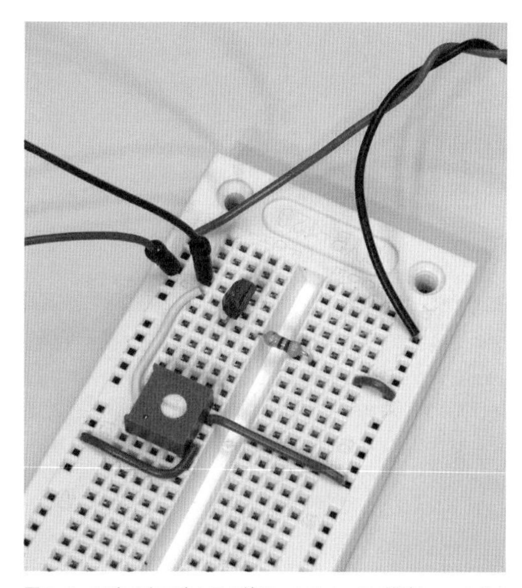

図2-5　写真の左の赤と黒の線はマルチメータに接続し、マルチメータはトランジスタのコレクタに流入する電流を測定する。

ステップ4

先ほど記録したベース電流の横に、今マルチメータに表示されている読みを記録する。これはコレクタ電流だ。

ステップ5

ステップ1に戻る。ただし半固定抵抗を調整してベース電流を5マイクロアンペア増やす。（マルチメータもマイクロアンペア計測に戻すこと。）

ステップ1から5を繰り返し、左の縦列に5マイクロアンペアから40マイクロアンペアまでのベース電流を、次の列に対応するコレクタ電流を示した表を書く。値は全部で8列だ——マルチメータの入れ替えを行ったり来たり繰り返すのは退屈ではあるが、すごい苦労というほどではないだろう。結果は、図2-6の一番左の2列のようになる。数字は私が測ったものだ。あなたの数字と似ているだろうか。

ベース流入電流（I_B、μA）	コレクタ流入電流（I_C、mA）	コレクタ流入電流（I_C、μA）	I_C/I_B ベータ値	エミッターグランド間の電圧
5	1.0	1,000	200	0.45
10	2.1	2,100	210	0.98
15	3.2	3,200	213	1.52
20	4.3	4,300	215	2.02
25	5.3	5,300	212	2.52
30	6.4	6,400	213	3.03
35	7.5	7,500	214	3.51
40	8.6	8,600	215	3.96

図2-6　NPNトランジスタのベース電流とコレクタ電流の比較。

ここでコレクタ電流はミリアンペアからマイクロアンペアに変換してやる必要がある。単位を揃えて割り算したいからだ。1ミリアンペアは1,000マイクロアンペアなので、ミリアンペア単位で計測したコレクタ電流を1,000倍してやるとマイクロアンペア値になる。この値が、私の計測値を示した図2-6の表の、左から3列目にある。

最後に電卓で、8回の計測ごとのコレクタ電流値（マイクロアンペア単位）をベース電流値（マイクロアンペア単位）で割り算する。最初の1、2回を除けば、比率がほぼ一定になっていることがわかるだろう。これは表の4列目に示してある。

- コレクタに流入する電流を、ベースへの電流で割ると、トランジスタの増幅率がわかる。

警告：マルチメータがあぶない！

電流計測の際はよく注意すること。電流が流れすぎるとマルチメータの中にあるヒューズが飛ぶ。スペアのヒューズを用意しておくのはよい考えだ。また、電流計測を終えてメータを脇に置くとき、赤のプローブを電圧計測ソケットに戻すのを忘れやすい。戻すことは習慣化してしまうのが賢い。電流計測モードだと、かなり壊れやすいからだ。

略号とデータシート

図2-6のI_BとI_Cという略号に注意してほしい。文字Iは普通、電流を意味している。つまり、もしあなたがI_Bをベースに流入する電流、I_Cをコレクタに流入する電流と考えているなら、それは正しい。

これらの略号は、ほぼすべてのトランジスタのデータシートにあり、普通は使用可能な最大値を教えてくれている。これは非常に役立つ情報だ。自分のプロジェクトを始めようというとき、ベース電流とコレクタ電流の最大値がわかれば、過負荷にならないトランジスタを選定できる。

では、I_Eは何を示していると思いますか？　エミッタから流出する電流を表すものでは、と思うなら、またも正解だ。ただ、この略号はそれほどは使われない。なぜなら、I_Eとは実のところI_BとI_Cの和にすぎないからだ。ベースとコレクタに流入した電流は、コレクタを通じてしかトランジスタから出られない。ゆえにこうなる：

$$I_E = I_B + I_C$$

NPNトランジスタで一般的な、そのほかの略号を以下に示す：

- V_{CC}は電源電圧である。これはVoltage at Common Collector（共通コレクタ電圧）という意味だが、回路にバイポーラトランジスタがない場合を含め、電源電圧を表すのに使われている。
- V_{CE}はコレクタ・エミッタの間の電圧の違い（電位差）である。
- V_{CB}はコレクタ・ベースの間の電圧の違い（電位差）である。
- V_{BE}はベース・エミッタの間の電圧の違い（電位差）である。

データシートには通常、トランジスタの「ベータ値」も（たいていはギリシャ文字「β」で）記されている。これはトランジスタがベース電流をどれだけ増幅するかを表し、あなたがステップ5でやったように、I_CをI_Bで割るだけで計算されるものだ。表の4列目の頭に「ベータ値」とあるのに注目してほしい。

図2-6の表の4列目のベータ値が一定であることが、トランジスタは線形デバイスであると教えてくれる。つまり、これらの値をプロットしてグラフにすれば、直線が得られるということだ——これを図2-7に示す。

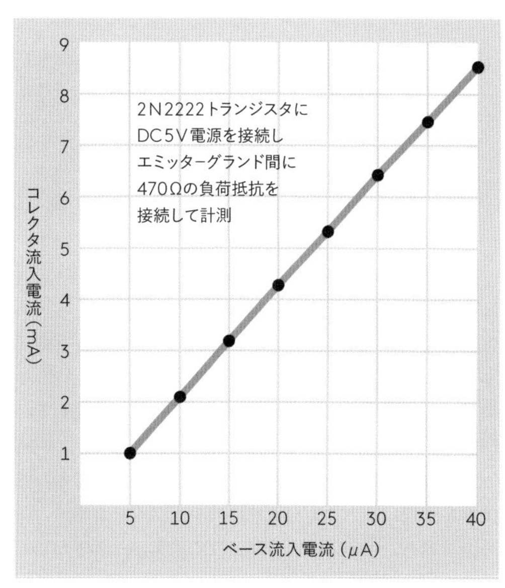

図2-7　前表の左2列のデータから描いたグラフ。

あなたは自分の計測値で、自分のグラフを描くことができる（グラフ描画ソフト［Excelでできる］や古風な方眼紙を使う）。「Maker's Notebook」は全ページ方眼紙だし、ネットには自分のプリンタで方眼紙を印刷するためのPDFファイルをダウンロードできるサイトがたくさんある。「方眼紙 印刷」で検索すればよい。

あなたが計測したベータ値が、各値ペアについて、しっかり厳密に同じ値にならないのはなぜだろうか。これは、あなたのマルチメータが（特にマイクロアンペア単位の非常に小さい電流では）厳密に正確ではないこと、トランジスタにはわずかな製造誤差がありうることによる。とはいえ、トランジスタの増幅率というものは依然として、オーディオ信号などの繊細な変化をする信号の増幅にトランジスタが使えるくらい、十分に安定したものである。（トランジスタをスイッチに使う場合には、わざわざ気にすることでもない。）

あなたが計測した値が、私の計測した値と厳密に同じにならないのはなぜだろうか。これは、制御不能な変数が数多く存在するからだ。あなたと私のマルチメータは、まずおそらくは違ったメーカーのものだろう。あなたの電圧レギュレータは私のものと、わずかに異なっているだろう。メータープローブの接触は完全ではないだろう。トランジスタの温度もわずかな差異を生む。世界は制御不能変数でいっぱいだ。これらを排除することは不可能なのである。

さらにトランジスタには製造上の違いがあるだろう。データシートがベータ値を範囲で書いていることがあるのは、同じタイプの部品にそうした違いがあるということで、これはたとえ高精度の計測機器で測定しても出てくるものだ。

ソフトウェアを書く人間は数値を厳密なものとして扱うことに慣れているものだ——しかしハードウェアの世界でわれわれにできるベストとは、妥当な範囲の状況で、それなりに一貫した結果を生成する回路を制作すること、である。そういうものなのだ。

電圧はどうなるの？

『Make: Electronics』で、トランジスタは電流増幅器だ、とあったのを覚えているかもしれない。入門書には必ずこれが書いてあるし、ベータ値は電流から得られるものだ。しかし、ここでよく見落とされるのは、NPNトランジスタのエミッタにおける電圧は、ベース電流が変動すれば変動する（トランジスタの担う負荷などの要因が変わらなければ）、ということだ。

図2-8は、これを自分で確かめるための回路だ。ある場所の電圧を測るというのは、回路の着目箇所と電源負極の間の電圧を計測することを指すことがほとんどだ。つまり、マルチメータは470Ωの抵抗器と直列に入れてはならない！　そしてリマインダーを：マルチメータを（電流ではなく）電圧計測にセットし、必要なら赤のプローブを正しいソケットに入れること（普通は必要だ）。

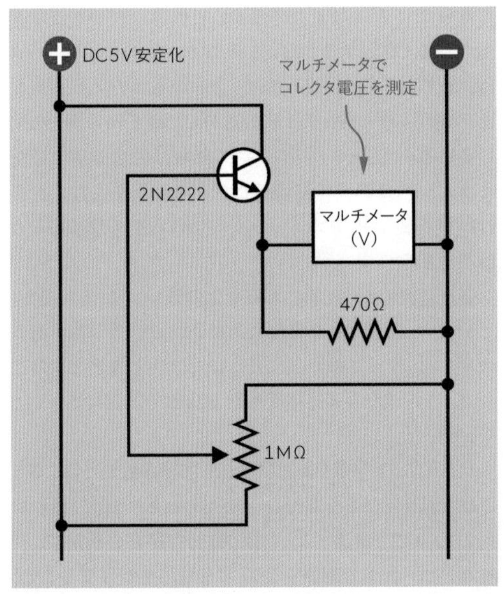

図2-8　このように構成すると、トランジスタのエミッタと電源負極の間の電圧を、マルチメータで測定できる（マルチメータを電流から電圧計測に切り替えてあれば）。

図2-6の5番目の行に、私の計測値を示した。この数字を使ってもう1つグラフを描いた（図2-9）。これはベース電流とエミッタ電圧を比較したもので——そしてここでも、グラフはほぼ直線となっている。

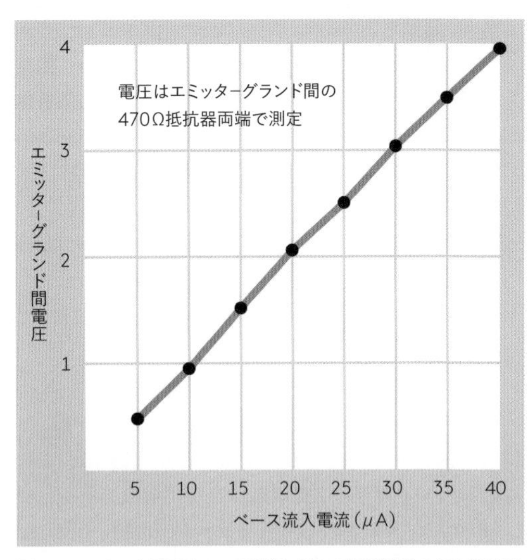

図2-9　エミッタ電圧はベース電流に対してほぼ線形である（2N2222トランジスタの場合）。グラフは前掲の表の数字より作成。

トランジスタが電流増幅機であるなら、エミッタ電圧はどういうわけで電流と同じように変化するのだろうか。それでは、トランジスタ内部で実際に起きていることを考えてみよう。

- ベース電流の増加はトランジスタの内部抵抗の低下につながる。これがトランジスタを流れる電流が増加する理由だ。
- しかしトランジスタには直列に470Ωの抵抗が入っている。この2つの部品が一種の**分圧器**を構成する。

『Make: Electronics』で覚えているかもしれないが、抵抗器を2個直列につなぐと、中点での電圧降下は各抵抗器の割合に応じたものとなる。最初の抵抗器の値が小さければ、それはあまり多くの電圧をブロックせず、2番めの抵抗器が大きな降下量を担う——そして逆もまた同様だ。

図2-10を見てほしい。この回路図では、470Ωの抵抗器と直列に入れているのはトランジスタではなく、別の抵抗器だ。ポイントA、B、C、Dで測定した電圧がいくらになるか予想できるだろうか。これはあなたが自分で、非常にすばやく実行できる実験だ。回答（理論値）はこのセクションの終わりにある。

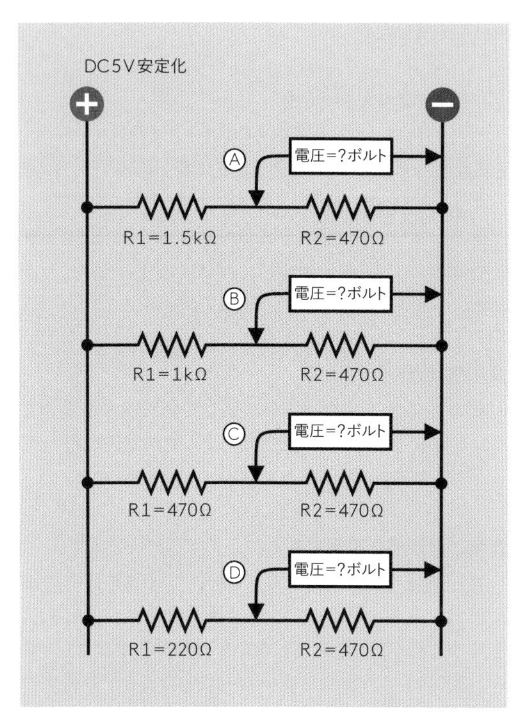

図2-10　分圧器の概念はエレクトロニクスの基礎である。必ず明白に理解しておくこと。

2個の抵抗器の中点での電圧を計算する式を復習しよう。この式において：

- V_Mは中点での電圧
- V_{CC}は電源電圧
- R1は正極側の抵抗器の抵抗値（単位はΩ）。
- R2は負極側の抵抗器の抵抗値（単位はΩ。図2-10の通り）。

この関係は以下のようになる：

$$V_M = V_{CC} * (R2 / (R1 + R2))$$

図2-8の回路のベース電流が増加することでエミッタ電圧が高くなる理由が、これでもうわかったかもしれない。ベース電流はトランジスタの内部抵抗を小さくするのだ。すなわち、トランジスタがエミッタ（あなたが電圧を計測している場所）と正極電源の間に課す抵抗が小さくなる。これにより、あなたが測定する電圧は高くなる。これを図2-11に示す。

エミッタ電圧は電源電圧を絶対に超えられない。同様に、トランジスタのベースにかけられる電圧も、0ボルトから電源電圧の間のどこかになる。なぜだろうか。これは、ベース電圧は1MΩの半固定抵抗器から取られており、半固定抵抗器もまた分圧器として働くからだ。こちらは電源の正極と負極の間で分圧する。

エミッタ電圧はベース電圧を超えられないため、バイポーラトランジスタは電圧を増幅してはいない、と結論することができる。

とはいうものの、エミッタ電圧の変動自体は有用である。これは実験3でフォトトランジスタを使ってみるとよくわかる。

電圧はやわかり

ここまでに正当な理由なしに置いた仮定がいくつかある。これまでの仮定：

- 回路の正極電源は固定値である。
- 回路の中で、電源負極に直接接続された場所の電位は0ボルトである。
- 分圧器の動作は単純な算数で定義できる。
- 電圧や電流は望みの場所で、回路を乱すことなく、計測することができる。

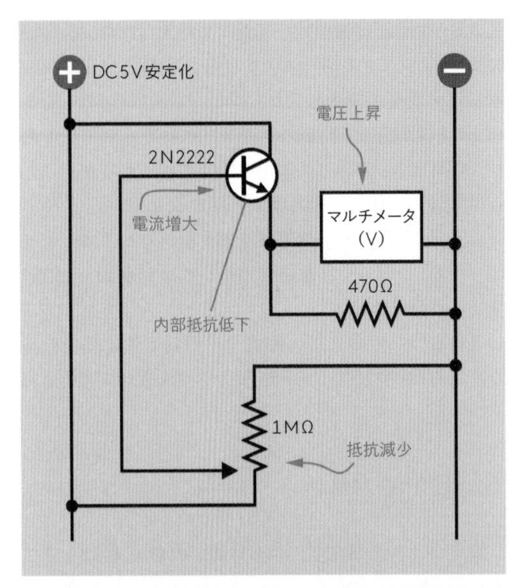

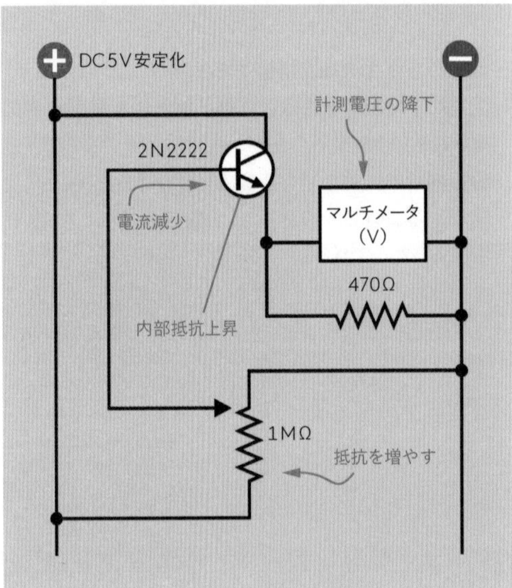

図2-11　NPNトランジスタのベース電流を増やしたとき（上の回路図）と減らしたとき（下の回路図）に起きること。

実世界では、これらの仮定が確かに真であるとは限らない！

V_{CC}はV_{CC}より低いかも

電源には限界があるものだ。低い抵抗値を持つ部品で重い負荷をかければ、これが電圧を降下させることがある。LM7805レギュレータはこの傾向によく抵抗するが、完全ではない。

ゼロはゼロより大きいかも

われわれはグランド電圧を0ボルトだと思っているが、さまざまな部品が電流をグランドに流し込んでおり、またグランドから電源に戻る電線にもわずかな電気抵抗がある。グランドに接続する場所によっては、電源負極に対するグランド電位は厳密にゼロにはならないことがある。

分圧器は近似的

相対的に低抵抗な回路を接続して分圧器から電流をシンクする、すなわち電流を取ると、中点電圧はそれなりに降下する。

計測が計測値に影響する

電圧測定は（電流測定も）、測っているまさにその値に影響することがある。これは計測器自身が内部抵抗を持つためだ。この値は非常に高いが無限ではない（電圧計測時）。また非常に低いがゼロではない（電流測定時）。あなたのマルチメータの内部抵抗が私のそれと異なっていれば、あなたと私の測定値は厳密に同じにはならない。

Make Even More：昔風に計測する

さて、ガジェット大好きな皆さんに（私もだ）、実験2の最高の再現方法を披露しよう。

マルチレンジでマルチファンクションのマルチメータが発明されるよりずっと昔は、1つのことしかできないアナログメータを買うしかなかった。これらはボルト、ミリボルト、アンペア、マイクロアンペアを、固定範囲で計測するものだった。実はこうしたメータは今でも買うことができるし、トランジスタテスト回路に組み込むことができる。こうすると、マルチメータを行ったり来たりしなくてもよい。

eBayで私はよい感じの小型メータをいくつか香港から買うことができた。1個5ドルしかしなかった。（Amazonでも買える。少し高いが配送が早い。）ここで選ぶのは、1つはマイクロアンペア計測で目盛が0から50のもの、もう1つはミリアンペア計測で目盛が0から10のものだ。これらはまさに必要なレンジである。これらのメータを図2-12のようにセットアップした。半固定抵抗を動かすと、針が完璧にシンクロして行ったり来たりするではないか。これを土曜の夜のお楽しみと思える人は（というか、月曜の夜でも）全員ではないと思うが、よい感じのデモになる。

図2-12　2個のアナログメータにより2N2222バイポーラトランジスタの電流増幅能力を即時表示する。手前の青くて四角い部品は、ねじ調整型の半固定抵抗器だ。

トランジスタはやわかり

数字で遊ぶのが好きな人たちがいる。そうでない人たちもいる。適当な部品をでっちあげて何が起きるか見る方が（木工用ボンドを使っても使わなくても）面白いことになるだろうことは認識しているのだが、エレクトロニクスに深入りすればするほど、本当のところ何が起きているかを知ることがどんどん重要になるし、そのためには多少の算数が必要なのだ。本当に大変ということはない。直流回路では、かけ算と割り算より難しいことは、めったに出てこないからだ。交流回路では、本当の数学が必要になる——が、それは本書の範囲を超えている。

以下はこのシンプルなデモから必ず持って帰っていただきたい超重要メッセージだ：

- バイポーラトランジスタは「線形（リニア）」デバイスである、すなわち、コレクタに入る電流とベースに入る電流の比はおよそ一定であり、この2つの変数によるグラフはほぼ直線となる。
- トランジスタの「ベータ値（β値）」とは、その増幅率のことである——これはベース流入電流に対するコレクタ流入電流の比である。
- NPNバイポーラトランジスタのエミッタでの電圧は電流の変動にともない変動する（エミッタにかかる負荷が一定であるとき）。
- バイポーラトランジスタは電圧増幅器ではない。エミッタ電圧がベース電圧を上回ることはできないからである。

さらに追加する事実がある：

- NPNトランジスタの「順方向バイアス」とは、エミッタ電圧に対するベース電圧の相対的正電圧である。「逆方向バイアス」は、エミッタよりベースの方が低い電圧を持つことを意味する。これは避けるようにすること。トランジスタによくないのだ。
- 「遮断領域」は、V_{BE}（順方向バイアス）が約0.6ボルト未満の部分である。この領域では、トランジスタ内の電荷キャリアは十分に活発ではなく、何も起こらない。順方向バイアスが十分でないときにトランジスタを通過する電流は、ごくわずかである（「リーク」という）。トランジスタがスイッチとして使えるのはこのためだ。
- バイポーラトランジスタの「活性領域」は、それが電流増幅器として機能する範囲である。この領域の上限は、コレクタエミッタ間の内部抵抗が下がりきり、電流がほぼ無制限に流れられるようになるところである。これは「飽和領域」で、ここではオーバーヒートが生じる。

もちろん、電流に制限を設けない場合は活性領域でもオーバーヒートはする。トランジスタは常に何らかの電気抵抗とともに使うこと（抵抗器でも、抵抗を持ったほかの部品でもよい）。コレクタとエミッタに電源の両極を直結してはならない。

データシートには$V_{CE(SAT)}$などの語で飽和限界を示している。データシートにはイライラさせられることもある——たとえば、用語の定義がなかったり、部品の使い方を示す回路図が含まれていないことがあるからだ。それでもデータシートは、クリエイティブになって回路を改造する、あるいは自作するとき、不可欠のものだ。何かの部品を初めて使うとき、ネットでデータシートを見つけ、プリントアウトして将来の使用に備えておくのはよい考えだ。

分圧器の問題の回答

A. 5*(470／1970)=約1.2ボルト
B. 5*(470／1470)=約1.6ボルト
C. 5*(470／940)=2.5ボルト
D. 5*(470／690)=約3.4ボルト

数字は以上である。次は光で遊ぼう。

実験

光を音に

From Light to Sound

この実験では、フォトトランジスタに精通していただく。回路図記号を図3-1に示すが、その見た目はバイポーラNPNトランジスタにそっくりだ。実際、コレクタやエミッタの機能は同じである。一番大きな違いは、ベースが入射光によって活性化することで、これをベースに向かう1本または2本の矢印により示している。

記号を囲む丸は省略されることがある。また、2本の直線の矢印ではなく1本のジグザグの矢印になっていることがある。こうしたバリエーションは機能的な違いを示すものではない。ただし、ベース部に接続がある場合、これにより入射光の効果を補うことができる。このタイプのフォトトランジスタは本書では使用しない。ここでこれに触れたのは、読者が見かけたときに、それとわかるようにするためだ。

図3-1　フォトトランジスタを表す回路図記号。左と中央は機能的には同じものだ。右の記号は、入射光により生じる電圧を補うためにベースに接続できることを示す。

フォトトランジスタとフォトレジスタを混同しないこと！

フォトレジスタはよくフォトセル（CdSセル）と呼ばれ、『Make: Electronics』で言及した。こちらは電源を必要としないので使うのが楽である。光に応じて抵抗値を変えるだけなのだ。これは環境に有害とされている硫化カドミウムを含むのが普通であり、https://www.mouser.comのような大規模店で広く在庫されることはなくなっている。eBayでは依然として手に入るが、将来的に入手が難しくなるかもしれないので、回路で指定することを避けるようにした。

現在では代替として、街灯のオンオフからTVのリモコンのボタンを押したときの赤外線の検知まで、フォトトランジスタが広く使われている。

感光性の音

- 各実験で必要な部品の買い方については巻末にまとめてある。「付録B：パーツの購入」参照のこと。

まずは図3-2の回路を組み立てよう。555タイマーを使用したのは、これがいつでもデモに役に立ってくれるからだ。もともとのバイポーラ版555の出力は、LEDやリレー、そしてこの例のように、小型のスピーカーを駆動することができる。より新しいCMOS版（部品番号が7555など）では、これほどの出力は取れない。

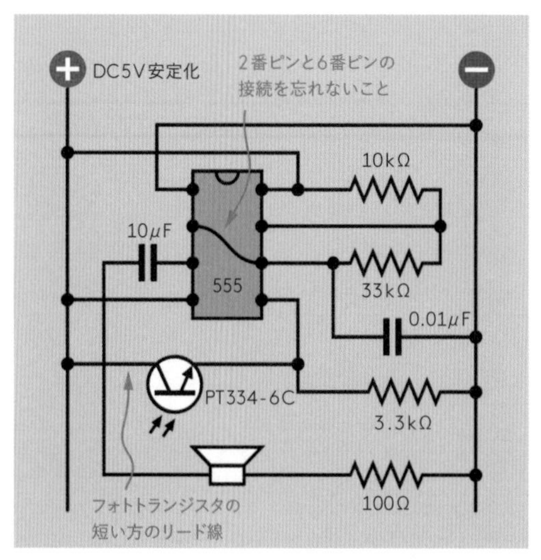

図3-2　このデモ回路はフォトトランジスタの機能を聞き取れる形で示す。

図3-3　555タイマーを使ったフォトトランジスタ・テスト回路のブレッドボード版。フォトトランジスタは中央手前、黄色の配線の近くの透明の物体である。スピーカーは右に部分的に写っている。

フォトトランジスタの向きに注意すること。以下がルールだ：

- 正電流はフォトトランジスタの短いリードから入って長いリードから出る。

このため、短いリードを回路図の左側とするべきである。

これはたいへん紛らわしい。フォトトランジスタはLEDにそっくりであり、あなたはLEDの長い方のリードが、短い方のリードより常に「より正極側」に来ることを知っているからだ。フォトトランジスタは反対を向くのである。フォトトランジスタはLEDの反対だ、と考えることもできる。つまり、光を発するのではなく吸収するのだ。だから接続も反対向きだ、と。

さて、ほかにもルールがある。LEDとフォトトランジスタは外見がほぼ同じなので：

- フォトトランジスタを保管する際は、LEDと混ざらないように、きちんとラベルした容器に入れること！

この回路の写真を図3-3に示す。この写真では、スピーカーに直列の100Ωの抵抗器がない。これはインピーダンス63Ωのスピーカーを使っているからだ。ほかの接続はすべて同じにしてある。

555タイマーの2番ピンと6番ピンを接続するジャンパ線を忘れないこと。このジャンパは写真では緑色、回路図ではチップを横切る線である。接続が正しいと確信できたら電源を入れ、スピーカーの音が、フォトトランジスタに当てる光を変えることでどのように変わるか、たしかめてみよう。

555タイマーのピン配列を図3-4に示す。それぞれの機能は次の実験で詳しく解説する。

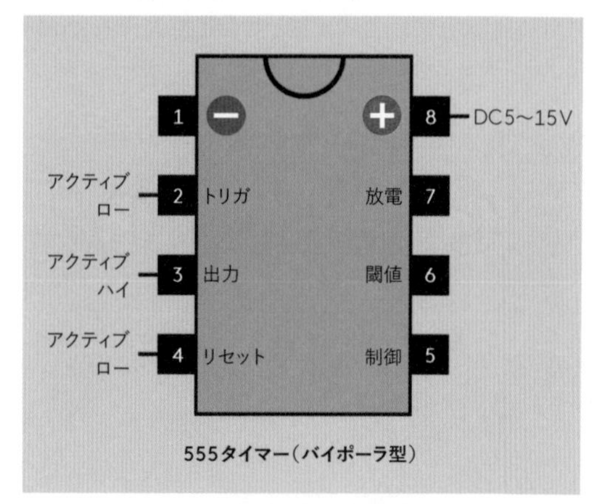

図3-4　555タイマーの各ピンの機能。電源電圧の範囲は、TTLでバイポーラ型のオリジナルのチップにのみ適用される。

10kΩ、33kΩの抵抗器を別の値のものに換えてみよう。また、0.01μFのコンデンサの値を、わずかに上下してみるのもよい。無安定動作時の周波数を決める式を覚えているだろうか。基本情報については次の実験で復習する。一番重要な事実は、5番ピン（チップの右下の角のピン）が、制御ピンであることだ。このピンに加えられた電圧は、タイマーが「オン」サイクルを終えることを決める（そして「オフ」サイクルに切り替える）際の、参照値を変化させるのである。これにより、制御ピンは、タイマーが可聴周波数で動作しているときに出す音の高さを変化させる。

フォトトランジスタと3.3kΩ抵抗器の組み合わせは、12ページ「電圧はどうなるの?」で書いたのと同じく、分圧器になる。フォトトランジスタに光が当たると、その内部抵抗は降下し、タイマーの5番ピンでの電圧を変える。しかし、どのくらいの電圧降下があるのか、どうやればわかるだろうか。確かめてみよう。

光を測る

Measuring Light

- 各実験で必要な部品の買い方については巻末にまとめてある。「付録B：パーツの購入」参照のこと。

図4-1の非常に簡単な回路図を見てほしい。図2-8の回路にそっくりだ。これはすでに作ってある実験3の回路を崩すまでもなく、同じブレッドボード上の別の回路として追加することができる。フォトトランジスタと抵抗器だけを、ブレッドボードの下の方に移動すればいいのだ。

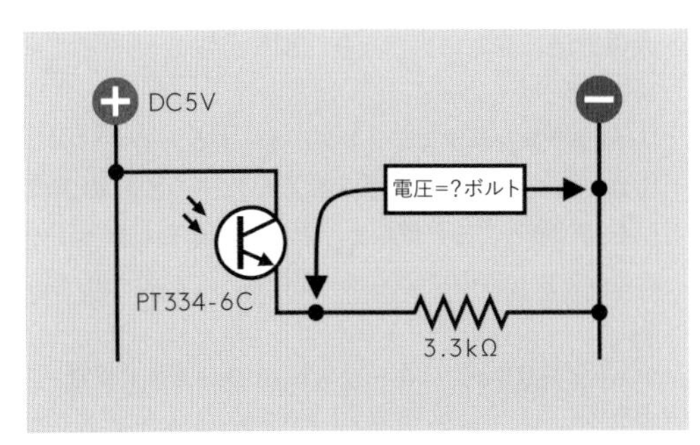

図4-1　フォトトランジスタのテスト回路。

私が選んだ抵抗器は3.3kΩである。これはフォトトランジスタのエミッタからの電圧が最大限に変化しうる値を求めたためで、3.3kΩがちょうどよかったのだ。

それではフォトトランジスタに光を当てて、エミッタでの電圧を測定してみよう。使うのはデスクランプや白色LED、懐中電灯、有色のLEDでもよい。入射光はフォトトランジスタのベースに非常にわずかな電流を生じ、これがコレクタからエミッタに流れる大きな電流として増幅されるのだ。

- 光が強くなるほど内部抵抗は下がる。光がレジスタンス（抵抗）を追い払うと考えれば覚えやすいだろう。

実験2の最後に書いた分圧器の話を覚えていれば、フォトトランジスタの内部抵抗が小さくなるほど、図4-1の回路で測定される電圧が高くなることが理解できるはずだ。フォトトランジスタが正電流源と計測ポイントの間に立てる障壁が、光が当たれば乗り越えやすくなるのだ。この回路の場合：

- 光が強くなればエミッタでの電圧が高くなる。

これは図4-1の通りに配線した場合にのみ正しい。

それでは、図4-2のように入れ替えてみよう。電圧は光が強くなるほど下がる。なぜなら、フォトトランジスタは今度は、計測ポイントと負極グランドの間の抵抗を下げているからだ。

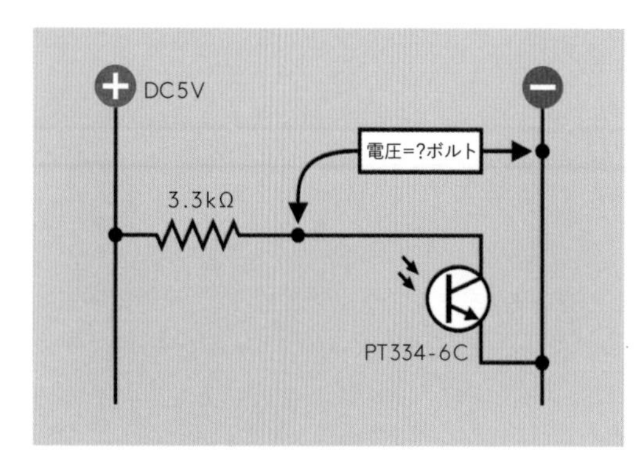

図4-2　フォトトランジスタと抵抗器を入れ替えた場合、2点間の電圧は、光が強くなるほど低くなる。

フォトトランジスタを使う

フォトトランジスタにはさまざまな種類がある。私が選んだものは、光の広範囲の波長を検知するので、どんな色の光を当てても応答があった。ほかに、赤外線LEDで動作させるために、赤外波長のみを検知するフォトトランジスタもたくさんある。フォトトランジスタとLEDが、共通の狭いバンドを使っていれば、ノイズや間違った信号を拾う危険が減るのだ。

マルチメータの内部抵抗が非常に高いことに留意しよう。これを外して、何らかの比較的低い抵抗値を持つ部品に入れ替えた場合、それは3.3kΩ抵抗器と競い合ってフォトトランジスタからの電流を取り、フォトトランジスタを過負荷にするかもしれない（図4-1の場合）。さいわい、われわれが使うロジックチップ、マイクロコントローラそのほかのデジタルデバイスは高い入力インピーダンスを持っているので、フォトトランジスタのエミッタに直接接続できる——ただし適切な電源（これは通常DC5ボルトだ）を使う限りにおいて。

デジタルチップの入力をアナログデバイス（トランジスタやフォトトランジスタなど）で駆動する場合、将来起きうるあらゆるコンディションにおいて、チップが実際に受けうる電圧を慎重に測定し、それが許容範囲に入っているかどうか、確かめておくこと。図B-4参照。

フォトトランジスタはやわかり

- フォトトランジスタは検知する光の波長ごとに分類されている。波長はナノメートル単位である（「nm」と略す）。
- ヒトの目はおよそ380nmから750nmの範囲の光を知覚できる。
- 赤外線は750nmより長い波長を持つ。紫外線は380nmより短い波長を持つ。紫外線のみを検知するフォトトランジスタも存在するが、一般的ではない。
- 赤外線フォトトランジスタの外見は普通、真っ黒なかたまりである。

背景：光子と電子

光はエネルギーの一種であり、フォトトランジスタはこのエネルギーを電子の流れの誘発に使う。光変換部品にはさまざまなタイプがある：

- **フォトダイオード**は光子（光の「粒子」）が入り込める半導体を含んでいる。光子は電子を追い出し、この電子が境界を越えて近傍のn型半導体の層に入り、電位を生じる。この応答はほぼ比例的なものなので、フォトダイオードは光量計に向いている。
- **太陽電池**は非常に大きな表面積を持つフォトダイオードである。
- **フォトトランジスタ**はフォトダイオードと大まかに同じ原理で動くが、外部の直流電源が電子の流れの活発化を助けるところが異なる。このとき電子の流れは光によって生じるのではなく、光によって制御されている。
- **フォトダーリントン**はダーリントントランジスタ同様、2段アンプとして機能するフォトトランジスタである。これは普通のフォトトランジスタより光感受性が高いが、応答時間は遅い。
- **フォトレジスタ**、または「CdSセル（フォトセル）」は、光に反応して抵抗値が小さくなるものだ。

555はやわかり

『Make: Electronics』には555タイマーについての非常に詳細なセクションがある。ここではおさらいのため、重要な細部を少々まとめておく。

各ピンの機能

部品をテストするために単発のパルスが、あるいは連続的なパルスが欲しいとき、何も考えずに555を持ってこられるようになっていると便利である。図3-4には、このタイマーチップの各ピンの名称が書いてある。

単安定回路

図4-3は555の単安定モード（ワンショットモード）の基本的なふるまいを思い出せるようにした図だ。トリガーピンにかかる電圧がローに遷移すると、出力ピンがハイパルスを生成する。パルスの持続時間は抵抗器R1とコンデンサC1によって決まる。抵抗器を通じてコンデンサがチャージされるからである。タイマーのリセットピンは、意図せず作動させることを防ぐため、使わないときは電源正極につなぐようにする。

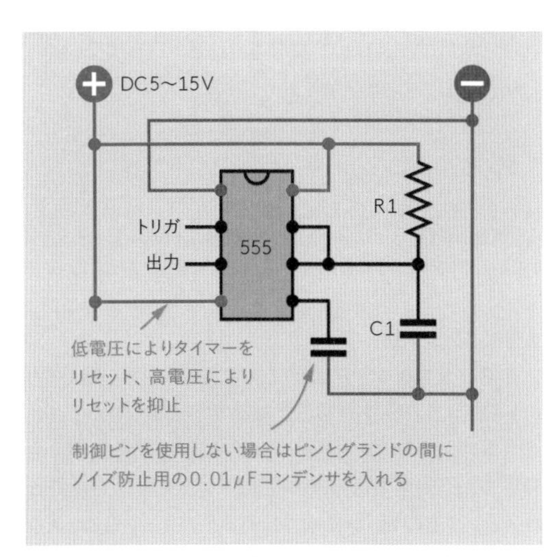

図4-3　555タイマーの単安定モードでの典型的な配線を簡潔に示した回路図。

単安定パルスの持続時間

図4-4は抵抗器R1およびコンデンサC1のさまざまな値におけるパルス持続時間（単位：秒）の早見表である（単安定モード）。もっと詳しい表は、『Make: Electronics』やメーカーのデータシートに掲載されている。

コンデンサC1	各R1での単安定パルス持続時間				
	10kΩ	33kΩ	100kΩ	330kΩ	1MΩ
0.01μF	0.00011	0.00036	0.0011	0.0036	0.011
0.1μF	0.0011	0.0036	0.011	0.036	0.11
1μF	0.011	0.036	0.11	0.36	1.1
10μF	0.11	0.36	1.1	3.6	11
100μF	1.1	3.6	11	36	110

図4-4　単安定モードで動作する555タイマーのパルス持続時間（単位：秒）。

無安定回路

図4-5は555を、連続したパルスを生成する無安定モード（フリーランニングモード）で機能させるための、基本配線のおさらいである。この配置では、タイマーチップは自力で起動し、(a) 電源が接続されており、(b) リセットピンの電圧がローに落とされない限り、動作し続ける。

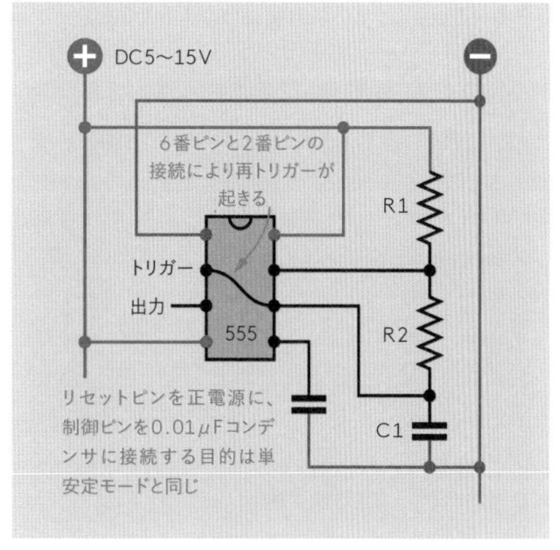

図4-5　無安定モードで機能する555タイマーの配線を簡潔に示した回路図。

無安定モードの基本原理

図4-6は、コンデンサC1を抵抗R1およびR2を通じて充電し、R2を通じてチップの中に放電するという、無安定モードでのオペレーションの基本原理を示した図だ。この図は、「オン」出力の持続時間が「オフ」出力の持続時間より常に長くなるのはなぜかを説明している。

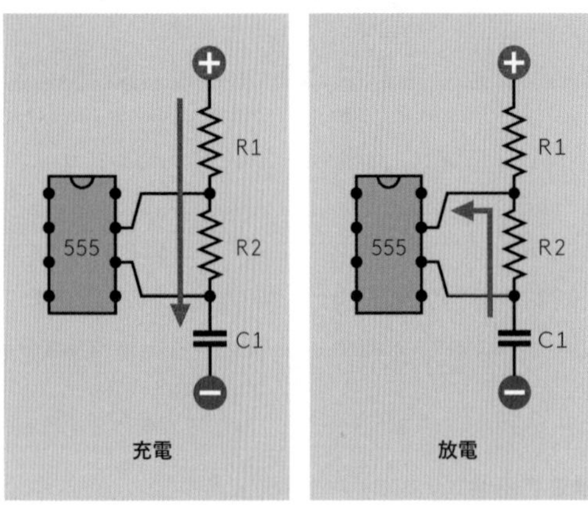

図4-6　無安定モードで555タイマーが動作する基本原理。コンデンサC1をR1＋R2を通じて充電し、R2を通じて放電する。

無安定モード周波数

図4-7は、無安定モード動作でR1が10kΩであるときの、C1およびR2のさまざまな値に対する出力周波数（Hz）の早見表である。（R1にはもっと小さな値を使うこともできるが、チップの消費電力は大きくなる。）

コンデンサC1	各R2での無安定周波数（Hz、ただしR1=10kΩ）				
	10kΩ	33kΩ	100kΩ	330kΩ	1MΩ
0.001μF	48,000	19,000	6,900	2,200	720
0.01μF	4,800	1,900	690	220	72
0.1μF	480	190	69	22	7.2
1μF	48	19	6.9	2.2	0.72
10μF	4.8	1.9	0.69	0.22	0.072
100μF	0.48	0.19	0.069	0.022	0.0072

図4-7　無安定モードの555タイマーの出力周波数。R1が10kΩ固定、R2およびC1がさまざまな値のとき。

総サイクル時間

無安定モードのタイマーの総サイクル時間は、R1＋R2＋R2に比例する。これは「総サイクル」が、1個の「オン」パルス、および、「次のパルスまでの隙間」でできているからだ。これを図4-8に図解する。

周波数の計算

R1とR2がkΩ単位、C1がμF（マイクロファラッド）単位であるとき、単安定モード動作の555タイマーの周波数F（ヘルツ）は次の式で計算できる（RはR1＋R2＋R2）：

F＝1440／（R＊C1）

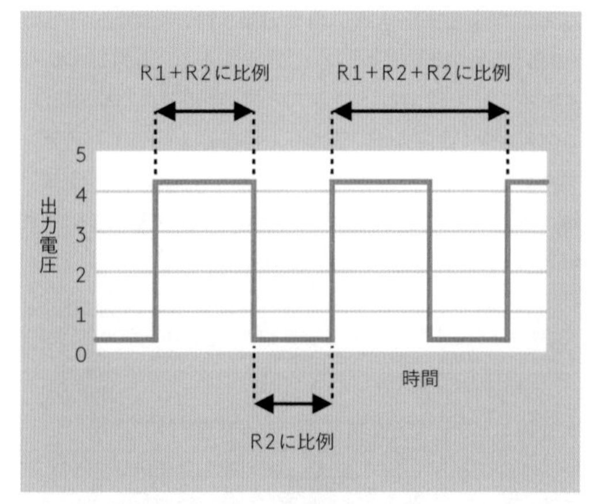

図4-8　無安定モード動作の555タイマーの「オン」および「オフ」持続時間の図解。1つのサイクルの始まりから次のサイクルの始まりまでの合計時間が、なぜR1＋R2＋R2に比例するかを示している。

大きなコンデンサ

非常に大きなコンデンサ（たとえば470μFを超えるもの）を使うと、リークがあるため結果が安定しない。これはコンデンサの（特に電解コンデンサの）望ましからぬ特性で、不完全であるがゆえにチャージの一部が失われるというものだ。大きなコンデンサのリーク量は、大きな抵抗を通じてチャージしている場合、流入する電流に匹敵しかねない。

速度計測

555タイマーがどのくらいの速度で動作しているか知りたいが、ストップウォッチで記録できるより高速な動作で、オシロスコープも持っていないという場合、コンデンサを10倍または100倍の値に交換することで、パルス持続時間をこれに比例して長くできる。ただし、コンデンサの製造上の許容誤差は非常に大きく、また上記のリークの問題もあるため、交換で得られる値は近似的なものである。

電源

555の電源は下はDC5ボルトから上はDC15ボルトまで使え、これがパルスレートに大きな影響を与えることはない。

出力電圧

555のハイ出力電圧は電源電圧よりわずかに低い。この出力で、入出力電圧にうるさいロジックチップを駆動したいときは、555を極端に遅く（たとえば5秒のパルスで）動かすことでマルチメータの応答時間を確保した上で、出力電圧をチェックすること。ロジックチップの入力には10kΩのプルアップ抵抗またはプルダウン抵抗を使うとよいかもしれない。

ここまでのおさらいに怪しいところがあるときは、『Make: Electronics』に戻るか、ほかの入門書を見るか、メーカーのデータシートを参照して明快にしておいていただきたい。

CMOS対バイポーラはやわかり

オリジナルタイプの555タイマー（今も製造されている）はバイポーラトランジスタを内蔵している。これはよく「TTLチップ」と呼ばれるもので、以下の特徴がある：

- 静電気に非常に弱くはない
- 広範囲の電源電圧に対応している
- 200ミリアンペアまでをソースまたはシンク（吐き出したり吸い込んだり）できる
- スイッチオン時オフ時にノイズスパイクを生成する
- 電力消費が相対的に大きい

もっと新しいCMOS版には違った特徴がある：

- 静電気には、より弱い
- 電源電圧の許容範囲が狭い
- 大きな電流をソース、シンクできない（具体的な値はメーカーにより異なる）
- スイッチング時に電圧スパイクを生成しない
- 非常に低消費電力

まぎらわしいことに、CMOS版もバイポーラ版も「555タイマー」と呼ばれ、パーツナンバーも非常に似たものがある。たとえば、テキサス・インスツルメンツの場合、TLC555-Q1がCMOS版、NE555Pがバイポーラである。さらにまぎらわしいことに、CMOS版の一部は3.3ボルト・デバイスで、ほかにDC5ボルトを必要とするものがあり、さらには広範囲の電圧を許容するものがある。

自分で購入する際は、データシートを慎重に読むこと。CMOS版の555タイマーではこの実験のスピーカーは駆動できないだろう。

ワーワーさけぶ

That Whooping Sound

実験

555タイマーの制御ピンをフォトトランジスタで動かす代わりに、もう1つの、ずっと遅い動作にしたタイマーチップを使うという方法がある。こうすると、サウンドの周波数を自動的に上下させることができる。

図5-1は前の回路図を下に拡張したものだ。（ブレッドボード版の写真を図5-2に示す。）第2のタイマーの出力は、47μFのカップリングコンデンサ経由で、最初のタイマーの制御ピンに接続されている。カップリングコンデンサは、なぜ入れてあるのだろうか。ワーワーした声を作り出すためだ。どういう意味だろうか。それは、聞けばわかるはず。

第2のタイマーでは、1μFまたは10μF（どちらでもよい）の計時コンデンサのチャージに、150kΩの抵抗器を使う。まずは10μFのコンデンサで試してみよう。これはタイマーを、およそ1秒につき1サイクルで動作させる。最初これは第1のタイマーに影響を及ぼさないが、第2のタイマーの出力が47μFのカップリングコンデンサをゆっくりチャージするにつれ、第1のタイマーの出す音がだんだん高くなる。続いて下のタイマーが「オン」サイクルの終わりに達し、「オフ」サイクルに入る。こうなると、カップリングコンデンサは放電して、上のタイマーの周波数は元の低さに戻ってゆく。

この種の回路は『Make: Electronics』の実験17にも入れたが、発生するサウンドが違う。なぜそうなるのか、あちらの回路図を次に示す回路図と比較して、理由がわかるか考えてみるのもよいだろう。

図5-1の、10μFの計時コンデンサを1μFに交換すると、すべては10倍の速さになり、よくある警報機の、特徴的なうるさい音が出る（これが「ワーワーした」サウンドだ。）一番うざったい、うっとうしい音にたどり着くというお楽しみには、計時コンデンサや計時抵抗を別の値にしたり、カップリングコンデンサをいろいろ変えるなどするとよい。

フォトトランジスタは可能性を広げてくれる。フォトトランジスタに当たる光を変えたり、上で指を振って非常に速く変化させて、何が起きるか確かめてみよう。

フォトトランジスタを2個にして、両方のタイマーについて制御ピン電圧を変えた場合は何ができるだろうか。

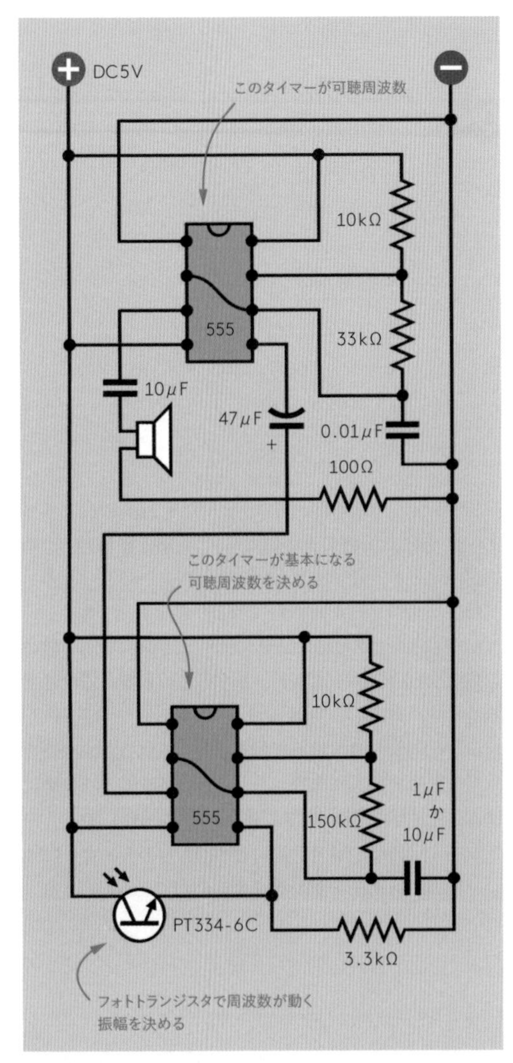

図5-1　2個目の555タイマーを使って1個目のタイマーの制御ピン電圧を変えると、本当にうっとうしい「ワーワーした」音が出せるようになる。

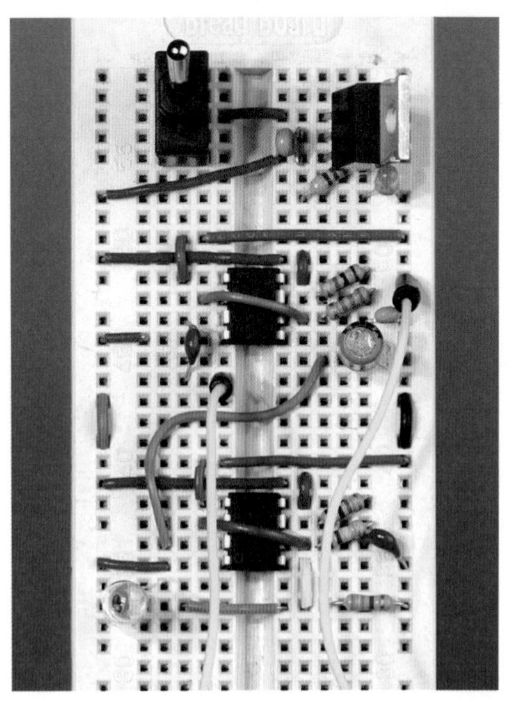
図5-2　2タイマー回路のブレッドボード版。

Make Even More

555タイマーにはさまざまな変種が存在し、これらは前の実験の最後で挙げたさまざまな制限を回避するように作られている。

- 7555はピンコンパチだが消費電力が小さく、電圧的にもDC2ボルト以下から動作し、回路に与えるノイズも小さい。電源電圧や供給可能電流の最大値はメーカーごとにさまざまだ。
- 4047Bは機能が追加されていてさらに用途が広い。トリガーピンの1本はプラスからマイナスへの、もう1本はマイナスからプラスへの電圧遷移に応答する。出力も2本が相補的で、1本がハイのときにもう1本がローになる。また、ワンショットとマルチバイブレータモードがピン設定で切り替えられるようになっている。電源電圧の範囲はバイポーラ版の555と同等である。
- 74HC221は2連単安定タイマーチップだ。2つのタイマーが入っており、それぞれがワンショットモードで動作する。互いをトリガーするように配線すると連続パルスを出力するが、このハイ時間とロー時間は個別に設定できる。電源電圧は最高でDC7ボルトだが、実際はDC5ボルトを意図したデバイスだ。

- 4528Bは74HC221と似たコンセプトの2連単安定タイマーだが、オールドスタイルのCMOSデバイスで、電源電圧の許容範囲が広い（DC15ボルトまで）。
- ほかの2連単安定タイマーとしては74HC123、74HC423、74HC4538、4098Bがある。どれも同様の基本理念で作られているが、仕様が少しずつ異なる。
- 556は2個の555を内蔵した2連タイマーである。互いをトリガーするようにして使用できるが、クラシックな555でおなじみの制限がある。556チップは以前より人気がなく、いずれは手に入らなくなりそうだ。この理由により、また単一のチップを基板の好きな場所にそれぞれ入れる方が便利な場合が多いため、本書では556チップを使用しない。
- 最後に、24ステージカウンターを内蔵した75HC5555を紹介したい。これはクロック周波数を約1,600万分の1にして使うことができるので、日単位のインターバルが設定可能だ。外付けの水晶発振子を使えば抵抗とコンデンサの組み合わせよりずっと正確になるが、水晶発振子は普通非常に高速なため、パルスの最大持続時間が短くなってしまう――これは2個以上のタイマーを連鎖させ、出力で次のタイマーをトリガーするようにすれば回避できる。

これほど多くの代替があり、それぞれが555に欠けた機能を誇るにも関わらず、なぜバイポーラ版の古い555が人気であり続けているのだろうか。おそらくは、誰もが慣れているというのが大きい。QWERTYキーボード同様、理想ではないものの、誰もが使い方を知っているのだ。また、昔のオリジナルのバイポーラでスルーホールのバージョンが、あらゆる後継者たちより大きな電流をソースできるというのもある。クイック＆シンプルな回路に便利なのだ。

そして安い！

上記の変種たちをいくつか試すことは考慮に値する。私としてはタイマー遊びには飽きることがない。シンプルなチップたちが非常に多くの可能性を作り出すからだ。しかしもう次に行こう。使うべき新しい部品があるのだ：コンパレータである。

イージーオン、イージーオフ

Easy On, Easy Off

直近の2つの実験では、フォトトランジスタに当たる光量に応じて出力の様子を徐々に変える方法を見てきた。これは有用な道具だ――しかしまだ可能性は十分発揮できていない。実際の用途を考えると、光を感じるガジェットには2つのはっきりした状態が欲しい：オンとオフだ。たとえば侵入警報機では、誰かが光線を遮ることでトリガされ、明瞭なシグナルを送ってほしい。これは徐々には、あるいは中間的な状態では機能できない。

フォトトランジスタの漸次的な出力を明確に定義されたシグナルに変換する方法がないだろうか。もちろんある。コンパレータ（比較器）は、そのためのツールだ。

比べてみよう

図6-1の回路図を組み立てよう。500kΩの可変抵抗はブレッドボードに挿した半固定抵抗器だ。フォトトランジスタは前回同様、3.3kΩの抵抗と直列に配置するが、今回はエミッタを100kΩの抵抗を介してLM339チップの入力ピンに接続する。このチップがコンパレータを内蔵している――実は4個ばかり。とはいえ、われわれが今使うのは1個だけけだ。使っていないコンパレータは、このデモの間は未接続でよい。

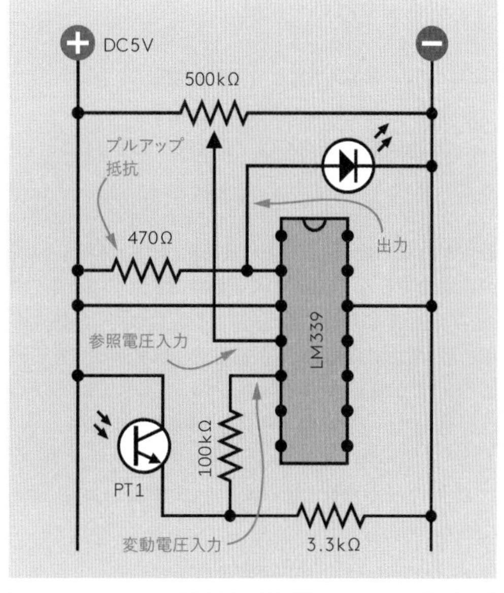

図6-1　コンパレータ使用回路の第1段階。フォトトランジスタに落ちる光に反応してLEDをオンオフする。

半固定抵抗器は調整範囲の中央あたりにセットしておく。フォトトランジスタは当初は覆いをかけて、光が当たらないようにしておく。光が入るようにすると、LEDが点灯するはずだ。光をまた遮ると、LEDは消灯する。

500kΩの半固定抵抗はコンパレータの**参照電圧**をセットする。半固定抵抗器は電源の正極～負極間の分圧器になるので、ワイパーが範囲の中央あたりにあるとき、参照電圧はおよそ2.5ボルトとなる。

暗いときは、フォトトランジスタのエミッタからの電圧は2.5ボルト未満であり、コンパレータは応答しない。明るくなると、フォトトランジスタのエミッタからの電圧は2.5ボルト以上になる（なぜそうなるか覚えてますよね?）。コンパレータはこの出力の変化を検知する。（100kΩの抵抗は、次の段階で部品を追加したときに必要になるもの。コンパレータの入力インピーダンスは非常に高いので、この抵抗がチップの入力電圧に影響を与えることはない。）

それではフォトトランジスタに中程度の光を当てたままにして、半固定抵抗を動かしてみよう。これはコンパレータが見ている参照電圧を変えることであり、LEDはオンになったりオフになったりする。

コンパレータはやわかり

- コンパレータは入力にかかる**変動電圧**を、別の入力から得られる固定的な**参照電圧**と比較する。
- この参照電圧の設定には可変抵抗が使用できる。

ここまでは順調だ。ところが、フォトダイオードに落ちる光がLEDのオン・オフされる光量付近で非常にわずかに変動すると、問題が出る。観察しよう。フォトダイオードを影の中に入れてから、光を少しずつ、LEDが点灯するところまで強めていく。そこからわずかに光を弱めると、LEDが明滅するはずだ。

これを図6-2に図解する。この明滅を「ハンチング」という。コンパレータが行ったり来たり、出力をオン状態にすべきかオフ状態にすべきか決められない渉猟（しょうりょう）状態にあるからだ。

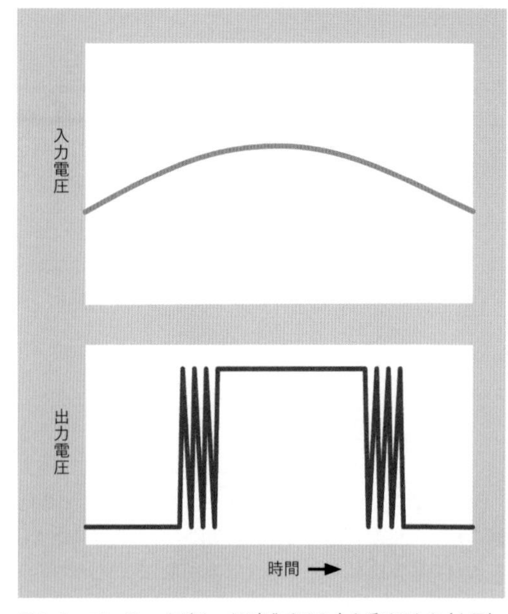

図6-2　コンパレータがゆっくり変化する入力を受けるとき（上図）、その出力はオン・オフ間を不規則に発振する（下図）。

これはどうしたら防げるだろうか。**ポジティブ・フィードバック**という非常に強力な手段を使えばよい。

フィードバック

図6-3は、同じ回路の右側に可変抵抗器を追加したものだ。図6-4はこの回路のブレッドボード版である。

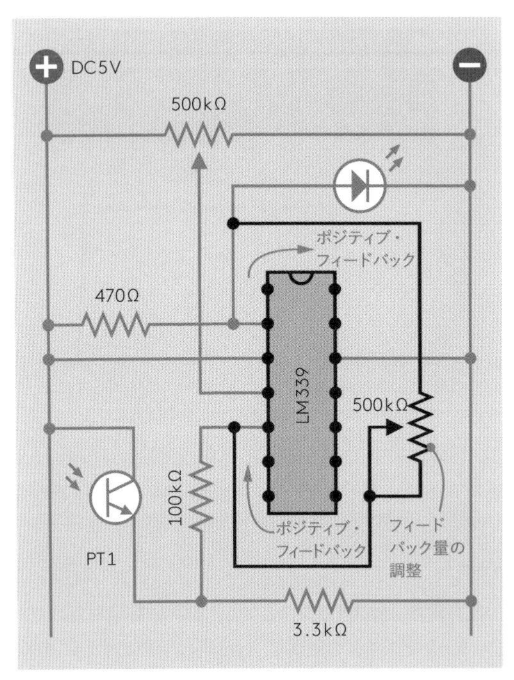

図6-3　基本のコンパレータ回路に、出力をきれいにするためのポジティブ・フィードバックを追加した。

図6-4　ポジティブ・フィードバック付きコンパレータ回路をブレッドボード化したもの。2個の半固定抵抗器、左下にはフォトトランジスタ、そして出力表示用のLEDがある。

この回路の基本コンセプトを図6-5に示す。コンパレータチップの2番ピンから5番ピンへの接続がある。2番ピンは出力ピンだ（LEDをコントロールする）。5番ピンは変動入力だ——フォトトランジスタはここに100kΩの抵抗器を介して接続されている。だから図6-3の第2の可変抵抗は、出力からいくらかの電圧をもらい、それを入力にフィードバックする。これがポジティブ・フィードバックだ。

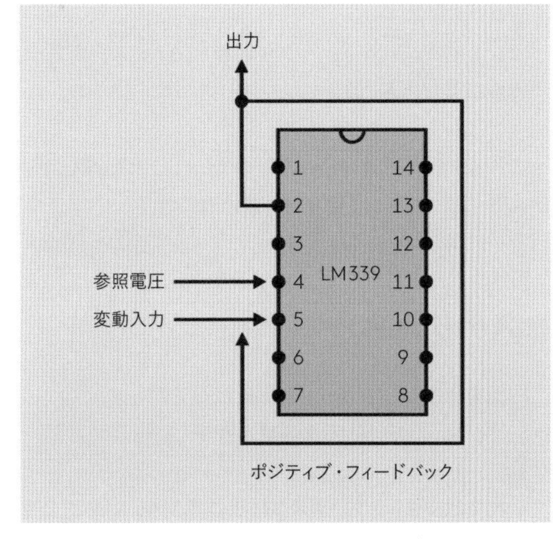

図6-5　ポジティブ・フィードバックの基本コンセプト。

半固定抵抗器が両方とも中央付近にあるとき、フォトトランジスタに当たる光を（先ほどと同じように）少しずつ変えてみれば、LEDが明滅しなくなっているのが観察できる。オンかオフかのいずれかだ。

ポジティブフィードバックは以下のように動作する：

- 出力がいくらかプラスになると、回路はそれをフィードバックループを介して戻し、入力に加える。
- 入力電圧が高くなると、出力はブーストされる。
- さらに高くなった出力が戻されることで入力がもう少し強化される。

これがきわめて素早く起きるので、LEDは点灯し、そのままになる。次にフォトトランジスタに当たる光を少しずつ暗くしていこう。最初は何も起きない。なぜなら入力を維持するに足るフィードバックが依然として存在するからだ。しかしさらに暗くなっていくと、以下のことが起きる：

- 入力電圧の低下により出力電圧が低下する。
- 出力からのフィードバックが入力をそれほど強く持ち上げなくなる。
- ポジティブ・フィードバックが奪われると、入力電圧は急速に落ち込み、コンパレータ出力がローになる。

これもきわめて素早く起きるので、LEDは明滅したりだんだん暗くなったりせず、一気に消灯する。

ヒステリシス

右側の半固定抵抗器を回し、抵抗値を減らす。これはポジティブ・フィードバックの量を増やし、観察が容易になる。

それではフォトトランジスタに当たる光を、ごくごく僅かに変えてみよう。デスクランプを使っているなら、手をランプに近づけることで、エッジのぼやけた非常にソフトな影を落とすことができる。

LEDが点灯してから、光をわずかに減らしても、LEDは点灯したままになる。これはコンパレータが「粘着」するようになった、と考えてよいだろう。オン状態に粘着しているではないか。

最終的に消灯したら、ゆっくりと光を増やしていくと、コンパレータがオフ状態にも粘着するのがわかるだろう。図6-6はこれを図示したものだ。

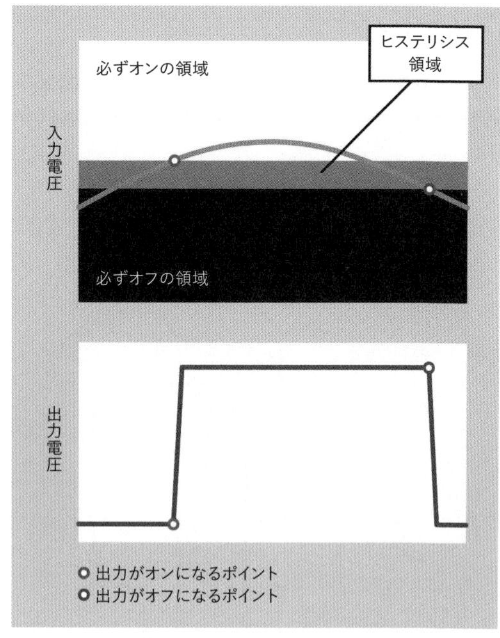

図6-6　ポジティブ・フィードバックがあると、コンパレータの出力はハイ状態やロー状態に粘着するようになる。この粘着ゾーンがヒステリシス領域である。

この現象を**ヒステリシス**という。非常に有用なものだ。フォトトランジスタを使って、日没時に照明をオンにするものとしよう。沈みつつある太陽の前を雲が通過して光が少々変動するとする。こうした光量のわずかな変化で、照明がいちいち点いたり消えたりしてほしいだろうか。そんなことはなかろう。照明がひとたびオンになれば、ちょっとした変化があっても、オンのままでいてほしいものだ。

ヒーターを制御するサーモスタットがあるとしよう。そして室温がたとえば70°F（21.1°C）まで落ちたらヒーターをオンにしたいものとする。ヒーターが一度オンになったら、たとえば誰かがサーモスタットの前に来てわずかに暖かい空気が当たったからといって、簡単にオフになるのは望まないものとする。温度がたとえば72°F（22.2°C）にならない限り、ヒーターにはわずかな変動を無視してほしいのだ。また、ひとたびヒーターがオフになれば、70°Fまで落ちない限り、ふたたびオンにはなってほしくない。この場合、70°F〜72°Fがヒステリシス領域である。

ヒステリシスの量は、コンパレータへのポジティブ・フィードバックの量を変えることにより調整できる。抵抗値を小さくすればフィードバックが増えるので、コンパレータが無視する入力の変動量は大きくなり、出力は単純になる。図6-7はこれを図示したものだ。

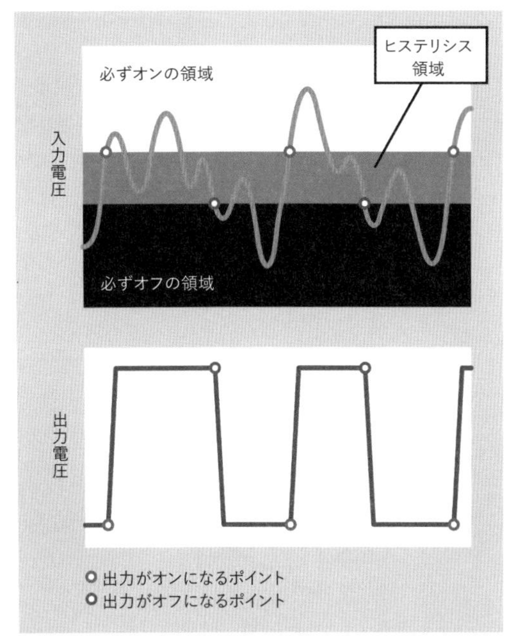

図6-7　コンパレータ回路のポジティブ・フィードバックを増やすとヒステリシスが増え、コンパレータが無視する信号の不規則変動量は大きくなる。

図の下半分はわれわれがコンパレータに期待する出力で、入力の小刻みな動きをすべて無視している。基本的に、コンパレータはグレーの領域での変動は一切無視し、信号がグレーエリアを上抜けして「絶対オン」領域に入るか、または下抜けして「絶対オフ」領域に入るかしないと応答しない。

ヒステリシスが通常、図6-8のようなグラフで図解されることは知っておいた方がいいだろう。こうしたグラフはエレクトロニクスの書籍でよく見かけるが、少し理解しにくいものだ。右側のカーブは、コンパレータの入力電圧が（横軸を左から右に）少しずつ増加したときの出力（縦軸）の様子を示したものだ。コンパレータは出力をオンにする前に少しだけ待つことがわかる。そして入力電圧がスムーズに少しずつ下がっていくとき、コンパレータは出力をオフにする前に少しだけ待つことが、左のカーブによって示されている。

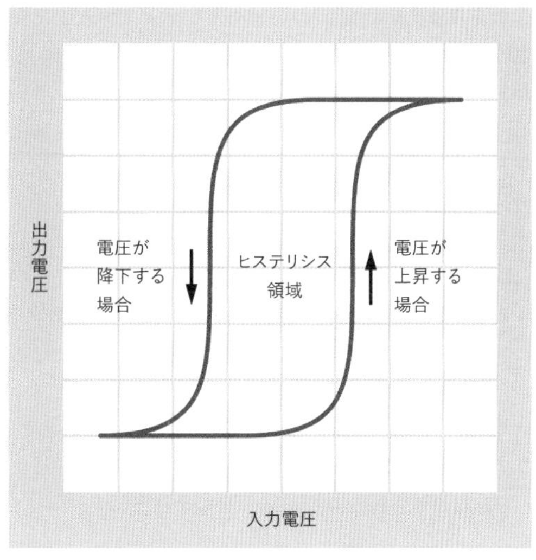

図6-8　古典的なヒステリシス図解。詳細は本文を参照。

回路図記号

それではコンパレータについて少し詳しく書こう。まずは回路図記号を図6-9に示す。コンパレータはロジックチップ同様、電源供給が必要だ。私はこれを正負の記号で示したが、回路図ではコンパレータの電源は省略されることが多い。そこに電源があることは誰でも知っているので、回路図を描く人もわざわざ入れないのだ。

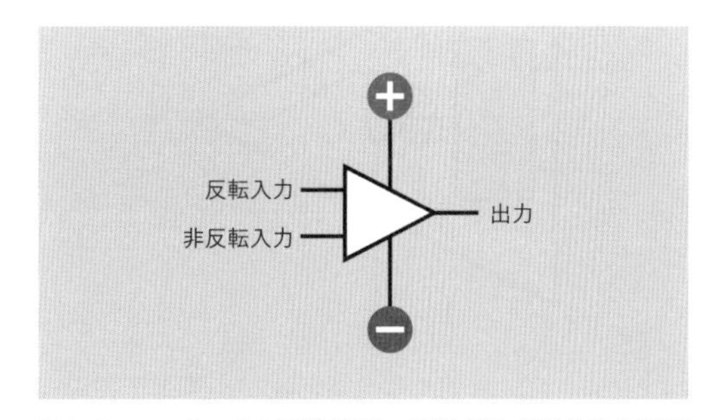

図6-9　コンパレータの回路図記号。電源は常に必要だが、回路図内に示されるとは限らない。

回路の参照電圧は、実際にはコンパレータの「反転」入力を通じて印加されている。フォトトランジスタからの変動電圧は「非反転」入力を使っている。入力がこんな名前になっている理由は少し後で書く。回路図記号的には、2つの入力にはプラスとマイナスの記号がついている——ややこしいが、これらはプラスやマイナスの電圧をかけるという意味ではない。

プラスとマイナス、はやわかり

- コンパレータは「プラス」入力が「マイナス」入力より相対的に正に変化したときオンになる。この「プラス」入力を非反転入力という。
- 同様に、コンパレータは「マイナス」入力が「プラス」入力より負に変化したときオンになる。この「マイナス」入力を反転入力という。

出力

これまでコンパレータの出力について話してきたが、実は多くのコンパレータは単純なハイやローの出力を行わない。オープンコレクタ出力になっているのだ。これを図6-10に示す。

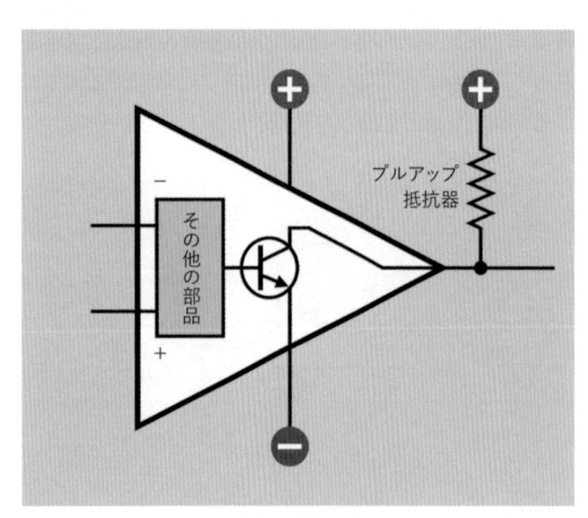

図6-10　コンパレータの内部動作の略図。負極グランドを共有する限り、2つの正電圧が同じである必要はない。

実際のコンパレータにはさまざまな部品が内蔵されているが、ここでわれわれが着目したいのは出力トランジスタである（しばしばバイポーラ版だ）。このトランジスタはオンになると導通するので、外付けされたプルアップ抵抗を介して電流をシンクし（吸い込み）、負極グランドに捨てる。ほかに接続された部品があれば、そこからも同様に電流をシンクする。このとき、コンパレータはロー電圧を出力するように見える。

トランジスタがオフになると、電流を遮断する。プルアップ抵抗からの電流はコンパレータ経由でシンクされなくなるので、その出力に接続された部品に向かって流れるようになる。このとき、コンパレータはハイ電圧を出力する（ハイ出力になっている）ように見える。

図6-11はコンパレータの動作の様子を図解したものである。

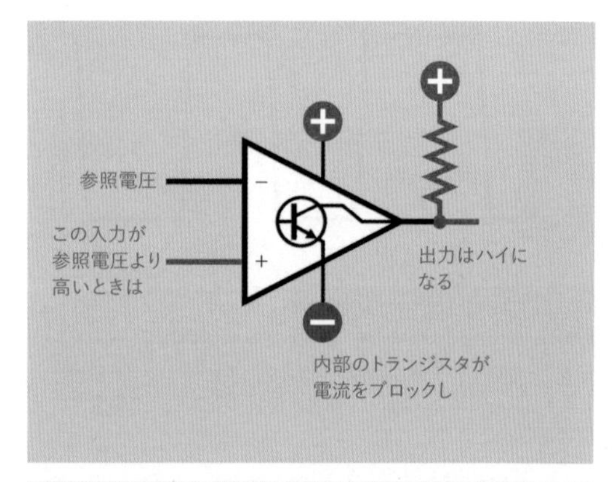

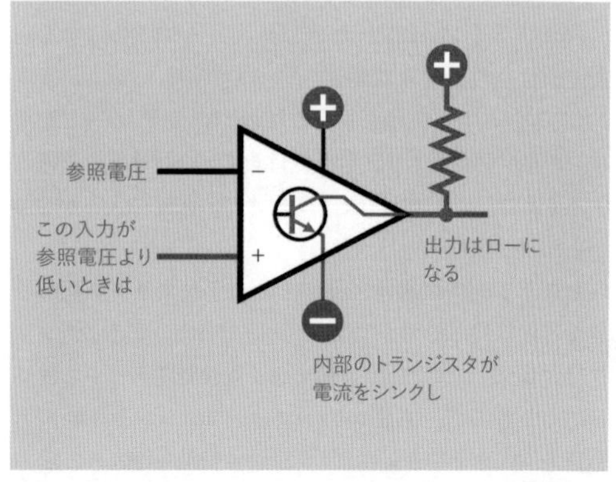

図6-11　コンパレータが非反転モード（電圧がプラス／非反転／ターミナルに加えられている）で使用されているとき、その出力はここに示すようにふるまう。

実用的には、コンパレータ内部のトランジスタが何をしているか覚えておく必要はない。コンパレータの「ハイ」出力が実際にはプルアップ抵抗から来ており、「ロー」出力とは電流がコンパレータ経由でシンクされている状態であることだけを、覚えておけばよい。

図6-1で、なぜLEDにいつもの直列抵抗が付けられていないのか不思議に思ったかもしれない。これはLM339がオープンコレクタ出力であり、つまりLEDは実際には470Ωのプルアップ抵抗経由で電源供給されているためだ。

それでは出力についてまとめを書いておこう。

はやわかり・もっとコンパレータ

- コンパレータがオープンコレクタまたはオープンドレインであれば、出力には必ずプルアップ抵抗が必要だ。これを入れなければコンパレータは動作しない。使うコンパレータのデータシートを必ずチェックすること。
- 低い値のプルアップ抵抗を使うと、シンクされる電流が増え、コンパレータが焼き切れることもある。疑問を感じたら、マルチメータを使い、プルアップ抵抗からコンパレータの出力ピンに流れる電流をチェックすること。
- ほとんどのコンパレータの出力は、ロジックチップなど、高い入力インピーダンスを持つデバイスに接続する必要がある。こうしたチップが要求する電流は小さいので、5kΩなどの比較的高い値のプルアップ抵抗が使用できる。実験4の470Ωという比較的小さな抵抗は、コンパレータがLEDを駆動する必要があったためである。
- コンパレータは20ミリアンペアを大きく超える電流をシンクできない。もっと電流が必要なときは、出力にトランジスタを外付けすればよい。

さて、次のポイントは非常に大事で、しかも新しい概念だ：

- プルアップ抵抗に供給される正電圧とコンパレータの電源電圧は、負極グランドを共有している限り、同じである必要はない。たとえばコンパレータの電源として負極グランドに対してDC5ボルトというものを使った上で、プルアップ抵抗を同じ負極グランドに対するDC9ボルトで駆動することができる。つまり、コンパレータは電圧増幅器の機能を果たすことができる。

非常に興味深い——今やわれわれは電流を増幅する方法（トランジスタを使う）に加え、電圧を増幅する方法（コンパレータを使う）を知っていた。この情報は将来役に立つはずだ。

ただし内部のトランジスタであまり多くの電流をシンクしないよう注意すること。データシートには限度値が書いてあるはずだ。

チップの内部

本実験ではLM339を使用したが、それは最古のタイプのコンパレータでありながら依然として広く使われているためだ——しかもすごく安い！　図6-12を見れば、これが実際には4回路コンパレータであること、つまり4個のコンパレータを内蔵していること、実験ではそのうちの1つしか（今のところは）使っていないことがわかるだろう。

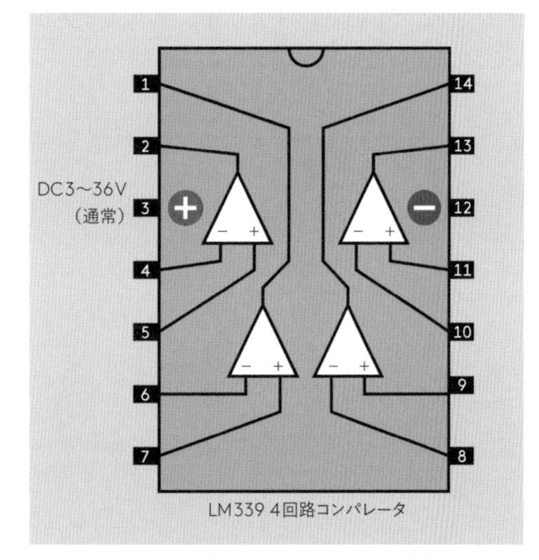

図6-12　LM339チップには4個のコンパレータが内蔵されている。

回路の書き換え

図6-3に示した回路図は、ブレッドボードに移すのが一番簡単になるようにレイアウトしたものだ。しかし普通の人は、ブレッドボード化がしやすいように回路図を描いたりしない。電源正極を上に、負極グランドを下に、入力を左に、出力を右に置くのだ。この慣習は、回路を初見で理解しやすくするために使われている。

図6-13はこうした回路図の例で、コンパレータを使ったものだ。部品やその接続状態は図6-3と同じだ。

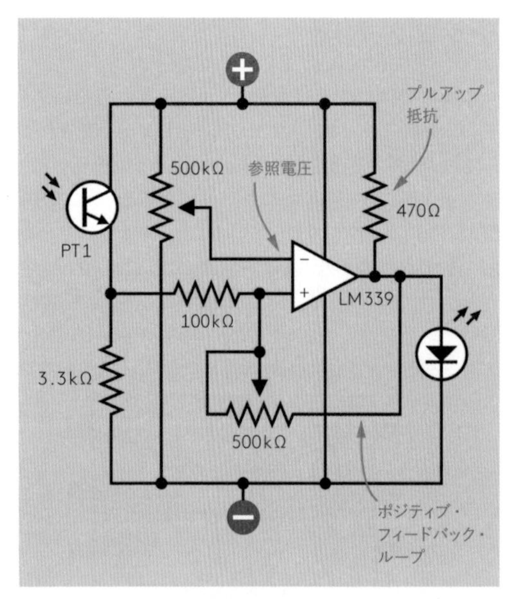

図6-13　コンパレータを使った基本のポジティブ・フィードバック回路の、より一般的なレイアウト。

そして図6-14には、そのエッセンスを示す。

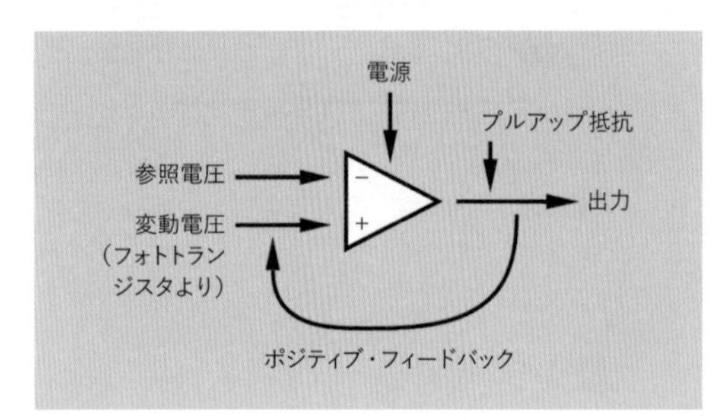

図6-14　ポジティブ・フィードバック回路におけるヒステリシスの基本概念。

警告：反転したコンパレータ

本書では、非反転（+）入力が下、反転（−）入力が上になるようにコンパレータを（あとにはオペ・アンプも）示す。よそで見かける回路図でも、これがもっとも一般的な配置である――が、常にというわけではない。回路図を描く人が、配線の交差が少なくなるとか部品同士を近づけられるといった理由で、非反転入力を反転入力の上に描く方が便利だと思うことはありうる。

これは見間違えやすい。だからプラスとマイナスの位置には、よく注意した方がよい。コンパレータの上下が「逆」に描かれているのを見落とせば、回路は意図したところと反対に動作するだろう。

マイクロコントローラとの比較

コンパレータ・チップは少々古臭いものだ。昨今だと、変化する入力を処理してオン・オフ出力がしたいときはマイクロコントローラに手を伸ばす人が多いだろう。

多くのマイクロコントローラのハードウェアは、1個またはそれ以上のアナログ−デジタルコンバータ（ADCと略すことが多い）を内蔵している。普通、これらのADCはそれぞれ特定のピンに割り当てられている。これは変動する電圧を受け取り、0から最低でも1,000（10進数で）という整数値（小数ではない丸ごとの値）に変換することができる。

この実験でやったように、フォトトランジスタをDC5ボルトで駆動すれば、その出力は5ボルト動作のマイクロコントローラの入力に適したものになるだろう。よい感じでシンプルじゃないか：マイクロコントローラにフォトトランジスタをリンクするだけ。（実際には間に5kΩか10kΩの抵抗器を挟み、マイクロコントローラの入力を保護する必要がある。チップの入力インピーダンスは非常に高いので、この抵抗が入力ピンにかかる電圧を大きく降下させることはない。）

次のステップはフォトトランジスタに「暗い」と「明るい」の中間の光を当てて、遷移点を求めることだ。それより上ならマイクロコントローラに何かをさせる。それより下ならマイクロコントローラに何かをやめさせる。

中間の光が当たっている状態で、マイクロコントローラのADCが生成する数値がどのようになっているか調べるのだ。もっとも簡単な方法は、マイクロコントローラに何らかのデジタルディスプレイを接続し、このディスプレイに数値を表示するように小さなプログラムを書くことだ。

それから、光量が境界線以上なら何かを始め、境界線以下なら何かをやめるようにマイクロコントローラに命ずる条件式を含んだプログラムも書こう。

ここまでのところ、それほどの労力とは感じないだろう——しかしもし遷移点を変えたいと思ったら、プログラムを書き直し、マイクロコントローラにインストールするところからやり直す必要があるのだ。半固定抵抗を回すだけと比べると、ずいぶんな労力であるのは明らかだ。

そしてヒステリシスが欲しくなったとする。なるよね?

この場合、2レベルの光量を定義して、マイクロコントローラが小変動を無視すべきグレイゾーンの上限と下限を定める必要がある。基本的にプログラムはマイクロコントローラに、「もし光量値がこの上限レベルより大きくなれば、何かを開始しなさい。もし光量値がこの下限レベルより小さくなれば、何かを停止しなさい。上限レベルと下限レベルの間にあれば、これまでやってきたことを続けなさい。」と命じるものになる。

本当の問題は、ここでもやはり、あなたが変更を加えたくなったときに起きる。マイクロコントローラを使ったフォトトランジスタベースのデバイスで、屋外照明を日没とともにオンに、日の出とともにオフにするものとする。そして夕方に雲が覆ったりすることで起きるランダムな小変動により照明がチカチカしないように、ヒステリシスが欲しいものとする。これを作業場で定めるにはどうしたらよいだろうか。うん、できないのだ。ハードウェアを組み立て、使用すべき場所に持っていき、反応を見るしかない。ヒステリシスの調整には、上限値と下限値を設定しなおした新バージョンのプログラムをインストールするため、ラップトップを使う必要があるのだ。

私はこれがとても楽しいこととは思えない。

マイクロコントローラは多くの場面で必要不可欠だが、1個のチップを中心とした1ドル以下のアナログ回路の方が現実的な選択肢となることも、たまにはあるのだ*。

Make Even More：レーザーベースのセキュリティシステム

今やあなたは周縁防御システムの作成に必要なすべてのエレクトロニクス知識を持っている。ここで作った回路、安いレーザーポインタ、保護領域の外周をカバーするために光線を反射する鏡をいくつか使う。コンパレータの出力に接続していたLEDは2N2222トランジスタに換えて、ラッチングリレーのコイルに電源供給できるようにしよう。リレーが警報機を鳴らすことで——もしくは、より慎重な方法で、侵入を知らせるのだ。

もう少し凝りたければ、複数のレーザーとフォトトランジスタを使って、侵入地点が大まかにわかるようにすることもできる。なにしろLM339チップには4個のコンパレータが内蔵されており、それぞれが独立に機能するのだ。

このシステムをうまく動作させたければ、フォトトランジスタはレーザーが入る小穴だけが開口した遮光ボックスに入れる必要がある。こうするとフォトトランジスタが外光から守られ、システムは昼でも動作するようになる。この場合でも、フォトトランジスタの感度調整とヒステリシスは必要だ。これにはトライ&エラーしかない。

フォトトランジスタについて、ほかの応用がいくつ考えつくだろうか。あなたがイマジネーションを使えば、きっとたくさんのアイディアが思いつくだろう。私が好きなのは時間光学的ランプ・スイッチャーだ。これが次の実験である。

＊訳注：結論は妥当だと思うが、これは不公平な比較だろう。単純なプログラムを入れたマイクロコントローラに半固定抵抗器を外付けし、こちらで調整可能にするのは簡単なことだ。つまりマイクロコントローラはコンパレータを置き換えられる。シンプルな回路を使った方がよいのは、1. 全体がシンプルでマイコンにより置き換えられる部分がほかにあまりない場合と、2. 回路のブラックボックス部分を小さくしたい場合である。基板を見たときに理解できる部分を多くしたい、問題の切り分けが容易になるようにしたい、学習曲線をなだらかにしたいといった需要があるので、ブラックボックス部分を小さくできることには相応のメリットがある。

実験

時間光学！

It's Chronophotonic!

この実験では、これまでの実験で扱ったトランジスタ、フォトトランジスタ、555タイマー、コンパレータの知識を使う。その通り、こうした土台を築いてきたことには理由があるのだ：現実の用途を持つガジェットの制作に、これらの知識が使えるのだ。さらにボーナスもある：デジタル目覚まし時計を分解し、動作を理解し、別の目的に転用するという楽しみだ。

このプロジェクトの別バージョンはすでに『Make:』誌で公開しているが、スペースの関係で解説の多くを割愛せざるを得なかった。今度のバージョンにはいくつかの改良があり、ずっと詳細で理解もしやすいはずで、しかも、より広い範囲の目覚まし時計で動作する。

目的はかなり単純だ：あなたが不在の時に自宅の照明をオン・オフする、である。在宅中のように見せかける安いガジェットがいろいろあるのはもちろんだが、私にとって満足な動作のものはない。私の住んでいる地域では夏の日没が冬より2時間遅く、タイマー式でこれに対応するには年に何度も手動で設定し直す必要がある。

現実的には日没時に暗くなるのを検知して照明が自動点灯する必要があるが、コンパレータにフォトトランジスタを接続したものを使えばこのタスクは実行できる。これをするガジェットというのも販売されているが、こちらは消灯を一定時間で行うようになっている。やはり私には非現実的だ。多くの人は、わりに決まった時間に就寝する。彼らは日が沈むのが遅くなったからといって、明かりを消す時間を遅らせたりはしない。だからリアルにいこうというのなら、照明は毎晩同じ時間に自動で消灯してほしいのだ。

というわけで、私の照明コントローラの仕様はこうなる：光センサで照明をオンにし、タイマーでオフにする。こんなものが売っているだろうか。あきらかにノーだ。だから私は時間光学照明コントローラを制作した。ほかに選択肢がなかったからである。

警告：危険な電圧を避けよう

この回路は家庭用電源向けの60ワットまでの照明をコントロールできる。それがあなたの望むことであれば、私に止めるすべはない。しかし12ボルトのLEDランプや12ボルトのハロゲンランプを使う方が、ずっとよい考えであると思っている。100ボルト以上ある家庭用電源は本当に危険なのだ。読者が若年であれば、どうか手を出す前に家族にアドバイスを頼んでほしい。あなたが何歳であろうとミスは常にありうるし、ミスしたときは低い電圧の方が家庭用電源よりも長生きできる。

本気で家庭用電源をオン・オフしたいなら、Maker Shedから出ているPowerSwitch Tailのように、それ用の機器を買うという優れた妥協案もある。これはDC3〜12ボルト入力を内部のフォトカプラに渡すようになっており、あなたを（そしてあなたのブレッドボード回路を）高電圧に触れさせないようにしてくれる。時間光学照明スイッチャー回路の6ボルトバス電圧をリレーでスイッチし、これをPowerSwitch Tailに直接接続すればよい。もちろんこうした保護には追加投資が必要だ。

回路の基本

図7-1は部品の一部だけで詳細に解説するための回路図だ。上半分は実験6のコンパレータ回路（図6-3）に非常に似たもので、一部の配線を引き直してある。大きな違いとしては、LM339の出力ピンに接続されていたLEDがなくなっていること、出力ピンの左のプルアップ抵抗が470Ωから10kΩになっていること、出力と入力の間で調整可能なポジティブ・フィードバックを形成していた500kΩの可変抵抗器が220kΩの固定抵抗器（ここでの適切なヒステリシス量をセットする大きさ）になっていることがある。

残りの部品の追加は、これらの変更が終わってからにしよう。図7-2はブレッドボードバージョンの一例だ。

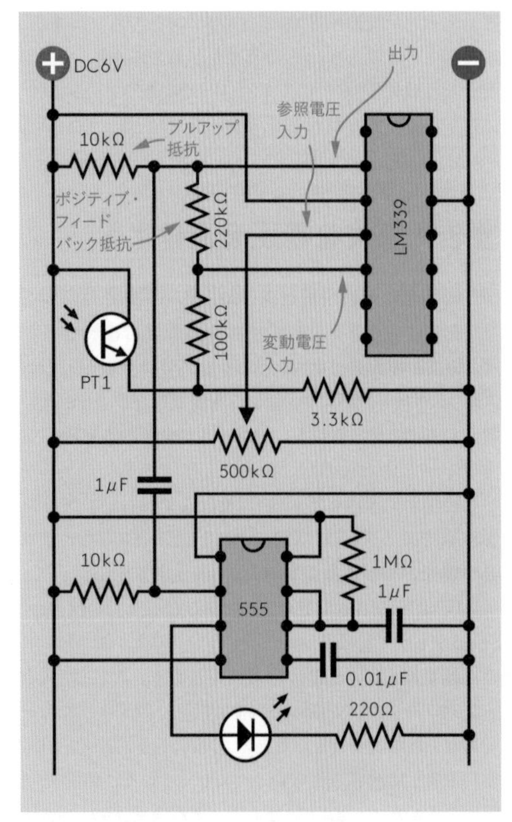

図7-1　実験6のフォトトランジスタとコンパレータは、今度は555タイマーをトリガーする。タイマーは1秒間のパルスを出力する。回路の電源電圧はDC6ボルトになっている。

図7-2　時間光学照明スイッチャーの最初の部分。

- **DC6ボルト回路への変更**　この先ではトランジスタ駆動のリレーを追加するが、リレーコイルたちはグランドを共有しているため、リレー駆動トランジスタもコモンコレクタモードにする必要があり、これにより顕著な電圧降下がある。電源電圧を6ボルトにすることでこれを補う。

電源部からLM7805ボルテージレギュレータを抜いて、LM7806に交換すること。ピン配置は同じなので単純な入れ替えだ。非常に単純なので回路図には電源部を入れていない。

LM339の2番ピンからの出力は、回路図の左側を通り、1μFのコンデンサ経由で555タイマーのトリガーピンに接続している。タイマーのトリガーピンには10kΩのプルアップ抵抗が付いているので、その出力は通常時ローである。以下を留意すること：

- 555タイマーが単安定モードに配線されているとき、トリガーピンがハイに保たれている限り出力はローのままだ。
- トリガーピンがローに落とされると、出力ピンはハイになる。ハイ時間の長さはタイマーに接続されたコンデンサと抵抗器によって定まる。

つまり、光が弱くなることでフォトトランジスタがLM339の出力を変え、これによりLM339がタイマーをトリガーし、タイマーは約1秒間のパルスを出力するということだ。パルスはラッチングリレー（まだ出ていない）を作動させ、リレーが照明をオンにする。今のところはタイマーの出力にはLEDを接続して、動作確認ができるようにしておく。

電源を入れ、タイマーがリセットされるのを待つ。明るい光を当てフォトトランジスタに当ててから、明かりをゆっくり離して（または手で影を落として）日没時の光の衰えをシミュレートする。LEDが1秒間光るはずだ。それからフォトトランジスタの感度を半固定抵抗器で調整し、同じことを繰り返す。先に行く前に、回路の動作を信頼できるものにすること。

ステップ2

プロジェクトの次のステップを図7-3に示す。タイマーの出力は、今度は1kΩ抵抗経由でトランジスタのベースに接続しており、このトランジスタがDC3ボルトラッチングリレーのコイルの1つをスイッチする。もう1つのコイルはタクトスイッチなどの押しボタンスイッチで作動させる。47Ωの抵抗は、電源電圧からリレーを保護するために必要なものである。この押しボタンは最終バージョンでは外してしまうが、デモ用には便利なものだ。同様に、リレー出力には状態表示用のLEDが追加してある。

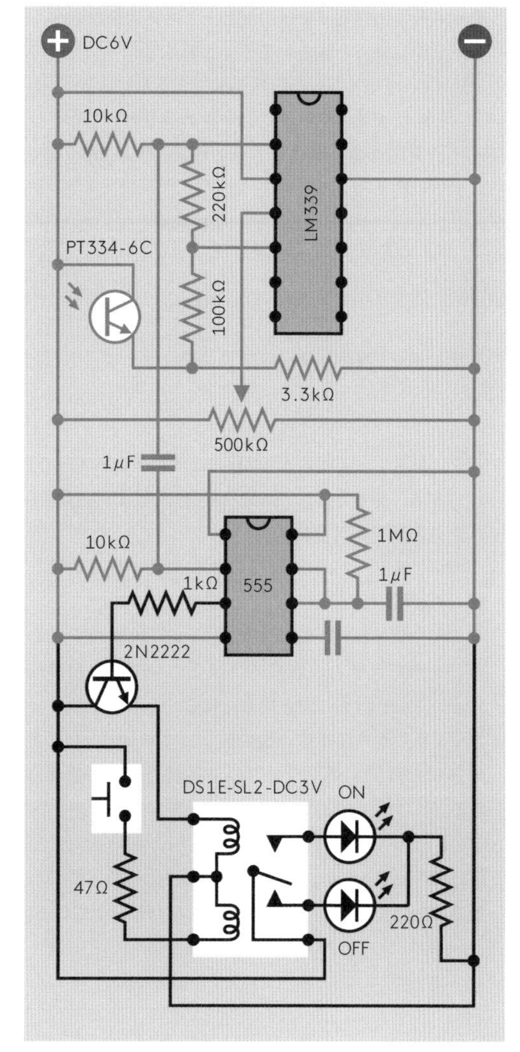

図7-3　リレーの追加で拡張された回路。

『Make: Electronics』で、ラッチングリレーとは電力消費なしでどちらかの状態に切り替わったままになるものである、と書いてあったのを覚えている方もいるかもしれない。切り替えに必要なのは短いパルスだけだ。このため、これは最小限の消費電力で長いこと何かを（今回は照明を）オンにしておくための回路に最適だ。

タイマーの出力とリレーの間にトランジスタが必要なのを不思議に思った人もいるかもしれない。バイポーラの555って、小型リレーを直接駆動できるんじゃなかったっけ。それはまあ、理論的には、その通りだ。しかし比較的低い電圧の電源を使っている場合、リレーがタイマーの動作を狂わせることがあるのだ。これはタイマーのデータシートには載ってないが、私は観察している。

回路テスト

回路のチェックのため、以下のステップに従ってほしい：

- ボタンを押す。これによりリレーの横の下側のLEDが点灯する。最終的にはこのリレー位置により、接続された外部照明をオフにする。
- ボタンを放し、フォトトランジスタに当たる光を次第に暗くする（沈む太陽のシミュレートだ）。
- そのうちにリレーが切り替わり、リレーの横の上側のLEDを点灯させる。最終的にはこのLEDは、日没時にオンになる照明に置き換えられる。
- ボタンをもう一度押す。最終的にはこのボタンは、定められた時間に照明をオフにする時計に置き換えられる。
- フォトトランジスタに当たる光を次第に明るくする（新しい日の始まりをシミュレート）。何も起きないはずだ。
- 光をまた暗くしていくと、このサイクルが繰り返される。

リレーの詳細

私が選んだリレーはPanasonic DS1E-SL2-DC3Vで、コイル電圧はDC3ボルトだ。トランジスタの出力が4ボルト程度となり、5ボルトリレーがスイッチできないためである。この3ボルトリレーのデータシートを見ると、コイルはDC4.8ボルトまでを許容するので、この仕事に適している。

図7-3にはこのリレーが使用時のピン配置（上から見た図）で示されている。ピンの機能に確信が持てない方は図7-4でチェックしてほしい。ピンの数字は、リレーの裏のエポキシに彫り込まれている数字である。単純に1から6まで振ってあるわけじゃないのが不思議な方もいるかもしれないが、これはPanasonicがリレー製品の全ラインナップで一貫した番号付けをしており、中には12ものピンを持つ製品もあるためだ。

もしほかのリレーを使うなら、データシートのピン配置を必ず確認すること。メーカー間で標準化されているわけではないからだ。使うのはDC3ボルトのコイルが2つ入ったラッチングリレーで、接点容量定格が2アンペアのものだ。

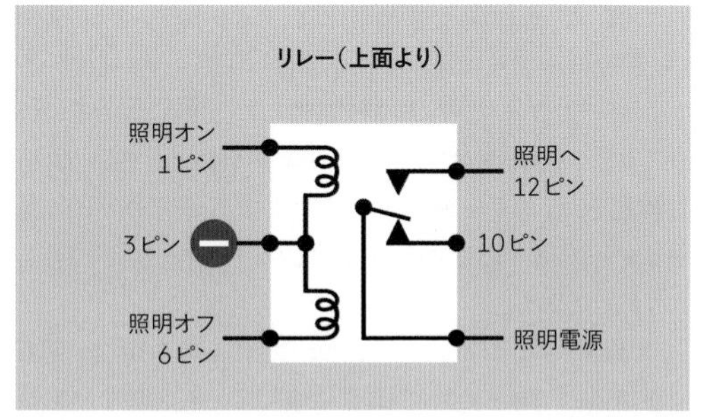

図7-4　Panasonic DS1E-SL2-DC3Vリレーのピン配列。上から見た図。ほかのリレーを使う場合、ピン配列はほぼ確実に違う。

また、リレーコイルに極性があることがあるので注意すること。Panasonicのリレーに関しては、負極グランドを図の通りに接続する必要がある。ここに正極電源を接続すると動作しない。

カップリングコンデンサ

この回路の鍵となるのは、コンパレータの出力と555タイマーのトリガーピンの間にある1μFのコンデンサだ。この配置のコンデンサがDCを遮断すること、かけられていた電圧が変動することでパルスを通過させることを思い出してほしい。

どのような動作か見ていこう：

- フォトトランジスタに明るい光が当たるとコンパレータにハイ入力が行く。
- このハイ入力はコンパレータの出力をハイにし、コンデンサのコンパレータ側に正電荷を保持させる。
- 555タイマーの入力は10kΩのプルアップ抵抗によりハイに保持されている。
- リレーはこのときオフ位置にある。
- 何も起こらない。

そしてフォトトランジスタに当たる光が暗くなりだすと：

- フォトトランジスタからの電圧がコンパレータの参照電圧より低くなる。
- コンパレータの出力がローに切り替わる。
- カップリングコンデンサはこの電圧変動を通し、10kΩのプルアップ抵抗を一時的に覆す。
- タイマーが反応して出力をハイにし、これがリレーをトリガーする。リレーが「オン」位置に切り替わる（これで照明が点灯する）。
- カップリングコンデンサはその後はまたDCを遮断し続ける。

回路が動作するのを確認すること。これまでのところ、装置は光子（光の粒と思えばよい）とタクトスイッチでしかトリガーされていない。次のステップでは、「時間光学」の「時間」の部分を追加する。

クロックのクラック

プログラマブルタイマーを自作したいなら、タイマーを積んだチップと数値ディスプレイとタイマー設定用の押しボタンを買うとよい——しかしこれは高くて複雑だと私は思う。ほかに、マイクロコントローラに外部クロックのクリスタルをつける手もあるが、この場合も数値ディスプレイは必要で、設定もまだ面倒な感じだ。

私の地元のウォルマートやターゲットやウォルグリーンでは、ディスプレイやボタンが最初から組み込んである電池式のデジタル目覚まし時計が5ドルほどで買える。

これをどうにかして時間光学照明コントローラーの回路に使えないだろうか。できると思う。

確認すべきは1.5ボルトの電池を**2本**使う時計であることだけだ。これについては注意してほしい：目覚まし時計の中には1.5ボルト電池を1本しか使わないものもあり、こちらは本回路では使えないのだ。旅行用だと1.5ボルト1本であることが多い。箱の説明をよく見ること！

警告：AC電源の時計はダメ！

壁のコンセントに接続する時計は**使おうとしないこと**。こうした時計もおそらく内部ではAC100ボルトから安全な電圧に変換しているだろうが、間違って高い電圧を接続してしまうリスクはそれなりに存在する。

中を見てみる

時計は3ボルト電池駆動であれば、ブランドやモデルを問わない。デジタルクロックでさえあれば、内部でビーパー（ブザー）をスイッチする必要があるので、このスイッチング動作を横取りしてわれわれの回路のニーズを満たせる。

最初のステップは時計のプラスチック筐体を開けることだ。図7-5の黒い時計は底部に4本のねじがあり（丸囲み）、そのうち3本は奥まった場所にある。図7-6の白い時計はねじは1本だけだが、電池ボックスの中に隠されている。写真はねじを外しているところで、時計ドライバーを使っており、あなたにもたぶん必要だ。地元の金物屋でセットで数ドルで販売されているだろう。

図7-5　この時計を分解するには4本全部のねじ（丸囲み）を外す必要がある。

図7-6　この時計の筐体を閉めるねじは1本だけだが、それは電池ボックスの中に隠されている。

時計の電圧

筐体を開けたら、まずは最優先で電源をチェックする。電池を入れてから、電池ボックスの裏を見よう。3種類の時計をそれぞれ図7-7、7-8、7-9に示す。それぞれの写真にはAおよびBとラベルの付いたタグがあるが、これらはそれぞれ+3ボルトと0ボルトの電源だ。あなたも自分の時計をマルチメータで調べてみよう。

図7-7　電池からの3ボルトの電源がAとBのタブから出ている。Cのタブは未接続だ。Dはビーパーである。Eはアラームがオフになったときにディスプレイを照らすLEDである。

図7-8　電池からの3ボルトの電源がAとBのタブから出ている。Cのタブは時計のチップに1.5ボルトを供給する。Dはビーパーである。

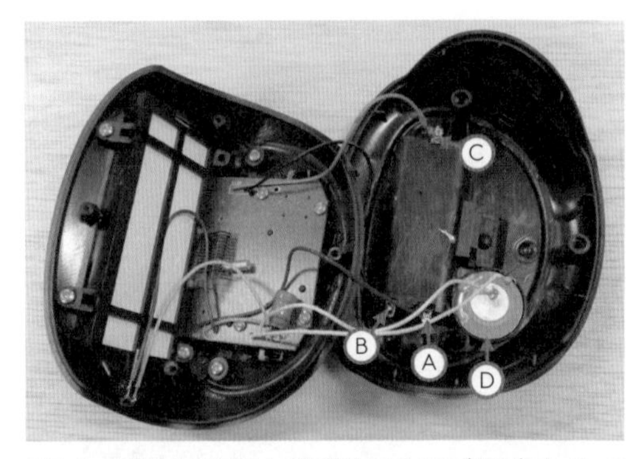

図7-9　電池からの3ボルトの電源がAとBのタブから出ている。Cのタブは時計のチップに1.5ボルトを供給する。Dはビーパーである。

3枚の写真すべてでCとラベルされているタブは、電池と電池の間からDC1.5ボルトを取り出せるようになっているものだ。この機能を使っていない時計もあるが、低い電圧用に設計されているチップを動かすために使っている時計もある。いずれにせよわれわれには関係ない。必要なのはアラームのビーパーを駆動するためのDC3ボルトである。

ビーパーはDとラベルしてある。図7-7の時計にはEとラベルされた、LEDを点灯するための配線もある。

さて、時計が鳴り出したときに実際に起きることを確かめなければならない。時計に電池を入れた状態で、黒のメータープローブをタブB、すなわち電源の負極側に当てる。両側にミノムシクリップのついたパッチコードを使えば簡単だろう。片方でタブを、もう片方で黒のメータープローブの先を挟むのだ。こうすればここから先の手順で両手が自由になる。図7-10に、ビーパーの挙動を計測するときの接続を示す。

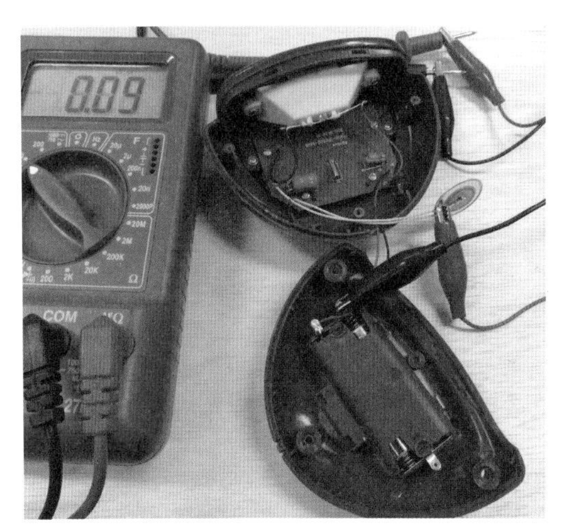

図7-10　時計の中のビーパーにかかる電圧を計測する。両側にミノムシクリップのついたパッチコードを使ってハンズフリーにしている。ビーパーは薄い円板状の物体で、このハンダ付け部の一方に赤のメータープローブを接続している。

赤のプローブをタブAに触れて、DC3ボルト以上が出ているか確認しよう。それから赤プローブをビーパーのハンダ付け部の1つに触れてみよう。たいていの場合、電池と同じ3ボルトが出るだろう。もう1つのハンダ付け部も同じ電圧なはずだ。ビーパーの両側にプラスのフル電圧がかかっているので、両者の間に電位差はない。ビーパーが鳴ってないのはこのためである！

アラームを現在から1分後にセットし、またアラームスイッチがオンになっていることを確かめよう。黒のメータープローブも電源の負極側にしっかり接続されたままであること。アラームが鳴り出したら、赤のプローブをまたビーパーの2つのハンダ付け部に当ててみる。今度は必ず、片方の側が不安定で低くて変動する電圧に、反対側が高い電圧のままになる。以後この不安定な側を「ロー側」と呼ぶ。

マルチメータをAC電圧計測にセットし、アラームを鳴らしたままで、もう一度ロー側を測ってみよう。今度はAC電圧として3ボルトよりは低いものの、たぶん1ボルトよりは高い電圧が出るだろう。DC電圧計測のときより、読みの変動は少ないはずだ。

ビーパーの仕組み

何が起きているのだろう？　まず、何かがビーパーをオン・オフしているはずであるし、それは時計内部のトランジスタであろう。私が調べた時計の全部で、トランジスタはビーパーのロー側に接続されており、（コンパレータのオープンコレクタ出力と同様に）電流をシンクすることでアラームを鳴らした。この概念図を図7-11に示す。

実際のトランジスタを見ることはできないだろう。なぜならそれは時計の機能のすべてを制御するメインチップに内蔵されているからだ。それは図7-11に示したバイポーラトランジスタではなく、ほぼ確実にCMOSトランジスタだが、それでも原理は同じだ。これを以後「ビーパートランジスタ」と呼ぶ。

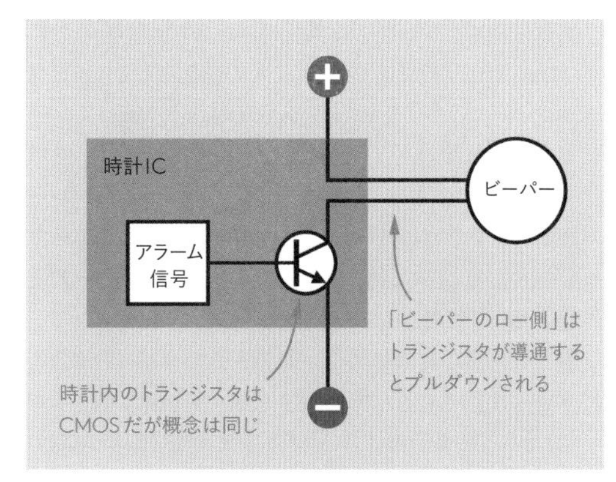

図7-11　一般的な目覚まし時計内部のサウンドビーパーの構成。実際にはCMOSトランジスタが使われているはずだが原理は同じだ。

アラームがオンでないとき、ビーパートランジスタは電流を遮断する。電池からの電気には行くところがない。マルチメータに電池の電圧がそのまま出たのはこのためだ。電圧はビーパーのハイ側とロー側に同じように出ていただろう。

アラームがオンのとき、トランジスタはビーパー経由で電力をシンクし、またメータープローブからもシンクするので、ビーパーのロー側では低い電圧が計測できる。しかし電圧は単に低下しただけではない。変動していた。これはなぜだろうか。

ビーパーの中には、単純にDC電圧をかけただけで自力で可聴周波を発するものもある。しかしこれはスピーカーのようなパッシブのビーパーに比べると少しだけ高い。安価な時計には安価なビーパーが入っており、この場合は時計のチップが可聴周波を作り出す必要がある。これは交流で、周波数はおそらく1kHzから2kHzだ。AC電圧測定レンジの方がまともな読みが取れたのは、このためである。

この電圧の変化は高い側が3ボルト付近、低い側が0ボルト付近に必ずなる。マルチメータは十分な応答速度を持っていないため、こうした値は出ない。

ビーパーを使う

変動するビーパー信号を使うには、どうすればいいだろうか。まあ、LM339の内部には4つのコンパレータがあり、今のところフォトトランジスタ用に1つ使っているだけだ。これをコンパレータAと呼ぼう。時計用にはほかのを使って、これをコンパレータBと呼ぶ。コンパレータBは時計からの信号に応答し、もう1つの555タイマーをトリガーして、これによりリレーコイルのもう一方を作動させ、照明のスイッチを切る。

最後に残った質問は難しい：時計とコンパレータBをどうやって接続するんですか？　だ。時計はDC3ボルト、コンパレータ回路はDC6ボルトなので、時計を高い電圧から保護する必要がある。これには前に触れたコンパレータの便利機能、コンパレータが制御する電圧はコンパレータをアクティベートする電圧と完全に異なっていてもよい、を使おう。

図7-12およびブレッドボード写真の図7-13を見てほしい。回路図の3つの白いラベルは、配線を介して時計の正極電源、負極グランド、ビーパーのロー側に接続することを示す。ビーパーからの信号はカップリングコンデンサを介して、LM339の11番ピン、コンパレータBの非反転入力に渡される。この電圧はDC3ボルト以下であり、コンパレータを作動させる。

13番ピンはコンパレータBの出力ピンである。これはDC6ボルト（10kΩ抵抗経由）を使用しており、第2の555タイマーをトリガーする。リレーのすぐ上に入れたこのタイマーが、バイポーラトランジスタ経由でリレーの第2コイルを制御する。

ところで、この回路の配線の際に注意してほしいのだが、LM339の非反転入力は、前に使った左側の非反転入力ピンと今度の右側の非反転入力ピンで、正反対ではない位置にある。図6-12にあるLM339のピン配列を見て、入力がこんがらがってないか確認してほしい。入力の「プラス」が非反転入力であることを思い出すこと。

この回路が動作するには、時計とブレッドボードが負極グランドを共有している必要がある。すべての電圧が同じグランド電位からの相対値でなければならないのだ。ただし3ボルトという時計側の正極電圧は、LM339への入力を除いて、ブレッドボード上の部品にかからないようにする必要がある。前述の通り、コンパレータを通過する電流にまつわる電圧は、コンパレータの電源電圧と分離できる。

時計のビーパーに配線を接続するときは、ロー側であることを再確認すること――ビーパーが鳴っているときに変動電圧を検知した側のハンダ付け部である。

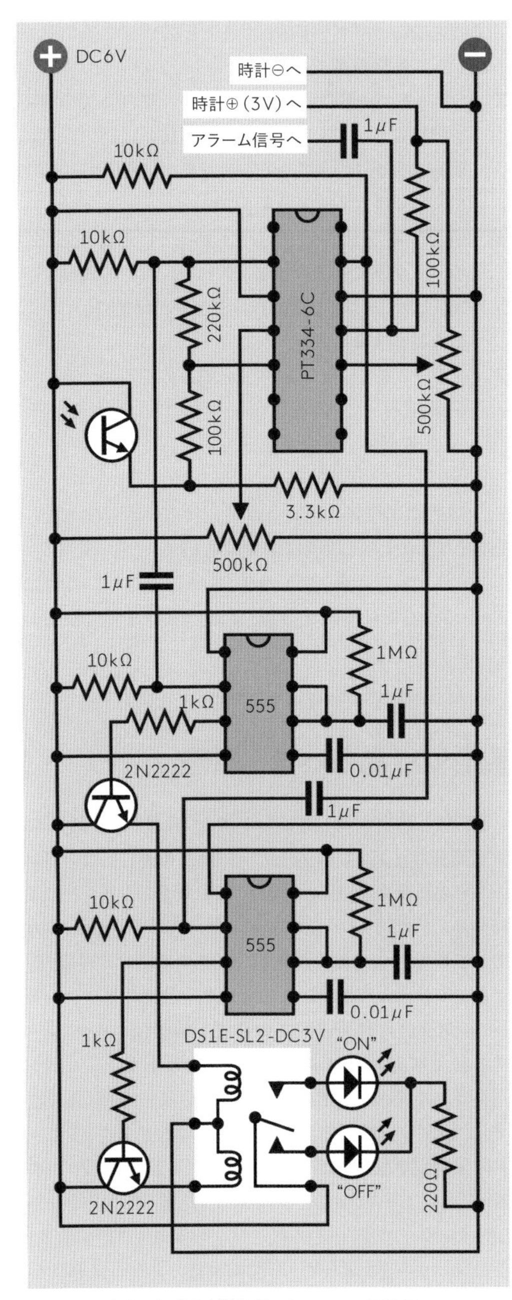

図7-12　完成した時間光学照明スイッチャーの回路図。

図7-13　時間光学照明スイッチャーの最終ブレッドボード版。目覚まし時計と電源は除いてあるが必要だ。右上から写真の外に出ていく3色の配線が時計に接続される。

ハンダ付け部に配線を追加すると、過熱により時計を破損することがある──破損しなくても、同じくらいのやらかしとして、配線を付けようとしているときに既存の配線を外してしまうというのがある。そんなわけで、既存の配線にワイヤストリッパで隙間を空けて、そちらに接続するようにする。これを図7-14に示す。

図7-14　黄色の配線は、ビーパーのロー側の白い既存配線に接続されている。青と赤の配線は電池ボックスに接続されている。

最終的にはビーパーは取り外すことになる。うるさい音を立てても照明コントローラの性能がよくなったりしないからだ。とはいえ現時点ではこの音は有用だ。すべてがうまく動かせるまで、時計の動作がわかりやすい方がよい。

時計の接続

以下は回路アップグレードの詳細手順だ。以下のステップでは時計の電池を抜いておく。ステップ6で入れ直す。

1. 時計の電池ボックスの負極側をブレッドボードの負極バスに接続する。
2. 時計の電池ボックスの正極側を500kΩ半固定抵抗器の左右端子の一方に接続する。これはコンパレータBの参照電圧となる。半固定抵抗器の左右端子のもう一方はブレッドボードの負極バスに接続する。半固定抵抗器の中央端子はLM339の10番ピン（参照電圧を取る反転入力）に接続する。半固定抵抗器を範囲の中央にセットする。これらの接続は回路図の右側に示してある。
3. ビーパーのロー側からの配線を、ブレッドボードの1μFコンデンサに接続する。（カップリングコンデンサのもう1つの例である。）コンデンサのもう一方のリードはLM339の11番ピン（非反転入力）に接続する。コンデンサは時計からのDC電圧を遮断し、パルスだけをコンパレータに渡す。
4. 11番ピンと13番ピンにプルアップ抵抗を追加する。注意してほしいのは、11番ピン側に100kΩを置き、その電圧源を時計からの3ボルトとすることだ。ブレッドボードの6ボルトを接続してはいけない。これは重要である。
5. ブレッドボードの電源を入れ、すべての箇所の電圧を慎重にチェックする。特に大事なのは時計からの配線の部分だ。3ボルトの時計をブレッドボードの6ボルトで焼き切らないように！
6. 時計に電池を入れ、ブレッドボードに時計からの3ボルトが来ているかチェックする。時計の負極グランドとブレッドボードの負極グランドが接続しているのを確認すること。
7. アラームを1分後にセットし、鳴るのを待つ。赤のメータープローブをコンパレータBの13番ピンに触れると、変動する出力が出るはずだ。

全体的には複雑に見えるかもしれないが、ひとたび動作してしまえば、以後は確実に動く。

次のステップは第2の555タイマーの追加だ。これはLM339の右側に接続するが、接続方法は左側の最初の555タイマーと完全に同じだ。

動作の（あるべき）原理

目覚まし時計が鳴っていないとき、時計の電池からの正極電圧は100kΩのプルアップ抵抗を通してコンパレータBの非反転入力に伝わり、これをDC3ボルトに保持する。LM339の入力インピーダンスは非常に高いので、これで取られる電流は数マイクロアンペア程度だ。そしてアラームがオンになると、時計内部のビーパートランジスタは可聴周波数での発振を開始し、コンパレータの非反転入力にパルスの流れを送り出す。コンパレータはパルスの山と山の間のごく短いインターバルを見て、これが参照電圧の1.5ボルト（あなたがブレッドボードの半固定抵抗でセットした値だ）を下回るのを検知する。これによりコンパレータは555タイマーをトリガーし、555タイマーがリレーを作動させて照明をオフにする。

コンパレータにとって、可聴周波数というのは非常に低速だ。電圧がほんの数十分の1秒だけ1.5ボルト以下に落ちれば、コンパレータは出力電圧をプルダウンし、555タイマーをトリガーする。タイマーもコンパレータ同様、この一瞬の入力に問題なく応答できる。タイマーは1秒間のパルスを送ってリレーをリセットする。

目覚まし時計が鳴り続ける間、それはコンパレータにタイマーをトリガーさせ続けるし、タイマーはリレーにハイ出力を送り続ける——しかしこれはもう何もしない。リレーはすでに「照明オフ」位置に切り替わっており、連続したハイ入力を受けても、すでにやったことをやれ、と言われ続けるだけのことだ。1分かそこら経つと、時計は鳴り続けるのに飽きて沈黙する。回路は夜の残りの間を安定した状態で過ごす。

次には何が起きるだろうか。朝日がフォトトランジスタを目覚めさせ、コンパレータAが応答して出力をローからハイに変える。これは第1の555タイマーにハイ信号を送るが、タイマーは無視する。なぜならプルアップ抵抗から安定した正極入力をすでに受けているからだ。

日中は何も起こらない。そして日没が訪れると、フォトトランジスタからのロー入力がコンパレータAに伝わる。コンパレータのオープンコレクタ出力が電流をシンクすると、これが10kΩのプルアップ抵抗を打ち負かし、第1の555タイマーにローパルスと解釈される。タイマーはトリガーされ、パルスをリレーに送り、これが照明をオンにする。

照明は目覚まし時計によってオフにされるまでオンのままだ。そしてサイクルは続く。

ここで疑問に思うかもしれない——これって本当に動くの？　と。そうですね。私のバージョンは動いたし（3種類の時計で）、あなたのも動くと思う。電池で動くデジタル時計であれば（ベルの撞木（しゅもく）を動かすタイプでなければ）、時計の種類は問わない。デジタル目覚まし時計であれば、必ずビーパーが入っている。ビーパーの電圧はアラームが鳴るときに必ず変動するし、この電圧変動を取り出しても、時計から見れば何も変わらない（非常に高い入力インピーダンスを持ち、ほぼ電流を取らないデバイス——たとえばコンパレータ——を使う限り）。

おそらく世の中にはビーパー電圧がローからハイに変動するものもあるだろうし、DC電圧が出るだけで、それが高速に変動しないものもあるだろう。しかしすべてのデジタルアラームのビーパーは間欠的に鳴るものであり、つまりはハイとローのパルスが存在する。この最初のローパルスがコンパレータBをトリガーするのである。

テスト

回路のテストには、電源を入れたら、まずフォトトランジスタを陰に入れてから明るい光に当て、さらにもう一度暗くする。これでリレーが「照明オン」位置に切り替わるはずだ。次にアラームを1分後にセットする。アラームが鳴ったとき、リレーが「照明オフ」位置に切り替わるはずだ。オンまたはオフのサイクルが動作しないときは、マルチメータで回路のさまざまな場所の電圧をチェックする。成功への鍵はゆっくり、穏やかに、粘り強く、である。

回路が動作するようになったら、LEDを外すことができる。もう必要ではない。

LM339チップの未使用の入力の“チャタリング”を止めるのは、確実な運用と消費電力の最小化のためによい考えだ。これらは未接続では不定な状態になるからだ。図7-15は終端処理の方法である。一方の入力を明確に定められたハイ状態に、もう一方を明確なロー状態にするのである。どちらがどちらの状態でもいい。

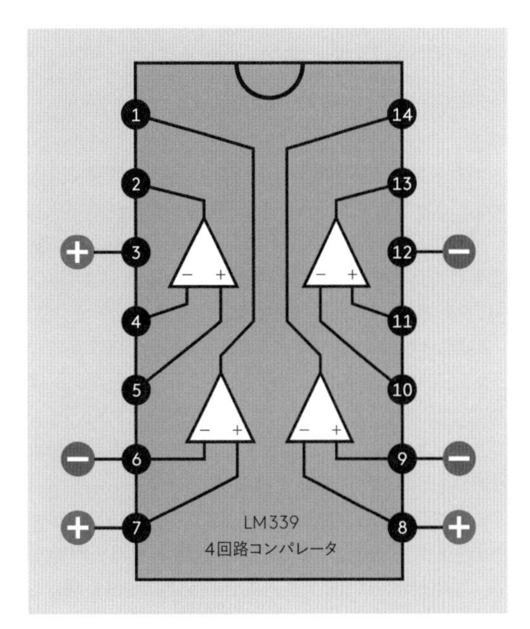

図7-15　LM339の未使用のコンパレータ2回路を停止させる方法。

リレーから照明への接続

リレーの右下接点にDC6ボルトを供給している配線を外す。この端子を照明の電源の片側端子に接続し、リレーの右上端子を照明本体の片側端子に配線する。そして照明のもう一方の端子と、電源のもう一方の端子とを接続する。照明の電源が、ほかの部品やブレッドボードの導体に触れないように、よくよく注意すること。図7-16に回路を示す。

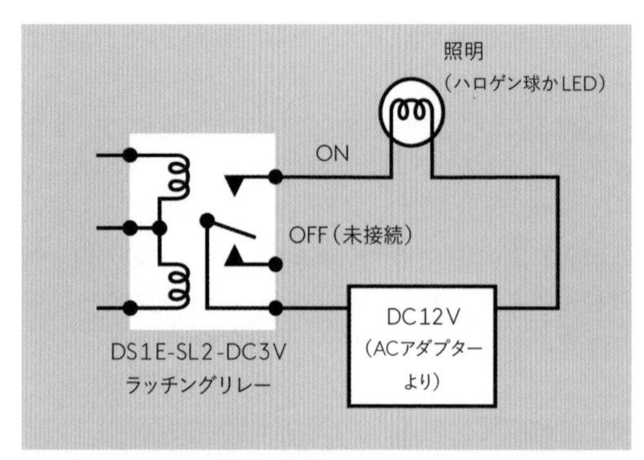

図7-16　制御回路のテストが完了したら、LEDインジケータをリレーから取り外し、図のような形で照明を取り付けることができる。

前にも書いたが、照明は12ボルトのものを強く推奨する。さまざまな12ボルトLED照明が安価に手に入るし、DC12ボルト電源はラップトップ用に膨大な数が製造されているので簡単に見つかる。eBayで「12ボルトACアダプター」をチェックしよう。

時間光学照明コントローラが正しく動作するようになったら、どこに設置するかを決めなければならない。理想的には北側の窓から外が見える場所だ。フォトトランジスタは直射日光から保護する必要があり、また制御する照明を「見」ないようにすべきだ。

夕方を待ち、日が沈んでいくときに、フォトトランジスタの参照電圧をセットする左の半固定抵抗器を調整する。照明がオンになるところまで半固定抵抗器を回してから、ほんの少し戻す。

警告：ACへの対策

どうしても家庭用の交流電源を使いたいのであれば、どうか以下の対策をとってほしい。

- 回路はハンダ付けした永続バージョンを制作すること。家庭用電源をブレッドボードに接続してはいけない。間違った穴に配線を突っ込む事故が非常に簡単に起きるからだ。部品が文字通りあなたの顔に吹き飛んでくる。また、配線が緩むのも、めちゃめちゃに簡単だ。
- AC100ボルト以上が出るハンダ付け部はすべて、固まると絶縁体になる液状の絶縁物（エポキシやレジンなど）などでカバーすること。
- 電源のライブ側はリレーに入れる前に1アンペアのヒューズを通すこと。
- 回路はプロジェクトボックス（ケース）に封じ込めること。ボックスが金属製の場合は必ずグランドと接続すること。
- 60ワットの白熱電球以上のものをスイッチしようとしないこと。また蛍光灯は使わないこと。蛍光灯には大きな突入電流を取る安定器が付いている。これはリレー接点に悪いのである。

Make Even More

この回路の消費電力は比較的低い。私のバージョンはスタンバイモードで11ミリアンペアだった（LEDを外したあとの値）。リレーはオンからオフ、オフからオンに切り替わるときに約65ミリアンペア消費するが、これは1日に2回しか起きない。つまり、この照明装置は電池駆動できる——ただし一時的にだ。9ボルト電池1本なら、およそ24時間で切れる。

長期的な電力供給にはACアダプターが必要である。また、停電が比較的多い地域にお住まいであれば、バックアップ用に9ボルト電池をつないだままにしておきたいかもしれない。

図7-17はそのようにした例である。6ボルトのボルテージレギュレータに10ボルト以上の電圧がかかっていれば、9ボルト電池には負荷がかからず、良好な状態を数年間は保てるだろう。（充電式電池ではなくアルカリ電池を使うこと。充電式の電池は長期に充電を保つことができない。）電池はACアダプターに電流を押し込まれそうになったときにうまく対応できないので、ここにはダイオードを入れてある。ACアダプターが機能しなくなると電池が引き継ぐが、このとき電流をACアダプターの出力に入れようとしてエネルギーをロスすることがないように、もう1本ダイオードが入れてある。

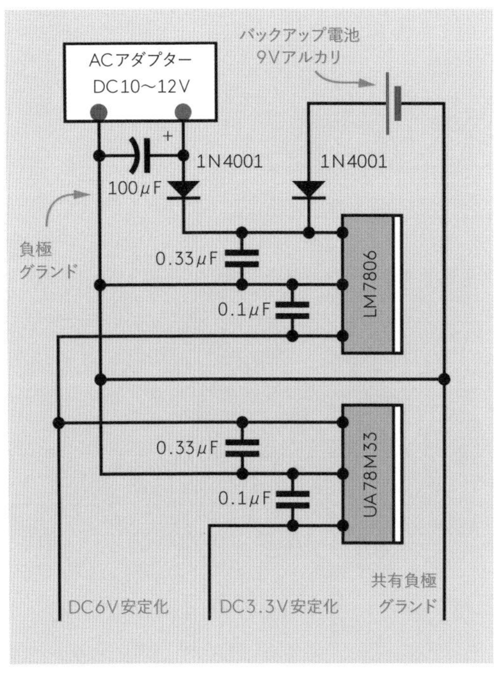

図7-17　照明スイッチャーの拡張例。ACアダプターからの電源、9ボルト電池によるバックアップ、そして目覚まし時計の電池を不要にする3.3ボルトのボルテージレギュレータが入っている。

DC12ボルトのACアダプターを買った場合、これで12ボルトのLEDやハロゲンランプにも電源供給したいかもしれない。この場合はもしかしたら少し平滑化が必要かもしれないので、ACアダプターの出力をまたいで(最低でも)100μFのコンデンサを入れる。

図7-17のようにブレッドボードに3.3ボルトのボルテージレギュレータを追加すると、時計の電池を外すことができる。時計に3.3ボルトの出力を入れるのは問題ない。新品の電池にはこのくらいの電圧がある。レギュレータは回路図で「時計⊖へ」「時計⊕（3V）へ」とラベルされた配線に接続する。時計に行くこれらの配線は付けたままである。時計から電力を取っていた配線で、今度は電力を送ることになる。

3.3ボルトレギュレータの入力は既存のDC6ボルト電源から取る。グランドは共通にする必要があるが、出力がきちんと分かれるように、よく注意すること。

また、0.1μFと0.33μFのコンデンサでレギュレータ出力の正確性を確保すること。詳細は図7-17を参照してほしい。

次はどうする?

これはなかなか大がかりなプロジェクトだった。次はもう少しライトな性質のものをやろう：1ドルもしないエレクトレット・マイクとオペ・アンプ――コンパレータと非常によく似た機能だが異なる種類のフィードバックを持つもの――の組み合わせで、ちょっと面白いことができるのだ。

オーディオの冒険

Adventures in Audio

めくるめくアナログデバイスの世界での冒険を始めよう。アナログ回路では電圧はゼロ以下にもゼロ以上にもなる。それはミステリアスで予想不能な形で変化する。出力電圧は入力の100倍とか、それ以上になることもある。

われわれの旅はマイクとアンプから始まる。アナログ世界の部品は不思議な挙動をするので、回路で何が起きているか厳密に知る方法が必要であり、このために計測手法の習得に寄り道する必要がある（実験2にトランジスタの計測の練習を入れたのはこのためだ）。

必要な知識を習得したら、最終的には実験13と14で、ノイズにノイズで対抗する楽しいガジェットを制作できるようになる。しかし警告しておかねばなるまい。未知へと踏み込むほかのすべての冒険と同様、こちらでも最終的な成功に至る道を見つける前に、最低一度は間違った道に迷い込むようになっていることを。

増幅せよ

アナログ世界のど真ん中あたりには1つの部品がある：オペ・アンプだ。この名前は「オペレーショナル・アンプリファイアー」の略である。

オペ・アンプはコンパレータ以前から存在している。実はコンパレータはオペ・アンプから分かれたものである。コンパレータを先に紹介したのは、そのハイ／ローだけの出力がイントロを簡単にしてくれるからである。

この2つの部品は回路図記号が同じだ。これはどちらも2つの入力を比較することで動作するからである。しかし用途は異なる。コンパレータは多くの場合、面倒な中間的電圧をポジティブ・フィードバックで捨てるようにして使う。オペ・アンプでは入力の中間値の小さな変動をすべて**保存する**必要があるのが普通であり、このために後で見ていくネガティブ・フィードバックを使う。

初めてのエレクトレット

マイクロフォンを使うと、オペ・アンプの能力デモが簡便にできるので、ここから始めることにする。エレクトレットタイプのマイクロフォンは非常に安く（多くは1ドル以下で）手に入り、その性能は多種多様なコンシューマエレクトロニクス機器（携帯電話から、インカム、ゲーム用ヘッドセットまで）で使われる程度には優れている。

エレクトレットがエレクトレットと呼ばれるのはどうして？　なぜなら、これには静電気的（ELECTRostatically）に帯電して多少磁石（magnET）のようにふるまうフィルムが内蔵されているからだ。このフィルムと、すぐ近くにあるもう1つのエレメントの間の静電容量を、音波が細かく変える。この変動をマイクに内蔵された小型のプリアンプが検知して、出力信号を生成する。この出力は依然として非常に小さいので、もう少し増幅するためにオペ・アンプが必要になるというわけだ。

エレクトレットには3端子のものもあるが、2端子のものの方が一般的であり、ここでもこちらを使う。端子の一方は負極グランドに接続する必要があるが、初めて見たときに、どちらがどちらか判別する方法はない。悪いことに、メーカーのデータシートにも、この区別の方法は書いてない。理由は（少なくとも私には）わからないが、エレクトレットのドキュメントはほかのほとんどの部品のデータシートに比べると、ずっと情報が少ないのだ。

さいわい、グランド端子は少しの探偵仕事で判別できる。エレクトレットの下面を見ると、透明の絶縁層があるが、この下に、片方の端子から円筒形の外殻に延びる数本の金属線が見えるはずだ。こちらが負極またはグランド端子である。

図8-1に2つのエレクトレット・マイクロフォンの下面を示したので見てほしい。片方はリード付き、もう片方は表面実装用でソルダーパッド（ハンダ付け部）だけを持つ。どちらも細い緑色の金属線が、右の端子（こちらがグランド端子）から伸びているのがわかるだろう。

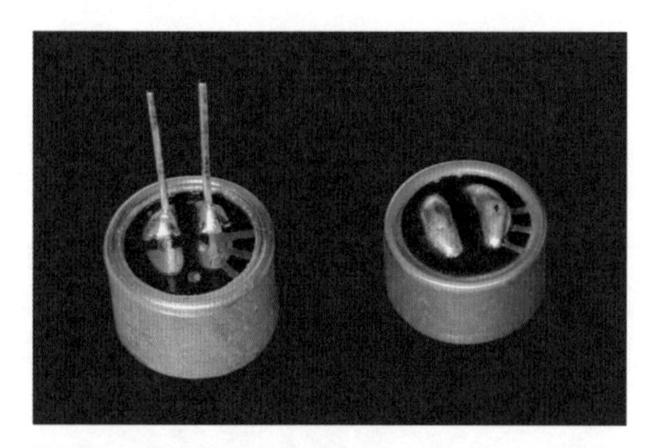

図8-1　2種類の典型的なエレクトレット・マイクロフォン。片方はリード付き、もう片方は表面実装用のソルダーパッド付き。透明緑の絶縁層を通して金属の線が数本見えることにより、両マイクともグランド端子が右側にあることがわかる。

この写真とは違ったエレクトレットマイクも存在する。端子が大きかったり、絶縁層が緑色じゃなかったりするものだ。それらの場合も、絶縁層のすぐ下で銀色や金色の線が片方の端子からマイクの外殻に伸びているのが見えるはずだ。

エレクトレットにリードが付いていない場合、ブレッドボードに挿せるように、自分でハンダ付けする必要がある。AWG24番の配線材を、端子の区別がつくように色分けして使うとよい。

図8-2のようにすることが望ましい。

図8-2　リードなしのエレクトレットには、ここで示すように、ブレッドボード作業用の短い電線をハンダ付けする必要がある。適切な色の電線を使うとよい。

小型部品の常として、エレクトレット・マイクロフォンも熱で破壊されることがある。なので自分でリードを付けた方は、部品が試練を生き延びたかどうか疑問に思っている人もいるかもしれない。確かめてみよう。

聞こえますか?

回路図では、マイクロフォンは図8-3のいずれかの記号で示される。上段はどのマイクにも使える記号、下段はエレクトレット専用だ。円の中のコンデンサのような部分は、エレクトレットに内蔵されたプレートを示している。

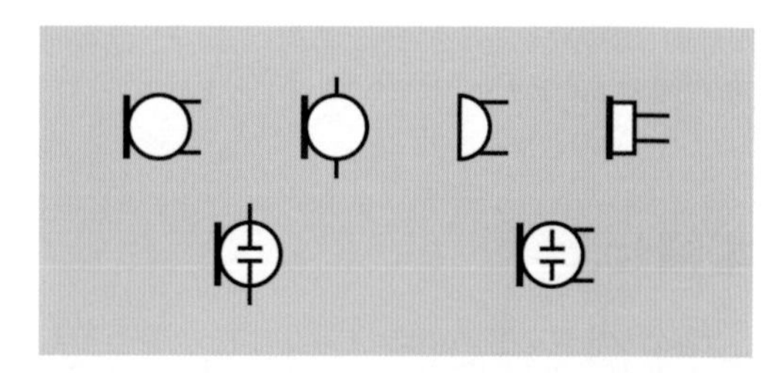

図8-3　マイクロフォンを示すさまざまな回路図記号。音波はほぼ常に左から来るものとされている。右上の記号はほかの方向にするとイヤフォンやヘッドフォンを示すことにもなるので紛らわしい。下段の2つの記号はともにエレクトレットマイクロフォンを示す記号だが、エレクトレットが必要な回路図でも、一般的なマイクの記号を使うことが多い。

ここでは左下の記号を使う。右下の記号より、わずかに多く使われているからである。

図8-4は可能な限りシンプルなマイクテスト回路だ。図4-2のフォトトランジスタの回路と不思議に似ているところがあるのがわかるだろう。これは両者がともにオープンコレクタ出力のトランジスタアンプを内蔵した部品であるからだ。本書を終わりまで読む頃には、こんにちほぼすべてのセンサデバイスが、こうした出力を持っていることがわかるだろう。

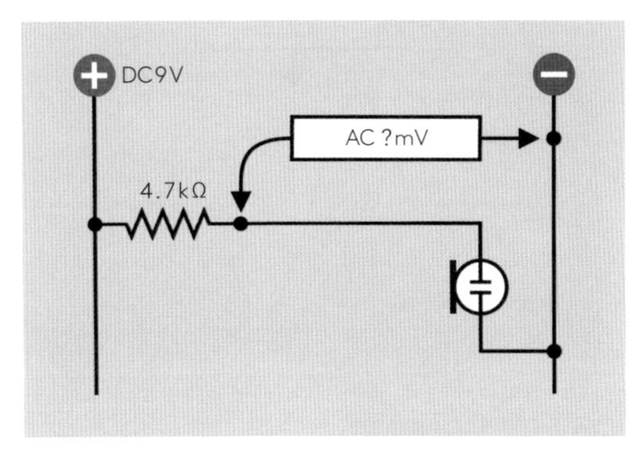

図8-4　エレクトレットマイクロフォンの機能を確認する可能な限りシンプルな回路。

電源にDC9ボルトと書いてあることに注目してほしい。これは9ボルト電池でよく、レギュレータや平滑コンデンサは必要ない。抵抗は4.7kΩとなっているが、1kΩ程度の低い値のものを使ってもよい。ここでもマイクロフォンのデータシートの情報不足があるので、後で示すオーディオ回路を製作したら、いろいろな抵抗値を試してあなたのエレクトレットにベストの値を見つけるとよい。ここでいうベストの値とは、音量と音質のバランスが一番いい値という意味である。

エレクトレットを極性正しく差し込んだら、マルチメータをAC電圧測定にセットする。そう、ACだ。DCではない！　DC電圧を測っても意味のある読みは出ないのだ。

マルチメータがオートレンジではない場合、ボルトでなくミリボルト計測になっているか確認する。

メータープローブを当てておき、読みが安定したら、おそらく非常に低い値——0.1ミリボルト程度——になっているだろう。それではマイクに向かって「アー」と言おう。電圧はジャンプして10ミリボルトから20ミリボルトの間になるだろう。エレクトレットが聞き取って答えたのだ。

- マイクロフォンは比較的敏感なデバイスなので、叩いたり息を吹きかけたりしてテストするのはお勧めしない。想定された刺激である音波でテストすべきなのだ。

背景：マイクロフォンのあれこれ

最初の実用的な量産マイクロフォンは、電話で使うために開発された。トーマス・エジソンが1877年に特許取得したそれは、2枚のプレートとその間に詰め込まれたカーボン顆粒でできていた。片方のプレートが音波に反応して振動すると、微動が起きるたびにカーボン顆粒が押されてプレートが瞬間的に近づきあう。これが全体の電気抵抗を下げることで、通過しているDC電流が変調されるのだ。

カーボンマイクは非常に限られた周波数応答しかない原始的なデバイスであったが、安価で丈夫だったので、電話用には1950年代（国によってはそれ以降）まで使われていた。

コンデンサマイクは2枚の荷電プレート間の静電容量が音波に応答して変化するというイノベーションである。これはエレクトレットと似た機能だが、常に分極化のための電圧が必要だ。「コンデンサ」はキャパシタを示す古い用語だ*。

1950年代のロックアーティスト（エルビス・プレスリーやジェームズ・ブラウン等）が使ったシュア社の初期モデルなどに見られるリボンマイクは、音に反応して振動する金属リボンを内蔵している。この設計はコイルマイクに取って代わられた。コイルマイクはスピーカーやヘッドフォンの動作を逆にしたようなものである。ダイアフラムがコイルを磁場の中で振動させることで、コイル内に電流を誘導するのだ。

マイクロフォン技術の最大の課題は常に、広範囲の音声周波数に対して等しく応答する機構を作り出すことにあった。1960年代にベル研究所でエレクトレットマイクロフォンが開発された当時、その性能は使用可能な材料のため限られたものだった。1990年代に開発が進み、現在この部品の性能は古いハイエンドのムービングコイルマイクにほとんど匹敵するものとなったが、価格はごく安価である。

＊訳注：日本では「コンデンサ」が普通の用語、「キャパシタ」が大容量の一部を指す別の用語となっている。英語的にはcapacitorが普通の用語で、本書でも基本的にはcapacitorをコンデンサと訳している。

音のアップとダウン

図8-4において、エレクトレットは外付け抵抗経由で電流をシンクすることにより外からの信号に応答する。先ほど述べた通り、これはフォトトランジスタで使われていたのと非常によく似たオープンコレクタシステムであるが、プルアップ抵抗と電源電圧の値が高い以外に、ずっと顕著な違いがある。マイクロフォンで見られるのはDCではなくACなのだ。

これは音声信号が脈動する圧力波から成っているためで、その周波数は20Hzから15kHz程度である（20kHzまで聞こえるという人もいるが）。対して、フォトトランジスタは光波に反応する。光波の周波数は非常に高いため、一様一定なエネルギー源と考えることができる。フォトトランジスタがDC電圧を生成するように見えるのはこのためだ。

音波の周波数はずっと低く、また耳の中のダイアフラムを振動させることで神経インパルスを起こすものであるため、その可聴性を保つには変動の様子を保存する必要がある。

図8-5の上図は、人が立てた鋭い音が高圧の波（白い部分）として伝わるところを示したものである。声帯は音を出すときに前後に震えるため、波の相対的高圧部には相対的低圧部（黒い部分）が続く。

「相対的」な圧力と言われると、「何に対して相対的なんだ?」と思われるかもしれない。答えは、大気圧——われわれをいつも取り巻いている圧力——に対して、である。大気圧は図で灰色で示している。

図の下半分は、この音を入力としたときに出るべき理想出力である。電圧は音波による変動圧力を忠実に再現し、大気圧に相当する参照電位の0ボルトから上下に変動する。これはオペ・アンプが参照レベルよりプラスにもマイナスにも振れる電圧を受け取らなければならないということである——そして実際、ほとんどのオペ・アンプはそのように設計されている。

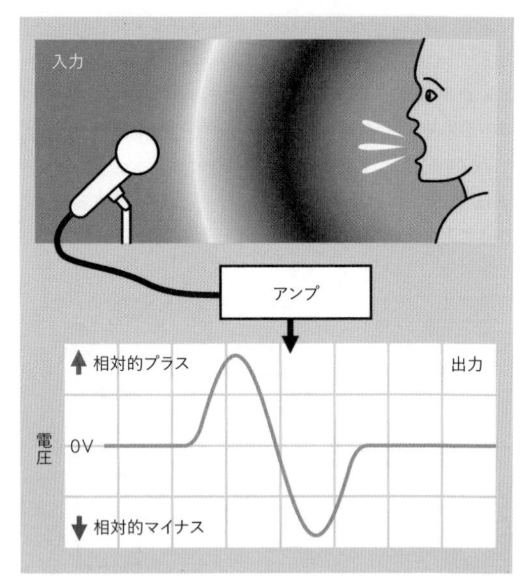

図8-5　良質のアンプは、入力される音声が持つ圧力変化にマッチした電圧変化の出力を生成する。

これをするため、オペ・アンプではしばしば**両電源**というものを必要とする。＋DC12ボルト、0ボルト、－DC12ボルトを供給可能なものが一般的だ。本書のこのセクションの実験では、＋DC4.5ボルト、0ボルト、－DC4.5ボルトが必要である。これは面倒な要求だ。ほとんどの部品は両電源を必要としないし、あなたがオペ・アンプのためだけに完全に別の電源を買いたいなんて思ってはいないことにも確信がある。さいわい回避策があり、オペ・アンプの実験にはそれを使う。

この回避策は理論的には単純だ。ハイ電圧とロー電圧は、大気圧に対する高圧と低圧同様、ゼロ電圧に対する「相対的」なものにすぎないからだ。だからたとえば、＋DC4.5ボルト、0ボルト、－DC4.5ボルトのかわりに、DC＋9ボルト、＋4.5ボルト、0ボルトを使うことができるのである。高、中、低電圧間の電位差は同じなので、回路内の部品にとっては区別がつかないのだ。

しかし9ボルト電池しか持っていないのであれば、どうやって中間の＋DC4.5ボルトを作ればよいのだろうか。図8-6が答えである。図の上段はわれわれの望むもの、中段は中間セクションを得るためのシンプルな分圧回路だ。等しい2本の抵抗器を使えばよいのだ。

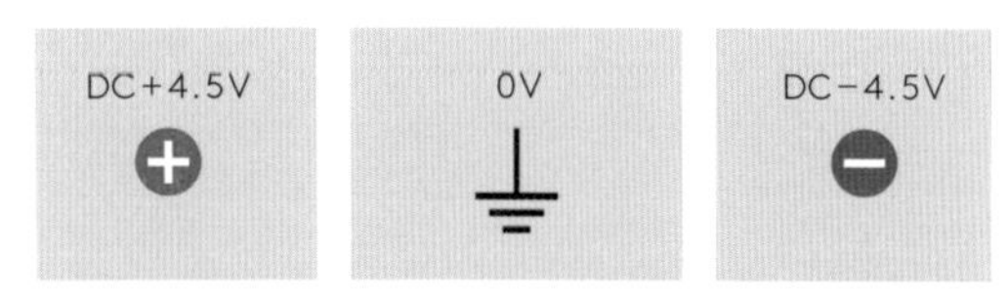

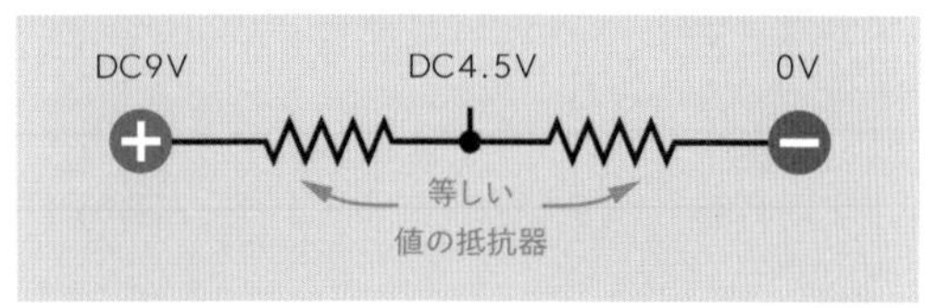

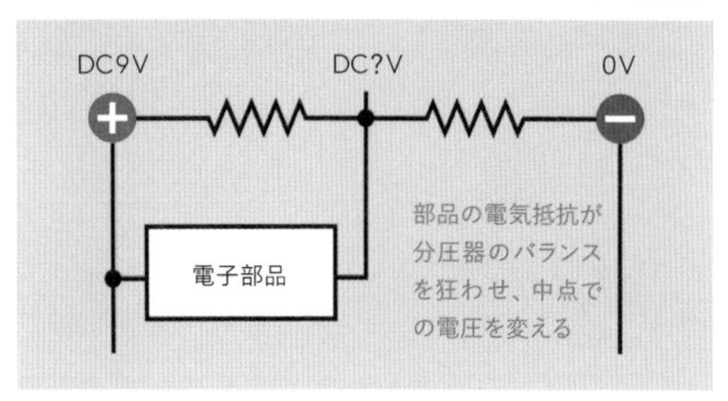

図8-6　オペ・アンプには理想的にはニュートラルな参照電位（回路図でグランド記号で示した）を持つ両電源を使うべきである（上段）。この両電源は、分圧器でエミュレートすることができる（中段）。ただし中央値は、ここに電流を流し込む（あるいは奪っていく）部品があれば、その影響を受ける（下段）。

困ったことに、1つ難点がある。たとえばDC9ボルトバスと分圧器中点のDC4.5ボルトの間に部品を入れた場合、部品の抵抗が分圧器の左側抵抗と並列つなぎになるのだ。これを図8-6の下段に示す。こうなると、部品が電源正極と分圧器中点の間の抵抗値を変えてしまうので、中点の電圧の厳密な値はわからなくなる。この場合、中点電圧はDC4.5ボルトより高くなる。

この問題への対処としてできるのは、分圧器の抵抗器の値を相対的に小さくすること、中点に接続する部品には可能な限り高い内部抵抗のものを使うことくらいだ。そのようにしたとしても中点電位にはいくらか影響があるが、最小限にはなる。

この問題については次の実験で再考する。

実験 9

ミリボルトからボルトへ

From Millivolts to Volts

前の実験ではエレクトレットの動作確認をした。これで何かに使い始めることができるわけだ。

キャップをかぶせる

最初のステップとして、図9-1のようにカップリングコンデンサを入れる。基本事項を覚えている方は、これがDC電圧を遮断しつつパルスを通過させることをすでにご存知だろう。実際、コンデンサは容量によっては、多数の小さな電圧変動——たとえばACオーディオ信号のそれ——に対して透明になる。

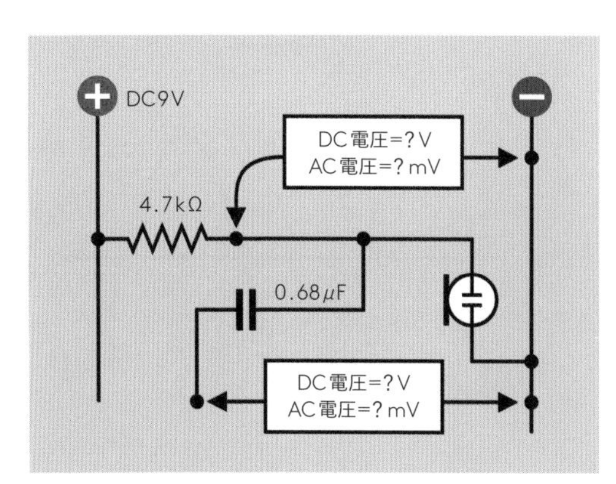

図9-1　マルチメータを使ったこのシンプルなテストは、コンデンサがDC電圧を遮断しながらACオーディオ信号を通すところのデモンストレーションになる。

最初にコンデンサの上と下でDC電圧（負極グランドへの相対値）を測る。上の計測点では、ほとんどフルのDC9ボルトが出るだろう。下の計測点では、0.いくつかのごく低い電圧しか出ない。これはコンデンサがDC電圧を遮断するからだ。（コンデンサが仕事をちゃんとやっていれば、いかなる電圧も観測できないはずなのである。）

次にマルチメータをACミリボルト計測にセットして、マイクロフォンに「アー」と言うテストをもう一度やると、コンデンサの上下でほぼ同じ電圧が読み取れるはずだ。これが示すのは単純だが重要だ。

- コンデンサは信号からDC9ボルトを取り除く。
- コンデンサはマイクロフォンからのAC信号を通す。

オペ・アンプにはDC電圧を増幅されたくない。しかしマイクロフォンからのAC信号は増幅したい。つまり、このコンデンサはマイクロフォンとアンプをつなぐのにまさに必要なことをやってくれる。

コンデンサの値が0.68μFなのはどうして？　と思うかもしれないが、これはさらに難しい質問だ。大きな値のコンデンサの方が一般的にはこの種の用途に向いているのだが、大きなコンデンサは小さなコンデンサより高価なものだし、小さなコンデンサは高周波の一部をフィルターするが、これが望ましいのである。さまざまな値のコンデンサに入れ替えて「アー」テストを繰り返し、違いが計測できるかどうか試してみるとよい。

初めてのオペ・アンプ

ついにマイクロフォンの信号を増幅する時が来た。バイポーラトランジスタはこの用途には適さない。なぜならそれは電圧ではなく電流を増幅するものだからだ。われわれには電圧増幅器が必要なのである。あなたはすでに実験6で、コンパレータによる電圧増幅を見ている。つまり、コンパレータのオープンコレクタ出力に印加される電圧は、電源のそれと同じでなくてよい、というやつだ。オペ・アンプは同じような動作をする。マイクロフォンからのプラスマイナス20ミリボルトを、プラスマイナス2〜3ボルトの出力に変換できるのだ。

ここで使うオペ・アンプはLM741である。巷に出回っている中では最古に近いが、安価で容易に手に入り仕事をこなすということで、今でも製造中で大規模に使われているチップだ。ピン配列を図9-2に示すが、4回路のコンパレータが入っていたLM339と異なり、LM741が内蔵するオペ・アンプは1回路だけだ。前記の通り、オペ・アンプの回路図記号はコンパレータと同じだ。これは両者とも2つの入力を比較することで動作するからだ。回路図の三角形の記号がオペ・アンプかコンパレータか疑問に思ったら、部品番号やまわりの文字を見ればわかるはずだ。

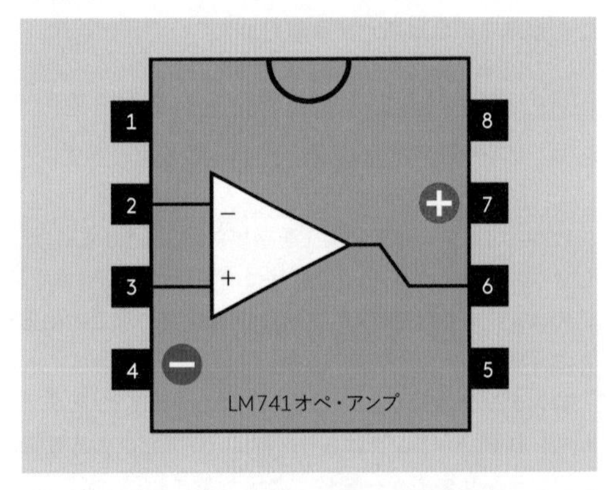

図9-2　LM741オペ・アンプのよく使うピンの配置。1番ピンと5番ピンはキャリブレーションのために存在するが、あまり使われない。8番ピンは内部に接続されていない。

違いはなんですか?

計画は以下の通りだ。オペ・アンプの反転入力（マイナス記号の付いた方）に分圧器を使って作ったDC4.5ボルトを加える。これは参照電圧となる。次に、別の分圧器を使って作ったDC4.5ボルトを非反転入力（プラス記号の付いた方）に加え、さらにこの非反転入力に、マイクロフォンからの入力を（カップリングコンデンサを介して）加える。これが非反転入力の電圧をDC4.5ボルトレベルの上下に振れさせる。この様子を図9-3の上の図に、入力信号を緑の線、4.5ボルトを水平の黒い線として示す。

オペ・アンプは反転入力の参照電圧と非反転入力の差（電圧の違い）を増幅し、理想的には図9-3の下の図に示したような出力を生成する。

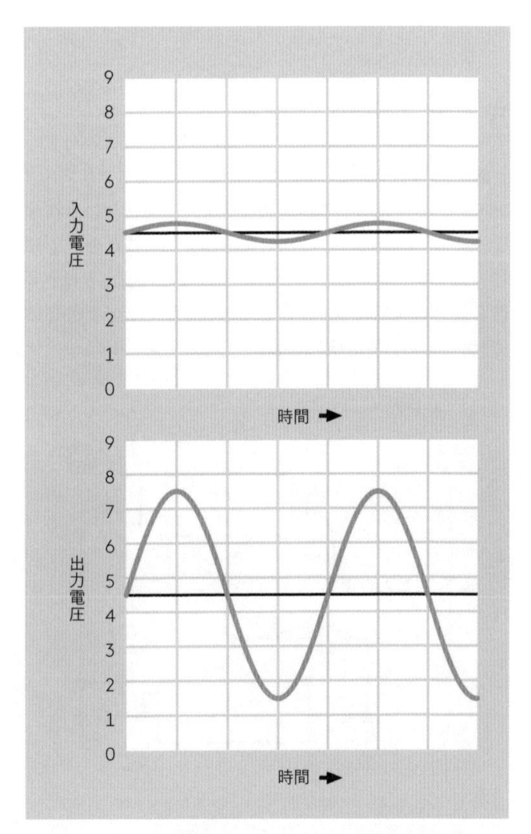

図9-3　オペ・アンプの基本コンセプトは入力信号と参照電圧（ここではDC4.5ボルト）の差を増幅することにある。ここでは入力を緑色、出力をオレンジ、参照電圧を水平の黒色の線で示している。緑の線の変動は、見ることができるように誇張してある。

これを動作させるには、オペ・アンプの両方の入力に同一の基本参照電圧を印加する必要がある——ただしこの図ではマイクロフォンからの入力により、片方の電圧がすでに変動している。これは同一の電圧を持つ電源が2つ必要だということだ。2つの独立した分圧器を使うことはできるが、同じ電圧であることを確実にするには、各分圧器を構成する2つの抵抗器が正確に一致する必要がある。

図9-4は回路がどのようになるかを示したものだ。これは前に作ったシンプルなエレクトレットテスト回路へのアドオンとして作ることができる。

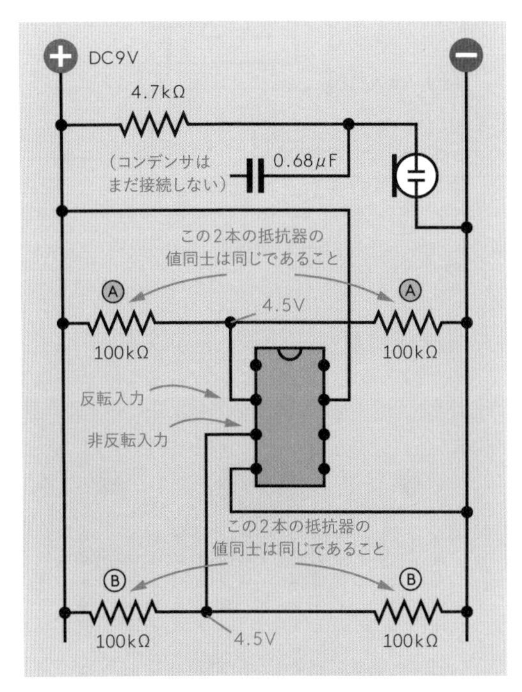

図9-4　オペ・アンプのテストのために2回路の分圧器を準備する。電池が厳密なDC9ボルトを供給しない限り、中点の電圧は厳密にDC4.5ボルトにはならない。実際の電池電圧の半分となる。(この回路はオペ・アンプの動作の様子を明快にするためのものである。実地に使用されるときの典型的な回路にはなっていない。)

マイクロフォンはまだ接続されていない。これは次のステップでの作業だ。まずは抵抗器を一致させるという問題から片付けよう。

パーフェクト・ペア

抵抗器の実際の値は、製造誤差があるためにまちまちである。許容誤差が5%であるとき、100kΩの抵抗器の実際の値は最低95kΩから最高105kΩとなる。許容誤差1%の製品であっても、99kΩ〜101kΩである。

これに対処するには、マルチメータを使って「マッチしたペア」の抵抗器を探す必要がある。やり方は以下の通りだ。

まずは計測する。たとえば10本の100kΩ抵抗器を測る。そして、使っているマルチメータの精度の限度まで同じ値を持つ、2本を選ぶ。ほぼ同じ値でさえあれば、抵抗値そのものは関係ない。これを図9-4のAペアとして使おう。

もう一組、同じ値を持つ2本を選び、こちらをBペアとして使おう。ややこしくならないように手順を作ろう。図9-5のように、優れたペアが見つかるまで抵抗器を並べていくとよい。

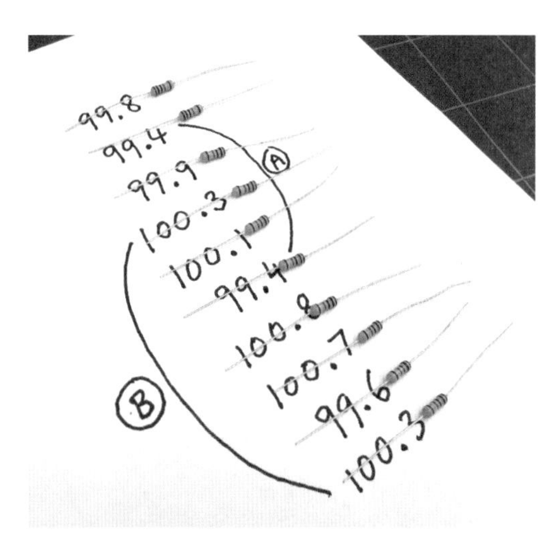

図9-5　一致する100kΩ抵抗器のペアを見つける。

Aペアの抵抗器とBペアの抵抗器が同じ値である必要がないのに注意。Aの抵抗器同士、Bの抵抗器同士が同じ抵抗値になっていればよいのだ。

- 計測時には、プローブの先と抵抗の足を指で持って押し付けたりしないこと。皮膚の抵抗が計測値を狂わせてしまうからだ。抵抗器を絶縁体（紙やプラスチック、ダンボールや木など）の上に置き、そのリードにプローブを押し当てるのだ。または、本書のイントロダクションで書いた、抵抗テスト用のミニブレッドボードを用意してもよいだろう。図S-16参照。

オペ・アンプを使うときって、毎回こんな面倒な抵抗選びをしなきゃいけないの？　と思っていないだろうか？　もちろん違う！　抵抗器のマッチングが必要なのはこのテスト回路だけだ。あとでオペ・アンプの厳密な性能テストに使うつもりなのだ。また、2つの分圧器を使うことで回路で何が起きているかがわかりやすくなるというのもある。

出力の計測

図9-4の回路ができたら、反転入力と非反転入力の、負極グランドに対する電圧をテストしよう。両者はともに、電池の電圧（DC9ボルトよりわずかに高かったり低かったりするはずだ）の1/2に等しいはずだ。わずかな違いがあっても心配しないように。大きな違い（たとえば片方の入力がDC4.7ボルトなのに、もう片方がDC4.4ボルトであるなど）があるようなら、抵抗器ペアを十分慎重に選択しなかったということだ。

ついにマイクロフォンの配線をして回路が完成させられる。これを図9-6に示す。

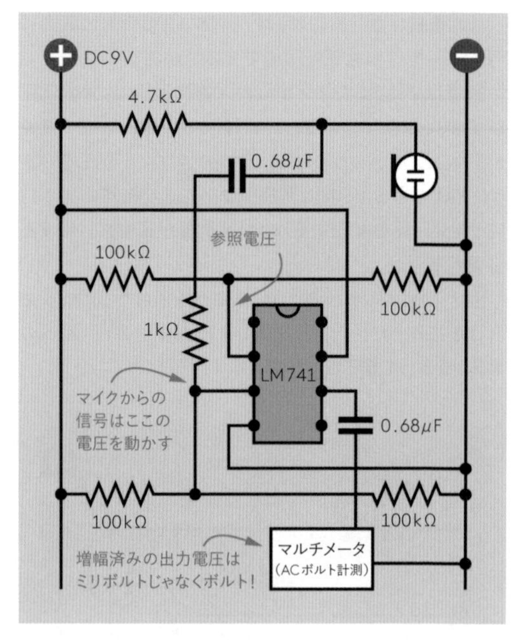

図9-6　オペ・アンプの性能を確認するための回路（エレクトレットマイクロフォン付き）を完成させる。

ブレッドボード版の写真を図9-7に示す。

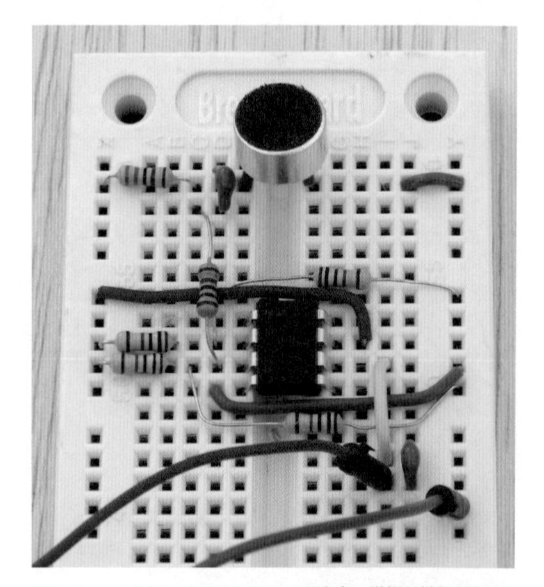

図9-7　エレクトレットマイクロフォンの出力の増幅の様子を調べる回路。下の方に伸びる赤と青のジャンパ線はAC電圧測定にセットしたマルチメータに接続されている。ブレッドボードのバスに接続してある電源は9ボルト電池だ（写っていない）。

マイクロフォン回路は、カップリングコンデンサと1kΩ抵抗を介して、非反転入力にリンクされている。オペ・アンプからの出力はもう1つのカップリングコンデンサを介して、ACボルト計測にセットしたマルチメーター——電圧は増幅されたので、もはやミリボルト計測ではない——に接続して計測する。

- プルアップ抵抗の必要なオープンコレクタ出力のLM339コンパレータとは異なり、LM741は小さな電流を伴う「本当の」出力を持つ。プルアップ抵抗は必要ないのだ。

オペ・アンプの出力ピンと、分圧器Aの中点との間の電圧を測れば、参照電圧からの上下変動を計測することになる。ところが、オペ・アンプの出力がカップリングコンデンサを通過すれば、信号のDC成分が遮断されるので、0ボルトグランドを参照電圧とした信号を計測できる。

マイクロフォンに「アー」と言おう。マルチメータが応答し、読みが安定するまで続けよう。マイクロフォンからの20ミリボルト程度の入力から、2ボルトを超える出力が生成されるのがわかるはずだ。オペ・アンプは電圧を100：1以上の割合で増やすのだ。この比を**ゲイン**と呼ぶ。

ではこの増幅された出力は、どのように使えるだろうか。いろいろなやり方で使える。まずは次の実験から始めよう。

実験

音を光に

From Sound to Light

あなたは今やノイズ駆動のLEDを作ることができる。図10-1は前とほとんど同じ回路で、5つだけ部品を追加してある。写真は図10-2である。

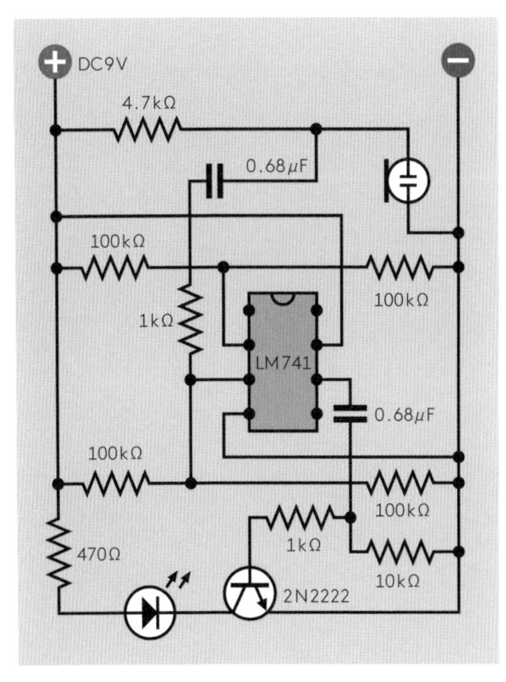

図10-1　このオペ・アンプテスト回路はエレクトレットマイクロフォンが拾った中程度の強さの音をすべてLEDの点灯に変換する。

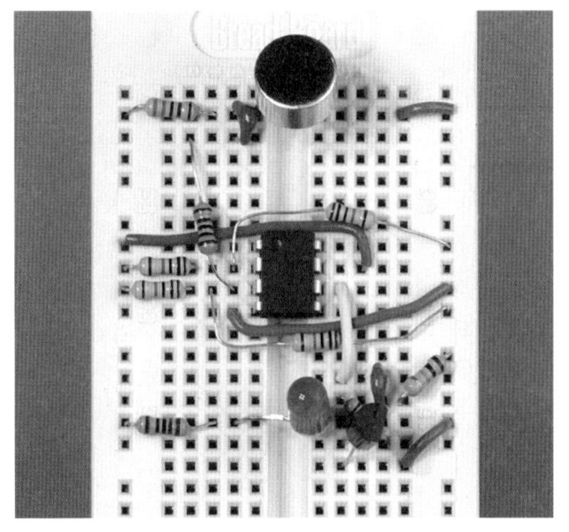

図10-2　ノイズ駆動LEDのついた回路のブレッドボード版（9ボルト電池は写っていない）。

LED
―トランジスタコンビネーション

LM741の出力はカップリングコンデンサを通ったあと、1kΩと10kΩの抵抗の中間に行く。これにより、オペ・アンプが作り出す電圧変動はグランドに対する相対電圧となる。これは1kΩの抵抗を介して、われらがワークホース、2N2222トランジスタのベースに渡される。トランジスタはこれに応答する形で、LEDを通る電流を増幅する。

これにより、回路はマイクロフォンに話しかける声に同期してLEDを点滅させる。なぜだか私はこれに魔法を感じる。たぶん簡単に満足する人間だからだろう！　これほど単純なものへのセンス・オブ・ワンダーには共感できないと思われても、安心していただきたい。はるかに野心的な回路に向かうミッションは、まだ始まったばかりだ。

回路が上記の通りに動作しなかったときのありえる問題は以下の通りだ：

LEDが点灯しない

これはほぼ確実に配線ミスによるものだ。すべてをゆっくり確実にチェックし、マルチメータで回路のすべてのステージを調べてみよう。ACについてもDCについてもだ。

LEDが点灯したままになる

これは起きにくいが、部品のバリエーションが予想不能の結果を生むことがある。あなたが使った2N2222トランジスタや、使ったLEDが、回路のふるまいに影響したかもしれない。LEDが点灯したままになる問題が出たら、一番ありそうなのはトランジスタのベース電圧が少し高すぎるため、オペ・アンプからの信号がなくてもコレクタからエミッタに多少の電流を通してしまうというものだ。ベースに接続する抵抗を1kΩからもっと高いものに変えれば、この問題は解決するはずだ。

LEDがリズミカルに点滅する

こうした発振はオペ・アンプ回路の問題かもしれない。LEDが明るいものであれば、少しだけ多くの電流を取り、これが9ボルト電池の電圧降下をもたらすことがある。これは分圧器の電圧に影響する。電圧差が小さくなればLEDが暗くなり、これにより電池から取る電流が減り——あとは繰り返しだ。これはマイクに比較的小さな音を与えているときに起きやすい。ACアダプターを電源にしていた場合、電池より安定したDC出力があるので、この問題は起きにくい。

先に進む前に、もう1つやってみてほしいことがある。LEDを外し、そこにごく小型のスピーカーを入れるのだ。そしてスピーカーに耳を近づける。マイクに話しかけると、きわめて不快なキーキーしたあなたの声が、かすかに聞こえるはずだ（ただしこれは、上で書いたのと同種の発振がかぶる可能性も高い）。

うまく聞くにはインピーダンスの高いスピーカーを使う必要があるかもしれない。私は2インチ63Ωのスピーカーで成功した。抵抗を470Ωに下げれば音は大きくなるが、この場合はたぶんスピーカーからの音にはさらに歪みが乗る。どうしてこんなに音が悪いんだろうか。これを直すには、先ほど触れた、ネガティブ・フィードバックが必要になる。

ネガティブを求めて

The Need for Negativity

実験

オペ・アンプは増幅ができることがわかったところで、2つの質問がしたい：

1. どのくらいの増幅が行われているか測定するには、どうしたらよいだろうか？
2. 出力を入力の正確なコピーに近づけるには、つまりスピーカーで聞いたときにキーキーしないようにするには、どうしたらよいだろうか？

この実験では、最初の質問に答えるプロセスをガイドしようと思う。2番めの質問については実験12で扱う。

測定の迷子

理想的な世界なら、オペ・アンプの増幅能力の測定に考えどころなどない。まずシグナルジェネレータを持っていて、安定したサイン波を生成できるだろう。またオシロスコープを持っていて、スクリーンにこのサイン波の波形が出せるだろう。そしてスクリーンの目盛で振幅を見ておいてから、出力も同じようにチェックするのだ。増幅率の計算は、出力の振幅を入力の振幅で割ってやればよい。単純！

（信号の「振幅」は、まあ複合的なAC波形を扱う場合はそこまで単純なものではないものの、基本的にはその大きさを示すものだ。これは各パルスの最大電圧のほか、平均電圧、2乗平均平方根電圧［実効電圧］であることがある。最後のものについては興味があれば自分で調べてみるとよい。）

ところがどっこい、ほとんどの人はシグナルジェネレータやオシロスコープを持っていない。オペ・アンプの性能をマルチメータだけで計測することができるだろうか。できると思う。ただし簡単ではない。なぜなら、マイクに「アー」とやったときに生成される信号を、マルチメータは正確に測れないからだ。

この問題への回答は、ちょっとの間ACのことは忘れよう、である。DCを遮断するために入れてあるコンデンサを外すと、オペ・アンプは安定したDC電圧を増幅するようになるので、あなたがマルチメータで計測できるようになるのだ。

でも本当に？　実はもう1つ問題がある：オペ・アンプの入力の一方にメータープローブを触れれば、そこの電圧にはわずかな変動が出て、それが信号とともに増幅されて大きな変動になるのだ。実験2で触れたように、計測は計測に影響する（2章参照）。電圧を探索するプロセスは電圧を変えてしまうのだ。

さいわいながら回避策はあって、これがまた面白くてためになるプロセスになっていると私は思うのだ。だから、やってみよう。

DC増幅

面倒なことになるリスクはあるが、ここまで組んできた回路から部品をいくつか外し、脇に置いておくことをお願いすることになる。それで組んでいただく新しい回路を図11-1に示す。混乱をもたらす残留部品がないか、よく確認してほしい。

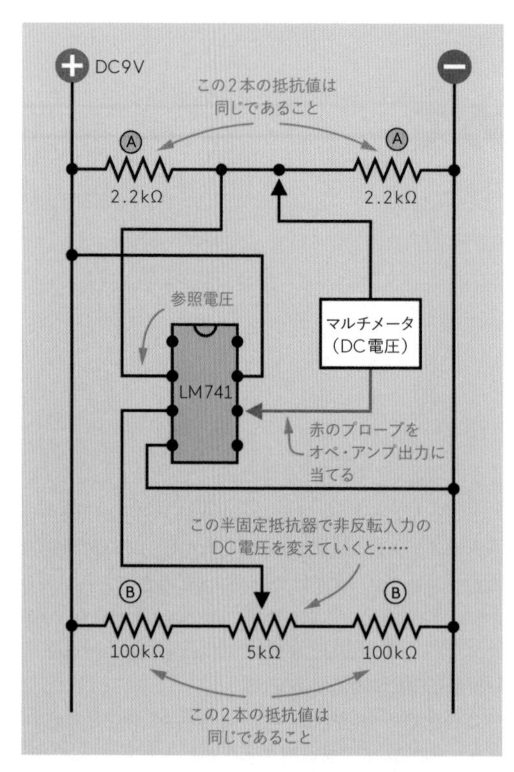

図11-1　オペ・アンプの性能測定のための基本回路。

Aの分圧器に、今度は2.2kΩ抵抗を使う必要があるのに注意してほしい。この分圧器にちょっとした電流を流すことになるため、相対的に低い値の抵抗が必要だということだ。(前の実験では100kΩの抵抗器を使ったが、これはオペ・アンプの入力のインピーダンスが極めて高く、しかも2回路の分圧器に等しくかかるものだったためである。)

マッチする2本の2.2kΩ抵抗が必要なので、前の実験で100kΩ抵抗でやったプロセスをもう一度やっていただく必要がある。この作業が必要なのはこれで最後なことをお約束する。

マイクロフォンとカップリングコンデンサは取り除かれている。この実験ではDC信号の増幅にのみ着目するからである。しかしマイクがないなら、オペ・アンプの2つの入力に電圧差を作るのにどうしたらいいだろうか。

答えは5kΩの半固定抵抗器である。これがBの2本の抵抗の間に入れられているのに注意してほしい。この半固定抵抗を回すと、分圧器のバランスを変えて非反転入力にかかる電圧を変えることができる。半固定抵抗器を左右に回すことは、超超低速の――マルチメータにも追随できるほど低速の――マイク入力と考えることができる。

- この回路では、浮遊電磁界を拾ってオペ・アンプで増幅されるのを防ぐため、抵抗の足は最小限に切り詰めること。すべての抵抗をブレッドボードにきっちり合わせるのだ。オペ・アンプはあなたが入れた信号だけでなく、電子的なノイズも増幅するのを忘れてはいけない。

回路の準備ができたら、赤のメータープローブをオペ・アンプの出力に、黒のプローブをAの抵抗器の間に当てよう。マルチメータをDC電圧計測にセットするのを忘れないこと!

増幅の詳細

あなたは今オペ・アンプの出力とDC4.5ボルトとの差分を測定している。つまり、オペ・アンプからの信号が低いときは、相対的なマイナス電圧を読み取ることになる。さいわい、ほとんどすべてのデジタルメータはマイナスの電圧をプラスの電圧同様に表示することができる(ディスプレイにマイナス記号が出ているか気をつけておく必要はあるが)。

この回路は遊んでみるのが一番だ。マルチメータに出る電圧を見ながら、半固定抵抗をゆっくり回してみよう。断言するが、半固定抵抗を半分くらい回したところで、電圧がマイナスからプラスに突然ジャンプする。どうしてこうなるのだろうか。

図11-2の上のグラフは、私がこの回路で実際に得た値をもとに描いたものだ。読みの単位はボルトだったが、下の入力のグラフと単位を合わせるためにミリボルト単位にしてある。

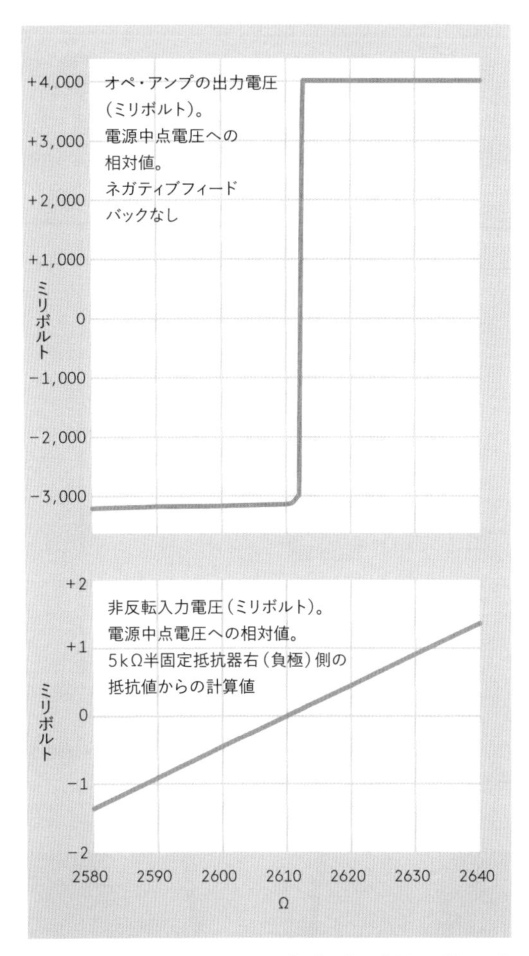

図11-2　下のグラフはオペ・アンプの非反転入力電圧が線形に変化したときの値を計算してプロットしたもの。上のグラフは出力で、オペ・アンプ電源の中点電圧からの相対値である。

見ての通り、出力は一方の極値からもう一方へとジャンプしている。これはオペ・アンプが極端な増幅をかけているためだ。半固定抵抗がその抵抗値の中央付近にあるとき、極小の電圧変化が巨大なリアクションを引き起こす。

半固定抵抗器を5kΩからたとえば5Ωに（見つけられるなら！）変更すれば、出力の勾配をいくらか寝かすことができるだろうが、それでも依然として波形が入力によく追随するということにはならないだろうし、また極端な増幅回路は電子ノイズをよく増幅するものである。望んでいるのがLEDの点灯であれば問題ないが、オーディオ信号の忠実な増幅には使えるものではない。われわれは出力が入力と完全に同じ形になってほしい——言い換えると、両者は正比例の関係であってほしい——のだ。

これを実現する方法が**ネガティブ・フィードバック**（負帰還）である。ポジティブ・フィードバック（正帰還）がコンパレータの出力の整形に使えるのに対し、ネガティブ・フィードバックはオペ・アンプの出力に抑制をかけるために必要だ。

図11-3のグラフを見てほしい。線形の（直線的な）入力が、ほぼきれいな線形の出力をもたらしている。これこそわれわれが望んだものであり、その実現は驚くほど簡単だ。自分でやってみるには、回路に次の変更を加えよう：

- Aの2本の抵抗中点とオペ・アンプの反転入力を結んでいるジャンパ線を取り外す。
- 図11-4の2本の抵抗器（FとG）を接続する。ブレッドボードに載せた状態を図11-5の写真に示す。

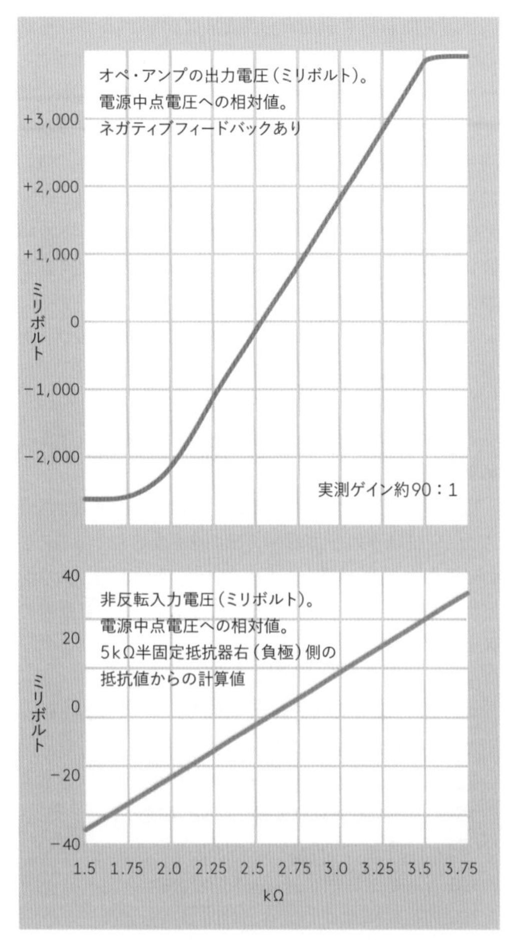

図11-3　ネガティブフィードバックの効果により、緑の入力電圧のカーブの中央付近が出力カーブに正しく再現されるようになった。

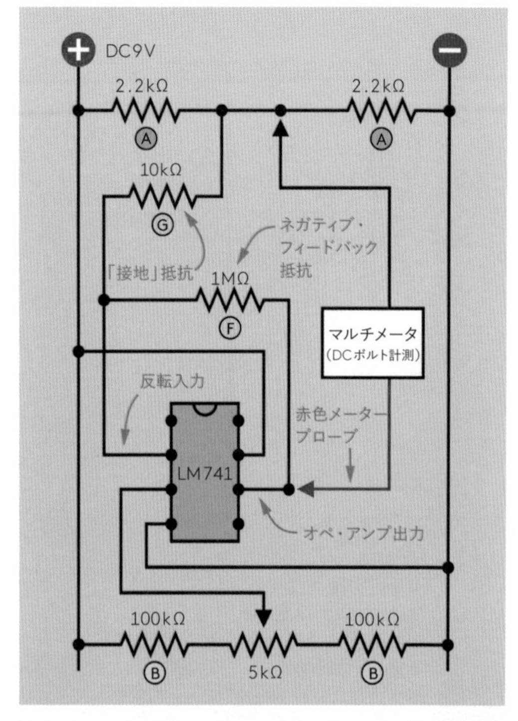

図11-4　ネガティブフィードバックを導入するために前の回路図を改変し、2本の抵抗器を追加した。

図11-5　ネガティブフィードバックを調整・計測できる回路のブレッドボード化。赤と黒の配線はマルチメータで電圧計測するために接続されたもの。

抵抗器Fは1MΩのネガティブフィードバック抵抗で、オペ・アンプの出力を取り出して反転入力にフィードバックする。コンセプトは次の通り：

- コンパレータを使ったときは、出力の一部を**非反転**入力に戻して**ポジティブ**・フィードバックした。
- オペ・アンプを使うときは、出力の一部を**反転**入力に戻して**ネガティブ**・フィードバックを行う。

抵抗器Gは10kΩの「接地抵抗」である。これは実際に負極グランドに接地するわけではなく、A抵抗の中点に接続するだけだ。このようにするのは、オペ・アンプは依然としてこの中点を参照電圧としているためだ。

回路への変更は慎重にやること。これで半固定抵抗を回したときの出力電圧が非常にスムーズになっていることがマルチメータで読み取れるはずだ。極値から極値へとジャンプすることはなくなった。図11-3のオレンジの線にはわずかな振れがあるが（印刷では見えないかもしれない）、これは単に計測の不完全さによるものと思われる。ブレッドボードのすべてのソケットにはわずかな電気抵抗があるし、部品を揺らしただけで計測値は（わずかかもしれないが）変化してしまうものだ。

さて、ネガティブフィードバックはどうやって機能するのだろうか。

電子リタリン

オペ・アンプは巨大な増幅率──100,000：1にもなる──をかけることができる。しかしネガティブフィードバックはこの率を次のようにして下げる：

- 非反転入力が反転入力より少しプラスになっていれば、オペ・アンプの出力が高くなる。
- 出力のいくらかが反転入力にフィードバックされる。これは2つの入力の電圧差を小さくする。
- 入力間の差が小さくなると、オペ・アンプの出力が下がる。

つまり、オペ・アンプが過剰反応すれば、ネガティブフィードバックが鎮めてくれるわけだ。

非反転入力が反転入力より少し低い電圧になったときはどうなるだろうか。この場合、出力はマイナスに振れる──そしてそのいくらかが反転入力にフィードバックされ、これを引き下げるので、この場合にも2つの入力間の差は小さくされる。

ここにはもう1つの要素がある。図11-4でGとラベルされた接地抵抗だ。これはネガティブフィードバックの一部を分圧器Aの中点に流すものだ。言い換えると：

- ネガティブフィードバックはオペ・アンプの出力が手に負えなくなるのを防ぐ。
- 接地抵抗はネガティブフィードバックが手に負えなくなるのを防ぐ。

ゲイン

「ゲイン（gain）」は通常、「増幅率（amplification ratio）」と同じものを意味するのに使われる用語で、発音しにくさが小さいというものだ。

アンプのゲインは、抵抗FおよびGの値を使い、きわめて単純な式で導くことができる。

ゲイン＝1＋（F／G）

これを非常に明らかとは思えない方は、図11-6を見てほしい。フィードバック回路の関連部分だけを抜き出したものだ。抵抗FおよびGが単にもう1つの分圧器にすぎないことが実感できるはずだ。

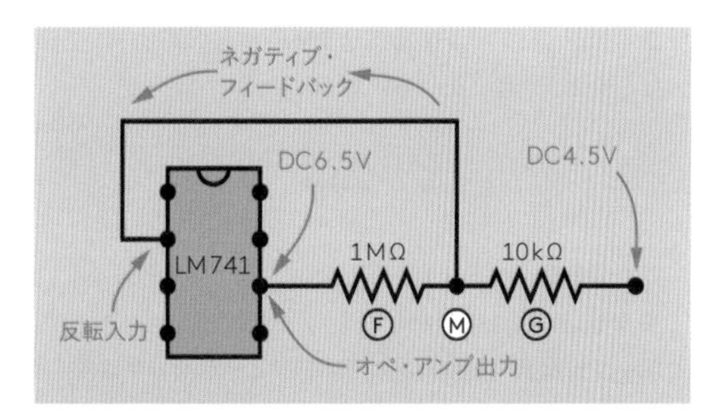

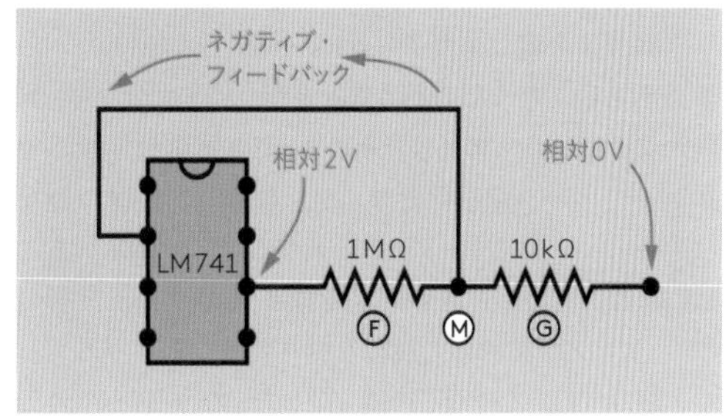

図11-6　オペ・アンプテスト回路の一部を、ネガティブフィードバックを制御する2本の抵抗の機能が明確になるように書き直したもの。

上半分の図では、計測時に出てくる実際の電圧を記した。下半分の図では、以下の計算で簡単に使えるように変換した電圧を記している。オペ・アンプの出力がDC6.5ボルト、抵抗Gの反対側の電圧がDC4.5ボルトのとき、相対的にいえば、出力がDC2ボルト、抵抗Gの反対側が0ボルトであるのと同じことだ。

分圧器の中点電圧を計算する式を覚えているだろうか。12ページ『電圧はどうなるの?』を見れば書いてある。ただしここでは、抵抗のR1とR2をFとGに読み替える。V_Mを中点での電圧とすると：

$$V_M = V * (G / (F + G))$$

文字Vはオペ・アンプの出力、つまり2本の抵抗の左端の電圧だ。これは（以前の式のように）V_{CC}とは呼べない。われわれはV_{CC}を電源電圧としてのみ使うからだ。ここでVは単に左端の電圧の意味である。これは右端に対する相対的な電圧だ。

実際の値を図11-6から代入すると、次のようになる（kΩで示す）：

$$V_M = 2 * (10 / (1000 + 10))$$

これは約0.02ボルトだ。

ここでフィードバック抵抗を1MΩから100kΩに交換したとする。式はこのようになる：

$$V_M = 2 * (10 / (100 + 10))$$

これは約0.2ボルトだ。

つまりこのようにフィードバック抵抗の値を小さくしたとき（接地抵抗一定）、ネガティブフィードバックは約10倍になり、ゲインは同じような度合いで下がる。

それでは今度はネガティブフィードバック抵抗「F」の値を下げるのではなく上げてみよう。どうせだから、無限大に近づいたものとしてみよう。こうすると、ネガティブフィードバック電圧はゼロに近くなる。これは初めからフィードバックネットワークを入れなかったのと同じことになる。出力と入力を結ぶのは空気だけだ。最初のオペ・アンプがあれほど極端な動作だったわけがわかった：ネガティブフィードバックがまったくなかったからだ。

一般的には次のような決まりがある：

- 接地抵抗に対するフィードバック抵抗の値が相対的に小さくなっていくとき、ネガティブフィードバックは増大し、オペ・アンプのゲインは減少する。
- 接地抵抗に対するフィードバック抵抗の値が相対的に大きくなっていくとき、ネガティブフィードバックは減少し、オペ・アンプのゲインは増大する。

背景：ネガティブの起源

ネガティブフィードバックは単純なものに見えるが、1930年代のベル研で開発された当時は極めて過激なアイディアだった。実際、特許事務所でも、応用が存在しないと思われるので特許の申請をためらった。アンプは増幅のためにあるのに、いったいどんなわけでアンプを増幅させなくするシステムを欲しがる人がいるのだろうか。しかしあなたも見てきた通り、そこには立派な理由がある。出力を制御して入力の形をなぞらせる簡単な方法なのである。

ネガティブフィードバックの概念は、オペ・アンプが存在するより前に、アンプのために開発された。実のところ、オペ・アンプは1947年まで命名すらされなかった。この頃に数学的演算（mathematical operation）用のアナログコンピュータに使われるようになったのだ（「オペレーショナル・アンプリファイアー」という名前になったのはこのためだ）。

真空管が使われている間は、オペ・アンプには多数の部品が必要で、多くの場所を使いたくさんの熱を出した。オペ・アンプは、1960年代に集積回路チップが発達して安価で実用的になるまで、本当には完成しなかったのである。

限界を上げる

図11-3を見直すと、オレンジの線は両端で水平になっているのがわかる。スムーズな線形動作がここで破綻しているように見えるし、実際その通りなのだが、これにはもっともな理由がある。オペ・アンプの出力電圧範囲は電源の電圧範囲より大きくなることができないのだ。実のところ出力の最大／最小電圧は電源のそれよりわずかに小さい。オペ・アンプも魔法をかけるのに電

力を少々いただく必要があるからだ。このため、入力の増大がある点を超えると、出力はそれ以上増大しなくなる。オーディオ信号でこれが起きたときに聞かされるのがディストーションである。

図11-7の上のグラフは入力信号を緑で、出力信号をオレンジで重ねてある。オレンジの矢印の高さを緑の矢印の高さで割れば、得られるゲインの量がわかる。このオペ・アンプにはネガティブフィードバックがたっぷりかかっているようで、ゲインは6：1程度にすぎない。ネガティブフィードバックを減らすとどうなるだろうか。強い制御がかからなくなるので、入力信号は少し大きくなる。オペ・アンプはこれを増幅しようとするが、信号がピークに達する前に出力が最大電圧に達する。このため、ピークは切り落とされる。

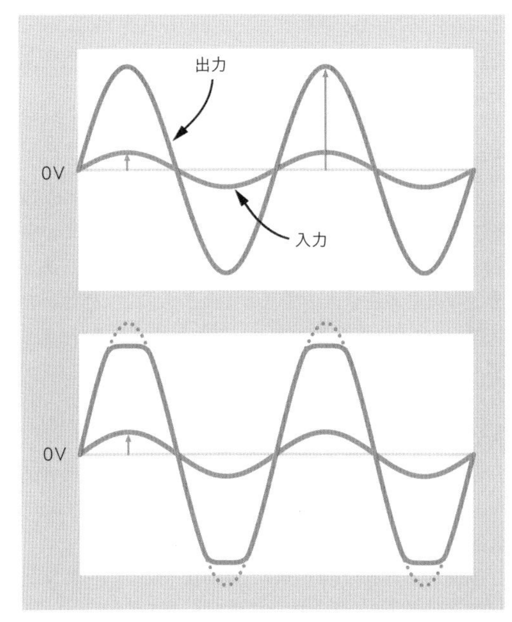

図11-7　上のグラフにおいて、入力（緑の線）が生成する増幅出力（オレンジの線）は、アンプの限界にちょうど達する程度だ。下のグラフでは、入力波形は高くなっているが、出力は電源に制約された限界を超えることができないため、アンプによって出力がクリップされている。点線は電圧が十分であれば出てくるはずの入力の忠実な再現である。

この状況では、オペ・アンプは飽和したトランジスタのような挙動を始める。信号の弱い部分では増幅を続けるものの、ピークに達すると降参するのだ。これをオペ・アンプの**オーバードライブ**といい、その結果出てくるものを**クリッピング**という。信号のピークがクリップされる（切り取られる）ためにこの名がある。（これについては『Make: Electronics』でもかんたんに触れている。）信号がオーディオ信号であれば、荒っぽくてギシギシした、まるでファズ・ボックスを通したギターのような音になる。実際、ファズ・ボックスはアンプをオーバードライブすることで動いている。

ノー・ペイン、ノー・ゲイン

それではオペ・アンプのゲインの計測という話題に戻ろう。留意すること：

- ゲインとは入力電圧に対する出力電圧の割合のことである。

図11-4の回路にある半固定抵抗を回しながら入力電圧と出力電圧を計測した結果を、図11-8に示す。これは図11-3のグラフを描くのに使った数字である。そして図11-3のグラフを使うと、私のところにあるオペ・アンプのゲインを計算できる。

半固定抵抗器負極（右）側抵抗値	オペ・アンプ出力（ミリボルト）。分圧器Aに対する相対値	非反転入力（ミリボルト）。分圧器Aに対する相対値
1,500	−2,630	−47.3
1,750	−2,590	−36.3
2,000	−2,150	−25.2
2,250	−1,140	−14.3
2,500	−160	−3.3
2,750	+810	+7.7
3,000	+1,790	+18.7
3,250	+2,800	+29.7
3,500	+3,810	+40.7
3,750	+3,900	+51.7

図11-8　これらの計測値は、1つ前の、ネガティブ・フィードバック付きのオペ・アンプ回路の挙動を示すグラフを描くのに使用された。

同じことは、あなたのオペ・アンプでも可能だ。プロセスをステップバイステップで解説しよう。これは4つのフェイズからなる：

フェイズ1
計測を行い、図11-8の表の最初の2列として書き込む。

フェイズ2
計算して第3の列を埋める。オペ・アンプの入力のように微小な電圧を乱さずに測定することは実際には不可能なので、代わりに計算により値を出す。このとき基本の算数よりも難しいものは必要ない。

フェイズ3
今書いた表の数字を使い、私が描いたのと同様の2つのグラフを描く。

フェイズ4
2つのグラフの傾きを比べることで、オペ・アンプのゲインを得る。

プロセス全体にかかる時間は15分ほどだ。準備はいいかな？　それではあなたのオペ・アンプが本当には何をしているか、確かめてみよう。

フェイズ1：出力電圧

オペ・アンプの出力側は、メータープローブを当てても大きく乱されたりしないので、出力電圧は直接測定できる。ただし、出力のそれぞれの値に対応した半固定抵抗器の抵抗値を記録しておく必要があるので注意してほしい。やり方は以下の通りだ：

ステップ1
半固定抵抗器を回路から抜き取り、ワイパー（中央端子）と右端子（Bの100kΩ抵抗器のうちグランド側である右の抵抗に接続されている端子）の間の抵抗値を測る。（図11-4参照。）そしてこれを1.5kΩ（1,500Ω）に合わせる。

半固定抵抗のリード端子に指が触れないようにすること。両側にミノムシクリップのついたパッチコードを使えば簡単だろう。それぞれのパッチコードの、片方のクリップで半固定抵抗器の端子を、もう片方のクリップでプローブを挟むのだ。

ステップ2
今測った半固定抵抗器の抵抗値を記録する。

ステップ3
半固定抵抗器をブレッドボードの元の場所に戻す。

ステップ4
マルチメータをDC電圧計測にセットし直し、プローブを図11-4のように当てて、オペ・アンプの出力電圧を測る。赤のプローブ、黒のプローブが、それぞれ図に示した位置にあることを確認すること。数字の前にマイナス記号が出ているかにも注意を払うこと。

ステップ5
出力電圧を記録する。ただしこのとき、1,000をかけることでボルト単位をミリボルト単位に変換すること。やり方としては、小数点を3桁右に移動するとよい。あとでこの出力電圧は入力電圧と比較するので、同じ単位になっている必要があるのだ。たとえば測定値が−3.5ボルトだとしたら、−3,500ミリボルトと記録すること。

ステップ6
半固定抵抗器を抜き取り、右側（負極側）の抵抗値がそれまでより250Ωだけ高い値になるように、測りながら合わせる。上のステップ2に戻り、繰り返す。

半固定抵抗器の抵抗値は、毎回正確に250Ωずつ上げる必要がある。そして抵抗値が3,750Ω（3.75kΩ）になるまで計測を繰り返す。半固定抵抗器の抵抗値を1.5kΩから3.75kΩまで動かすのが重要で、これをすることにより、前掲の表と直接比較できるようになる*。

＊訳注：5kΩの半固定抵抗器を1Ω単位で回すということは、1／5000＝0.02％の正確度が必要だ。普通の半固定抵抗器でこれは不可能だし、そもそも式に入れて計算するための値なので、入出力電圧がわかればいい。こうした正確性は必要ですらないのだ。大事なのは、できるだけ正確に測定し、それを記録することである。

フェイズ2：入力電圧

入力電圧は抵抗値と電源電圧から算出できる。これはうちの工作室でマルチメータを使って実際にやって見せられれば、何も難しいところはない。しかしそうするわけにはいかないので、次善の策として、図で示すことにした（図11-9）。これは図11-4の回路の一部、Bの分圧器付近である。

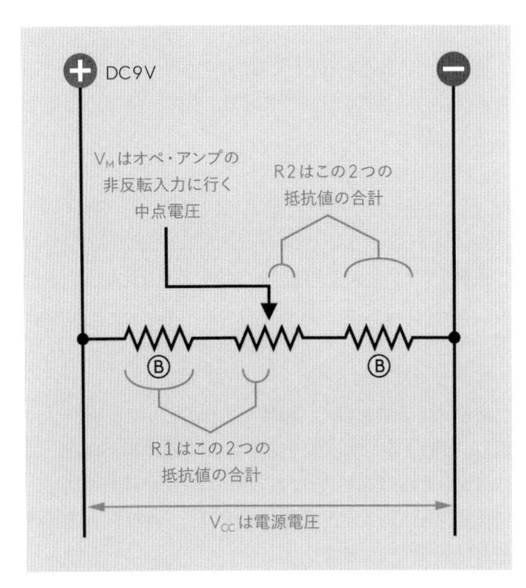

図11-9　オペ・アンプの非反転入力の電圧は、これらの値があれば計算可能だ。

知る必要があるのは、中点での電圧V_Mである。これはオペ・アンプの非反転入力に加えられる電圧と同じものだ。この電圧は、図にV_{CC}、R1、R2で示されている3つの値を知ることで得られる。なぜならR1とR2が分圧器を構成するからだ。注意：R1は左側の抵抗器の値、プラス、半固定抵抗器の左側部分の抵抗値である。またR2は右側の抵抗器の値、プラス、半固定抵抗器の右側部分の抵抗値である。

手順は以下の通り：

ステップ1

V_{CC}を測定する。マルチメータを電圧計測にセットし、回路の正極バスと負極バスの間で電源電圧を測る。比較的フレッシュな9ボルト電池を使っている場合、これは9.2ボルト以上になるだろう。どんな値になるかはわからないが、とにかく記録すること。これを以後V_{CC}と呼ぶ。電源電圧の、もっとも一般的に使われる略称だ。

ステップ2

以後、左側の抵抗器の抵抗値をRL、右側の抵抗器の抵抗値をRRと呼ぶ。これらは回路に入れる際に同じになるよう選んだものであり、同じ値を持つはずだ。しかし確認のため、いったん回路から抜き取って測定しよう。そしてその抵抗値を（kΩでなく）Ω単位で記録しよう。100,000Ωよりわずかに大きいか小さいかになるだろう。そして抵抗器を回路に戻す。

ステップ3

回路から半固定抵抗器を抜き取り、両端の端子間の抵抗値を測る（中央端子は無視する）。これもΩ単位だ。繰り返すが、測定中に端子やプローブの先に指を触れないこと。

私の5kΩ半固定抵抗器は実は（私のマルチメータによれば）5,220Ωあった。あなたのも少し多かったり少なかったりするだろう。これもどんな値でもよい。自分が承知していさえすればいいのだ。この値を以後RT（半固定抵抗器［Trimmer］の抵抗値）と呼ぶ。

ステップ4

RR（100kΩ抵抗器の厳密な値）と、半固定抵抗器の中央端子〜右側端子間の抵抗値を足すことでR2を得よう。この半固定抵抗器の右側の抵抗値は、前の節でどんどん変えた部分であり、さまざまな値をとっている。しかし最初は1.5kΩ（1,500Ω）だったので、ここから始めよう。このようになる：

$$R2 = RR + 1500$$

ステップ5

半固定抵抗器の左側部分の抵抗値は、RTから右側部分の抵抗値を引けば得られる。上の図では右側部分の抵抗値は1,500だ。だから：

$$R1 = RL + RT - 1500$$

ステップ6

これでおなじみの、分圧器の中点電圧を得る式に適用できる：

$$V_M = V_{CC} * (R2 / (R1 + R2))$$

Bの分圧器に適用しているため、変数の意味は以前とは違っている。ここではV_Mはオペ・アンプの非反転入力電圧となる。そしてV_{CC}は、ステップ1で測定した電源電圧である。R2はステップ4で、R1はステップ5であなたが求めた値だ。というわけで、式にこれらの値を代入すればよい。私が代わりにやってあげるわけにはいかない。なぜなら、あなたの100kΩ抵抗器や5kΩ半固定抵抗器の厳密な抵抗値を、私は知らないからである。とはいえあなたは自分で計測したので、それらの値はわかるだろう。

ステップ7

このV_Mは、半固定抵抗器を1.5kΩにセットしたときに非反転入力が受けていたはずの電圧だ。でもちょっと待った――オペ・アンプはこの電圧を増幅したのではないのだ。この電圧と参照電圧の差を増幅したのである。では、参照電圧は（Aの分圧器の中点で）いくらだったろうか。これは電源電圧のきっかり半分だ。つまり、オペ・アンプの入力間の差（V_Iと呼ぶ）を得るには、次のようにすればよいわけだ：

$$V_I = (V_{CC} / 2) - V_M$$

V_{CC}を2倍にして、V_Mを引けば、それが2つの入力の間の差である。これは正式には差分電圧と呼ばれるもので、ここでは負の数になるので、マイナス符号を付けるのを忘れないこと。これを表の3列目の最初の段に書く。私の表では47.3ミリボルトという値が入っている。あなたのも似たような値になっただろうか。

こうした計算は面倒な感じである――が、やらなければならないのはあと一度だけだ。フェイズ1の計測時に、半固定抵抗器を厳密に250Ωずつ動かしたので、入力電圧もまた等しい間隔で増大したと考えることができるからである。いいかえれば、入力電圧は直線的に増大しているに違いない。だから、入力電圧の計算はもっとも小さい値ともっとも大きい値について行えばよく、それから両者の間に直線を引くことができる。

それではステップ4に戻り、R2の新しい値を計算しよう：

$$R2 = RR + 3750$$

そしてステップ5で、R1の新しい値を計算する：

$$R1 = RL + RT - 3750$$

そしてこの新しいR1とR2に対応したV_Mをステップ6で、新しいV_Iをステップ7で得て、表の一番下の段にこれを書き込もう。

フェイズ3：グラフ化する

実験2でトランジスタのベータ値をグラフ化しているため、あなたはここまで読み進めるまでに、いくらかの練習をすでに積んでいる。「方眼紙 印刷」で検索すれば方眼紙が無料なのを思い出してほしい。

横軸の1目盛を1kΩ、縦軸を1,000ミリボルトとして、図11-3の上半分のグラフをあなたの値で描くのだ。このグラフを描く際は、あなたの表の2列目の値を使う。

そして図11-3の下半分のグラフを、あなたの表の3列目の値を使って描こう。

フェイズ4：ゲイン

それではあなたが描いた2つのグラフの傾きを比べよう。これはグラフの線がそこそこ直線的である場合にのみ意味がある。そして図11-3の出力電圧の線が両端で曲がっているのを、あなたは覚えているだろう。だからここでは中央部だけを使う。ここで重要：入力のグラフからも同じ抵抗値範囲を使うこと。

図11-10に、私のグラフから取ったものを示す。入出力とも、抵抗値で2.25kΩから3.25kΩの範囲となっている。入出力で同じ範囲を取る限り、これと違った範囲をとっても構わない。

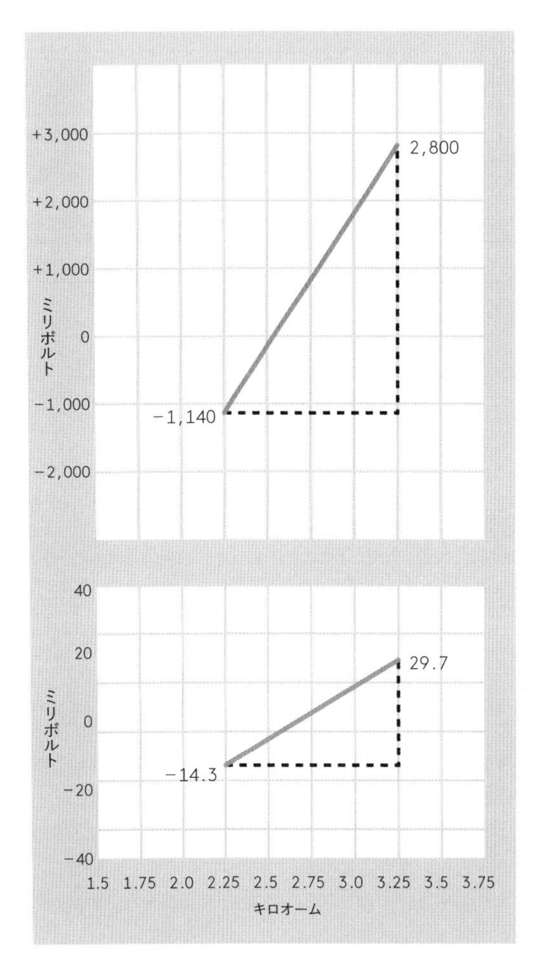

図11-10　入力電圧と出力電圧の傾き。詳細は本文を参照。

直線のグラフの傾き（傾き(slope)のSとする）は、垂直方向の増加量（V）を水平方向の増加量（H）で割ったものと定義できる：

S＝V／H

つまり、あなたは出力グラフの傾き（S1と呼ぼう）を計算し、これを入力グラフの傾き（S2）で割ることにより、オペ・アンプのゲインを計算できる：

ゲイン＝S1／S2

2つのグラフの傾きを計算し、一方を他方で割ることにより、答えが得られるというわけだ。ところで、水平方向の増加量Hは両方のグラフで同じなので、分母と分子にあれば約分することができる。このため、式は単純化できて次のようになる（ここでV1は出力グラフの垂直方向の増加量、V2は入力方向の増加量である）：

ゲイン＝V1／V2

V1とV2が同じ単位で計測されていれば、これでうまくいくのだ。（すべての電圧をミリボルト単位に合わせてほしいと言ったのを覚えていると思う。）

図11-10において、私のV1は−1,140から+2,800である。最初の値は「中点電圧から1,140ミリボルト低い」、2番目の値は「中点電圧から2,800ミリボルト高い」である。つまり、増加量の合計は2,800+1,140で、3,940ミリボルトである。

V2についても同様に−14.3から+29.7の範囲を取る。つまり合計は14.3+29.7で、44.0ミリボルトとなる。

それではついに、ゲインが計算できる！

ゲイン＝3940／44

答えは89.6だ。これを丸めて90としよう。小数点以下を正当化できるほど計測が完全ではないからだ。あなたの計算はどうなっただろうか。そしてもっと大事なことがある――これは正しいと思うだろうか。

正しいの？

こうした計算を続けて最後まで来ると、何か間違えてないか、いつも気になる。しかしこの値は、ゲインがどのくらいになっているべきかという知識と比較することができる。Fをネガティブ・フィードバック抵抗の値、Gを接地抵抗の値としたとき、次のようになると言ったのを思い出してほしい（図11-4のところだ）：

ゲイン＝1＋（F／G）

Fの抵抗器は1MΩ（1,000,000Ω）、Gの抵抗器は10kΩ（10,000Ω）なので、理論的に正しいゲインの値は101：1となる。

使った手法が原始的なことを考えると、私は90：1を非常に近い値だと思う。

最初に言及したシグナルジェネレータとオシロスコープがないのは非常に痛いのだ。しかしそれらがあったとしても、また、機器の充実した電子工学ラボで作業していたとしても、計測し、計算を行うことは、また不正確さを最小限にするために注意を払うことは、当然に必要だ。科学や工学において、こうした手順を避けることはできない。だからこそ、ここでやるようにしたのである。

何か組み立てて動くところを見るだけならもっと楽しいというのは当然だ。その方がよいという方は——先に進もう！　私は気にしない。本書の測定をともなうセクションを飛ばし、回路を組んで電源を入れる楽しむだけを得ることは可能だ。

問題は、**なぜ**動くのかを知らない、ということだ。性能を測定したり、自分で回路を設計することはできない。エレクトロニクスを真剣にやる場合、基本的な計算と計測は必要不可欠だ。アナログ信号と増幅にまつわる部分では、特にそうである。

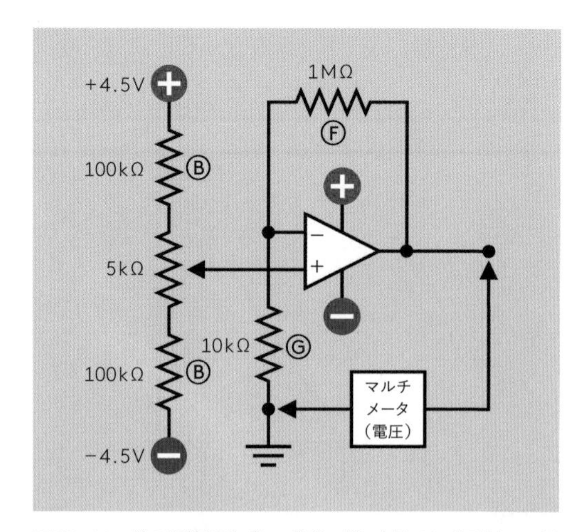

図11-11　前の回路図はブレッドボードに向けのレイアウトで、電源も9ボルト電池しか持っていないことを前提としたものだ。この回路図は、両電源が使えることを前提とした一般的な形式で描き直されている。グランド記号に、その電位が0ボルトであることを示す意味があることに注意すること。

差を分割する

この実験の値が101：1でなく90：1になった、この不正確性の原因として大きいのは何だろうと思っている方がいるかもしれない。私が考える容疑者はAの分圧器だ。Gの抵抗器はAの分圧器の中点から電圧をシンクする。これが分圧器の値を微妙に上げるために、中点が電源電圧の正確に半分ではなくなるのだ*。確かなことはわからない。なぜなら、計測によりわずかな違いが（ここでも）生じるからだ。

こうした不正確さを減らす方法としてもっとも明らかなのは、正しい両電源を使うことだ。また実際のところ、オペ・アンプの回路図を集めてみれば、その多くは両電源の使用を前提としているだろう。

たとえば図11-4の回路図はブレッドボード向けのレイアウトで描かれたものだが、これをより一般的な形式で書き直すと、図11-11のようになる。Bの分圧器は非反転入力にさまざまな電圧を加えるために必要でそのまま残してあるが、Aの分圧器は消えている。それがあった場所にはグランド記号（図の中央下のもの）があるのだ。この記号は、回路のその部分を両電源の中性グランドに接続して参照電圧とせよ、という意味である。

通常の単電源（両電源ではないもの）が使われる多くの回路図で、グランド記号が負極グランドを示すことを考えると、これは紛らわしいかもしれない。しかし一般則としてはグランド記号は常に0ボルトを意味する。

今はオペ・アンプの理論に突っ込んでいこうとしている段階だ。実のところ表面をひっかくにすぎないが、これはまず第一にハンズオン本なのである。たとえば、ゲインが1+（F／G）になることの証明を書くスペースはない。（オペ・アンプの項があるエレクトロニクス本ならどれでも載っているので探してほしい。）ここまでステップバイステップで付いてきてくれた方は、オペ・アンプの実際の動作を見てきたという大きなアドバンテージがあり、願わくばほかの本での解説が理解しやすくなっているはずだ。

基本

さて、ここでこれから、多くの本が最初にやることをしよう：2つの、もっともよくある、単純な、基本のオペ・アンプ回路を紹介するのだ。これをここまでやらなかったのは、私のアプローチが常に、最初に何らかのハンズオン体験を持ってくるものだからだ。基本のオペ・アンプ

＊訳注：おかしい。下側の抵抗が減れば中点電圧は下がるのでは。

回路は、何かをさせるのに必ず加えなければならない追加部品について知るまでは、あまり使い道がない。

この2つの基本回路を、図11-12と図11-13に示す。図11-12では、信号は非反転入力に直接行くようになっている。これはわれわれがこれまで使ってきた構成だ。フィードバック抵抗は、私はFと表記していたが、通例的にはR2とされる。私がこれをFと呼んだのは、本書ではR1およびR2がすでにほかの用途に2回も使われていて、混乱を招くためだ。しかしあなたは、外の世界でこれらのフィードバック抵抗や「接地」抵抗がどう呼ばれているかを知っておくべきだ。

オペ・アンプのゲインはこうなる：

ゲイン=1+（R2／R1）

これまで使っていた式、ゲイン=1+（F／G）と同じである。

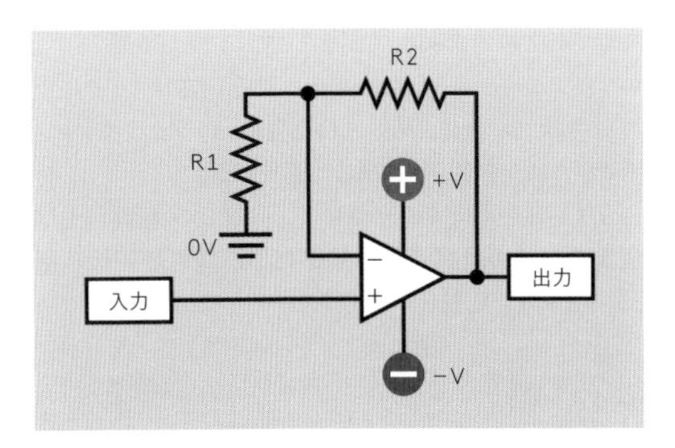

図11-12　信号を非反転入力にかけるオペ・アンプ回路のもっとも単純な表現。

図11-13は、これまで言及したことがない構成になっている。信号はR1を通して反転入力に行くが、この反転入力にはフィードバック抵抗R2も接続されている。非反転入力は中点グランドに接続され、参照入力となる。これまで同様、R2の値がR1に対して相対的に高くなると、ネガティブフィードバックが減って増幅量が増えるわけだが、出力は逆さま——文字通り逆さまだ。これは入力が反転入力に印加されることによる。反転入力にかかる電圧が高くなれば出力電圧は低くなるし、逆もまた然りだ。ということで、ゲインを求める式にはマイナス符号がついている。

ゲイン=−（R2／R1）

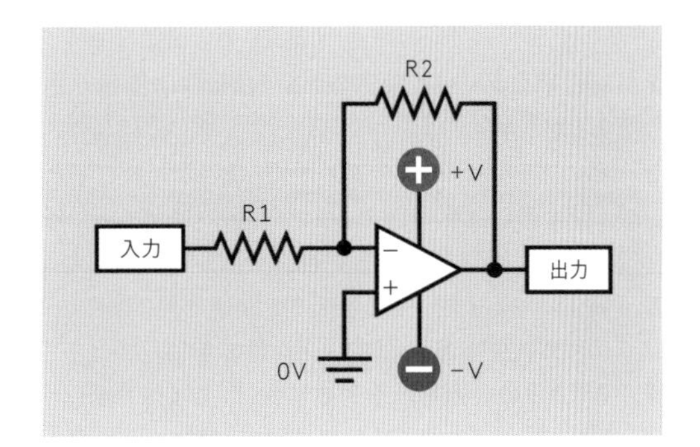

図11-13　信号を反転入力にかけるオペ・アンプ回路のもっとも単純な表現。

このどちらの回路でも、R2を省けばネガティブ・フィードバック抵抗が無限ということになり、ゲインもまた無限になる。これは最初のオペ・アンプ実験回路で使われたモードだ。ネガティブ・フィードバックがなければ、オペ・アンプは2つの入力端子間の微小な差分に過剰なほど反応する。

両電源がないときの基本

これらの基本回路は両電源の存在を前提としている。本によっては、9ボルト電池を2個使うことで両電源を作れると勧めている。このコンセプトを図11-14に示す。1個目の電池のプラス極を2個めの電池のマイナス極に接続し、ここを中性グランドとする。そして両電池の残りの極を、プラス9ボルトおよびマイナス9ボルトの電圧源にするのだ。

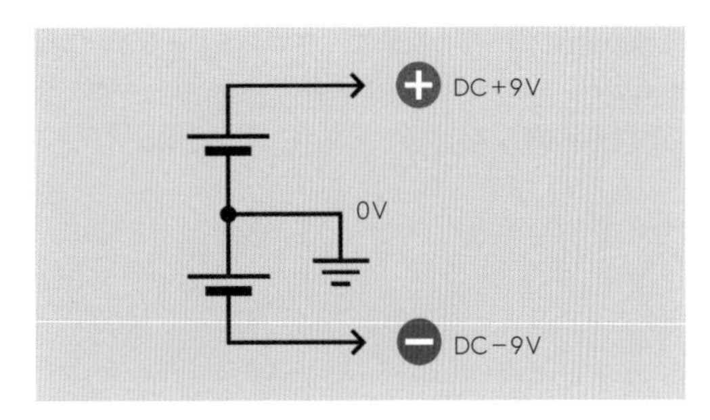

図11-14　2本の9ボルト電池を使って両電源を作ることができる。ただこの方法にはいくつか欠点もある（本文参照）。

なかなかシンプルでよさそうだが、なぜ私はこれを最初に勧めなかったのだろうか。いくつか理由がある：

1. 分圧器により中点電圧を作る手法は学ぶ価値があると思うから。
2. 私の知る限りではACアダプターを好む人の方が多いということと、2個のACアダプターを使えというのは理にかなわないと思ったこと。
3. 電池はマッチさせることができないので、0ボルトの中点電圧を厳密に0ボルトにはできないこと。
4. 0ボルトの参照電圧を生成すれば、ブレッドボードにバスがもう1本必要だが、これは混乱の元になるし、ブレッドボードスタイルの回路図で表現するのが難しい。
5. 2本の電池を使う方法ならばもっとうまくいくとは考えられないこと。電池は製造からの時間や、どのくらい電流を取るかによって電圧がどんどん変わってしまうものなのだ。

いずれにしても、両電源の必要性は、よく知られた対策により小さくできる。きっちりマッチしたAペア、Bペアの抵抗器をがんばって選ぶ必要もない。

図11-15は図11-12の両電源を持ってない現実世界向けバージョンで、音声信号に適した値の部品で組んだものだ。2本の68kΩ抵抗器は参照電圧を与える分圧器を構成するが、これは必要な唯一の分圧器となっており、抵抗器の値が厳密にマッチしている必要もない。入力はいかなる電圧に対しても相対的になる。なぜなら、1μFの入力カップリングコンデンサが、入力側にある部品によるDCからこの回路を遮断するからだ。同様に、10μFの出力カップリングコンデンサが、出力を外部の部品から分離する。残る問題は10kΩの接地抵抗を両電源の中点グランドに接続すべきであることだが、これも10μFのコンデンサで絶縁されているので、中点グランドは必要ない。

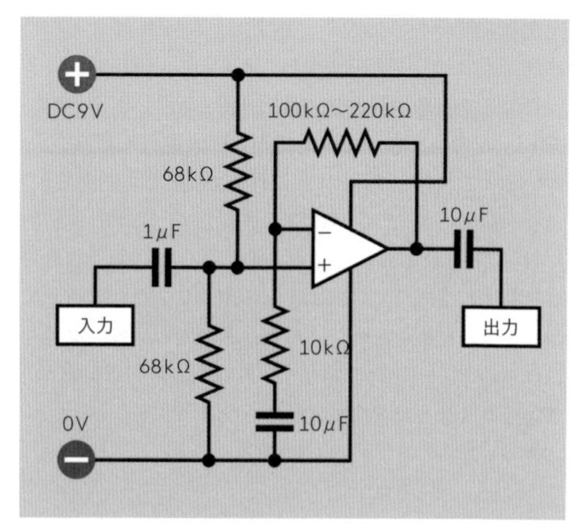

図11-15　信号を非反転入力に接続するオペ・アンプ回路。単電源向けに組んだものでオーディオ増幅用。

100kΩから220kΩのフィードバック抵抗を、10kΩの接地抵抗と組み合わせて使うことで、11：1から23：1のゲインが得られる。この増幅率の低い方はマイクに近づいて話す場合に、高い方は部屋のバックグラウンドノイズをモニターするのに適した値である。

図11-16は同様の妥協案で、今度は反転入力を増幅する形式の単電源向け回路だ。これの理論版は図11-13なので比較してほしい。

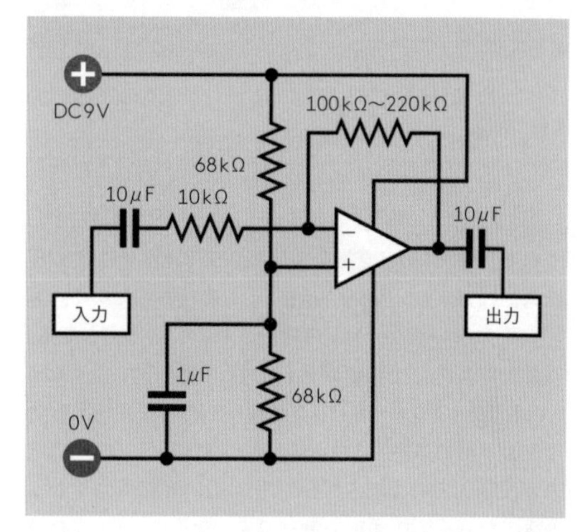

図11-16　信号を反転入力に接続するオペ・アンプ回路。単電源向けに組んだものでオーディオ増幅用。

オペ・アンプはやわかり

それではまとめておこう。まとめがあれば、この節に戻ってトリッキーな部分を思い出したいときに便利である。

- オペ・アンプはコンパレータに似たものである。両者は同じ回路図記号を持つ。ともにペアになった入力を持ち、その電圧を比較して出力を生成する。
- 入力の1つは非反転入力、もう1つは反転入力である。
- オペ・アンプとコンパレータはともに、フィードバックを使って入力の一方を変化させる。ただし、コンパレータはポジティブ・フィードバック（正帰還）により明快なハイ／ローの出力を得ること、オペ・アンプはネガティブ・フィードバック（負帰還）により出力を入力の正確なコピーとすることが異なる。
- ネガティブ・フィードバックは常に反転入力に加える。
- ポジティブ・フィードバックがあると、コンパレータは入力の小さな変動を無視できるようになる。これをヒステリシスという。オペ・アンプの場合、ヒステリシスはまったく望ましくない。なぜならオペ・アンプは入力の細部をすべて（無視ではなく）増幅しなければならないからだ。
- オペ・アンプの主な用途はオーディオ信号のような交流信号の増幅である。コンパレータは主としてDC入力に使われる。
- オペ・アンプの入力信号は非反転入力に加えられることが多いが、反転入力に加える方法もある。いずれにしても、オペ・アンプは両者の差分を増幅する。ただし信号を反転入力に加える場合、出力は反転される（「反転」入力の名はここから来る）。
- 入力のうち信号を加えない方にかかる電圧は、何らかの方法で制御して、参照電圧とする必要がある。
- コンパレータの出力は、通常はプルアップ抵抗を使うことにより、デジタルチップと互換にすることができる。オペ・アンプの出力は通常、デジタル入力には向かない。これはアナログ信号がたくさんの小さな変動を含んでいるためである。
- コンパレータは通常、出力を作るために、プルアップ抵抗を必要とする。オペ・アンプは通常、自力で出力を生成する。

オペ・アンプの理論的なところはこれで全部なので、何か実用的なことをやる番だ：機能するオーディオ・アンプを作ろうではないか。

機能するアンプ

A Functional Amplifier

実験 12

実験10で見た通り、LM741は、2N2222トランジスタを通してさえ、スピーカーの駆動に適さない。事実、LM741は最小限の**プリアンプ**を意図したものなのだ。これは非常に小さな信号の電圧を増大させるものの、大きな電力は供給できないというものだ。プリアンプはpreamplifierの略である。

フル機能のプリアンプは、かつてはコンシューマエレクトロニクスの世界で、テープデッキ、マイク、レコードプレイヤー・カートリッジからの入力を増幅するための独立した機器として販売されていた。これは音量、バス、トレブルが調整できるというもので、信号は次にスピーカー駆動用のパワーアンプに渡された。現在ではプリアンプとパワーアンプは1つのユニットに統合されていることが多く、よくあるステレオセットやホームエンターテイメントシステムもそのようになっている。さて、われわれの目的からしてLM741はプリアンプに相当するということで、次に必要なのはパワーアンプだ。

これも最小限のデバイスでいける。LM386チップだ。これもオペ・アンプと同じ2入力形式のチップだが、小型のスピーカーを約300ミリワットという電力で駆動するように設計されている。現代的な音楽システムに期待する普通のワット数に比べるとずいぶん貧弱な感じだが、実のところ、多くの実用的な目的には300ミリワットで十分だ。

初めての386チップ

LM386のピン配列を図12-1に示す。LM741に似ているが、厳密には同じでないので、電源および出力の配線の際は注意すること。

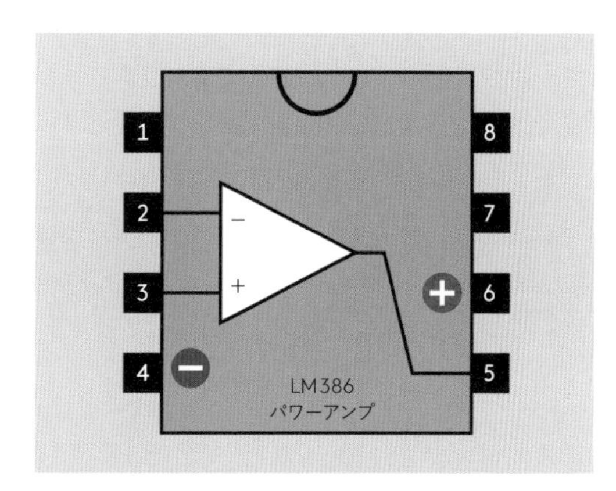

図12-1　LM386アンプチップの内部構成。1番ピンと8番ピンは予約済みで、ここにコンデンサを接続することで、チップのゲインをデフォルトの20：1から200：1にまで増加することができる。

1、7、8番ピンは接続なしで示されている。これらは外付け部品と組み合わせて使うピンで、アンプのゲインを20：1（デフォルト）から200：1にまで増やしたいときに使える。これは相当なディストーション（ひずみ）を出すだろうが、試したいのであれば、1番ピンと8番ピンの間に10μFコンデンサを、7番ピンとグランドの間に0.1μFコンデンサを追加すればよい。この構成には、発振しやすくノイズを出しやすいというLM386の傾向を抑制できる利点がある。200：1という増幅率が大きすぎるのであれば、1番ピンと8番ピンの間に接続する10μFコンデンサと直列に、1kΩ以上の抵抗器を入れるとよい。

アンプ回路

図12-2の回路図を見れば、今やさまざまな部分がお馴染みのものになっているのに気づくだろう。シンプルなマイクロフォン部は前に見ている。その出力は、分圧器として機能する2本の68kΩ抵抗の中点電圧を変動させる。この電圧変動は、次にLM741の非反転入力に接続される。

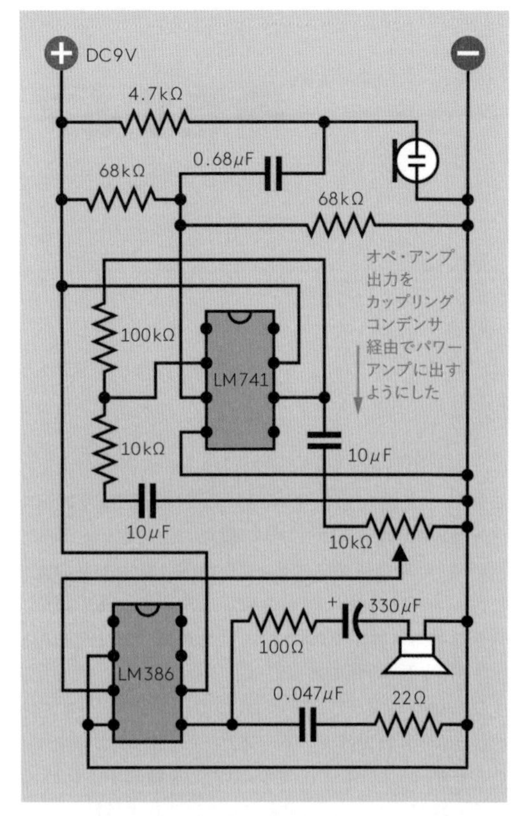

図12-2　マイクロフォンとスピーカーを持つ完全なオーディオアンプ。LM741がプリアンプ段を、LM386がパワーアンプ段を構成する。

LM741の6番ピンからのフィードバックは100kΩのフィードバック抵抗経由で反転入力に還流し、これを10kΩの“接地”抵抗が修飾する。この抵抗と負極バスの間の10μFコンデンサにより、LM741の反転入力は電源から「浮いて」独立した状態になるので、こちらの入力には分圧器は必要ない。（これらの用語がまるで理解できないのであれば、実験11の最初に立ち戻って技術的な内容を読み直していただきたい——意味が知りたいのであればだが。）

LM741の出力は10μFのカップリングコンデンサ経由で、LM386のボリューム調整として働く10kΩ半固定抵抗器に渡される。この半固定抵抗器のワイパー端子は、LM386の非反転入力である3番ピンに接続される。反転入力である2番ピンは、負極グランドに接続されている。LM386はLM741同様、2つの入力の差を増幅するが、その出力が小型のスピーカーを駆動できるほどパワフルであるところが異なる。大型の330μFコンデンサと100Ωの抵抗器がスピーカーと直列に接続されていることに注意する。

この回路はゲインとディストーションのトレードオフのデモになる。100Ωの抵抗を小さいものに換えると、あなたの声はより大きく、しかしより多いひずみで再生されるだろう。いろいろ試すときは、この抵抗器の値、スピーカーの交換、半固定抵抗器の調整をやってみよう。

図12-2のブレッドボード版を図12-3に示す。

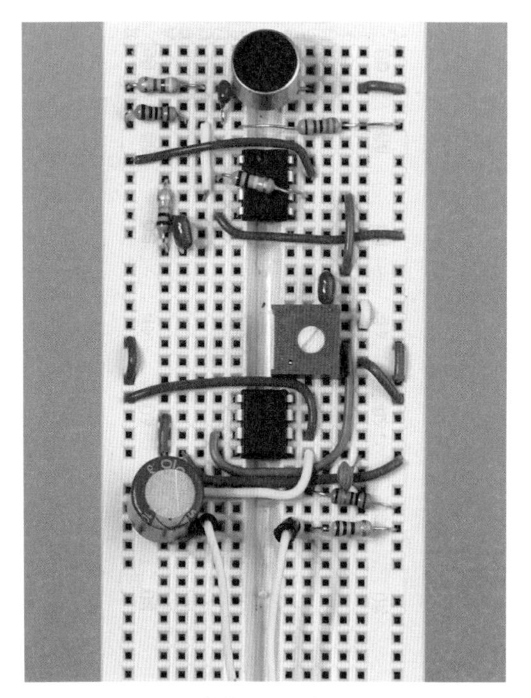

図12-3　LM386アンプを使ったシンプルな回路のブレッドボード版。写真下の黄色の配線はスピーカー（写真にない）に接続されている。この回路は9ボルト電池だとあまり長く動作しない。

アンプのトラブルシュート

以下にアンプのトラブルシュート方法を挙げる：

ノイズ

回路の電源を入れた際にピー音、ブー音、リズミカルな発振音などがする場合、これはさまざまな要素により引き起こされている：

- 配線不良。両端にプラグのあるジャンパ線を使うと、線の絡まった部分がほぼ確実に電気的ノイズを拾う。この回路はぴったりの長さに切ったジャンパをブレッドボードにぴったり付けて配線するべきだ。部品は可能な限りくっつけて配置する。
- 音響的フィードバック。スピーカーをマイクから離してみよう。
- 前述のように、LM386の1、7、8番ピンに必要な部品を接続する。LM386の7番ピンを0.1μFコンデンサ経由で接地すると、1番ピンと8番ピンにコンデンサおよび適切な抵抗を直列に接続した際に、ノイズを軽減できる。
- 0.047μFコンデンサの容量を増やして0.1μFにする。
- 電池ではなく安定化電源などを使っていると、スピーカー出力にハム音やブザー音が乗ることがある。基板の正極バスと負極バスの間に、見つかる中で一番大きな容量のコンデンサを接続しよう。私は自分ではそれなりに高品質の電源を使っているのだが、4,700μFのコンデンサを追加したところ、背景ハム音がさらに低下するのがわかった。

ディストーション

これは非常に小型の基本的な回路なので、いくらかのディストーションは不可避だ。それでも次のようなオプションを試すことができる：

- エレクトレットマイクと直列に入れてある4.7kΩの抵抗器を3.3kΩに交換する。
- 10kΩの抵抗器を、10kΩ半固定抵抗器のワイパー端子とLM386の入力（3番）ピンの間に入れる。

音量不足

この回路ではそもそも大きな音量は期待できないが、いくつか試せることはある：

- LM741のゲインを決める抵抗器の組み合わせを1＋（100／10）＝11：1から変更する。100kΩ抵抗器を150kΩに換えて、ゲインを16：1にしてみよう。10kΩの“接地”抵抗の値を減らしてもよいだろう。
- スピーカーを閉じた小型の箱や管に入れることで、知覚音量を大きくすることができる。私は直径5センチ、長さ15センチの塩ビパイプが2インチ（5センチ）スピーカーのエンクロージャになることを発見している。
- LM386からの出力と、グランドからの配線を取って、コンピュータ用スピーカーシステム（これ自体が小さなアンプを持つ）の入力プラグに接続してみたところ、なかなかよい結果になった。これを試すのは自己責任だ！　330μFのコンデンサがあなたのスピーカーシステムを保護してくれるはずではあるが、配線ミスがあれば、結果は予想不能なものになるのである。

実験

お静かにお願いします！

No Loud Speaking!

ここまでのオーディオ系プロジェクトの総括として製作するのは、音を何かのオンオフに使う、というコンセプトに立ち戻った機器である。この実現方法は実験10で示しているが、今度ははるかに遠いところまで持っていく。このプロジェクトはアナログ集積回路のパイオニアにまつわるストーリーからインスピレーションを得たものである。

背景：ワイドラーの物語

ボブ・ワイドラー（Bob Widlar）という伝説的エンジニアは、1960年代の最初の半導体ブームの時代、オペ・アンプの初期開発において膨大な仕事をした。彼はフェアチャイルドやナショナル・セミコンダクターのような初期のシリコンバレースタートアップにとって重要な人物であり、そこでの彼はその画期的な設計のみならず、行いの悪さでも記憶されている。彼は生涯にわたってアルコールに淫していたし、同僚には偏執狂、世捨て人、そして付き合いが不可能な人と言われていた——とはいえ彼らはどうにかして付き合わざるを得なかった。それほど卓越したエンジニアだったのだ。当時のシリコンバレーでは、不安定でギスギスしたパーソナリティというのは許容されるものだった。エレクトロニクスは依然として一匹狼向けの分野であり、人事部が採用プロセスに小さな影響しか持っていなかったからである。

不完全な部品や機能不全のプロトタイプに対するワイドラーの不寛容は激烈で、両手ハンマーで叩き壊すという習慣があった。そしてこれは「〜をワイドライジングする」と言われるようになった。彼は騒音にも非常に不寛容で、自分の仕事場を訪れた者が声を上げたり大声で話しかけると甲高いホイッスル音を発するという装置を備え付けていた。フェアチャイルドのエンジニアの一人が、この装置が社内で“ザ・ハスラー”と呼ばれていたことを教えてくれた。

私はこれを「騒音抗議装置」と呼ぶことにして、あなたのバージョンを作るにはどうしたらいいか書こうと思う。

ワイドラーがその名声をオペ・アンプ設計で築いたことを考えると、このプロジェクトをオペ・アンプを中心として製作するのは適切であるように思う。

ステップバイステップ

この回路の設計と製作プロセスはステップごとに示していき、あなたが自分で設計するときに手順が思いつくようにしたいと思う。

回路を設計する、と考えると恐ろしく感じるかもしれない。たとえば——どこからやる？　ところが、回路がセクションに分割可能であり、互いに信頼性のある方法でコミュニケートさせることができ、別々にテスト可能である限り、設計プロセスがあまり難しくなることはないのだ。

もちろん、プロトタイプの設計を初めに試みたときに、完全な成功にはならないかもしれない。しかしそれこそが、あなたがプロトタイプに期待すべきことなのだ。

最初のステップは、回路がやらなければならないことについて考えて、それをやれそうな部品のリストを作ることだ。「騒音抗議装置」についての私のリストは以下のようになった：

1. 騒音を検知し、それを電気信号に変換する装置。これはエレクトレットマイクロフォンになるだろう。
2. 信号のプリアンプ。LM741オペ・アンプだ。
3. 電流増幅器。前と同じ2N2222トランジスタが使える。
4. 電圧や電流が設定された閾値を超えたら、これが何かをトリガーしなければならない。この部分が何になるかはまだわからない。
5. トリガーされた機器は、抗議として大きな音を立てねばならない。これを「抗議出力」と呼ぶことにする。可聴周波数の無安定モードで動く555タイマーが1個あればよいだろう。

検知

これが動くかどうかの鍵となるのは、上の第4ステップだ。どうすればよいだろうか。

うーん、無安定モードの555タイマーがどうやって動くか考えてみよう。これは電源を接続されればすぐに自力で起動し、電源が断たれれば停止する。しかしこれがすべてではない。リセットピンというものもあるからだ。リセットピンにプラスの入力があるとき、タイマーは動作可能状態になる。リセットピンがローになっていると、タイマーは停止する。

たぶんオペ・アンプの出力を変換すれば、このリセットピンの操作ができそうだ。これは有望そうな感じだ：

- エレクトレットマイクが音を拾っていないとき、オペ・アンプの出力はローであり、タイマーはリセットへの入力がローであるとき抗議出力を抑制する。
- エレクトレットマイクが誰かの叫びを聞いているときは、オペ・アンプの出力はハイになり、リセットへの入力がハイであれば、タイマーとその抗議出力が作動する。

唯一の問題は、オペ・アンプの出力がACであることだ。実験10のように、カップリングコンデンサを通すことで負極グランドにバイアスして、出力をグランドへの相対量とするのはどうだろう。それから平滑コンデンサを使えば、リップル（波動）をいくらかでも除去できるだろう。

『Make: Electronics』をお読みの方は、平滑コンデンサを信号とグランドの間に置くことで、山や谷を平らにしたいところだろう。出力はおそらく、タイマーのリセットピン用に使える程度にはクリーンになるだろう。

555のデータシートをチェックするタイミングだ。読んでみると、リセットピンはその電位がDC1ボルト以下になったときにタイマーを停止すると書いてある。これ以外の状態ならタイマーの動作を許すのだ。

つまり、オペ・アンプの出力を加工して、誰かが叫んでいるときにDC1ボルトより大きく、誰も叫んでいないときはDC1ボルトより小さくすることができれば、タイマーは適切に応答する。

本当に動くの？

ここまで来れば、SPICEのようなソフトを使ってシミュレーションを構築し、部品同士の相互作用を示してみることは不可能ではない。しかし私が扱っているのは癖のあるアナログ信号なので、部品を実際に組んで、私の望んだ通りに動くかどうか確かめてみる必要がある。

図13-1に、「騒音抗議装置」回路の最初の部分を示す。これは実験12の図12-2の回路の上半分に非常によく似ている。一番の違いは、フィードバック抵抗を1MΩの半固定抵抗に替えてあることで、これにより感度を変更することができる。出力のカップリングコンデンサの下には、コンデンサにバイアスをかけるため、出力〜グランド間に10kΩの抵抗を追加した。

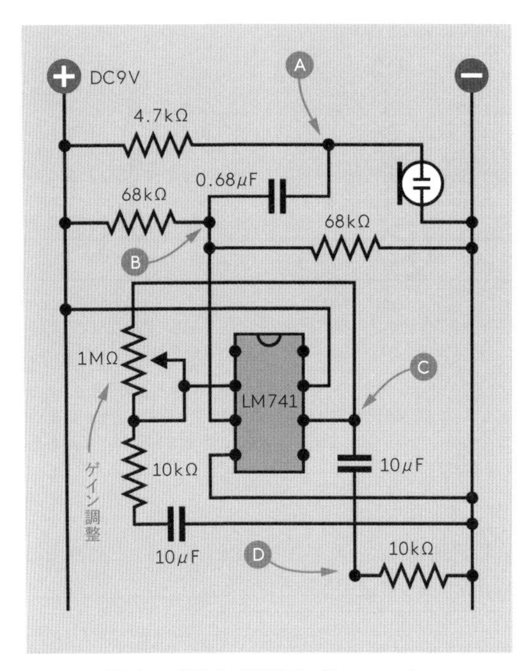

図13-1 「騒音には騒音を」回路構築の第1ステップ。

次のステップは、回路で実際に起きることのチェックだ。これもオシロスコープがあれば便利な場面だが、あなたは持っていないだろうから、私も使わない。

回路を組んだら、1MΩ半固定抵抗器が、オペ・アンプ出力と非反転入力の間に最大の抵抗値を与えるようにする。これはネガティブ・フィードバックを最小に、ゲインを最大にした状態だ。

それでは「アー」テストをやりながら（笛を吹いてもよい）、回路のポイントA、B、C、Dの電圧をチェックしよう。黒のプローブを負極グランドに接続しておき、赤のプローブを矢印の点に当てていくのだ。図13-2のような電圧が観察できるはずだ。（表に、図13-1にはないポイントEがあるのを不思議に思うかもしれない。ポイントEは回路が下に広がると出てくるものだ。）

回路点	入力音なし		入力音あり	
	AC	DC	AC	DC
A	0mV	7.5V	30mV	7.5V
B	0mV	4.5V	30mV	4.5V
C	0V	4.5V	2V	4.5V
D	0V	0V	2.5V	0V
E	0V	0V	0V	3.0V

図13-2 回路の各ポイントでの電圧の読み。非常に小さな交流信号が増幅され、利用可能なDC出力に変換されていくところが示されている。

あなたの読みが私のとまったく同じでない場合、いくつかの理由が考えられる。あなたの「アー」の声が私ほど大きくなかったのかもしれない（または、より大きかったのかもしれない）。あなたのマイクロフォンが、私のよりも高感度または低感度だったり、マルチメータの安定にかかる時間が違ったり、ACの計測方法自体が違っているかもしれない。いずれにしろ、小さな違いは重要ではない。

まず、あなたが大きな声で話しかけると、マイクロフォンは30ミリボルト程度のACをポイントAに出す。この値はACなので、コンデンサの反対側のポイントBでも同じである。ところがDC電圧は、分圧器の抵抗器により4.5ボルトにリセットされている。次のLM741の出力そのものであるポイントCでは、マイクが音声を拾っているときの電圧がACでおよそ2.5ボルトに増幅されている。ポイントCでは依然としてDC成分が4.5ボルトあるが、出力カップリングコンデンサがこのDCを遮断するので、ポイントDではACの読みしか出なくなる。これは音声入力がないと0ボルトで、あると2.5ボルトになる。ここまでは順調だ。AC0ボルトから2.5ボルトという振幅は望ましいものに見える。

次のバージョンの回路図、図13-3を見てみよう。ここではさらなる電力を与えるトランジスタと、100μFの平滑コンデンサを追加した。なぜ100μFなのか？　経験的に、可聴周波数にはこのくらいが適切だとされているからだ。これは後で検証し、必要ならば変更するものとする。

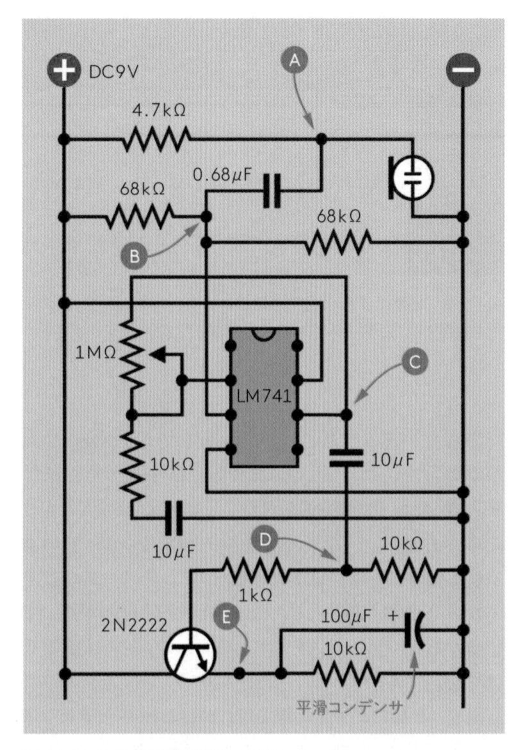

図13-3　騒音抗議装置製作の第2ステップ。

図13-3の回路図では、「オン」時に非常に小さな抵抗値となるトランジスタにより電流がポイントEに到達するようになっている。ただし非導通時のトランジスタは、実効抵抗が10kΩ抵抗器よりも相対的に高くなるので、ポイントEの電圧が下がる。

これは**エミッタフォロワー**構成の1つだ。この名は、エミッタ電圧がベース電圧に追随する（トランジスタによる引き下げが少しある）ことによる。もちろんトランジスタは電流も増幅する。

トランジスタと10kΩ抵抗の位置を入れ替えると、この効果は反転する。この様子を図13-4に示す。トランジスタは構成次第で、電圧を伝えることも反転させることもできるのだ。

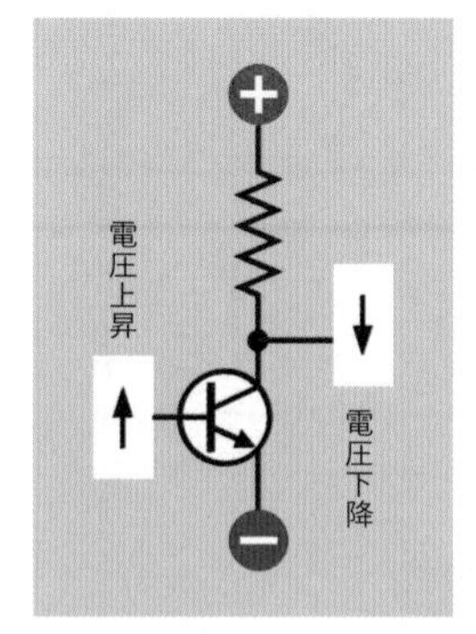

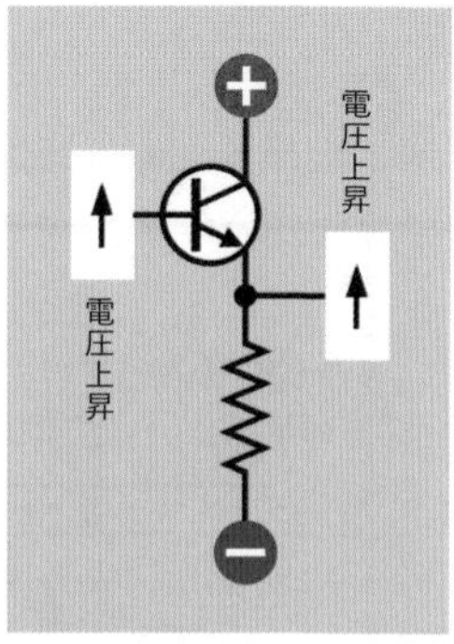

図13-4　トランジスタのベース電流が小から大へと変化するときの出力は、エミッタ側から取り出すかコレクタ側から取り出すかにより、ローからハイでもハイからローでも選ぶことができる。ただし抵抗器が必要だ。

ちょっと横道にそれてこのトピックを掘る。この方法には非常に多くの応用があるからだ。

背景：電圧変換

これを自分でやってみたいなら、トランジスタ1本と抵抗器2本でとても簡単にできる。

図13-5に、実際のメータの読みをいくつか示す。2N2222トランジスタのコレクタ側から出力を取ったときのものだ。いずれの回路もベース抵抗は1kΩで、上の回路ではこれが負極グランドに、下の回路では電源正極に接続されている。ベースに通電することでトランジスタは「オフ」（非導通）モードから「オン」（導通）モードに変わる。トランジスタはグレーで示してあるとき非導通である。

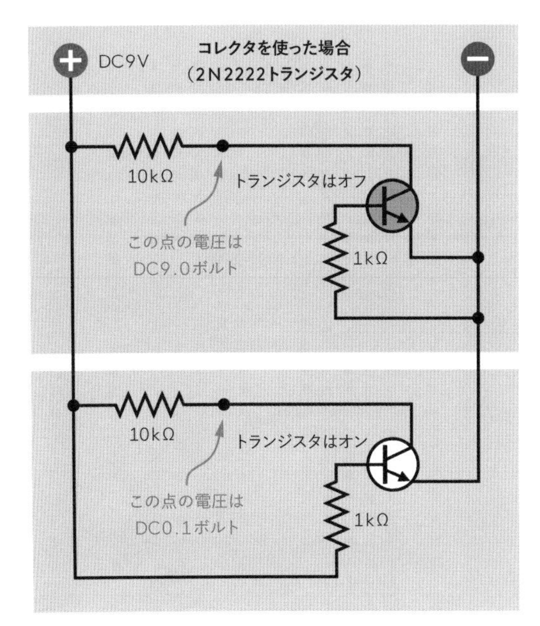

図13-5　コレクタ側から出力を取り出す構成のトランジスタで実際に測定された値。数字はすべて小数点第1位までに丸めてある。

数字はすべて小数点第1位までに丸めたものであり、DC9ボルト電源のときの出力は実際にはDC9ボルトよりわずかに小さくなる：

- トランジスタのコレクタからこのような形で取り出せば、入力は反転する。

留意せよ：

- 実際の挙動は回路の出力に接続したデバイスによって変わる。ここでの数字はマルチメータで計測されているが、これは非常に高いインピーダンスを持っている。デバイスが異なれば、数字は変わるだろう。とはいえ、オペ・アンプやコンパレータ、たくさんのデジタルチップなど、多くのデバイスは、やはり非常に高い入力インピーダンスを持つ。
- この数字はトランジスタを飽和モードにしたときのものである。流れる電流が小さければ、出力は変わってくるだろう。
- トランジスタを扱う際は、最大定格を超えないように注意を払う必要がある。導通時のトランジスタを通じて過大な電流をシンクしないようにすること。データシートを見て確認しよう！

それでは図13-6だ。10kΩ抵抗器とトランジスタの相対位置を入れ替え、トランジスタのエミッタ側から出力を取った。このエミッタフォロワー構成では、トランジスタは電圧の反転をしなくなる。電圧は入力の動く向きに従うが、出力電圧の振幅はそれほど大きくならない。これも小数点第1位まで丸めた値である。

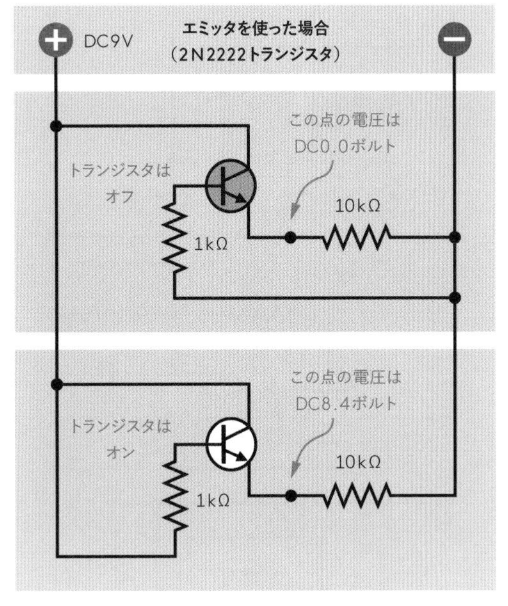

図13-6　エミッタ側から出力を取り出す構成のトランジスタで実際に測定された値。

どちらの場合も、電圧はトランジスタの反対側に抵抗器を追加することで調整できる。この抵抗器はもう1つの(さん、ハイ!)分圧器を構成する。

当然ながら、どのケースでも、トランジスタは依然として電流増幅器として機能している。

騒音抗議の続き

騒音抗議装置の完全な回路図を図13-7に、そのブレッドボード版を図13-8に示す。

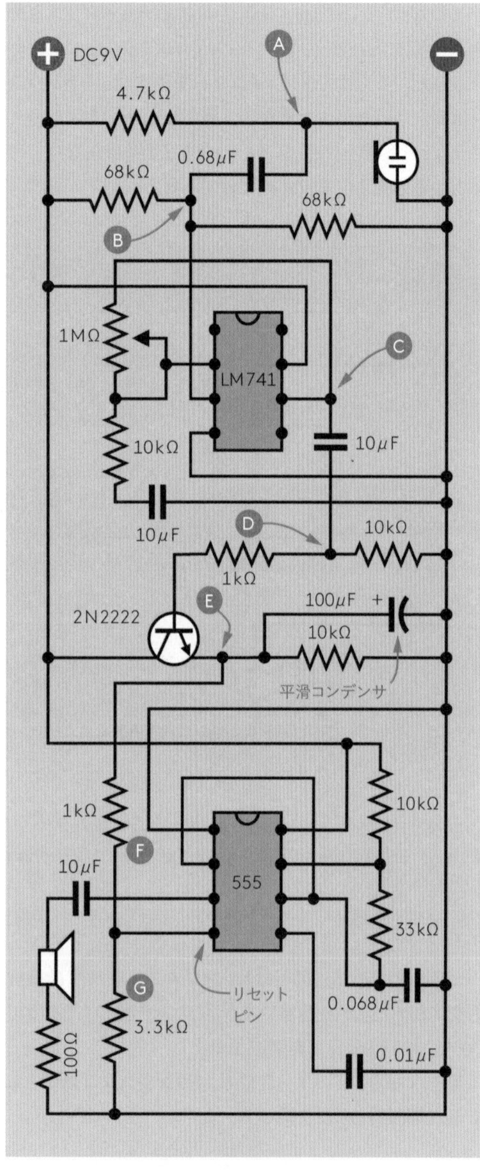

図13-7　騒音抗議装置の完成回路。

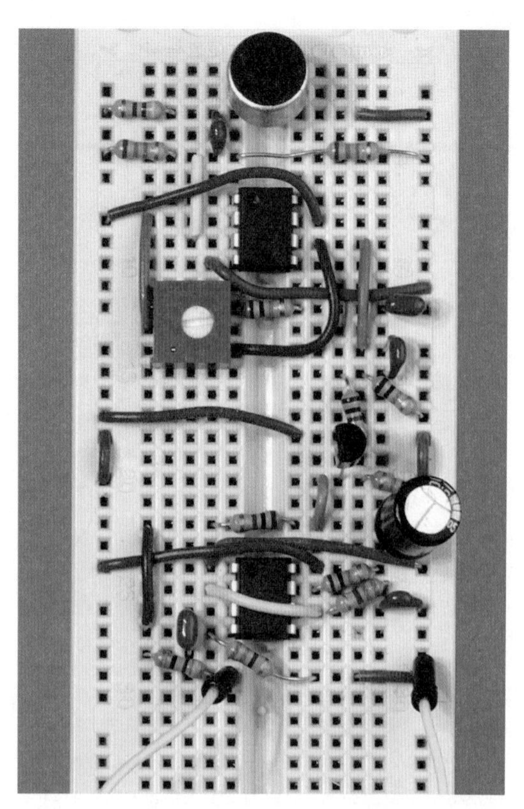

図13-8　9ボルト電池で動くようにした騒音抗議装置のブレッドボード版。写真下方の黄色の配線はスピーカー（写真にはない）に接続されている。

基本コンセプトが完全にクリアになっていない人のため、ロジックを描いたフローチャートを図13-9に示す。

図13-9　この図は騒音抗議装置の各セクションが次のセクションとどのようにコミュニケーションを取るか図解したものだ。

それではあなたも自分のバージョンを作って動作するか見てみよう。繰り返すが、両端にプラグがあるタイプのジャンパの使用は避けること。丸まってループができやすく、そうなれば互いに電磁的に作用を及ぼし、これによりノイズや誤動作が起きやすくなる。オペ・アンプ回路は必ず、配線を可能な限り短く、部品同士を可能な限り近づけて製作すべきなのだ。

最初に行うのは、オペ・アンプに出入りする電圧の確認だ。図13-2の表と比べてみよう。同じような値であれば、次のステップは555が正しく配線されているかの確認だ。4番ピンへの接続を外すと、スピーカーからハイピッチのうるさいピーピー音が鳴り響くはずだ。これが555の"抗議出力"である。何も聞こえないようであれば、先に行く前に配線ミスを見つける必要がある。

4番ピンの接続を戻せば、ピーピー音は止まるはずだ。ただし100μFコンデンサの放電を待つ必要があるので、短い遅延はある。1MΩの半固定抵抗器を回してフィードバック抵抗を最大にしてから、大きな声でマイクに話してみよう。100μFコンデンサの充電のため、ここでも遅延があるが、それが終わればピーピー音が出て、それは大声で話しかけるのをやめるまで続くはずだ。

これが回路に期待される動作である。実際、私のバージョンは動作した――しかしどうにか動いたにすぎず、よい安定化電源がなければ動かなかった。9ボルト電池に交換したところ、回路の動作が不安定になったのだ。

すっかりがっかりしたものだが、最初に言った通り、プロトタイプの最初のバージョンは正しく動作しなければならないということはない。

というわけで、何が問題を引き起こしているのか確かめねばなるまい。マルチメータで見たところ、答えは非常に明らかにみえた：ポイントEの電圧範囲は、マルチメータ以外のものを接続していなかったときには良好に思えたが、この出力を555タイマーのリセットピンに接続したとたん、すべてが変わるのだ。

555のデータシートはすべてを教えてくれるわけではなかったのだ。私はリセットピンが（ロジックチップのように）高インピーダンスであると想定していたのだが、実はそうではなかった。またおそらく平滑コンデンサも100μFでは不十分だ。タイマーのリセットピン電圧を持ち上げられるほどのリップルやスパイクを通してしまうのだ。これによりタイマーはノイズを出し続ける。たとえマイクロフォンが小さな音しか拾っていないときでも。

いずれにしても、トランジスタの出力がタイマーと非互換であることはわかった。どうするべきだろうか。こうした状況に対しては2つの選択肢がある：

- いじり回してどうにか動かす。
- 完全に違った方法を試す。

前者の方が、すべて最初から作り直すよりは早いはずだ、という感覚が常に存在する。もちろんそうでない場合もしばしばあるが、ともかく私はやってみた。分圧器をもう1回路追加して、リセットピン電圧を調整したのだ。この抵抗器には回路図でFとGのラベルが付いている。これらの抵抗器の値を決める際に計算はしていない。さまざまな抵抗値を実験的に試したのだ。

これはそこそこうまく行ったが、確実な動作をする回路、とまではならなかった。スピーカーからカリカリしたノイズが出たり、ピリリリリリ、と鳴ったりするのだ。ピー音もギシギシした感じになるので、トランジスタの信号からのリップルが乗っているものと考えられた。それで330μFのコンデンサを100μFに交換してみたが、これは発振してしまう。47μFのコンデンサも試した。これらを自分で試して、動作の具合がよくなるかどうか見てみるのもよいだろう。

電源の問題

回路が動かないのは本当にイライラするものだが、答えを求めるに際しては、やはりいつでも、一定の手順に従ってやらねばならない。

ここではあなたが9ボルト電池を電源としていることを想定している。555タイマーの4番ピンへの接続を外して、スピーカーから警告音が出るようにする。マルチメータの黒のプローブをブレッドボードの負極バスに接続し、赤のプローブを68kΩ抵抗器2本が出会うポイントBに当てる。ここは参照電圧、つまり、オペ・アンプがマイクの入力と比較するものを作っている場所である。マルチメータをDC電圧にセットしよう。

電圧をチェックしておき、次に555タイマーに正電源を供給する接続を外す。タイマーから電源を取り上げて音が止まると、参照電圧が変化しているだろう。なぜそうなるのか。鳴っている555タイマーは大した電流を取るわけではないが（たぶん20ミリアンペアくらい）、9ボルト電池の電圧を引き下げるにはそれで十分だということだ。そして電源電圧が下がると、オペ・アンプがギリギリ動く程度に参照電圧が変わり、これによりタイマーを遮断するためのポイントEの電圧が引き下げられるのだろう。ところが、鳴るのをやめたタイマーの消費電流は下がるので、電池からの電源電圧が上がり、タイマーがまた鳴り始める——これが発振のメカニズムだ。

この問題は（または回路からのキシキシ音や止まらないピー音は）、最初に出なかったとしても、後から電池が弱って電圧が落ちてきたときに出てくるかもしれない。

可能な修正をリストアップしてみよう。ただしこれらはどれも、私にとっては、あまりアピールするものではないということを言っておきたい——それでも簡単な選択肢ではあるのだ：

1. かわいらしい電池ではなく適切な電源を常に使う。私の作ったこの回路は、安定化されたデスクトップ電源を使えば非常に高信頼に動作するし、RadioShackの電圧切替ACアダプターでも微妙なふらつきが出るだけだ。
2. 9ボルト電池を2本用意し、1本を回路の上半分に、もう1本を下半分に使う。1本の電池のプラス極をオペ・アンプの電源に、もう1本のプラス極をタイマーの電源に接続するのだ。ただしマイナス極は2本とも同じ負極グランドに接続すること。
3. もっと高い電圧の電源（12ボルト以上）を使い、9ボルトのボルテージレギュレータに通す。これなら電力消費にともなう変動をカバーできるだろう。
4. スピーカーの直列抵抗を増やす。しかしちょっと待った——こうするとスピーカーの音量が下がるが、この機器の本質は誰かが大声で話したときに大きな音を立てることではないか！

そう、こうした回路を正しく動かすために大奮闘すべきではないのだ。上でも書いた、確実な動作、というものが欲しいのだ。私は自分が間違っていたと結論した。回路をいじり回して動かそうというのは間違いだ。何かまったく違ったことをやってみるべきだったのだ。

失敗ですか？

これは私の回路が失敗であるということを示すのだろうか。違う。私はその言葉を好まない。なぜならそれは、何かが無価値であるという意味を含んでいるからだ。現実には、ほとんどすべての成功者が、うまくいかない戦略をやってみているものである。通常、ある人が成功するのは、諦める代わりにその経験から学ぶからである。

何かが最初から非常にうまくいった場合、そこから学べるものはほとんどない。問題が生じたときこそ、学習プロセスが本当に始まるときだ。では、ここで学習したことは何だろうか。

- あなたは増幅部を含んだ回路で起こりうる不安定性を見た。望まれないタイプのフィードバックや発振は、よくあることだ。
- あなたは電源が単に受動的な電流源ではないことを見た。それは回路の能動的な（自分から変動する）部品であり、電池にはACアダプターとは異なる限界があるのだ。
- あなたは、回路の動作は別の選択肢（たとえば違ったタイプの電源）を使って確認する必要があり、単純に「これはぼくの機材では動くんだから、動かないのは君の問題だ」では済まないことを見た。
- あなたは、もし回路の一部がほかの一部と辛うじて互換（相互作用可能）であるなら、それで十分とは言えないかもしれないのを見た。

ちょっとワンモアシング

回路をいじり回していたときに起きた、上には書きもしなかったことがある。スピーカーをマイクのそばに置いてしまったのだ。何が起きるかわかるだろうか。オーディオフィードバックだ。当然だ！　スピーカーが「抗議出力」を始めると、マイクがそれを拾った。マイクは抗議出力と誰かの大声を区別できるほど賢くないので、回路はアクティブであり続けることになった。音はぐるぐる回り続けるので止まることがない。

これはコンセプト上の問題であり、ハードウェアの問題ではない。大声を上げる人に対してより大きなノイズで対抗する機器、というコンセプトには、最初から欠陥があったのだ。回路は自分で自分に向かって叫ぶことになる！

私が仕様を書いたとき、あなたはこれを予見しただろうか。私はしなかった。視野狭窄に陥っていたからだ。これは新しい機器がデザインされるときによくある問題だ。私は目標（この場合、叫ぶ誰かにノイズで対抗すること）にフォーカスし、全体像を忘れてしまったのだ。

プロトタイプが動作し始めるまで明らかな問題があるのに気づかない、というのはよくあることだ。そうなれば恥ずかしいものだ。なぜならみんな言うからだ。「こんなの明らかでしょ！」と。

しかしこれはもう1つの、価値ある学習プロセスなのである。あなたがどれだけ経験を積んでも、「明らかな」問題を見落とすことはある。古典的な例を1つ挙げよう。スティーブ・ジョブズが最初のiPhoneプロトタイプを数週間ポケットに入れて試用していたときのことだ。生産に入るまで2か月を切っていた。彼は電話のプラスチックのスクリーンが、その短い期間にも傷だらけになったのに気がついた。そう、こんなことは予想しているべきだろう。これって明らかでしょ？

たぶんiPhoneの設計者たちは、プラスチックが唯一の道だと思っていたのだ。だってガラスなんて本当に簡単に割れてしまうではないか。ところがジョブズは傷のついたスクリーンを見ると、ガラスに変えてくれと言い出したのだ。ほとんど生産にかかろうというタイミングであり、必要だった薄くて極めて強靭なガラスは十分な数の供給がなかったにも関わらず。彼は誰も本当には考えていなかった「明らかな」問題にぶつかり、肩をすくめて受け入れる代わりに、それを直すための巨大な再デザイン作業を立ち上げたのだ。

これを知っていると、肩をすくめて「抗議出力はやめとこう。それでデバイスは自己トリガーしなくなるんだから、やめとくべきなんだ」なんて言ってられないではないか。そして「騒音抗議装置は正しく動かなかったから、忘れて次に行こう」などとも言わない。製品の開発中に欠陥があることがわかったときにやるべきことを、これからやって見せようではないか。直すのである。

成功する抗議

A Successful Protest

まずは問題を再定義する。前の実験で開発した騒音抗議装置のもともとのコンセプトを使った場合、誰かが大声を上げたら抗議出力が始まり、それは止まることがない、である。どうしたらいいだろうか。

1つの解は、マイク入力にオーディオフィルターをかけることで、騒音抗議装置が自分の出したノイズは聞けず、誰かの大声は聞こえるようにすることだ。これは可能だろうが、信頼できる動作になるのか私には確信が持てない。

もう1つの解は、単純に抗議出力の持続時間を、たとえば2秒に区切ってしまうことだ。そして抗議出力を抑制するポーズ時間を取る。ポーズ時間が終わったとき、抗議出力は音を出していないので再トリガーを起こすことはないし、また大声がやんでいれば、装置は自分の役目を果たしたので静かなままでいればよい。もしまだ大声がやんでいなければ、このサイクルを繰り返す。

この仕様は最初より複雑になっているが、プロトタイプを作った後にはよくあることである。うまく動いた場合でも、望ましい機能がないことに気づき、2番目のバージョンを作らねばならなくなるものだ。私が書いてきたどの本も、また作ってきたどのガジェットも、最初のバージョンがクライアントのもとに届くと、クライアントはさらに何かを求める、あるいは私が求める。

タイミングがすべて

抗議出力にタイムリミットを設定するにはどうすればよいだろうか。もちろんタイマーを使う！　ワンショットモードだ。その後にポーズさせるのはどうしようか。うーん、最初のタイマーがサイクルの終わりに来たとき、次のタイマーをトリガーするというのはどうだろうか。これならできる。私は『Make: Electronics』で、タイマーでタイマーをトリガーする方法を示した。

この2つのタイマーには区別のつく名前をつけた方がよいだろう。ノイズ持続タイマーとポーズ持続タイマーと呼ぶことにする。

ノイズ持続タイマーはオペ・アンプにトリガーされる。ちょっと待った——前のバージョンの問題は全部そこから始まったのでは。その通り。だけど、555タイマーのトリガーピンはリセットピンとはかなり違った動作をするのだ。第1に、電源電圧9ボルトの場合、トリガーピンはDC3ボルト以下を要求するにすぎない。対してリセットピンはDC1ボルト以下を要求する。第2に、タイマーがトリガーされたあとで電圧変動があったとしても、サイクルの終わりまでそれは無視される。

データシートを読んで細部を知ることが大事な理由がわかっただろう。いずれにしても、トリガーピンをLM741の出力と互換にすることはできると踏んでいる。

ノイズ持続タイマーの出力ピンは、ブザーなどの既製の音出し機器につなぐ。サイレンという手もある。これなら確実に注意を引けるだろう。ブザーはたぶん数ドル、サイレンは10ドル近くだろう。どちらも9ボルト電源で動くはずだ。

ノイズ持続タイマーの時間が終わると、その出力はローになり、外部の音出し機器を停止させる。またこの出力はカップリングコンデンサを介してポーズ持続タイマーに伝えられ、急な電圧降下によりこれをトリガーする。さて、ポーズ持続タイマーはそのサイクルの間、回路の再起動を何らかの方法で阻害しておく必要がある。

ここで使えそうなのはポーズ持続タイマーの出力だ。ノイズ持続タイマーのリセットピンをプルダウンするのである。なんと、またリセットピンを使うというの？　その通り。ポーズ持続タイマーの出力はDCでリップルがなく、またこれはオペ・アンプの出力をトランジスタ経由で伝えるよりも安定しているのだ。これは動くと思う。

ポーズ時間が終わると、ポーズ持続タイマーはノイズ持続タイマーを開放する。このとき誰かがまだ叫んでいれば、プロセスが繰り返される。

回路の最終バージョンは図14-1である。図13-9のフロー図も新しいロジックを示すようにアップデートした。新しいバージョンは図14-2だ。

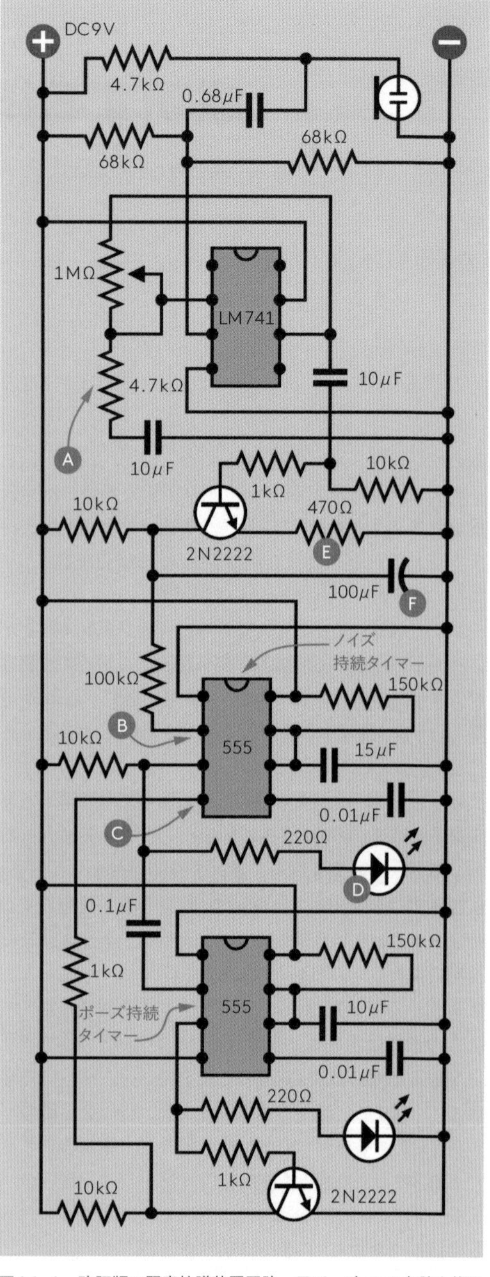

図14-1　改訂版の騒音抗議装置回路。元バージョンの欠陥を修正してある。

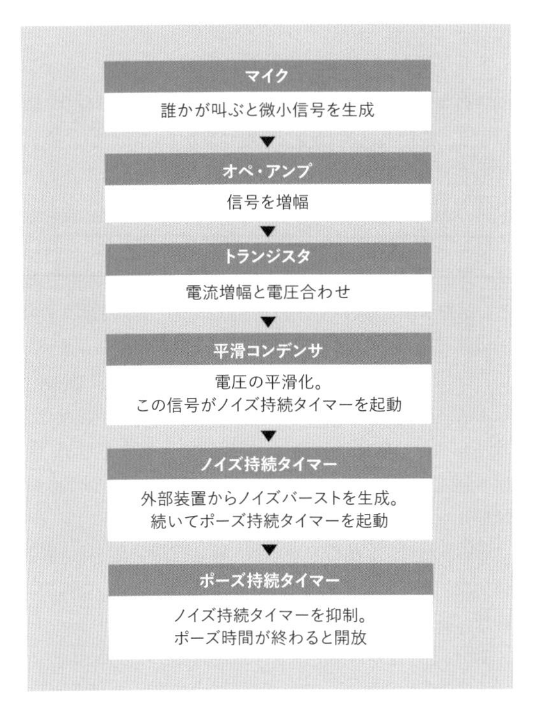

図14-2　騒音抗議装置の最終バージョンのロジックを示したフローチャート。

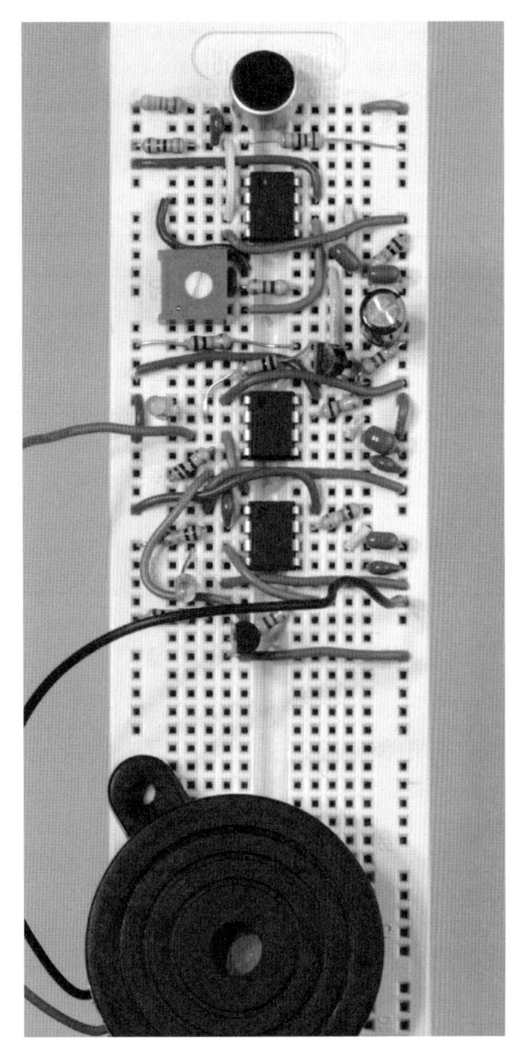

図14-3　最終的な騒音抗議装置。大きな丸い装置はヘビーデューティーのブザーだ。この回路は9ボルト電池では短時間しか動作しない。

変更事項

やらなければならなかった重要な変更が1つある。LM741へのネガティブ・フィードバック量を調整する「接地」抵抗を10kΩから4.7kΩに変更しているのだ。回路図では緑丸にAで示してある。この変更は、オペ・アンプの増幅率を大きくし、より敏感にするために行われた。敏感すぎるときは1MΩ半固定抵抗器を少し回して調節すればよい。

元からあった2N2222トランジスタは配線をやり直し、555の抑制ではなく、ロー信号によるノイズ持続タイマーのトリガーをするようになった。必要な電圧がただのDC3ボルト（電源電圧の1/3）になったことに注意。マルチメータをBで示された場所に当てれば、装置がマイクへの大声に応答していることがわかるだろう。

ノイズ持続タイマーの出力はLEDに行っているが、これはデモ用に入れてあるだけのものだ。LEDは回路図ではDと示してある。回路を実用に供したいと思ったら、このLEDをブザーに置き換えればよい。音をもっと大きくしたいなら、もっとパワフルな外部機器をトリガーするためのリレーが必要だろう。フォトカプラがベストである。これはLM741の入った繊細な回路を外部機器から完全に絶縁してくれる。とはいえ、超小型の電磁リレーでも動く。

ノイズ持続タイマーは動作時に出力がハイになる。動作サイクルが終わるとローになる。この変化は0.1μFカップリングコンデンサを介して伝わり、10kΩのプルアップ抵抗に一瞬だけ打ち勝って、ポーズ持続タイマーをトリガする。ポーズ持続タイマーの出力は回路図一番下のトランジスタに行き、トランジスタがこれをロー出力に変換し、このロー出力がノイズ持続タイマーのリセットピンをローに落とすことで、動作を抑制する。ポイントCをチェックすれば、電圧が正しい範囲になることがわかるだろう。ポーズ持続タイマーの出力のLEDは、動作確認用に付けたものだ。最終版では外すことができる。

配線が終わったら電源を入れよう。オンにしたときの突入電流により、どれかのタイマーが起動することがある。これは無視してよい。

タイマーの動作を調べるには、各タイマーの2番ピン（トリガーピン）を一瞬接地すればよい。これによりどちらの場合もLEDが点灯する。マルチメータを使うと、上流側のタイマーのトリガーピンで、入力電圧も確認できる。マイクに大きな音を入れれば電圧降下が観察できるはずだ。

ノイズチェック

それでは「アー」テストだ。できるだけ長く声を出し続けよう。最初の応答は少しもたつくかもしれない。それでもすぐに、第1のLEDが2秒ほど点灯するはずだ。これを外付けのノイズ発生装置だと思ってほしい。そしてこのLEDが消灯すると、第2のLEDが点灯する。これはポーズ持続タイマーがノイズ持続タイマーを抑制中であることを示す。いくらアーアー言ってもノイズ持続タイマーは応答することができず、そのLEDはオフのままだ。これはポーズ持続タイマーのサイクルが終わるまで続く。

ポイントBにマルチメータのプローブを当てておけば、電圧レベルの変動は依然として観察できるはずだが、今度の回路は誤差のマージンが大きいので、これはもう無関係になる。

というわけで、私のコピー版「騒音抗議装置」はうまく動いた。あなたのコピーも動くはずだ。とはいうものの、動作にまつわる注意がいくつかある。

100μFの電解コンデンサ（回路図でFの部品）はトランジスタ経由でオペ・アンプに行くAC信号の平滑化に必要なものである。ところが、このコンデンサのチャージには1秒か2秒かかるのだ。このチャージが終わるまで、ノイズ持続タイマーは応答できない。誰かのわめき声の開始から抗議反応の開始の間にちょっとした遅延があるのは、これがあるからだ。また、この誰かがわめくのをやめたときにも、このコンデンサの放電には時間がかかるので、抗議反応サイクルが1回多く出ることがあるだろう。

個人的にはこの動作は好みに合っている。この回路は叫ぶ人に短い猶予時間を与えつつも、叫び続けていると判断した場合には、メッセージがしっかり伝わるように1サイクル追加することになるからだ。

もっと高速なレスポンスがお好みなら、47μFのコンデンサに交換してもよい。ただしこうするとノイズ持続タイマーが自力で再トリガすることがある。平滑コンデンサを小さくすれば、電圧スパイクが通過しやすくなるからだ。この再トリガは1MΩ半固定抵抗器をわずかに戻すことで防げる。わずかであれば、応答はそれほど鈍くならないはずだ。

安定化電源と9ボルト電池による回路のふるまいの違いは多少残った。電池では100μFコンデンサのチャージにかかる時間が長くなるので、反応が少し鈍く感じるのだ。1MΩの半固定抵抗器で調整しきれないときは、4.7kΩの抵抗器（回路図でAとラベル）の値を小さくして感度を高めるとよい。

私は回路をACアダプターで動作するよう調整した。電気を食いすぎて9ボルト電池ではデモ用にしかならないからだ。

私が使った2N2222トランジスタはプラスチックパッケージのものだ。金属缶パッケージのものを使う場合、増幅能力が少し高いので、回路図でEとラベルされている470Ωの抵抗器を変更する必要が出るかもしれない。

私の方では発振の問題は出なかったが、出る場合は100μFのコンデンサ（Fラベル）の値を大きくしてみてほしい。

Make Even More

プロジェクトに取り組んでいるとき、これをほかのことに使えないかと考え始めた。テレビの音を大きくする2人の子供を持つ友だちがいる。子供に「音を下げろ!」と怒鳴る代わりに、騒音抗議装置を設置して仕事をさせるとよい。

ほかに、自動車のウインドウの内側にテープでしっかり固定すれば、警報装置にすることもできる。突発的な振動があればエレクトレット・マイクをトリガーするはずだ。

うるさく吠える犬を飼っている隣人があれば、報復に騒音抗議装置の出力で超音波トランスデューサをトリガーすることができる。

友人の一人は自分自身に対して騒音抗議装置が使えるだろうという。プロジェクトの進捗が芳しくなくてイライラしているときにビジネスパートナーに怒鳴らないように注意させるというのだ。

とはいえ個人的には、騒音抗議装置はもともとの用途に使うのが好みだ。エレクトロニクスのパイオニアであるボブ・ワイドラーがこれに似たものをオフィスに設置していたのを想像するのが好きだ。誰かが彼にすごくイライラさせられて（わりによくあったようだ）何か言いに来ても、彼は落ち着いて座って待つだけでよかった。デシベル数が臨界に達すると、彼の騒音抗議装置が介入するのだ。

たぶんこれは訪問者をさらに怒らせたことだろう。

マイクロコントローラでできる?

典型的なマイクロコントローラが内蔵するアナログ－デジタルコンバータはマイクロフォンからのミリボルト単位より高い電圧での変化を想定している。なので、マイクロフォンからの出力は依然としてオペ・アンプを通す必要があると思う。このオペ・アンプの出力をマイクロコントローラに接続するのだ。実をいうと、エレクトレットと表面実装のアンプを小さな基板にハンダ付けしたものは販売されている。

このほか、ゲインがプログラマブルになっているマイクロコントローラというのもある。しかし、あなたは依然としてAC波形を扱うことになるし、その振幅を判定するには非常に素早くサンプリングする必要がある。実のところ、マイクロコントローラには整流された、つまり平滑化された信号を処理させた方が簡単だろう。これにはトランジスタとコンデンサが必要だ。オペ・アンプの出力には簡単に整流できるほどの電流がないからだ。

というわけで、ここで挙げたのと同じ部品をたくさん使わざるを得ないということになる。

そこまできたら、あとは非常に簡単だ。入力に応答して何かをするようにマイクロコントローラをプログラムするのは簡単だからだ。ノイズ出力を生成し、一時停止し、それから次の入力を待つというのも簡単だろう。実のところ、もっと機能を加えることもできる。

たとえば、ある短い時間の中で聞こえた叫び声の数を数え、数が多いほど頻繁に、マイクロコントローラが音出し装置に音を出させるようにするというのはどうだろう。また、部品をいくらか追加して、トリガされるたびに抗議出力の音量が次第に大きくなるようマイクロコントローラから操作できる。

こうした機能はあなたにも必ず開発できる。ただ最低限として、どんなマイクロコントローラを使うにしても、オペ・アンプの使い方だけは知る必要がある。

次はどうする?

オペ・アンプにはほかにもいろいろな使い方があるが、多くの用途ではそれなりに難解な概念が必要になる。興味があれば自分で調べてみてほしい。(私の好きな本の1つが『Make: Analog Synthesizers』だ。)

ここではデジタルチップに移ろうと思う。私はいろいろな面からデジタル部品の方が好きだ。電圧の非互換をまったく心配せずに喋りあってくれるし、ちょっとした電気的乱れにいちいち大げさに反応したり増幅したりしない。無理のない範囲の中では、入力はハイかローのどちらかになる。あなたはこれをオンとオフ、または(2進コードの)1と0と考えることができる。

ボブ・ワイドラーはデジタルチップやそれが使う2進コードに興味を持たなかった。「1までだったらばかでも数えられるよ。」とでも言っていたのだろう。しかしわれわれはだいたいボブほど優秀ではないし、そのわれわれにとってデジタル回路とは、すべてがあやしげな中で変動する回路たちの夢想的なふるまいの世界からの、歓迎すべき救いをもたらすものなのである。

全部すごくロジカル！

It's All So Logical!

実験

『Make: Electronics』では、デジタルロジック入門を提供した。だが難しいところは避けたし、マルチプレクサやシフトレジスタは扱わなかった。これらのようなロジックチップはかつてより使われなくなったが、ロジック自体がすべてのコンピュータ機器の根幹をなすものであることに変わりはない。だから今度はこの世界に深入りして、動作の仕組みを学んでいこう——そしてちょっと楽しんでみよう。

テレパシー・テスト

この最初のロジックプロジェクトは、一見ばかみたいに単純に思える。必要なのは押しボタンスイッチ4個、チップを2個にLEDが1個だけだ。でも深く探求していけば、そこまで単純なものではないことがわかるだろう。

建前的には、この実験の目的は、あなたのエクストラセンサリー・パーセプション能力をテストすることにある。よく頭字略語のESPと呼ばれるやつだ。回路は「テレパシー・テスター」と呼ぶことにする。

背景：ESP

科学の周縁部にいた研究者たちは、何十年にも渡り、人間の脳に超常的能力があるという証拠を探してきた。デューク大学のJ. B. ライン（J. B. Rhine）はそのパイオニアの一人である。彼の著書、『Extrasensory Perception』は1934年に出版され、その後も1970年代まで真面目な研究報告を続けている。彼の記録への大きな批判は、彼が研究助手による不正を何度か見つけていることに対するものだ。これはたぶん、彼らが本気でESPを信じており、平均スコアを下げてしまう失敗日を作りたくなかったことによる。このプロジェクトを実施するなら、以下は心においておこう：善意の人ですらあなたを騙そうとするかもしれない。彼らが自分も騙しているのであれば。

準備

真の"読心"は、（存在するとしても）よくあることではないので、われわれは統計的アプローチを採らざるをえない。何十回、何百回、何千回も試行して、その成功率を、偶然のみにより期待される結果と比較するのだ。

これから説明していく実験は、こうした方法で使うことを意図したものだ。向かい合って座った1人の前に2個のボタンを、もう1人の前にもあと2個のボタンを設置する。スクリーンで両者を仕切って、お互いの手が見えないようにする。図15-1は、これを上から見たところだ。この全体を作りたいとは思わないかもしれない。適切な協力者がいないときは特に。でもこれはすぐ作れるし、動作の仕組みを見るには部品を組んでみた方がよい。

図15-1　アナベルとボリスがお互いのESP能力をテストしようとしているところを上から見たところ。

ここで実験参加者をアナベル（Annabel）とボリス（Boris）にしているのは、簡単に区別できて覚えやすい名前にしたいというだけのことだ。以後の図では略してAとBのように書く。

アナベルの前にあるボタンにA0、A1、ボリスの前にあるボタンにB0、B1となっている。彼らの目的は、相手の意図をテレパシー的に検知して、直接向かい合った側のボタン同士を押すことである。アナベルがA0を押し、かつボリスがB0を押す、または、A1を押し、かつB1を押せば成功だ。逆にA0かつB1、または、A1かつB0であれば失敗だ。

可能な組み合わせは4つ、うち2つが成功なので、オッズは50－50だ。結果がここから大きく外れることが、一方の被験者が他方の意図をサイキック能力で検知したことを――あるいは誰かがチートしたことを――示しうるものとなる。チート検知については少し後で検討する。

図15-2は、ロジックゲートのANDとORを押しボタンスイッチと組み合わせ、試行が成功したかどうか確かめる方法を示したものだ。

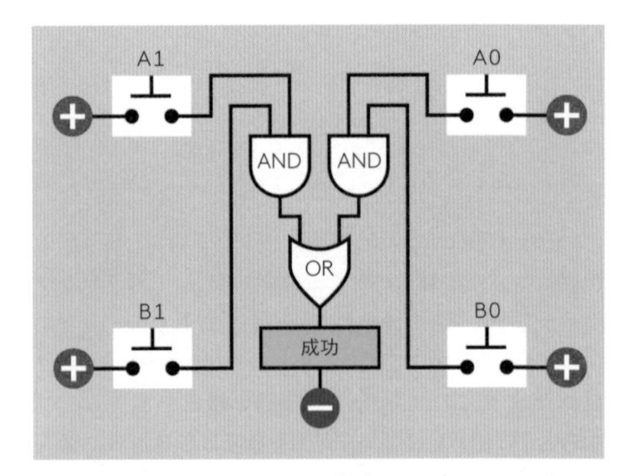

図15-2　ロジックゲートを使い、A0とB0、またはA1とB1が押されたときに“success”インジケータを点灯させる。

ロジックゲートの記号と機能を覚えていない方は、図15-3と図15-4に示した6つの主要なバリエーションおよびその入力に対する出力の関係（ハイとローをそれぞれ赤と黒で示している）を参照してほしい。

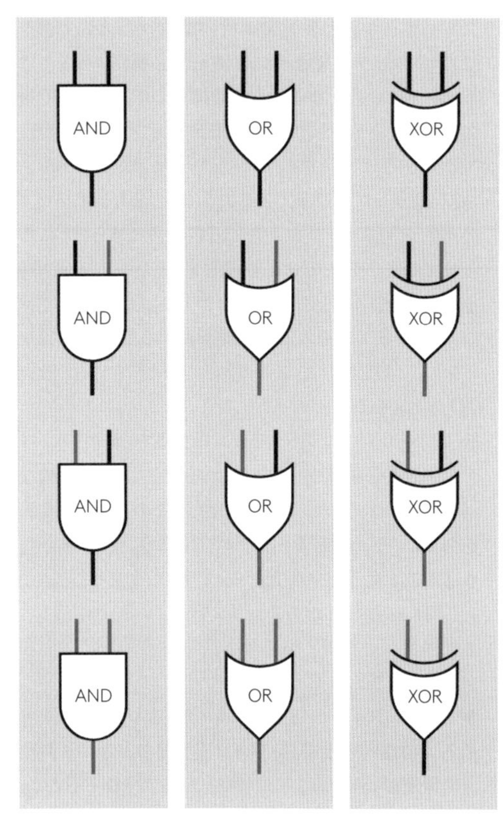

図15-3　入力はロジックゲートの上に、出力は下に示すことが多い。2つの入力がそれぞれハイかローの状態（図では赤と黒で示す）を取りうる場合、可能な組み合わせの数は4つあり、どれもここで定義したように出力を生成する。

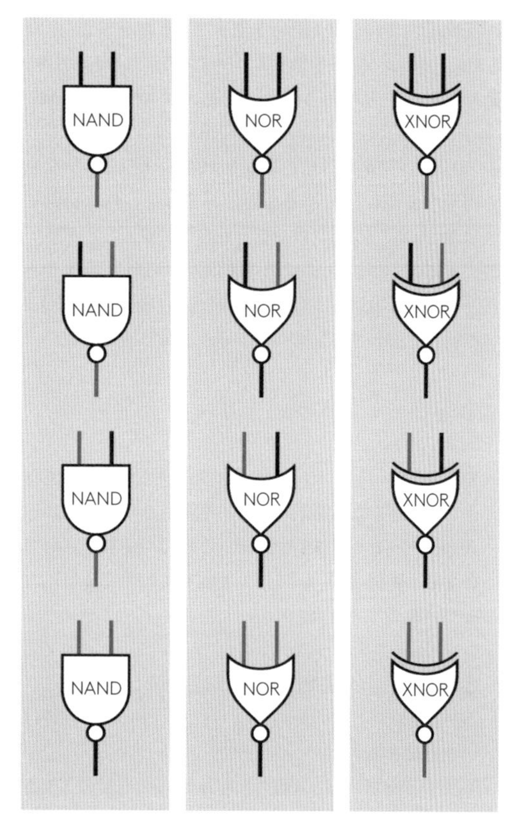

図15-4　NAND、NOR、XNORゲートの入出力。赤い線はハイ入力または出力、黒の線はロー入力または出力。

クイックリファレンスとして、図15-5に入力が取りうる4つの状態（左の列）と、各ゲートでの対応した出力を示す。

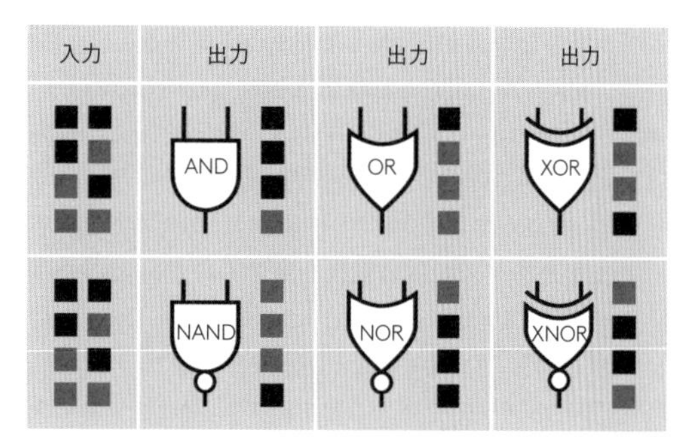

図15-5　入力が取りうる4つの組み合わせと各ゲートによる出力結果を示すクイックリファレンスチャート。

回路図内でロジック記号を使っているのを見たら、シミュレーションソフトを使ってロジックのテストをしたり、動かしてみたりするとよい。たとえばhttp://www.neuroproductions.be/logic-lab/ *はフリーのオンラインシミュレータだ。私のロジック図は、シミュレータ上で再現する際に回転する必要があるかもしれない。これは私がロジックのフローを上から下に描くことが多いのに対して、シミュレータの多くは左から右に示すからだ。いずれにしても、ロジックシミュレータはハードウェアで回路を製作する前の中間ステップにすぎない。

ロジックチップはやわかり

- ロジックゲートはシリコンにエッチングされた複数のトランジスタにより構成される。もともとのスルーホールDIPパッケージは14ピンで、これは今も製造されているが、表面実装バージョンが広く使われるようになっている。
- コンピュータそのものがロジックチップで制作されることはもうないが、基板上の別々の部分をリンクする「グルー（接着剤）ロジック」のように、ゲートの使い道はいまだにある。
- 14ピンチップには、4個の2入力ゲート、3個の3入力ゲート、2個の4入力ゲート、1個の8入力ゲートのいずれかが入っている。これらはチップに入っているゲート数によって「4回路（クアッド）」「3回路（トリプル）」「2回路（デュアル）」「1回路（シングル）」のように呼ぶ。
- 複数のゲートが入ったチップのそれぞれのゲート同士は、互いに完全に独立している。
- 使用していないゲートの入力は、空中の電磁界を拾って反応しないように接地しておく必要がある。
- 「ハイ」入力／出力とは電源正極に近い電圧、「ロー」入力／出力とはDC0ボルトに近い電圧である。負論理のチップも存在するが一般的ではない。
- ロジックチップの「ファミリー」とは、これまで開発されてきたチップたちの世代を指すものだ。ここでは74HC00ファミリーを使う。この名はファミリーの型番がどれも74で始まることから来るもので、HCは高速CMOSチップであることを示す。00はチップのタイプを識別する数字で、ここには2桁から4桁の数字が入る。ただし必要な場合、4000Bファミリーの古いCMOSチップを使うことがある。
- スルーホール版と表面実装版の型番はほとんど同じなので、チップの発注時には注意が必要だ。多くのオンラインベンダーでは、検索結果をDIPまたはPDIPのスルーホールパッケージに限定するフィルタを提供している。
- ロジックチップは連鎖できるように、つまりあるチップの出力が別のチップの入力に直接接続できるように作られている。ただしこれは同じファミリーのチップ同士の場合だ。
- ロジックチップはその出力状態がハイのとき電流を「ソース」し（源となり）、ローのとき「シンク」する（吸い込む）と言われる。
- HCファミリーのロジックチップは1個で25ミリアンペアまでのDC電流ソースになれる。これは一般的なLEDを点灯するのに十分だ。ただしこのような大電流を取ると、出力電圧を引き下げてしまう。LEDを点灯するときは電圧をマルチメータでチェックすること。また、同じ出力をほかのロジックチップの入力に使うときは注意が必要だ。必要ならLEDの直列抵抗の値を大きくすること。
- 押しボタンスイッチ（SPSTスイッチ）をロジックゲートの入力に接続する場合、スイッチが開のときに入力ピンの電圧が「浮いた」状態にならないようにすること。プルダウン抵抗またはプルアップ抵抗を使って、入力ピンの電圧がハイまたはローを保つようにするのだ。図15-6参照。

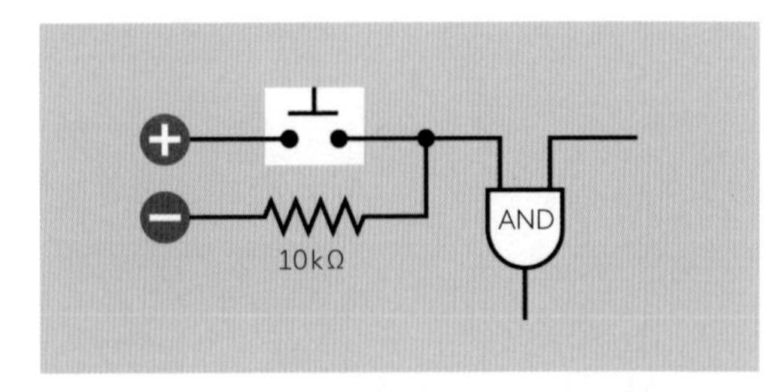

図15-6　ロジックゲートの入力に、押しボタンスイッチなどのエレクトロメカニカルスイッチを介して正電源を接続するときは、接続が開のとき入力が浮くことがないように、必ずプルダウン抵抗を使わなければならない。プラスとマイナスを入れ替える場合、この抵抗器はプルアップ抵抗となる。

＊訳注：「The Logic Lab」はFlashが使われており、2021年からFlashはほとんどのブラウザ上で実行されなくなる。

- ロジック図は部品の回路図と同じではない。図15-2のようなロジック図では、ロジックゲートへの電源は普通描かれず、プルアップ／プルダウン抵抗も省かれる。部品の回路図では、ロジックゲートではなくチップとそのピンの接続が描かれ、必要な電源接続もすべて入る。

ESPロジック

図15-2の示すところは非常に単純だ。これは以下のセンテンスにまとめられる：

ボタンA0および(AND)B0が押されたとき、または(OR)、ボタンA1および(AND)B1が押されたとき、結果は「success（成功）」となる。

このセンテンスにおける単語ANDとORは、ロジック図のゲートにきれいに対応する。

ロジック図の緑色の四角形をここでは「インジケータ」と呼ぶが、これはアナベルとボリスがうまく当てたとき（互いの心を読んだとき、と言ってもよい。そういうことが起きていると信じたければ）にそれとわかるように点灯するLEDでもよいだろう。

ここまでのロジックは初心者向けだが、ぜひ回路を組む手間を取っていただきたい。いつものセリフだが、ハンズオンのプロセスが最高の学びになる。

製作する

4回路2入力のANDおよびORチップの内部は図15-7のようになっている。

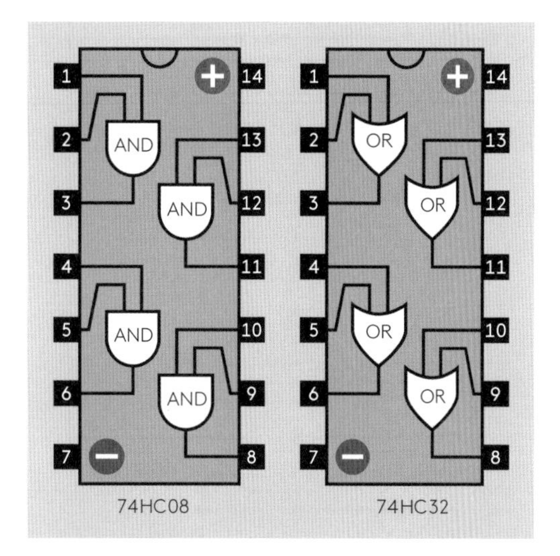

図15-7　図のように、14ピンのロジックチップには4個の独立したANDまたはORのロジックゲートが内蔵できる。このタイプのチップを4回路2入力チップと呼ぶ。

図15-2のロジック図に対応した回路図を図15-8に示す。何が起きているかわかるように、チップ内に極小サイズのゲートを描いた。「&」はANDゲート、「O」はORゲートを表す。（これは標準化された略号ではない。）

- 正極バスを回路図の右側に移してロジックチップの電源が取りやすいようにした。ロジックチップは14番ピンでプラス電源を取るのだ。以後の回路図のほとんどで正極バスを右側に置く。チップの電源を逆極性で接続しないようによく注意すること。このようなショックからは回復できないことがある。

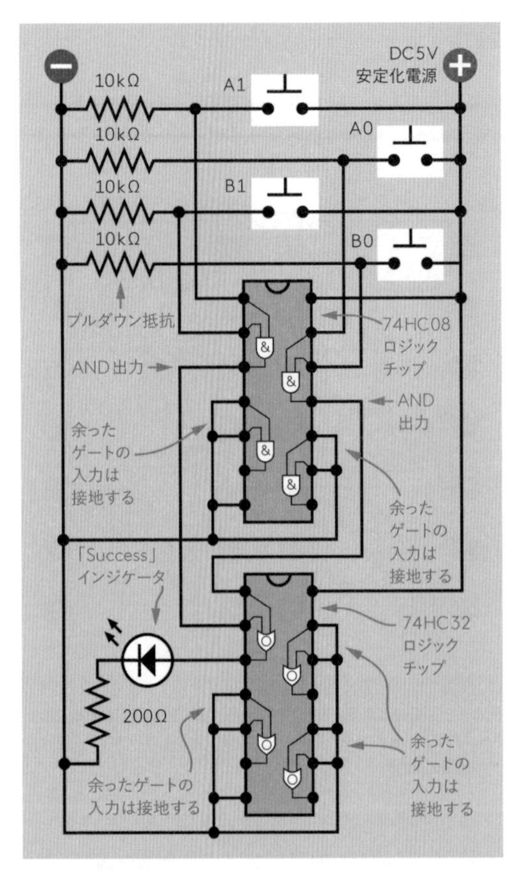

図15-8　この回路図は、ESPテストのもっともシンプルなブレッドボード化可能バージョンだ。

実際にブレッドボード化したものを図15-9に示す。

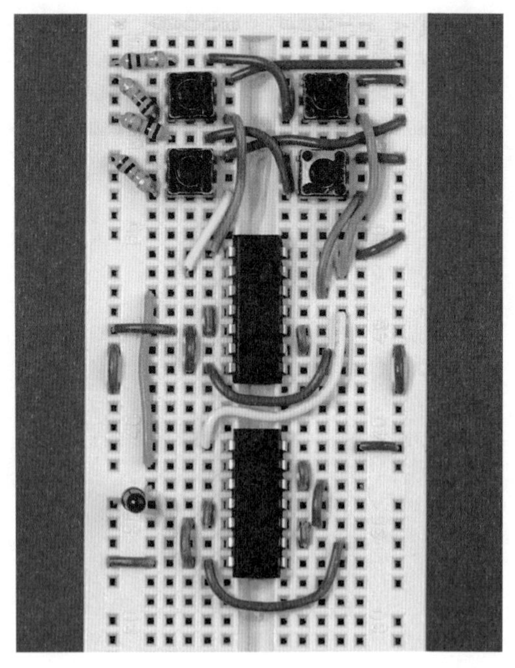

図15-9　テレパシーテスターのもっともシンプルかつ基本的なデモバージョン。被験者用の押しボタンは最上部の4つのタクトスイッチだ。左下の方のLEDが唯一の出力である。

7805ボルテージレギュレータと2個のコンデンサは示していないが、これらは74HCシリーズのチップには絶対に必要だ。回路図に「DC5V安定化電源」とあれば、ボルテージレギュレータとそのコンデンサが必須なのである。

チップの未使用の入力ピンは負極グランドに接続して浮遊電磁界に反応しないようにする。未使用の出力ピンは未接続にする。

A0とB0、またはA1とB1のラベルの付いたボタンの組み合わせを押すとLEDが点灯し、ほかの組み合わせでは何も起きないだろう。

ここまでは順調だ。しかし回路を目の当たりにしてみると、これはちゃんと使えるようにするにはちょっとした改良が必須だと納得してもらえるように思う。

改良する

大まかにいえば、ユーザーフレンドリーな通知とチート防止が必要だということだ：

- ESPテストの際に、アナベルにボリスが押しているボタンが見えていてはならないし、ボリスにアナベルの押しているボタンが見えていてはならない。このことは問題を引き起こす：どちらの被験者にも、次のマッチがいつ始まるのかわからないのだ。必要なのは、ボリスがボタンを押していてアナベルが押していないことを知らせるアナベル用の「レディ」プロンプト、およびアナベルがボタンを押していてボリスが押していないことを知らせるボリス用の「レディ」プロンプトだ。
- 前述の通り、たとえ誠実な人間でも、自分のESP能力が今日だけうまく機能していないからほんの少し助けてあげられたら、と思っていると、チートの危険はあるものだ。困ったことに、われわれのテレパシーテスト回路では、チートはめちゃめちゃ簡単だ。AまたはBが両方のボタンを同時に押すだけで確実にヒットするのだ！
- 現状では、アナベルとボリスが成功したときに点灯するインジケータが1つあるだけだが、失敗した時に点灯するインジケータも欲しい。

次の実験ではこれらの改良を実装していく――そして驚くべき結果を得ることになる。

拡張ESP

Enhanced ESP

改訂版の回路図を出すにあたり、まずは要求仕様を言葉で表現してみよう。私はロジック図を描くときの最初のステップは、それを言葉で表現することだと思っている。

第2のステップは、ロジック図を実際の部品を使用した回路図に変換することだ。

準備はいいかな？

テレパシー・テスターに「レディ」プロンプトを追加するのはごく簡単に思える。タスクは次のように表現できるのではないか：

「ボタンA0または(OR)A1が押されたら、アナベルの準備ができたことをボリスにインジケータによって知らせる。また、ボタンB0または(OR)B1が押されたら、ボリスの準備ができたことをアナベルにインジケータによって知らせる。」

図16-1はこの2つの文をロジック図に落としたものだ。わかりやすくするため、以前図15-2のロジック図に載せた部分とは別に示している。ところで、2枚のロジック図は結合が可能だ（図16-2）。これは1つの押しボタンスイッチの出力を、複数のロジック入力で共有することができるからだ。（図16-2では、図15-2での配線をグレーアウトして、新しい配線が区別できるようにしてある。）

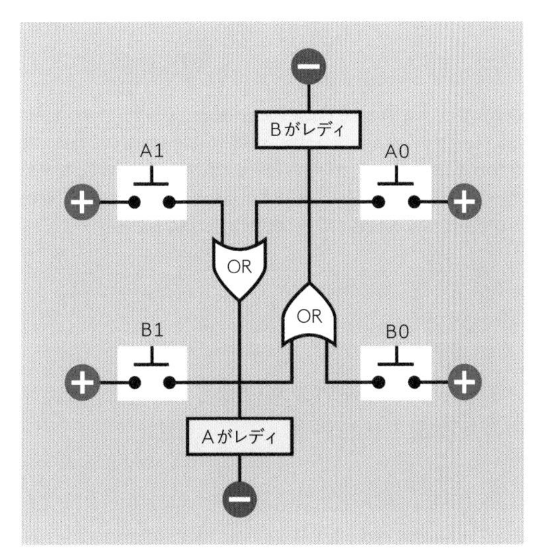

図16-1　2本のORゲートを使うことで、各被験者のところに相手がすでにボタンを押したかどうか表示することができる。この「レディ」インジケータは、どちらのボタンが押されているかは示さない。

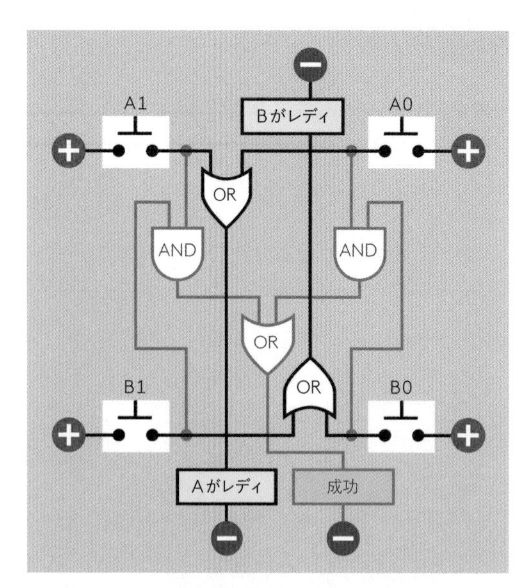

図16-2　これまでの2枚のロジック図を結合して示す。2つの独立したロジックゲートの入力同士が押しボタンの出力を共有している。残念なのは、複数のロジック図を結合すると急速に複雑になり、解釈が難しくなってしまうことだ。いくらかでもわかりやすくなるように、最初のロジック図による配線はグレーで表示するようにした。

チートの検出

チート・インジケータについてはどうしようか。これは次のように記述できる：

「もしA0および（AND）A1が押されたら、インジケータはアナベルがチートしていると表示する。もしB0および（AND）B1が押されたら、インジケータはボリスがチートしていると表示する。」

図16-3はこれをさらなる別ロジック図として示したものだ。これもまた、押しボタンの出力を複数のロジックゲートで共有することで、ほかのロジック図と結合できる。

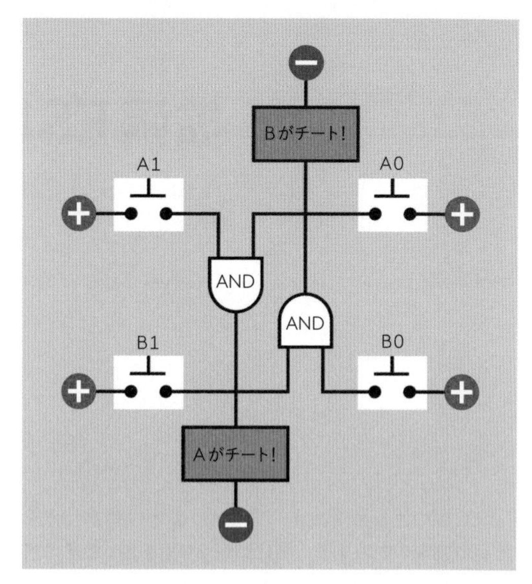

図16-3　2本のANDゲートの追加により、被験者が2つのボタンを同時押しするチートを見つけられるようになる。

失敗の表示

最後は「失敗」インジケータだ。プレイヤーたちが互いに向かい合った方でないボタンを押した場合、その試行は失敗である。まあ、これを表示するのは簡単だ。次のように記述できる：

「もし、ボタンA0および（AND）B1が押されたら、または（OR）A1および（AND）B0が押されたら、試行は失敗である。」

図16-4はこの文を表現するロジック図だ。

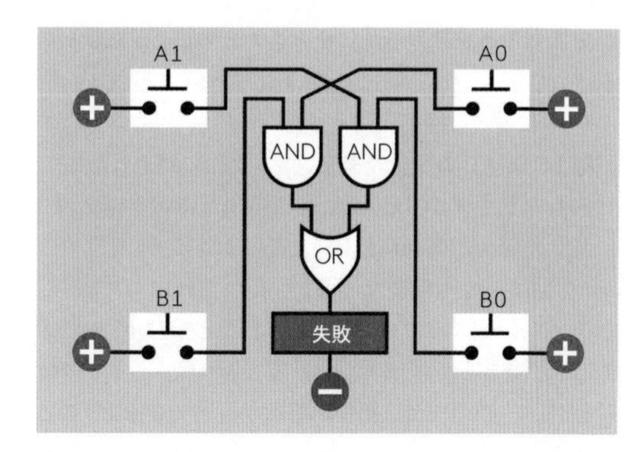

図16-4　ANDゲートをあと2本追加し、ORゲートに食わしてやると、正しくない組み合わせのボタンが押されたことを示すことができる。

図15-8のブレッドボード化回路に、これらの機能を追加したいところだろう。回路の既存のチップには未使用のゲートがいくつもあることに気付いてもいるかもしれない。複数のゲートを持つチップのゲート同士はどれも互いに独立に動作するので、未使用のゲートを使うことで上で説明した機能を実現できる。たとえば「レディ」機能は2本のORゲートが必要なだけだが、74HC32チップの中には3本のORゲートが未使用で残っているのだ。

だから「そうだ！　前進しろ！　新しい機能だ！」とやりたいところではある。しかしやめた方がいいだろう。うまく動かないものを作るのに時間を使わせてあなたに怒られたくない。また事実、ここで書いた機能たちを追加すると、うまく動かない。これはちょっとした思考実験をやってみればわかる。

コンフリクト

ボリスがB0とB1を同時に押すチートをやったとする。このときアナベルはルール通りにプレイし、ただ1つのボタンA0を押すものとする。何が起きるだろう?

ボタンA0、B0、B1が同時に押されているわけだ。B0とB1の同時押しはチートを構成するので「チート」インジケータが点灯する。

でも待て——アナベルはA0を押しているのだ。A0とB0が押されているのだから、「成功」インジケータがオンになる！

これだけだろうか。B1とA0が押されているのだから、「失敗」インジケータがオンになる。そして両プレイヤーとも1つ以上のボタンを押しているので、「レディ」インジケータが両方とも点灯する。

大惨事だ。**すべての**インジケータがオンだ！

何が悪かったか？　問題は、私の記述が不完全だったことにある。あるロジック出力を生成するのに押す必要のあるボタンのみに着目していたのだ。私が考慮していなかったのは、出力を生成する際に**押してはならない**ボタンのことである。たとえば「レディ」ロジックは、当初このように記述した：

「ボタンA0または(OR)A1が押されたら、アナベルの準備ができたことをインジケータでボリスに知らせる。

でもこれは次のように書くべきだった：

「ボタンA0または(OR)A1が押され、かつ(AND)、B0もそして(NOR)B1も押されてないならば、アナベルの準備ができたことをインジケータでボリスに知らせる。」

言い換えると、アナベルがボタンを押して彼を待っていることを知らせる前に、ボリスがどちらのボタンも押していないことを確認する必要があるということだ。

同様に、「成功」インジケータや「失敗」インジケータは、Aもそして(NOR)Bもチートしていない時にのみ点灯すべきである。

うーん、このNORというのが2回も出てきたな。どうやらここでNORゲートを使わなければならないようで、めちゃめちゃに複雑になってきた感じである。こんなにシンプルなゲームが想定外の問題をもたらしうるなんて、誰が考えただろう。チャートを使えば混乱をほぐすのに役立つように思う。

混乱をほぐす

図16-5を見てほしい。今度は押されているボタンも押されていないボタンも考慮に入れている。A0、A1、B0、B1は4つのボタンを表し、赤色はそのボタンが押されていることを、黒色は押されていないことを意味する。グレーでXのついたボタンは、その状態は当該のロジックテストに無関係であり、どちらでもよい、ということを意味する。右側にあるのはボタンの組み合わせにより生成されるべきメッセージだ。黒色の（押されていない）ボタン状態も、赤色の（押されている）ボタン状態と同じくらい重要であることを覚えておいてほしい。

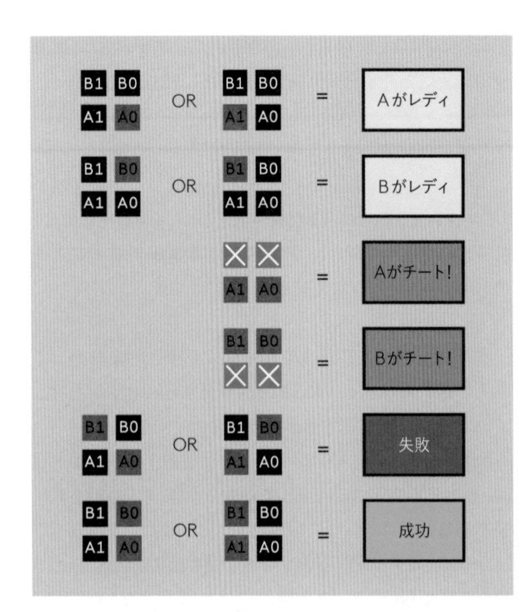

図16-5　このチャートでは、A0、A1、B0、B1は、押されているボタン（赤）または押されていないボタン（黒）を示している。グレーのXは、そのテストにおいてそのボタンの状態は無関係であり無視できることを意味する。右側にある色付きのボックスは、ボタンの組み合わせに対応して点灯すべきインジケータを示す。

1行目はボリスのところにアナベルの「レディ」が表示される場合で、これはアナベルがボタンを1個（両方のボタンではない。両方はチート）押し、かつ（AND）、ボリスがB0もそして（NOR）B1も押していないときにのみ起きる。

2行目は同じロジックによるアナベル側の「レディ」表示だ。

3行目と4行目、どちらかがボタンの同時押しでチートしたときは、他方が何をしているか気にしなくてよい。

「失敗」インジケータと「成功」インジケータは、特定の組み合わせのボタンが押され、それ以外のボタンが押されていないときにのみ点灯する。

チャートの解釈

たぶんあなたは、ボタンの組み合わせはほかにもあるのではないかと疑問に思っているだろう。私が予想していない結果をもたらすものだ。そんなものはない。図16-5は可能なすべてのボタンの組み合わせによる結果を定めたものだ。（3つまたは4つのボタンが同時に押された場合の組み合わせはすべて「チート」テストでカバーされている。）

というわけで、もうチャートの各行をロジック図に解釈してよい。そして今回はそれが機能すると確信する。ただしこれにはもう2種類のゲートが必要だ：NORとXORである。これらの動作が思い出せなければ、図15-5に戻って確認すればよい。

NORゲートとXORゲートの動作を言葉にすると次のようになる：

- NORゲートは、入力のどちらかまたは両方がハイになると、ロー出力になる。出力がハイになるのは入力の両方がローのときだけである。
- XORゲートは両方の入力がハイまたはローになると、ロー出力になる。出力がハイになるのは入力の一方がハイ、もう一方がローのときだけである。（疑問にお答えしておこう。XORは「exclusive-OR［排他OR］」の略だ。発音は「エクスオア」である。）

図16-6に、これらのゲートで図16-5のテスト群を表現したものを示す。

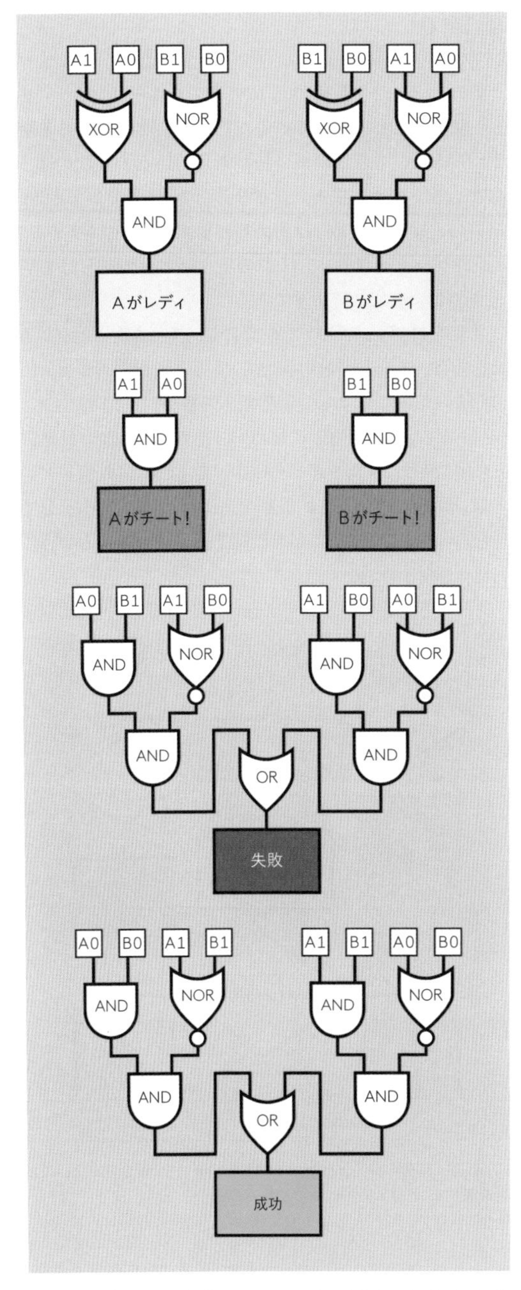

図16-6　前図で示した関係をエミュレートするためのロジック図。各ロジック入力（A0、A1、B0、B1）は押しボタンへの接続を示す。押しボタンは押したり放したりすることができ、押した場合にはハイ入力を与え、放した場合にはプルダウン抵抗（示していない）がロー入力を与える。

図16-7では、4つの可能なボタンの組み合わせを選んでサンプルとし、ロジック図の中での動作を見ていけるようにした。ロジック図は「Aがレディ」インジケータの点灯を決めるものだ。下2つのコンビネーションでは「レディ」インジケータは点灯しない。

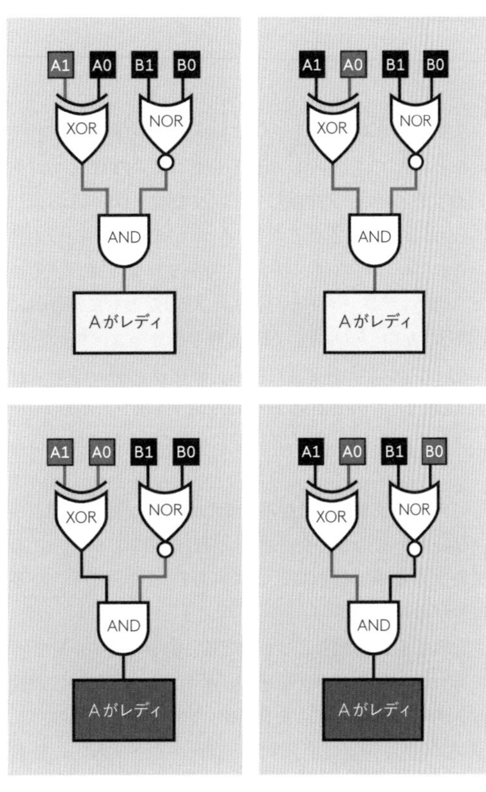

図16-7　4つの押しボタンの任意の組み合わせがプレイヤーAの「レディ」テストにもたらす結果。

図16-6の図は以下のような文言にまとめることができる：

- 「プレイヤーAレディ」テスト：もしA0または（OR）A1が（どちらも、ではない）ハイであり、かつ（AND）、B0もそして（NOR）B1も押されていなければ、「Aがレディ」インジケータを点灯する。
- 「プレイヤーBレディ」テスト：もしB0または（OR）B1が（どちらも、ではない）ハイであり、かつ（AND）、A0もそして（NOR）A1も押されていなければ、「Bがレディ」インジケータを点灯する。

- 「プレイヤーAチート」テスト：もしA1およびA0の両者が押されていれば、「Aがチート!」インジケータを点灯する。
- 「プレイヤーBチート」テスト：もしB1およびB0の両者が押されていれば、「Bがチート!」インジケータを点灯する。

ここから少し複雑になる：

- 「失敗」テスト：もしA0およびB1がともに押されており、かつ、A1もそしてB0も押されていなければ、「失敗」インジケータを点灯する。または、もしA1およびB0がともに押されており、かつ、A0もそしてB1も押されていなければ、「失敗」インジケータを点灯する。
- 「成功」テスト：もしA0およびB0がともに押されており、かつ、A1もそしてB1も押されていなければ、「成功」インジケータを点灯する。または、もしA1およびB1がともに押されており、かつ、A0もそしてB0も押されていなければ、「成功」インジケータを点灯する。

これらの文言は図16-5に示したボタン押しのパターンから導かれたものだ。ボタン押しの図を見ながらこの文たちを読み上げれば、いずれも1対1で対応していることがわかるだろう。

これで回路を組むことができる。必要なゲートをすべて与えるだけのチップを組み、ボタンからゲートに適切な入力を与えるさまざまなリンクを注意深く結ぶのだ。前述の通り、1個のボタンから複数のゲート入力に接続することは、まったく問題ない。

問題なのは、このプロジェクトがあなたの予想していたであろうものよりずっと大規模になってしまったことだ。図16-6のすべてのロジックゲートを得るには、4回路2入力ANDチップ3個、4回路2入力ORチップ1個、4回路2入力NORチップ1個、4回路2入力XORチップ1個が必要だ。全部で7個だ。1枚のブレッドボードには収まらない。

うーむ。どうにかしてシンプルにできないだろうか。まあ実のところ、イエス、できます、だ。これをロジックの「最適化」という。

最適化

前に、「チート」条件はほかすべてをオーバーライドすると書いたことを覚えているだろうか。この考え方を使うと単純化ができるのだ。私が考えているのは次のようなことだ：アナベルまたはボリスがチートしているとき、結果の「成功」「失敗」は考える必要すらない。「チート」インジケータを点灯し、ほかのインジケータの点灯を防止すれば、それで終わりである。

これをロジックゲートでやるには、チート検出セクションを設け、チートがない場合に成功／失敗セクションにOK信号を送ればよい。「成功」「失敗」のライトは「OK、チートなし」の信号なしには点灯できない。このコンセプトを図16-8にフローチャートで示す。この図の示すところは、試行が成功しているかを見に行く前に、AもそしてBもチートしていないことを確認する必要があるということだ。

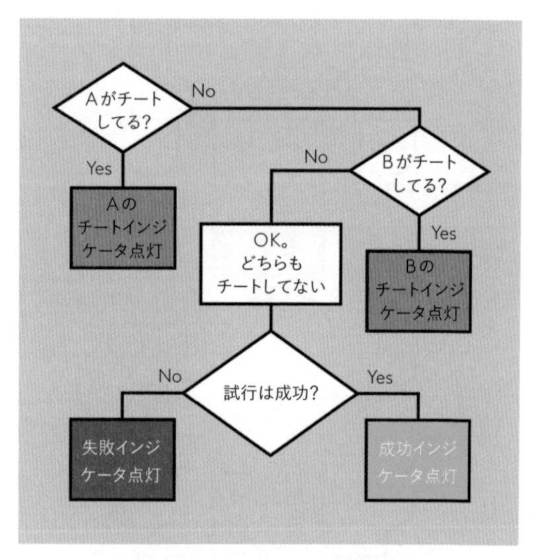

図16-8　結果の成功失敗を確かめる前にチートが起きていないことを確認する、というコンセプトのフローチャート。

どうすればこれをロジックゲートに変換できるだろうか。うーん、NORゲートがハイ出力になるのは、入力が両方ともローになるときだけ。ロー入力をチートしてない"という意味で使うようにすれば、どっちの人もチートしてない時にNORゲートの出力がハイになるわけだ。

図16-9の下の図では、AとBの「チート」インジケータからタップして引き出す形でNORゲートを追加している。アナベルもそして(NOR)ボリスもチートしていなければ、NORゲートがハイ出力を与える。これは3入力ANDゲートに入れるようにする。この3入力ANDが「成功」または「失敗」インジケータを点灯するには、すべての入力がハイになる必要がある。これは、どちらかのプレイヤーがチートしていれば「成功」や「失敗」インジケータが点灯しない、というのと同じことである。

この3入力ANDゲートに合わせるため、図の一番下のロジックは4つのXORゲートで組み直す必要があった。これがどうして機能するかの説明は読者に委ねる。図16-5に戻ってみよう。

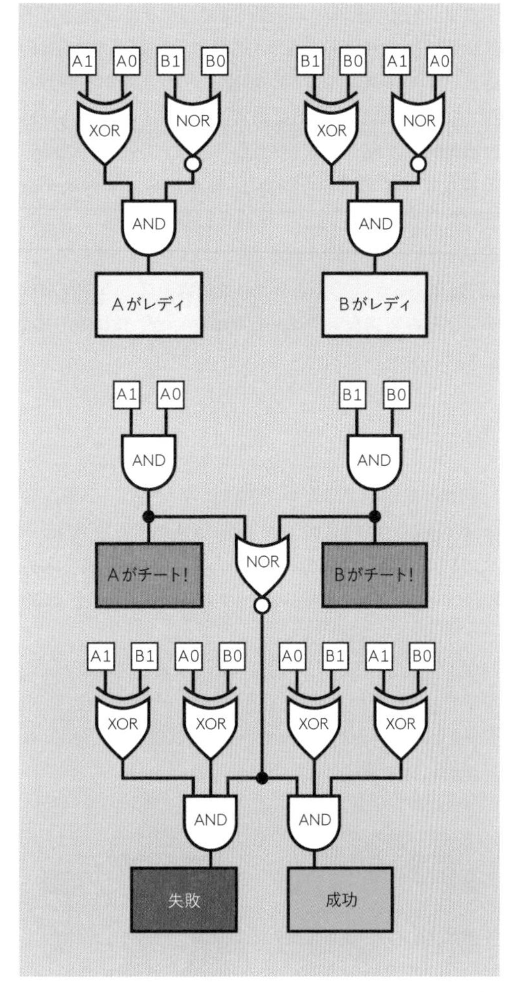

図16-9　前のロジック図を単純化したこのバージョンにはNORゲートが追加してある。AもBもチートしていないことでこれがハイにならないと、「成功」や「失敗」のインジケータは点灯できない。

ロジック図を単純化・最適化するシステムがあるだろうか、と訝しむ向きもあるかもしれない。正式な方法は、正しいブール表記を学び、重複または矛盾する関数を探すことだ。Wikipediaには実例がある。が、これは私には難しい。私が好きなのは、ただロジック図を眺め、可能なすべての状態を想像し、要求を満たす方法がほかにないか考えることだ。単純化したものを思いついたら、入力すべての組み合わせについてチェックして、正しく動作するか確認するのだ。これは直感的なアプローチであり古典的なアプローチではないが、私にはうまくいく。

製作する

回路が最適化できたので製作にかかろう。必要なのは4回路2入力ANDチップ1個、3回路3入力ANDチップ1個、4回路2入力NORチップ1個、4回路2入力XORチップ2個だ。7個のチップが5個になった。(ORチップは完全に排除できた。)

図16-10と図16-11に新しく使ったチップのピン配列を示す。チップの中のNORゲートが、AND、OR、XORゲートとは反対向きになっていることに注目してほしい。配線時には注意すること。

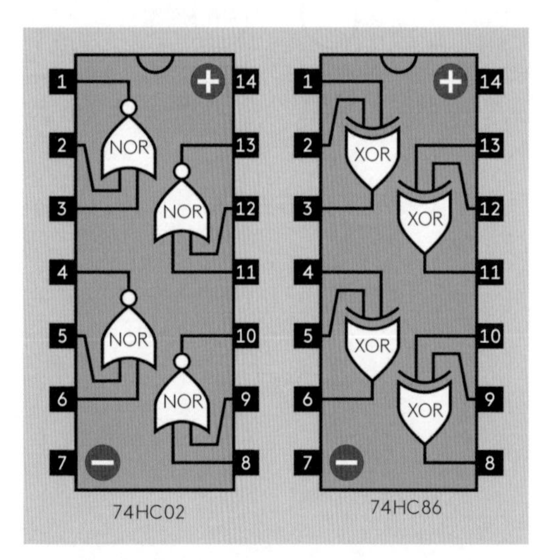

図16-10　14ピンロジックチップには4回路の2入力NORゲートや4回路のXORゲートが内蔵できる。NORゲートの入出力がほかの4回路2入力チップと逆になっていることに注意すること。

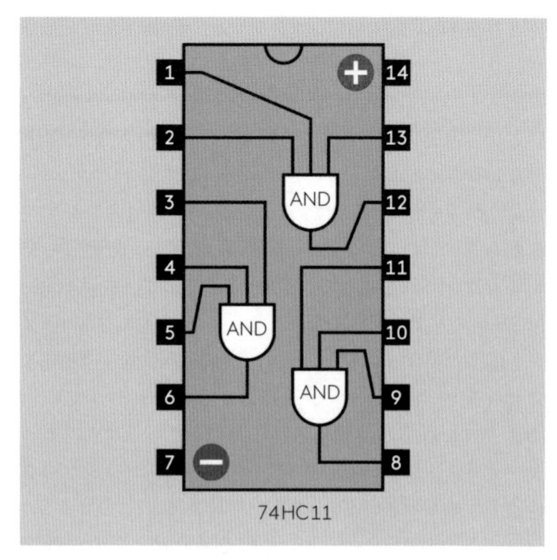

図16-11　14ピンロジックチップには3回路の3入力ゲートが内蔵できる。

ブレッドボードレイアウトでの配線を図16-12に示す。XORゲートには「X」、ANDゲートには「&」が付いている。NORゲートは「N」だ。(これは標準化された略号ではない。)

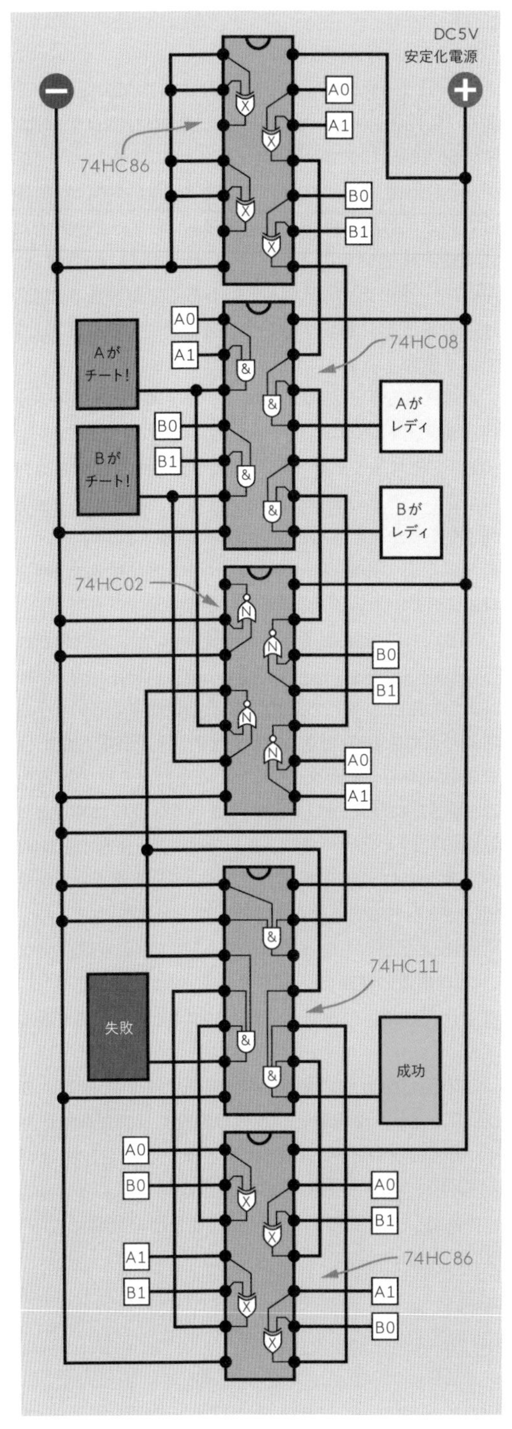

図16-12　テレパシー・テストの最終回路。5個のロジックチップを使っている。

図16-12の回路図は書籍の上下いっぱいにどうにか入るような大きさなので、押しボタンについては省いてある(どっちにしても別に取り付けることになるだろうが)。これを図16-13に示す。各ボタンの出力は5つのラベルに行く。これらのラベルは図16-12の同じラベルに接続すること。つまり、図16-13の最初のA0ラベルは図16-12の一番上のXORチップのA0ラベルに配線し、などなどとする。一番簡単なのは多色のリボンケーブルを使うことだ。

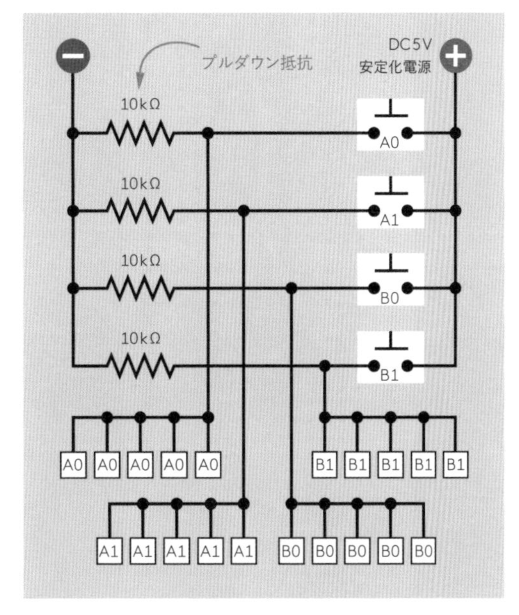

図16-13　4つのSPST常開の押しボタンスイッチをESPテスト回路に組み合わせる。各スイッチの出力は5個のチップに分配される。ボタンからの5個の入力グループは同時にハイまたはローになるので、プルダウン抵抗は各グループに1本でよい。

LEDメッセージインジケータも別で実装することになるだろう。各LEDに220Ωの直列抵抗を置くことを忘れないこと(直列抵抗内蔵のLEDなら不要)。これはロジックチップの出力を過負荷にしないためのものだ。

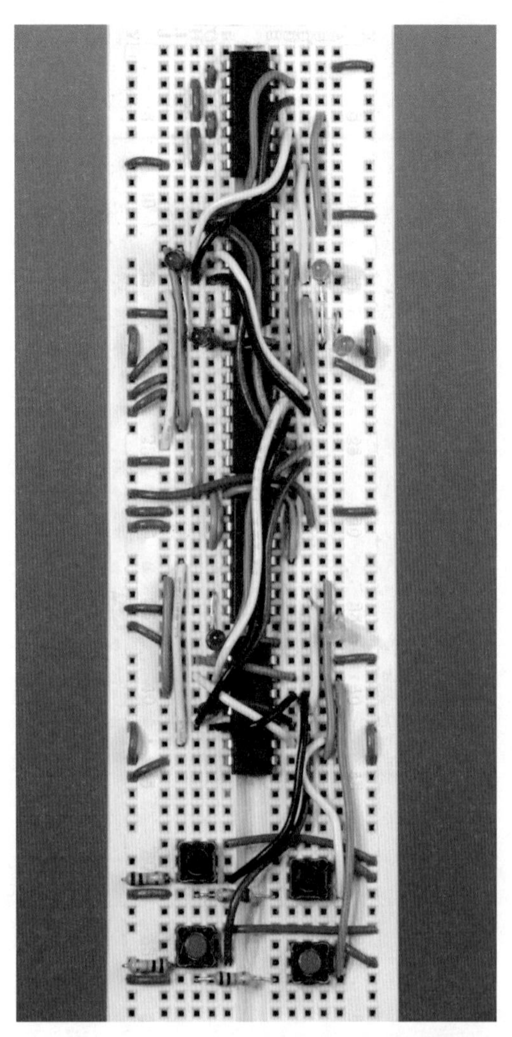

図16-14　完成したブレッドボード版テレパシー・テスト。5個のロジックチップを使っている。出力を担う6個のLEDについては回路図を確認。直列抵抗内蔵のLEDを使っているので写真には直列抵抗はない。プレイヤーA用の押しボタン2個は一番下の赤いボタン、プレイヤーB用の2個はすぐ上の黒いボタンだ。回路の構成はデモ用のものである。テレパシー・テストとして機能させるには、プレイヤー同士で相手の選択したものがわからないように、ボタンを別々に設置する必要がある。

図16-14にブレッドボード化したものを示す。5個のチップ間の配線が終わったところで、4個のタクトスイッチを入れるスペースがあることに気付いたので、ここに入れてロジックチップへの配線をした。スイッチからの配線をサイドに沿って行うスペースはなかったので、一部の配線は中央部を走っている。

詳細

「チート」インジケータ用のLEDについては注意が必要だ（回路図のオレンジの四角）。これがANDゲートたちの出力電圧にあまり影響しないようにすること。ANDゲートの出力はLEDだけに供給されるわけではないからである。これらは次のチップのNORゲートの入力にも接続されているのだ。この入力がハイになるには、ANDゲートの出力が4ボルト以上ある必要がある。LEDはこの電圧を引き下げることがあるので、マルチメータで必ず確認すること。

この回路をデモだけに留めず、完全機能バージョンを作る場合、「成功」「失敗」のLEDは2個ずつにして、プレイヤーごとに置く必要があるだろう。2個のLEDを並列つなぎしたときの負荷を処理するには、直列抵抗の値を大きくするか、チップからの出力を増幅すればよい。一番簡単な出力増幅は、ダーリントンアレイに組んだトランジスタペア（ULN2003チップなど）に渡すことだ。7入力や8入力の増幅ができるダーリントンがよく販売されている。

また、各LEDペアを直列つなぎで駆動するという手もある。この方法の利点は、ロジックチップの電力が抵抗で無駄になることがまったくないことだ。これで困るのは、やる前に予想がつかないところだ。LEDは電圧より電流の影響を受けやすく、またスペックがまちまちなのだ。直列時に流れる電流を測定し、もし定格より大きな電流がとられるなら小さな抵抗器を入れること。

回路はぜひとも作ってみてほしい。部品点数が少ないので非常に簡単だ。要求されるのは慎重な配線、ただこれだけだ。やってみようとさえ思えば必ずできるはずだ。

この回路を実際に使うときに覚えておいてほしいのは、プレイヤーの行動というのは完全にランダムではなく、他方のプレイヤーはこれを学習するかもしれない——第1のプレイヤーにその意識がなくても——ということである。これはランダム性という分野の範疇になる。ランダム性については後で論ずる。

デジタルの違い

図16-12の回路図を眺めた感じは、オペ・アンプを使った実験の回路図とは大きく異なっている。なにしろコンデンサがまったくないし、抵抗器もプルダウンに使われているものしかない。トランジスタもない！　これは、ロジックチップが、ほかの部品の助けなしに互いに話しかけられるように設計されていることによる。同じファミリーのチップを使う限り、あるチップの出力はほかのチップの入力に使用できることが保証されているのだ。

また、1本のゲートからの出力をほかの複数のゲートの入力でシェアすることもできる。たとえば図16-12にある74HC02チップの左下NORゲートの出力は、下の2本のANDゲートたちでシェアされている。1つの出力で複数のゲートを駆動することをファンアウトというが、HCシリーズでは単一のロジック出力を10ものロジック入力でシェアできる。

さらに改良する

この回路、さらに最適化できないだろうか。たぶんできる。「失敗」と「成功」を別々にテストするより、基本的には次のようなことを言うロジックを採用するのだ：「もし中央のNORゲートがどちらのプレイヤーもチートしてないと言うなら、また2個のボタンが押されているなら、また『失敗』条件を満たしてないなら、『成功』条件を満たしているはずだ。」言い換えれば、「成功」は「非(NOT)失敗」と定義できる。

とはいえ、これを全部考えに入れると頭が痛くなるので、回路をこれ以上最適化するのはやめておこう。ロジックに興味が出た人は自分で試してほしい。もしチップ数を5つから4つに減らすことに成功したら、ぜひお知らせいただきたい。でもあまり頑張りすぎないこと。次の実験から、デコーダという部品を1つ追加することで、ロジックチップをたったの2つに減らせることをお見せするからだ。乞うご期待！

そこまで単純なのか

テレパシー・テスターについて読み始めたとき、これは単純すぎて興味が持てないと思ったかもしれない。でも今は、複雑すぎて興味が持てないと思っているかもしれない！　まあOKだ。繰り返すが、やりたくなければ取り組む必要はない。それでもたどり着いた結論は覚えておいてほしい。デジタル回路で繰り返される事実だから：

- 一見単純なロジックの問題が、テストや条件を追加しすぎることで異常に複雑なものになりうる。ロジックは衝突しうる。あったらよさげな新機能を想像することはたやすい――でも追加はよく考えてからにしよう。
- ユーザー入力は常に問題になる。これは人間がやるかもしれない細かいふるまいをすべて想像し、適切に処理する必要があるからだ。
- ロジック回路を構築するシステマティックな方法は存在するが、それでは最小のチップ数でもっとも単純な回路は作れない。最適化によりほとんど必ずチップ数を減らすことかできる――反面それは、回路をより理解しにくいものにし、よりエラーを含みやすくし、改造もたぶん、より難しくする。

デスクトップコンピュータには常にマイクロプロセッサが使われてきたが、ロジックチップもまた必要であり、チップの数（「チップ・カウント」）は大きな問題だった。当時チップは安いものではなかったから。テレパシー・テストでは、コンピュータの先駆者たちがやってきたような設計プロセスをお見せした。現在に至るも、CPUの設計者たちはロジックに取り組んでいる――しかし彼らのタスクは、デザインツールの改良や、すべてをテストしてくれる強力なシミュレーションソフトによって、容易なものになっている。

マイクロコントローラは使えるか

われわれにできるか？　もちろんイエスである。断然イエスだ！　それぞれのボタンをマイクロコントローラの入力に接続し、さまざまなボタン押しパターンに応じたプログラムコードを書けばいい。IF－THEN文でさまざまな結果への分岐が書けるだろう。

ロジックエラーは依然としてあり得るが（実際やってしまいがちだが）、総体としてデザインプロセスはずっと頭の痛くないものとなり、ハードウェアはゴミみたいなものになる。5個のロジックチップに15のロジックゲートだったものが、たった1個のマイクロコントローラしか要らなくなるのだ。あした誰かにテレパシー・テスターを作ってくれと頼まれたら、マイクロコントローラを使うであろうことに疑問の余地はない。

とはいうものの、ここでの目的は動作をお見せすることなのである。ロジックはすべてのデジタル機器の絶対的な基礎であり、それを学ぶ最良の方法は（いつもの通り）ハンズオンでの没入だ。この用途で昔のロジックチップを置き換えられるものはないのだ。

だが実を言うと——置き換えられるものが2つ存在する。まず、前にも触れた通り、デコーダを使うという方法がある。これは複数のロジックゲートを含み、そのため自分で多数のゲートを配線しなくてすむというものだ。実験19と実験20ではこれに触れる。

もう1つの方法は、ロジックゲートのそれぞれを古風な電気機械式スイッチのペアで置き換えるというものだ。

次はスイッチで作るゲーム回路をお見せする——これはチップを使っても作れるし、お望みならばスイッチとチップを使っても作れるものである。

ロックしよう!

Let’s Rock!

「ロック、ペーパー、シザース」（じゃんけんの英名）は本当に昔からある国際的なゲームだが、まったくやったことがない人がもしかしたらいるかもしれないので、ルールをおさらいしておく：2人で向かい合って、3カウントを合図に、ハンドジェスチャーを出し合う。ジェスチャーは次の通り：

- 石を表すグー
- 紙を表すパー
- ハサミを表すチョキ

この比較によって勝者を決める。石はハサミを切れなくし、ハサミは紙を切り、紙は石を包む。

2人が向かい合い、相手の意図を読もうとする。ここにはテレパシー・テストとの明らかな類似性があるではないか。とはいうものの、ゲームを電子化する際に影響するような違いもいくつか存在する。第1に、プレイヤーには2つでなく3つの選択肢がある。第2に、もし両プレイヤーが同じ選択をすれば、ゲームは引き分けになる。第3に、もし両者が異なる選択をすれば、片方が勝ち、もう片方が負ける。

背景：確率

ちょっとの間、テレパシーは存在しない、と仮定してみよう。このことは、じゃんけんが純粋な偶然のゲームである、ということを意味するのだろうか。

ノーだ。2人の人間がこのゲームをしており、彼らの選択は完全にランダムではないからだ。実のところ、ランダム性について不合理な考えを持つ人はたくさんいる。

たとえばコイントスをしているときに、もし10回連続で表が出たら、次は裏が出る可能性が高い、という通念がある。これをモンテカルロの誤謬という。1913年8月18日にモンテカルロのカジノのルーレットで、26回連続で黒が出たことにちなんだものだ。この続けざま（ストリーク）の中に赤に賭けることで、たくさんの人がたくさんのお金を失った。黒は続けて10回、15回、20回出たんだから、次に赤が出るに決まってる──彼らはそう信じたのだ。

この信念は誤りである。なぜなら、ルーレットは記憶など持っていないから。コインも同じだ。12回続けて表が出たとしても、コインはそのことを知らない。だから、次のトスで表が出る確率は、それまでのトスの確率と厳密に同じだ。

しかし人間は違う。人間は自分のしたことを覚えており、その記憶が判断に影響する。じゃんけんをしている人が3回続けてグーを出せば、次は別のものにしてみる可能性が高いだろう。予想不能なふるまいをするためには繰り返しはよくないと、たぶん感じるのだ。ゆえに次の回ではパーかチョキを出す可能性が高くなってしまう。

あなたはこの裏をかいてチョキを出せばよい。これにより、あいこか勝ちになるということだ。いずれにしても負けはないはずだ。

問題は、経験豊富な相手との対戦の場合に、同じ手を繰り返さないだろうというこちらの予測に彼が気づくかもしれないことだ。これにより彼はあなたの予想を覆すためだけに繰り返しをやるかもしれない。

では、あなたが彼のことをよく知っており、このことを予測できるとしたら？　この場合も、あなたは彼の行動を予測して自分の戦略を変えることができる——しかし彼がそれに気付いていれば、さらに戦略を変えることができる。

互いに相手を予測しあうこの再帰的なプロセスは、ゲーム理論という魅惑の分野の共通テーマだ。ゲーム理論は1960年代に影響力を強めた数学の一分野で、米国の外交ポリシーと核軍拡競争に変化をもたらした。

背景：ゲーム理論

ゲーム理論は1944年、コンピュータの天才ジョン・フォン・ノイマン（John von Neumann）がオスカー・モルゲンシュテルン（Oskar Morgenstern）と共著で"Theory of Games and Economic Behavior（ゲームと経済行動の理論）"を出版したときに確立された。このコンセプトは1950年代前半に洗練され、ワシントンDCのシンクタンクであるRANDの理論家の間で急速に普及した。

ゲーム理論は、複数の「プレイヤー」が不完全な情報のもと、あるいは互いを信用できない状況で、優位を取るために戦略を求めるときの、あらゆる状況を記述できるものである。たとえばポーカーというゲームでは、プレイヤーはブラフをかけることができ、このときほかのプレイヤーは相手がブラフをかけているか推測しようとしなければならないが、その場合には、いかに行動すべきだろうか。対応はブラフをかけた方のプレイヤーにフィードバックされて彼の行動を変える。こうしたことがカードがめくられ、どちらかが勝つまで続くのだ。

軍事的対立においても、このようなブラフ、チャレンジ、対手（たいしゅ）の行動予測といったことが起こりうる。これによってハーマン・カーン（Herman Kahn）らRANDのアドバイザーは、ソビエト連邦が米国にファーストストライク（先制攻撃）の発射を行うことが「合理的」となる状況がある、ということを主張するようになった。ゆえに両国はセカンドストライク（報復攻撃）発射能力を構築すべきだということだ。これがファーストストライクへの抑止力になるからである。

http://www.gametheory.net/には、ゲーム理論の前提のいくつかについて簡単な解説がある。その1つに、各プレイヤーは自分の利益を最大化するため合理的に行動する、というものがある。だが、相手国の人々を何億人も殺し、放射能で汚染された荒野に帰すことで優位を得ることを「合理的」だと本気で考えた政治家なんているのだろうか。

たぶんいないだろう——しかしゲーム理論によれば、それに確信は持てないのだ。米国が水素爆弾の開発および先制攻撃に耐えるサイロへのミサイル配備に何十億ドルもかけたのはこのためだ。

こうした話はじゃんけんのようなゲームとはかけ離れている、と思うかもしれないが、実際の違いは、規模と変数の数と結果の深刻さだけなのである。

ロジック

じゃんけんのロジックは、どのように表現したらいいだろうか。テレパシー・テスターの開発ステップに沿えば、これはそんなに難しくない。プレイヤーAの基本ロジックを図17-1に示す。アナベルとボリスが今度はプレイヤーAとプレイヤーBとしてこのゲームをプレイし、おのおのグー（Rock）、パー（Paper）、チョキ（Scissors）とラベルされたボタンを持つものとする。簡便のため、アナベルのボタンを「AR」「AP」「AS」、ボリスのを「BR」「BP」「BS」と略す。

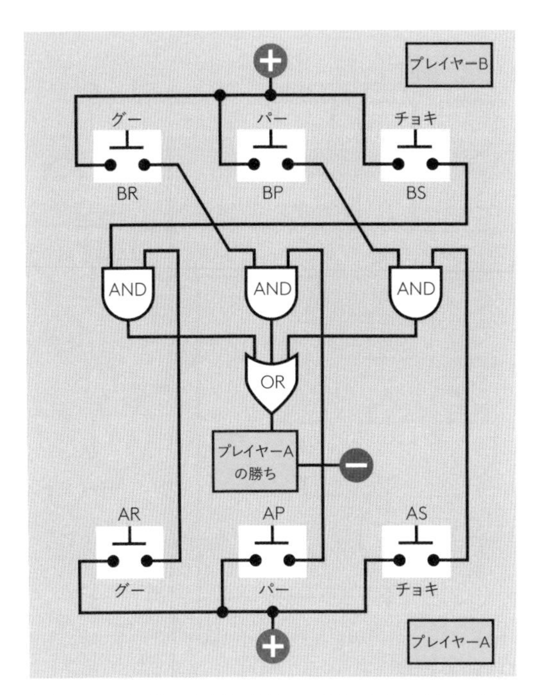

図17-1　プレイヤーAのじゃんけんでの3つの勝利状況に応じて「勝ち」メッセージを出す、ロジックゲートのネットワーク。

石はハサミを切れなくするので、もしアナベルがグーを、ボリスがチョキを押せばアナベルの勝ち。紙は石を包むから、Aがパーを、Bがグーを押せば、これもAの勝ち。ハサミは紙を切るので、Aがチョキを、Bがパーを押せば、やはりAの勝ち。この3つの勝利の選択肢は図の中に示されており、自分で接続をたどれば確認できる。

当たり前だが、ボリスにはボリスの勝利の選択肢が3つあり、さらに3つのあいこの可能性がある。これはアナベルとボリスが同じラベルのボタンを押したときだ。すべてを図17-2にまとめた。

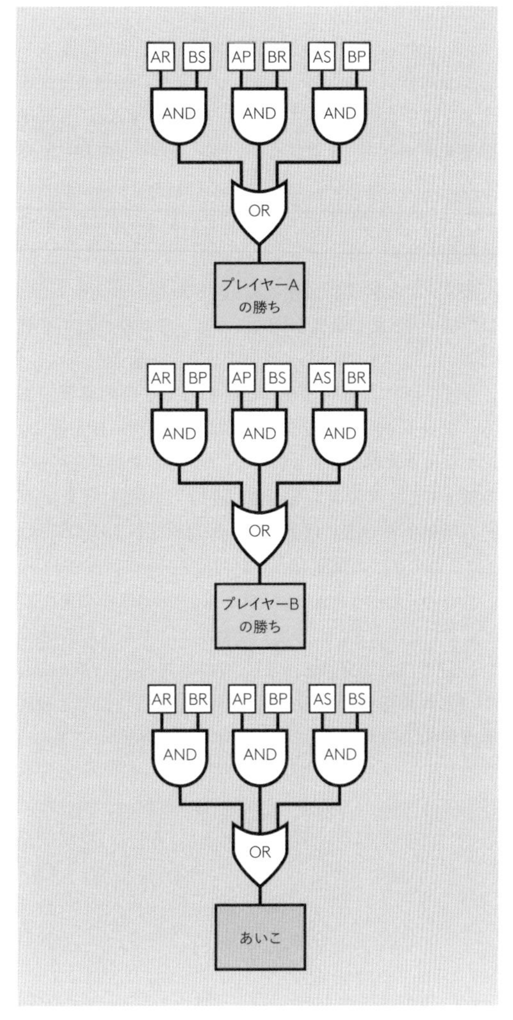

図17-2　じゃんけんゲームにおける勝利と引き分けのボタンの組み合わせのそれぞれに対して適したメッセージを出す3つのロジックネットワーク。

たいへんシンプルだ。ここまでは。しかしやはり今回も、プレイしやすさやチートなどを考慮すると、問題が生まれていく。

誰からだい？

テレパシー・テスター同様、プレイヤーのボタンは相手から隠しておく必要がある。しかしこうすると、各回の結果を出すとき、各プレイヤーがどのボタンを押しているのか確認できないことになる。「プレイヤーAの勝ち」、「プレイヤーBの勝ち」、「あいこ」の3つのインジケータしかないのだ。

各ボタンの横にLEDを設け、押したものが光るようにしたい――ただし両者が押してから、である。どうすればよいだろうか。ロジックを書き出してみよう。

まず、われわれはゲームが終わるのを待つ必要がある。プレイヤーAが勝つ、またはプレイヤーBが勝つ、または引き分けになるということだ。3入力のORゲートを使ってこれを表現する場合、図17-2のそれぞれのゲーム結果を吸い出せばよい。これは図17-3のようになる。3つのゲーム結果は3入力ORゲートに行っており、これがハイになったときは、ゲームがいずれかの形で終了したことを示す。この出力と各ボタンのANDが、ボタンLEDの点灯の条件となる。図内のスペースがないのでLEDは黄色の丸で示されている。各LEDには、それを点灯させるボタンと同じ、2文字の略号が付けてある。

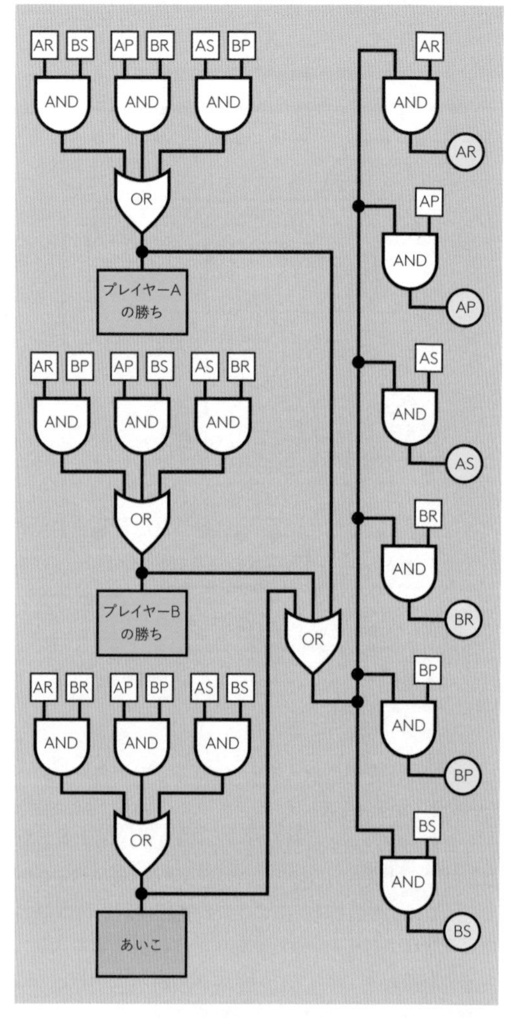

図17-3　ゲームが終止点に達するまでLEDの点灯を抑止するロジックネットワーク。

チートしてる?

ちょっと複雑になってきたようだ（まただ）。しかし最悪はこれからだ（まただ）。チートの問題があるからだ。ルールを破ってボタンを2個同時に押す人がいたときにどうやって知らせればいいだろうか。テレパシー・テスターではこれにXORゲートが役立った。XORは入力の一方がハイで他方がローのときにハイ出力になり、両方の入力がハイになるとロー出力になるからだ。テレパシー・テスターでは、XORからのハイ入力があれば、それはプレイヤーがボタンを押し、かつチートしていないことを意味していた。

しかしXORは通常2入力に制限されており、じゃんけんにはプレイヤーごとに3つのボタンがあるのだ。これは問題だ！

言葉で書き出してみることは常に役に立つ。アナベルがチートしているのは、ARおよびAPがともに押されているとき、または、APおよびASがともに押されているとき、または、ASおよびARがともに押されているときである。（3つのボタンを同時に押していればやはりチートだが、3つのボタンを押すことは2つのボタンを押すことを必ず含み、2つのボタンの組み合わせはすでに全部テストされているので、これをテストする必要はない。）

チートは警告インジケータを点灯させ、またほかの通常の結果をすべて抑制するようにしなければならない。ボリスがチートしたときも同じことが起きるようにする。言い換えると、もしアナベルがチートした、またはボリスがチートしたときは、「勝ち」インジケータと「あいこ」インジケータはすべて抑制されるべきである。

この機能を実装するのはもちろん可能だ。必要なのは、プレイヤーごとにあと3本ずつのANDゲート（各プレイヤーのボタンペアをテストする）と1本ずつのORゲート（各ANDからの出力をまとめる）、そしてそれに続くNORゲート（両プレイヤーがチートしていないときにのみハイ出力を行う）、さらに正常な結果の点灯を許可するANDゲート、およびそこに信号を送るNORゲートだけである。しかしこれを作るのが簡単だとは思えない。

背景：ゲートアレイ

各メーカーは1970年代にはすでにプログラマブルなロジックゲート・アレイを内蔵したチップを発売していた。どのデザインも目標は基本的に同じで、ゲートの「汎用」アレイの接続を特定用途向けにプログラムすることで、チップ上にカスタムロジック回路を作り出せるようにするというものだ。PLA、PAL、GAL、CPLDといった略称のデバイス（興味があればオンラインに情報がある）では、これを達成すべく、さまざまな手法が使われた。最終的にはフィールド・プログラマブル・ゲート・アレイ（FPGA）というものが開発された。これはロジックゲート以外にもエンドユーザーが選択可能な高度な機能をも併せ持っている。

残念ながら、FPGAのプログラミングにはハードウェア記述言語、適切なソフトウェア（普通はチップメーカーからライセンスされたもの）、さらに適切なハードウェアが必要だ。これは家庭の作業場にセットアップするようなものではなく、つまりわれわれの目的には昔ながらのチップを使い続けるしかない。

そうかしら。私なら、シンプル、かつ1ページ分より多いゲート数のロジック図に対応した選択肢が欲しい――嬉しいことに、それは存在する。

スイッチのとき

Time to Switch

図18-1は新しい概念の紹介だ。これはさまざまなロジックゲートを、2個のごく普通のスイッチによってエミュレートする方法を示している。各スイッチの状態をゲートへの入力と考えるのだ。

スイッチが上から押されている状態はロジック入力がハイになることに相当する。押されていない状態はロジック入力がローになることに相当する。そしてこの図の一番上の2つのスイッチでは、左のスイッチおよび(AND)右のスイッチが両方とも押されているときのみハイ出力となる。ANDゲートみたいだ!

でも——本当は違う。ANDゲートの出力はハイまたはローだ。図18-1のスイッチが開のとき、その出力はオープンサーキット(断線状態)である。浮いた状態であり、定められた電圧が存在しない。浮いた出力の状態制御にプルダウン抵抗を追加する必要があるのだ。単純化のため、この抵抗は省いてある。

ロジックゲートとスイッチ2個との間にはもっと重要な違いがある。スイッチはどちら向きにも電気を通すが、ロジックゲートはそうではないことだ。ロジックゲートの出力から電流を流して入力から取り出すことはできない。この違いが新たな悩みの種になる——ただし、うまく使えばこれは単純化の役にも立つ。

背景:電灯スイッチで作られたXNORゲート

ちょっとした余談——あなたの家の電灯線配線にはおそらくXNORゲートがあるのだが、ご存知だろうか。普通これは階段のところにある。階段の最上部にスイッチがあり、最下部にはもう1つスイッチがあるものだ。ライトがオンのときは、どちらのスイッチでもオフにできる。ライトがオフのときは、どちらのスイッチでもオンにできる。

図18-1のXNORのスイッチロジックを見てみよう。スイッチの状態ごとの電気の流れる様子を想像してみてほしい。一方のスイッチ位置を変えた場合に電流はどうなるだろうか。

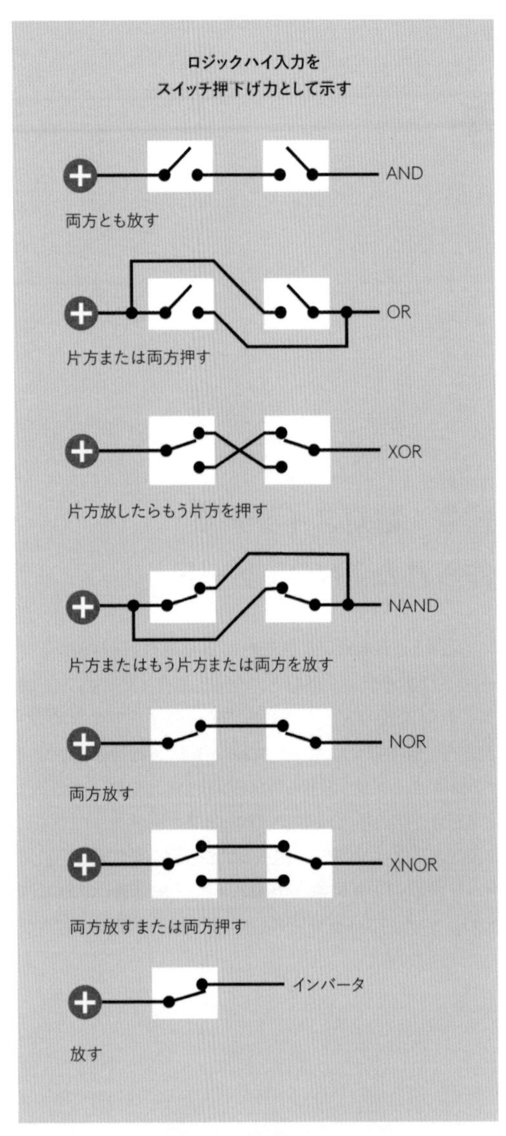

図18-1　各スイッチはロジックゲートの入力をエミュレートしている。スイッチが上から押された状態をハイ入力とみなす。スイッチが開のときに出力が浮き状態になるのを防ぐにはプルダウン抵抗を追加するとよい。

3個のスイッチで、これと同じ機能のロジック回路を考えられるだろうか。つまり、どのスイッチを切り替えた場合にも必ず電球の状態が切り替えられるというものだ。ヒントを出しておく：中央のスイッチは双極である必要がある。

ロックに戻れ

図18-2を見て、図17-1と比べてみよう。両者は同じ機能を持つが、新しいバージョンではロジックゲートは必要ない。プレイヤーAが勝ちになるスイッチペアはどれも直列に接続されており、つまりANDを取るのと同じだ。これらの3つのペアはすべてまとめて結線されており、つまりORを取っているのと同じだ。

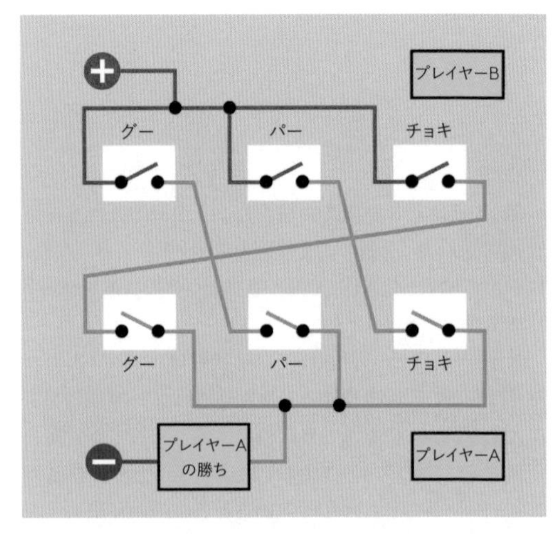

図18-2　プレイヤーAのグー、チョキ、パーが勝ちになる3つの組み合わせについて「勝ち」出力を行う、スイッチのみを使った回路。配線の色は区別がつくように、また似たような被覆色らしいものにしてある。

この回路図では押しボタンではなくスイッチを描くようにしているのは、最終的に多極・双頭スイッチを使うことになるからだ。多極双頭の押しボタンスイッチというものも存在しているが、回路図では表現しにくくスペースも取る。スイッチにはスプリングが入っていて押していないときは開状態に戻るものと考えてくれればよい。

図18-2の配線の色は見やすくするためだけのものだ。以後のステップでどんどん追加する。この色は配線で似たような色を使っているものと考えてほしい。

次は図18-3だ。プレイヤーBの勝利に応答するよう配線を反転したロジックである。これら2つの回路を組み合わせることは可能だろうか。1つのスイッチの出力を複数のロジックゲートに接続したように、1つのスイッチの出力をほかの複数のスイッチに接続することはできない。ハードワイヤードな接続では電気が回り込んで逆流できてしまって間違った結果になるのだ。回路を分けておくには、図18-4のように、多極スイッチを使う必要がある。

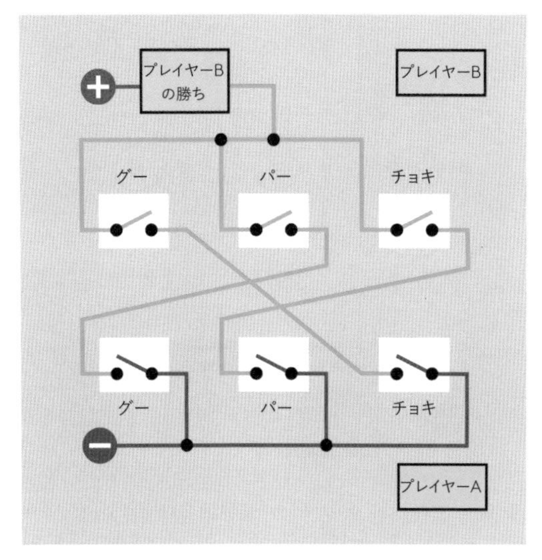

図18-3　じゃんけんでプレイヤーBが勝利する組み合わせで「勝ち」出力を出すスイッチ回路。

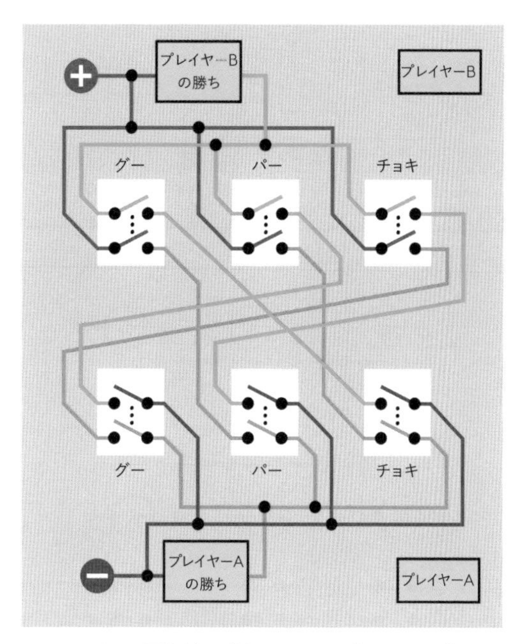

図18-4　2つの回路を組み合わせるには、双極スイッチを使って回路を電気的に分離しておく必要がある。

この回路に今必要なのは双極スイッチだが、機能を追加していくと、さらにポールが必要になる。さいわい、押しボタンスイッチや押し込みスイッチ（一度押すとオンに、もう一度押すとオフになるもの）には双極、4極、6極、さらには8極のものまである。（比較的安いステレオ機器などによく使われている。）

どのボタンか見せる

実験17では、なんでもロジックゲートでやろうとすると頭が痛くなると言った。これは、両プレイヤーがスイッチを閉じたあとでのみスイッチ横のLEDを点灯するロジック図、図17-3でお見せした直後のことだ。

もっと簡単に、ロジックゲートの代わりに配線でやる方法はないだろうか。あると思う。図18-5にやり方を示す。正電源をプレイヤーBの上に、負電源をプレイヤーAの下に配置したことで、LEDは回路の中央に移動できた。

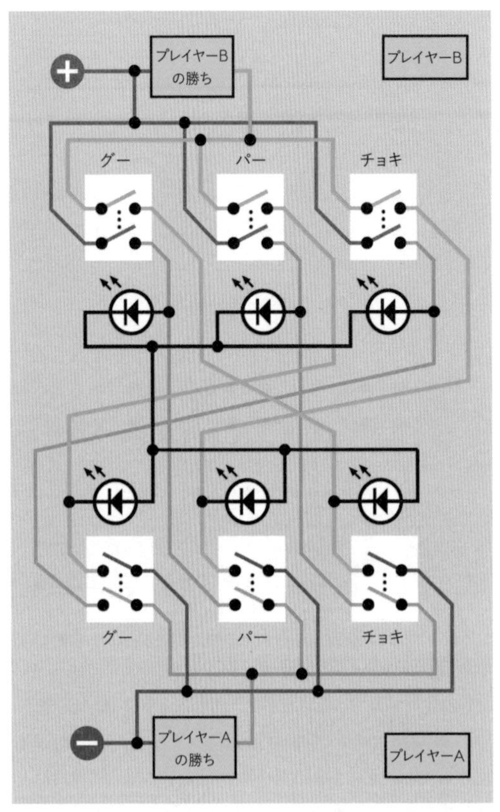

図18-5　このような配線にすると、スイッチを押すことで（しかも両プレイヤーがどのボタンを押すか決めてから）LEDを点灯できる。

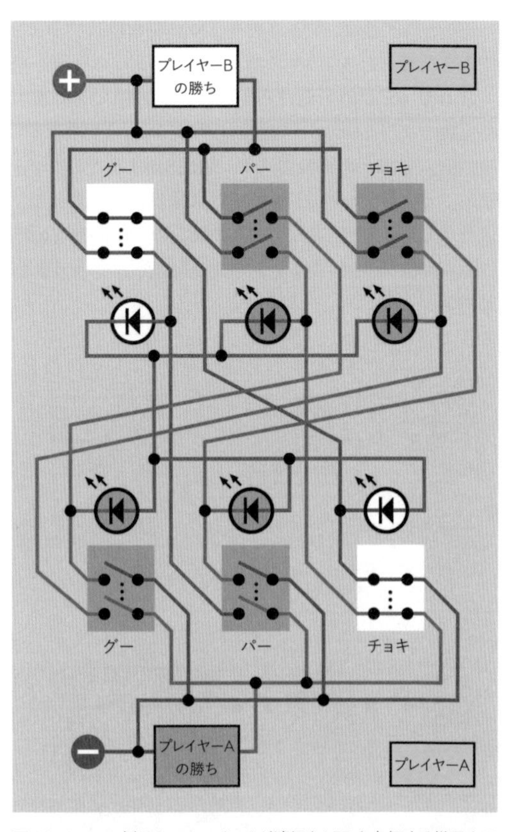

図18-6　この例は2つのスイッチが適切なLEDを点灯する様子を示している。プレイヤーBはグー、プレイヤーAはチョキを選択している。

図18-6は回路の動作の様子で、プレイヤーBがグー、プレイヤーAがチョキを出しているところだ。今度は正電源に接続している配線を赤、負電源への配線を青としている。通電していない配線、スイッチ、LEDはグレーにしてある。マゼンタ（赤紫）の線は、最初のLEDを通過して電圧が下がっているものの第2のLEDはまだ通過していない部分だ。

こうした電子部品を動作させるには一方の端子にプラスを、もう一方にマイナスをつなぐ必要がある。「プレイヤーBの勝ち」のインジケータが点灯し、「プレイヤーAの勝ち」が点灯しないのはそのためだ。

電流は一方のLEDを経由して他方に至る。2本のLEDの間の配線はマゼンタで、これは中間的な電圧を示す。直列に接続された2本のLEDを、一方の端にプラス、他方にマイナスをつないだものとして考えると、閉じたスイッチの横にあるLEDの2本だけが点灯してほかが点灯しない理由がわかるだろう。LEDがダイオードであり、間違った極性の電気を遮断することに注意。

ほかの組み合わせのスイッチの配線もチェックすることで、点灯するのは正しいLEDとインジケータだけであることがわかるだろう。

実際の回路でLEDを2本直列につなぐとき、抵抗内蔵型のLEDを使っていると、ちょっと暗すぎると感じることもあるかもしれない。これは電流が直列つなぎの2本の抵抗を通過することになるからだ。2本の汎用LEDを抵抗なしで接続し、電流が部品の定格を超えていないかマルチメータでチェックする、というのも試すとよい。汎用LEDを使ったうえで、小さな値の抵抗器を、回路図左中央の縦に走りLEDグループ間をつないでいるマゼンタの配線の部分に入れるのが、おそらく最適だろう。この抵抗値はトライアンドエラーで決める。220Ωから下げていき、電流が正しくなるところで止める。多くのLEDは20ミリアンペアでちょうどいいが、最大定格がもっと低いLEDもあるので注意すること。

チート防止

さて面倒なところにきた。チート防止である。私が選んだのは、これまでの回路に、プレイヤーの電源を制御するスイッチ群を追加するという方法だ。

図18-7にこの原理を示す。3個の双極スイッチを、ちょっと違った構成でお見せする。注意してほしいのは、これらがすべて常閉型のスイッチであることだ。スイッチを押したときに「開」になるのだ。押されているスイッチを緑色にしてある。

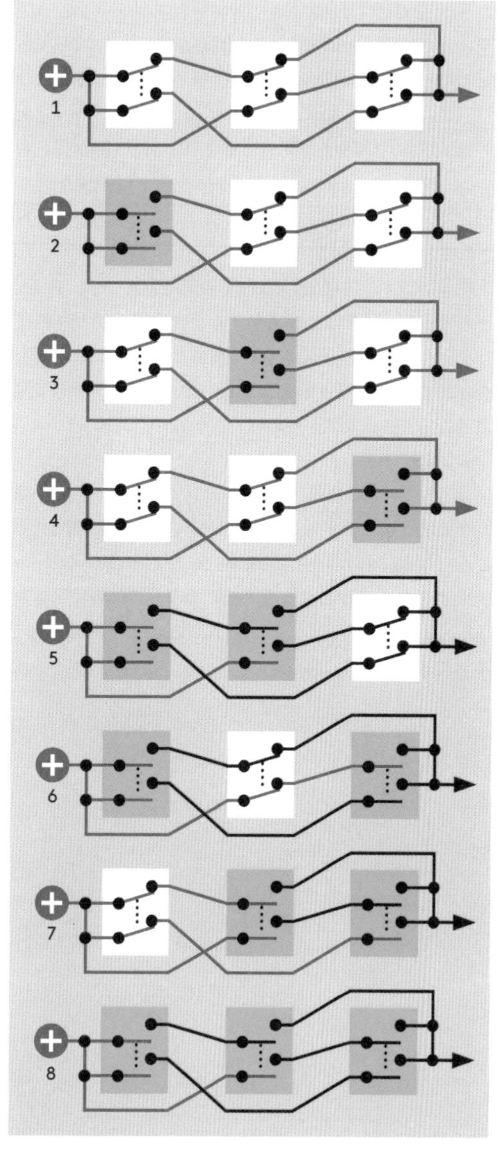

図18-7　3個の常閉双極スイッチをこのように配線することで、スイッチを押していない、あるいは1個だけ押してあるときにのみ電気が流れ、2個や3個を同時に押すと遮断するようになる。押されているスイッチは緑でハイライトしてある。

一番上ではスイッチが1つも押されておらず、どれも閉状態で、電気が通っている。次の3例では、スイッチは同時に1個だけが押されており、ほかの2個は閉のままだ。これにより1本の電路が必ず確保される。続く3例では、2個のスイッチが同時に押されており（緑が押されているスイッチ）、残った1個のスイッチでは電源を通すのに不十分だ。最後の例では3個すべてのスイッチが押されており、電気は通らない。

電流の流れている配線は赤で表示されている。スイッチがまったく押されていない、または1個だけ押されているときに電源が接続され、2個またはすべてのスイッチが押されていると電源が遮断されているのが見て取れるだろう。これでじゃんけんゲームのアンチ・チート・システムができる。

図18-8は、これまでの回路のスイッチを2極ずつ増やすことで、このアンチ・チート・システムを追加したところである。わかりやすさ重視で、使われているスイッチ接点のみを表示している。未使用のものは表示しなかった。このため各スイッチとも、常開接点と常閉接点を2本ずつのみ表示している。

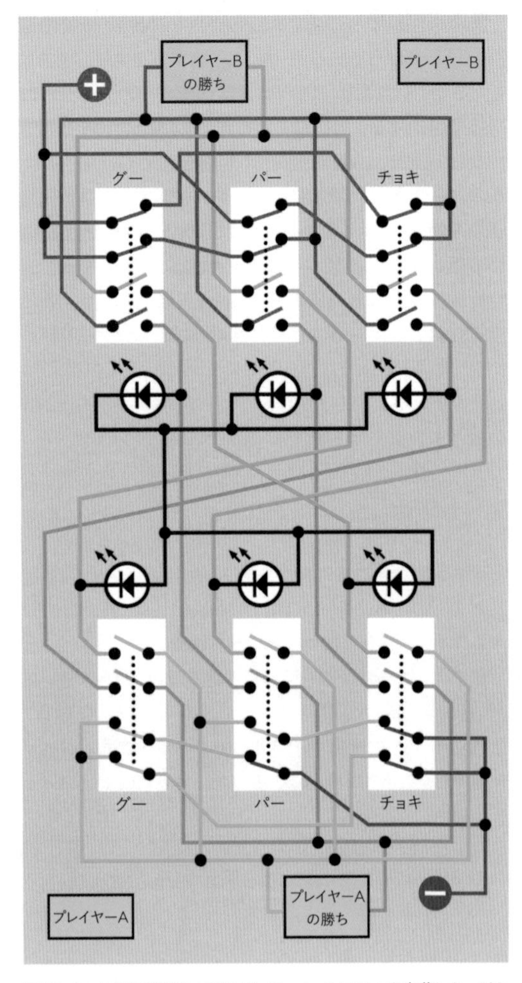

図18-8　回路を拡張してアンチ・チート・システムを内蔵した。どちらかのプレイヤーがボタンを1個ではなく2個または3個押すと電源が遮断される。詳細は本文を参照。

配線色もわかりやすくしたつもりだ。電源のプラス側に恒久的に接続してある配線はすべて赤色で示している。常閉スイッチにより通常時にプラス電圧がかかった配線はマゼンタだ。2個または3個のスイッチが同時に押されれば、このマゼンタの線にはプラス電圧がかからなくなる。

同様に、回路の最下部では、濃い青の配線は電源のマイナス側に恒久的に接続されているが、薄い青（シアン）の配線は2個以上のスイッチが押されているときに負電源への接続がなくなる。

システムはこのようなやり方で、いずれかの者がチートした場合に電源を切る。

引き分け対応

最後、アナベルとボリスがあいこのとき、つまり同じボタンを押しているときに、音で知らせるべきだろうか。押しボタンのLEDを見れば、あいこになったことはわかるのだ。それでも音を鳴らしたいのであれば、付けることはできる。スイッチの極をさらに増やさないのであれば、ブザーが3つ必要だ。さいわいこれはとても安価である（普通1ドル以下）。回路に組み込んだ様子を図18-9に示す。丸い記号がブザーの入る位置である。ブザーは極性があって電流が一方向に流れるものを使う。またDC電圧をかければ音が鳴るタイプのものである必要がある。スピーカーだとか、可聴周波数を入れてやる必要のあるブザーは適さない。

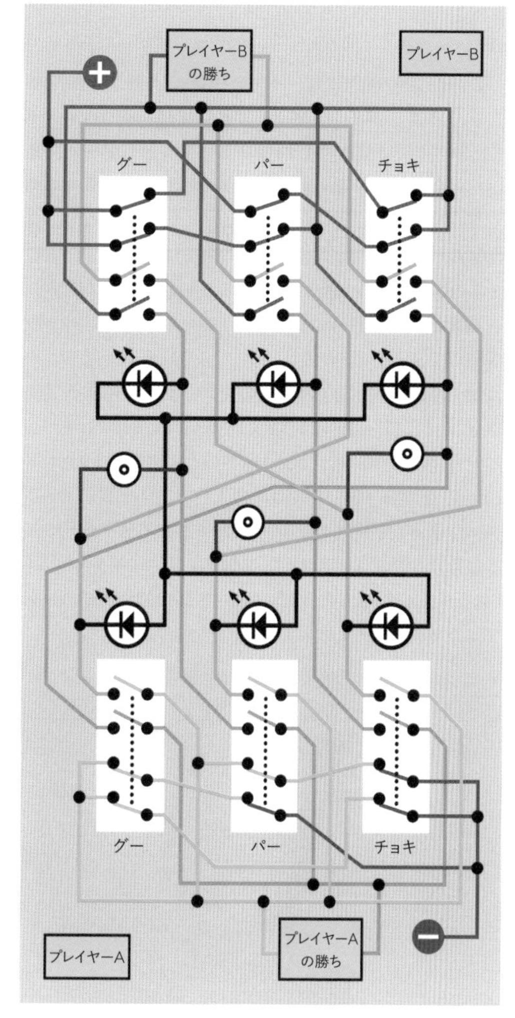

図18-8　回路を拡張してアンチ・チート・システムを内蔵した。どちらかのプレイヤーがボタンを1個ではなく2個または3個押すと電源が遮断される。詳細は本文を参照。

ブザーが複数必要なのはなぜだろうか。1個にすると、ブザーの端子ごとに3本ずつ配線を付けて各スイッチの接点に接続する必要があるので、1本の配線から流れてきた電気がほかの2本に流れていくのだ。こうなると、どの組み合わせでスイッチを押してもブザーが鳴ってしまう。

配線

この回路の製作には、ハンダ付けによる二点間配線をする必要がある。スイッチはピン間隔こそ0.1インチ(2.54ミリ)単位かもしれないが、ブレッドボードに差した場合はペアの端子同士がブレッドボード内部の導体で接続することが避けられず、個別に配線できない。またスルーホールチップより横幅が狭いので、ブレッドボードの中央の溝をまたいで差すこともできないのだ。

典型的な4PDT押しボタンスイッチの3Dグラフィック模式図を図18-10に載せた。「P」で始まる赤字のラベルはスイッチの極端子だ。この4つの極に対応する接点端子は、「C1」「C2」「C3」「C4」とラベルしてある。「NC」は常閉(normally closed)、「NO」は常開(normally open)を意味する。スプリング入りで放すと戻る押しボタンにするか、押すごとにオンオフされるスイッチにするかは自分で決めてほしい。このタイプのスイッチはよく「スライドスイッチ」と呼ばれる。内部の接点がスライドするためだ。

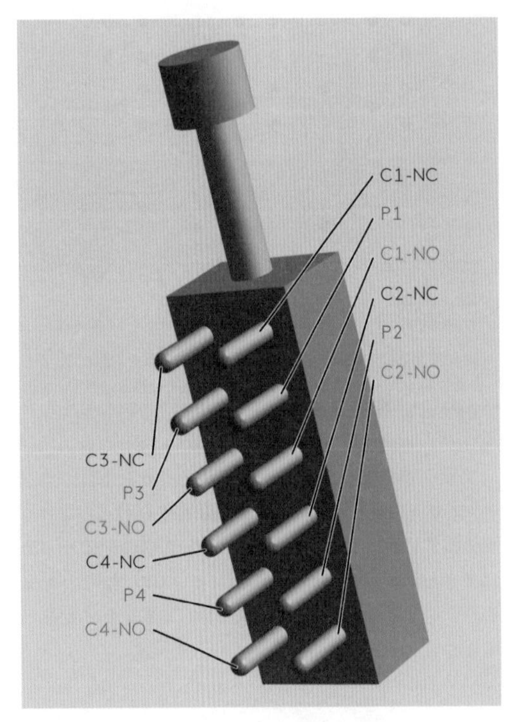

図18-10　典型的な4PDTスライドスイッチ。極にはP1からP4まで番号が振ってある。接点はC1からC4だ。常閉接点はNC、常開接点はNOで示している。

4PDTスライドスイッチの典型的な回路図記号を図18-11に示す。ラベルは3D模式図と揃えてある。右のスイッチの内部の縦長のバーは絶縁体(グレー)に導体(黒)が付けられたものだ。黒い部分が隣り合った接点同士を接続している。このバーがスイッチのプランジャによって押し込まれると、今度は違った接点同士を接続する。メーカーのデータシートでは、どちらのタイプの回路図記号も使われている。

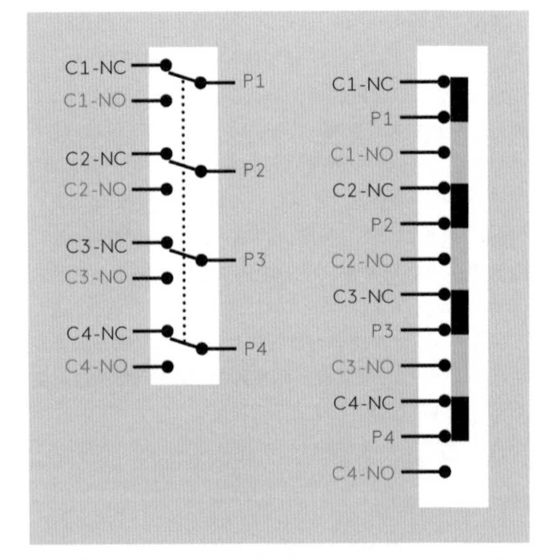

図18-11　4PDTスライダスイッチによく使われる2種類の回路図記号。

図18-12は、じゃんけんゲームのスイッチたちの配線図である。配線をハンダ付けするピンを黒丸、未使用のピンを白丸で示している。配線の一部は前掲の回路図から少し動かしてあるが、これは交差を最小限に、また3本の配線が1本のピンに集中しないようにしたためだ。このような場所はハンダ付けが難しくなる。

この回路にはチート検出機能がないが、これはものごとを(少なくとも最初は)比較的単純にしたい人のためだ。配線の色は回路図での色と同じにしてあるが、もちろん好きな色で構わない。下側のスイッチをひっくり返して置いてあることに注意。スイッチを箱なり板なりに反対向きに取り付けるように反転させてあるのだ。

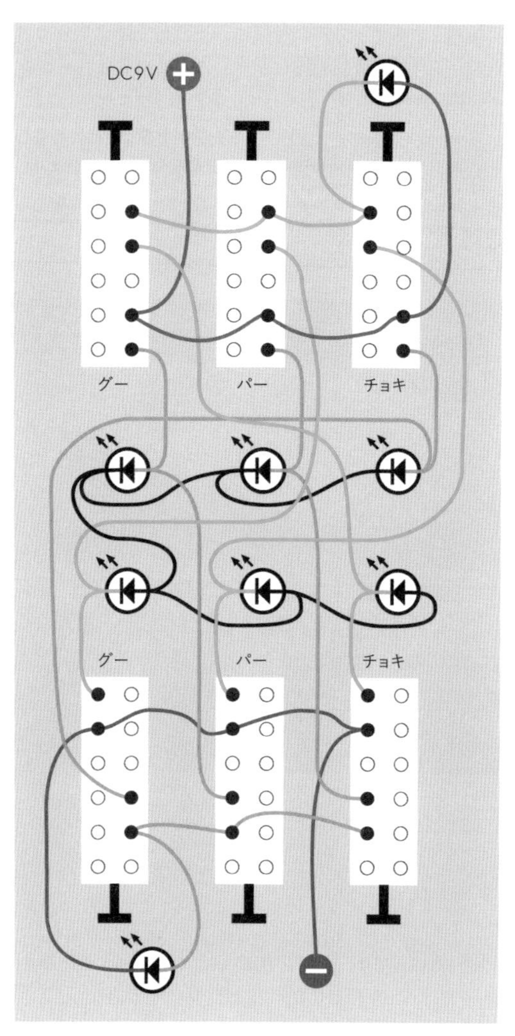

図18-12　6個の4PDTスライドスイッチを使ったシンプル版のじゃんけんゲームの配線図。チート防止機能は付いていない。LEDの直列抵抗は描いていない。

図18-13は私がハンダ付けした基板の裏面写真である。私のハンダ付けは最高にきれいとは言い難いが、ここでの目的は動作するものを作ることであり、これはちゃんと動く。

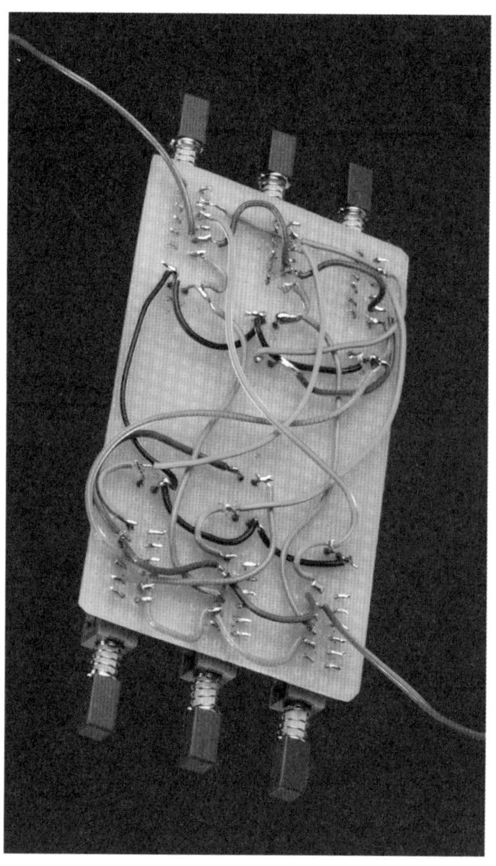
図18-13　基板の裏側のスライドスイッチの様子。チート防止機能以外は配線してある。

配線をスイッチのピンにハンダ付けするときは、ハンダブリッジでショートさせないように注意する。ブレッドボード用にお勧めしたAWG24番より細い配線を使えば楽に作業できるだろう。個人的にはレインボーカラーのリボンケーブルを使うのが好きだ。これは引き離してさまざまな色の配線にすることができる。より線なので柔軟で作業しやすい。ただこのために、少しごちゃごちゃしたでき上がりになりやすい。

直列抵抗内蔵の12ボルトLEDを使ったので、配線には抵抗器が付いていない。このLEDを2本同時に点灯できて、しかも十分明るかったときは嬉しかった。電気は2本のLEDに内蔵された2本の抵抗に不可避的に消費されるというのに。

図18-14は、同じ基板を上から見たところだ。LEDのリード線は長いままにした。ケースに入れるとき、フタに穴を開けてそこからLEDを出そうと思ったからだ。ボタンもサイドに空けた穴から出して押せるようにしたい。これを書いている時点では、ケースはまだ作っていない。赤のLEDはどのスイッチが押されたかを示すもので、グレーに見えるLED（点灯すると青くなる）は、どちらが勝ったか示すためのものである。

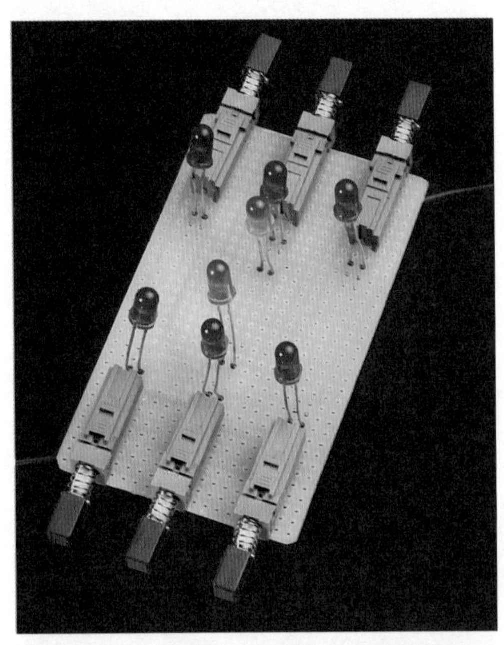

図18-14　じゃんけん回路の上面。LEDのリード線はケースのフタの穴から出せるように長いままにしてある。

電源はDC9ボルトをお勧めする。2つのボタンを押さない限り電気をまったく使わないし、押したときのLEDの消費電力も知れているからである。定格が12ボルトでも9ボルト電池で大丈夫だ。

汎用LEDを使う場合は直列抵抗を外付けする必要がある。どちらが勝ちか知らせる部分のLEDが1本であれば470Ωの抵抗器でよいが、LEDを2本直列につなぐときの値はわからない。LEDを明るくするため直列抵抗を減らすときは、データシートで推奨されている順方向電流の最大値を超えないように注意すること。

基板2枚をボックスの対面に、LEDを上面に取り付けたバージョンを図18-15に示す。この構成では各人のスイッチを他方から見えなくしている。ボックスの中にはプラスチックの留め具で固定した9ボルト電池がかろうじて見えている。電池交換にはねじを外す必要があるが、あまりしょっちゅうプレイするのでなければ2年かそこらは持つ。

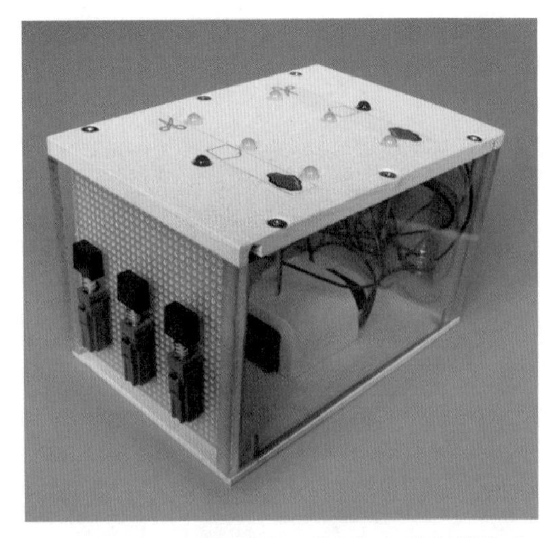

図18-15　スイッチのみで作るじゃんけんゲームの仕上げ済みバージョン。

チート防止配線

図18-16はチート防止機能も含めたスイッチ配線の様子だ。ハンダ付けにそれほど時間はかからないし、あると嬉しい機能だ。チート防止非搭載のバージョンを作ってある場合、変更が必須なのは赤と青の電源線だけである。ほかはすべて追加するものだ。

ブザーも入れたい場合は自分でやってみてほしい。

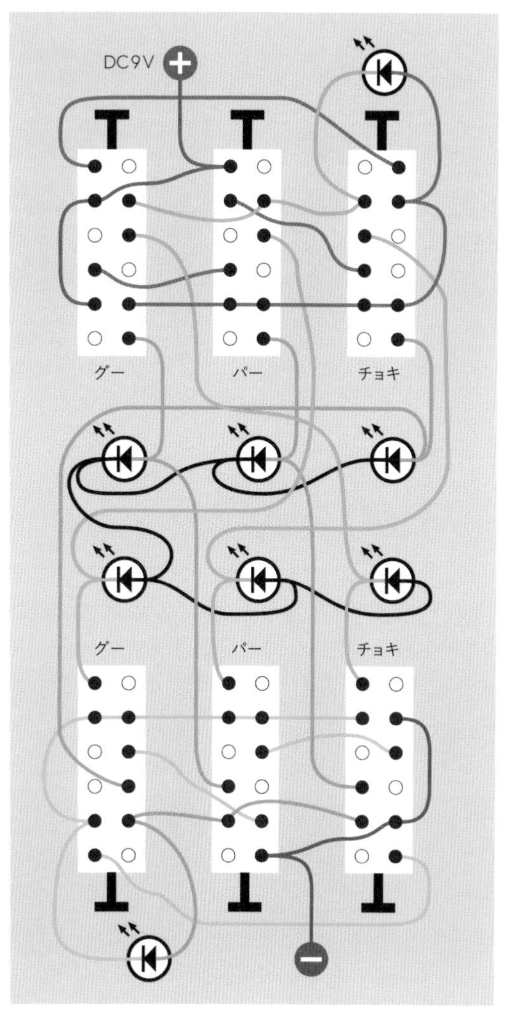

図18-16　拡張・スイッチ付きバージョンのじゃんけんゲーム。チート防止機能搭載。

チート防止配線を追加した基板の裏側を図18-17に示す。

結論

スイッチというものは、初めのうちはロジックゲートより単純に見えるが、終わりになれば別の意味で複雑なものだとわかった。

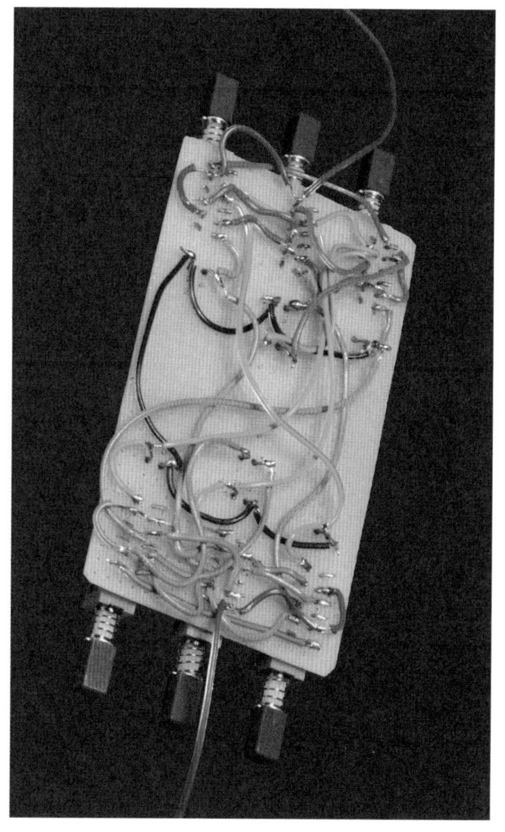

図18-17　前と同じ基板だがチート防止機能を追加してある。

ロジックゲートを組むことはある種の—そう、ロジカルな—やり方でできる。ANDやORを使って要求事項を書き出し、これをANDゲートやORゲートを（必要ならほかのゲートも）使った図で表現するのだ。最後に適切なゲートを持つチップを選び、図に書いたのと同じやり方で配線すればでき上がりだ。それほど大変なことではない。

ロジックゲートで問題になるのは、個々の要素があまりパワフルではないので多数が必要になるところだ。このため回路には多くの部品が必要となり、混乱しやすく、配線間違いも起きやすくなる。

スイッチにはいくつか利点がある。単純であり、理解しやすく、オフ時には消費電力がゼロで、オン時には（相対的に言えば）多くの電流を流せる。スイッチそのものが回路であればオン・オフスイッチがいらない、という考え方も気に入っている。

問題は、回路に複数の機能を求めたときから発生する。多極スイッチは必須であり、本気で注意しないとモジャモジャの配線が予想不能の結末を招きかねない。回路の最適化がしたくなったら、さらに注意が必要だ。

一番の問題は、すべてがスイッチで構成された回路を設計することそのものに、奇妙な直感力が必要なことだ。ロジック回路においてANDやORを含む文からチップ回路を作ることに匹敵するような論理的方法論は存在しない。実際、スイッチだけで有用な回路を作ろうとするような人はレアだ。これを掲載したのは、起きていることの感じを掴んでほしいがためである。

ロジックゲートとスイッチのほかに方法はないのだろうか。当然ある！　可能性としては3種類だ：

1. リレーを使う。はるか昔には電話システム全体がリレーをベースにしていた。リレーによる論理回路はトランジスタによるそれと非常に似たものとみなすことができる。両者は似た動作をするからだ。ただしリレーはスイッチ同様に多極化が可能で、1つの入力信号で複数の出力を作動させられる。
2. 前に触れたデコーダを導入する。これは一連の配線済みのロジックゲートを内蔵しているので、ゲートを個々に扱う必要がない。デコーダについては続く2つの章で詳しく扱う。
3. マイクロコントローラを使う（またもや）。じゃんけんゲームはテレパシー・テスト同様、マイクロコントローラを使うことで、いろいろ非常に簡単になる。しかしテレパシーテストのときと同じで、これではロジックについて学べないのである。

テレパシーのデコード

Decoding Telepathy

図19-1を見てほしい。これはテレパシー・テストのロジック図をデコーダチップを用いて書き直したものだ。これまでに出たあらゆる機能を入れ込みながら、この回路に必要なチップは3個だけだ。これより簡単な回路というのも、そうそうないだろう。

デコーダを試す

さて、すべてを単純にするこの不思議な部品は何なのだろう。回路を組む前に、まずはベンチテストをやろう。私がお勧めするデコーダチップは74HC4514だ。私がHCファミリーを指定しているのは、チップを買うときに常に将来の再利用を考えているからであり、そのときにはLEDを駆動することが必要かもしれないからだ（少なくとも回路のテストの間は）。74HCシリーズは25ミリアンペアまでソースまたはシンクできるのに対して、4000シリーズの出力はずっと限られたものでしかないのだ。

とはいうものの、74HC4514は比較的高価なので（1個買いなら3ドル以上）、いとこにあたる古いCMOSバージョン、単に4514と番号付けされたチップが、より広く使われ、より安価であることを知っておくべきだろう。この実験では、デコーダでLEDを駆動することはないので、どちらのバージョンのチップでも動作する。ピン配置は同じだ（図19-2）。

チップの配線は図19-3のように行う。回路図の上の方で、押しボタンではなくスイッチを指定しているが、これはチップのテストの際にボタンを2個も3個も同時に押しておくのは大変だろうからだ。実際はスイッチでもボタンでもうまくいく。ブレッドボード版を図19-4に示す。

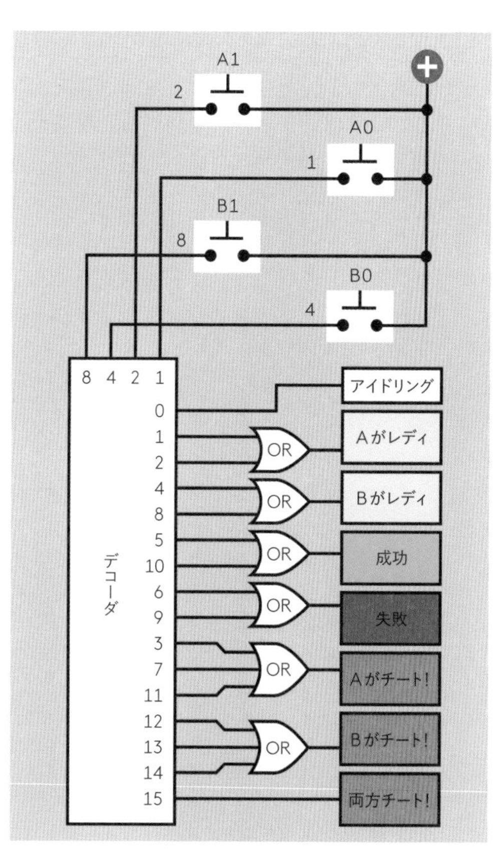

図19-1　デコーダチップを使うと、テレパシー・テスト・プロジェクトに必要なロジックゲートの数は大幅に減る。配線の交差を減らすため、この図のピン配置は実際のチップと大きく異なる。

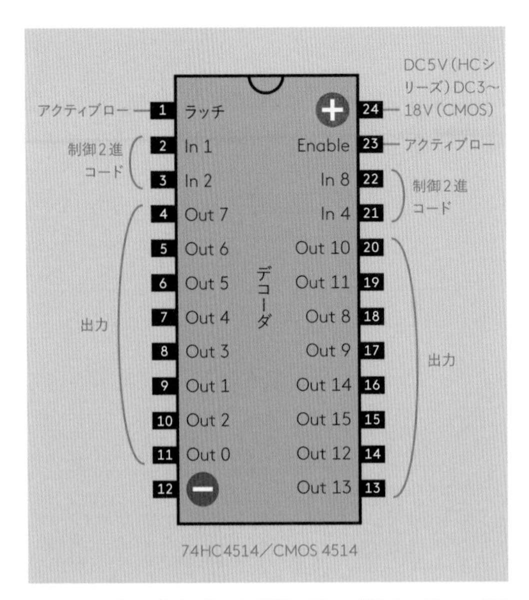

図19-2　デコーダチップのピン配置。デコーダはテレパシー・テスト回路を単純化する。

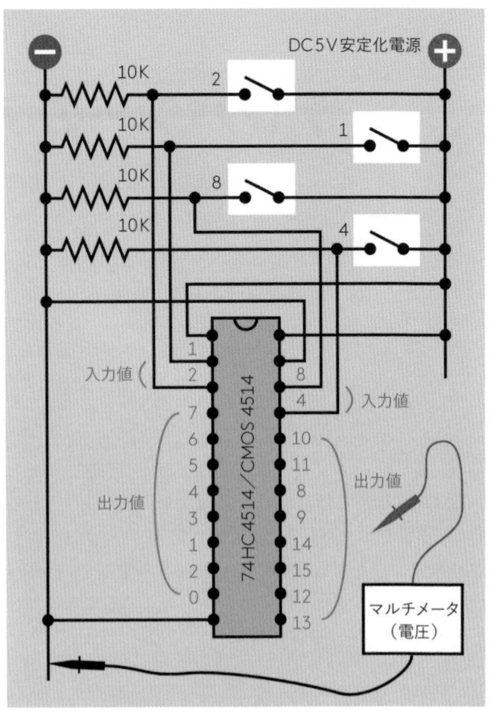

図19-3　テストのためにデコーダチップをセットアップする。メータープローブは未接続のピンのいずれかに触れる。さらなる詳細は本文参照。

図19-4　デコーダテスト回路のブレッドボード版。一部のメーカーのデコーダチップは写真のものより幅が狭いが、機能は同じだ。

マルチメータをDC電圧計測にセットし、マイナスのプローブを、両端がミノムシクリップになったジャンパ線か、プローブに付けるミニグラバーにより回路の負極バスに接続する。プラスのプローブの方は、図で「出力」と書いてあるピンに触れる。

チップは単純な足し算を実行するので、ピンには図のように数字が割り当てられている。入力ピンは1、2、4、8の値を持つ。同じ数字は通電により入力するスイッチの横にも付けてある。出力ピンは0から15の値を持つ。値が番号順には並んでいないことがわかるだろう（これは誤字ではない）。混乱を避けるため、シールに数字を書いてチップの横のブレッドボードに貼っておくとよいかもしれない（極細ペンで十分小さく書けるなら）。

最初はすべてのスイッチを開にしてみよう。メータープローブをチップの出力ピンに触れていくと、0の値の出力ピンがハイに、ほかの値がすべてローになっていることがわかるはずだ。今度は1のスイッチを閉じよう。1の値の出力ピンがハイに、ほかがすべてローになる。今度はスイッチ1、2、4を同時に閉にして、そのまま保とう。7の値の出力ピンがハイに、ほかがすべてローになる。

デコーダは小さな加算器のように機能している。チップはハイ状態の入力ピンの値を足し合わせ、対応した値の出力ピンを作動させている。

デコーダチップのもっとも重要な機能は次の通りである：

- 入力ピンの「1」「2」「4」「8」という値は、各出力値に対してただ1つの組み合わせになるように選ばれている。
- つまり、出力の値を見ることで、どのスイッチが閉じているかわかる。

これが非常に明らかとは思えない方は、図19-5を見てほしい。チップの状態を4種類ほどランダムに選んだものだ。数字がわかりやすいように、入力はデコーダの上辺に、出力は右辺に、順番に並べてある。赤くなった入力はスイッチを閉じることでハイになった値、赤くなった出力はハイ出力が出ている値だ。上でハイになっている値を足すと、ハイになった出力ピンの値になる。

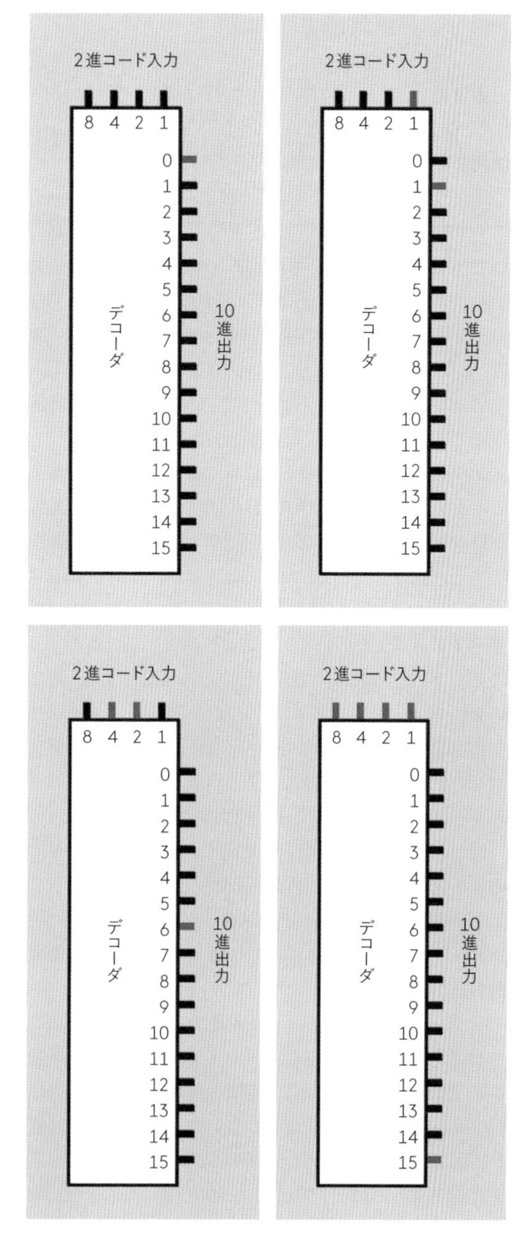

図19-5　デコーダチップの動作の例を4種類。デコーダチップはハイ状態（赤）の入力ピンの値を合計し、その値を割り当てられている出力ピンをハイにする。この図のピンはわかりやすいように数字の順に並べ直してある。実際のチップのピンは数字の順には並んでいない。

バイナリーを思い出す

それでは図19-1に戻ろう。これは図19-5とほぼ同じで、出力ピンの数値がロジックゲートとともに使うのに便利なように並べ替えてあることだけが違う。

テレパシー・テストの場合、ボリスにより押されているスイッチ、押されていないスイッチ、アナベルにより押されているスイッチ、押されていないスイッチが、これによりすべてわかる。たとえばデコーダの出力で1または2の値を持つピンがハイの場合、スイッチA0またはA1（値は1または2）が閉であり、ほかのすべてのスイッチは閉ではない。これはテレパシー・テストでは、Aが選択済みだがBはまだである、ということだ。

6の値の出力ピンがハイ出力になっている場合を考えてみよう。これはスイッチA1およびB0（値は2および4）だけが閉、ほかのすべてのスイッチが開であることを意味する。同様に、9の値の出力ピンがハイであれば、スイッチA0およびB1（値は1および8）だけが閉、ほかのすべてのスイッチが開であることを意味する。このように見ていくと、値6または9のピンがハイ出力なら、両プレイヤーともスイッチを閉じているが、向かい合ったスイッチではないということであり、AとBのその時のテレパシーテスト試行は失敗であるということがわかる。

すべての組み合わせとその出力を調べてみるとよい。

図19-1には追加の出力インジケータがある。すべてのスイッチが閉のとき、両プレイヤーともチートであることを示すものだ。また、どのスイッチも閉になっていないときに、回路がアイドリング状態であることを示す出力も追加した。

デコーダの入力はバイナリー入力と呼ばれるが、これはそれぞれの値が2進数（バイナリー）の各桁の数字と同じ値であるためだ。バイナリーコードについては『Make: Electronics』に少し書いたので、ここでは図19-6に2進数の値とデコーダチップの値の対応表を示すに留める。このチップがデコーダと呼ばれるのは、数字を2進数で取り、それを10進数にデコードし、その値のピンをハイにするからだ。

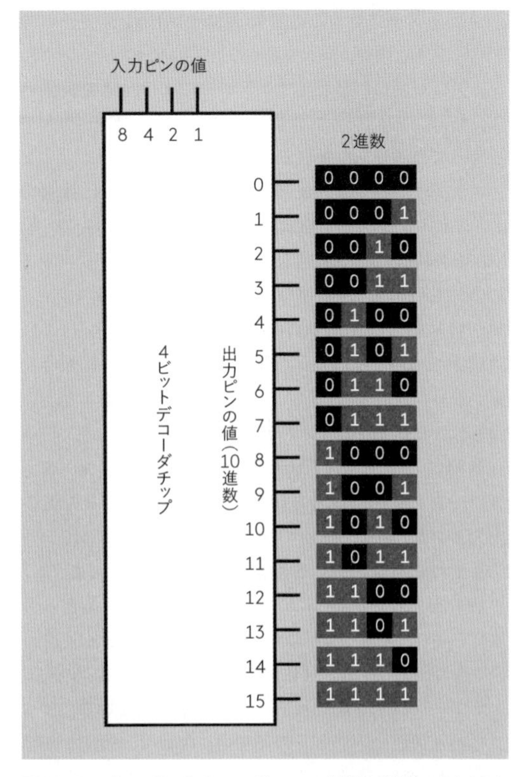

図19-6　デコーダの入力のハイとローの状態は2進数の1と0として考えることができる。出力ピンはそれに対応する10進数の値を持っている。

- 2進数の数字は「ビット」と呼ばれることがよくあり、74HC4514は（または古いいとこの4514は）4本のバイナリ入力を持つため、これを「4ビットデコーダ」という。また、4本の入力と16本の出力を持つため、「4/16デコーダ」ということもある。

実装

今度のテレパシー・テストは非常に簡単に制作できる。完全な回路図を図19-7に示す。この回路では、デコーダはCMOS版（4514）でも高価なHC版（74HC4514）でも構わない。74HC4514はそれまでの4514をエミュレートするように作られており、ピン配列は同じだ。古いCMOSチップにはLEDを直接駆動できるほどの出力電流がないのに注意。実験の初めのところのテストで、ほぼ電力消費のない機器であるマルチメータを使っているのはこのためだ。

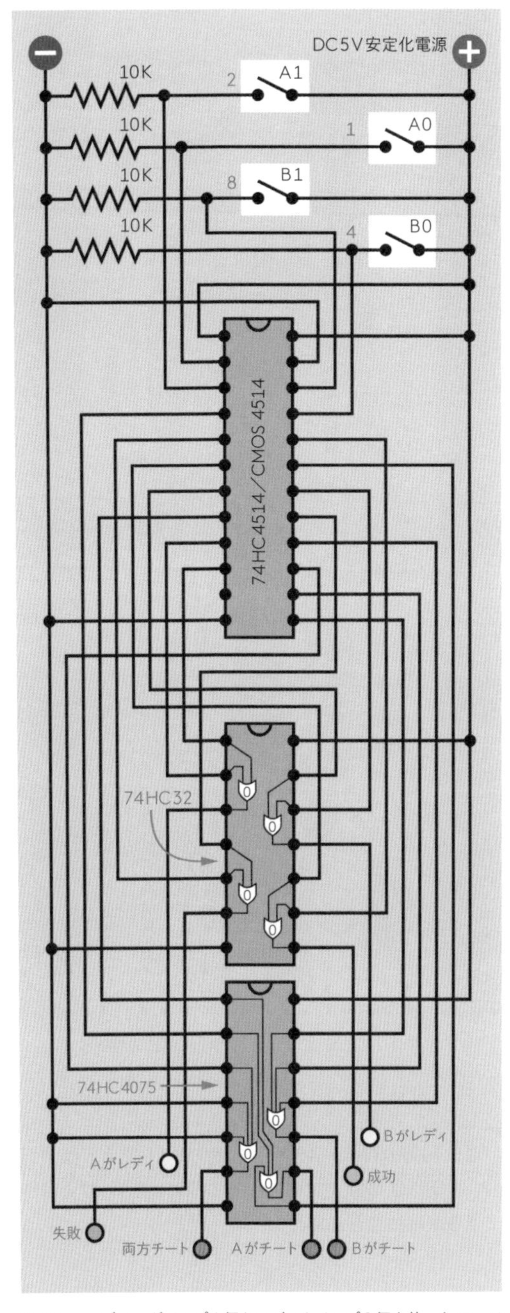

図19-7　デコーダチップ1個とロジックチップ2個を使ったテレパシー・テストの回路図。

ここに示した回路では、4回路2入力ORチップ（前にも使った74HC32）が必要だ。ピン配置は図15-7に示してある。もう1つのロジックチップは3回路3入力ORチップ（これまで使ったことがない74HC4075）である。ピン配置は図19-8に示してある。このチップの内部の接続は3回路3入力ANDチップ（図16-11）とほとんど同じだ。ただし完全に同じではないので、配線の際は回路図をよく見てほしい。

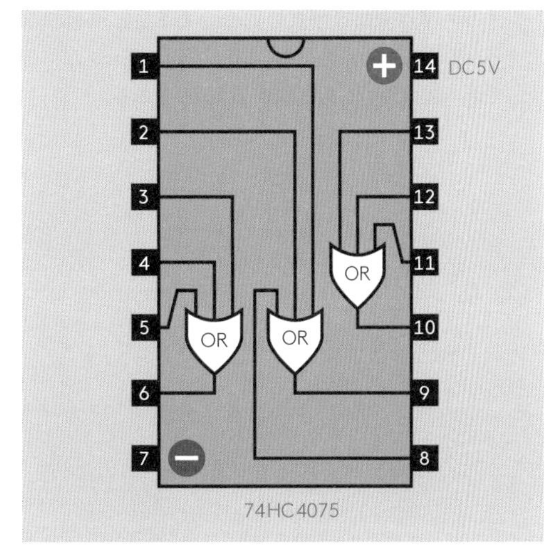

図19-8　74HC4075チップに内蔵された3個のORゲートと内部の結線。

図19-1を見返せば、デコーダの出力のほとんどがロジックゲートを通ったあと適切なLEDを点灯することがわかるだろう。74HCシリーズのロジックゲートなら、LEDを点灯するのに十分なパワーがある。しかし安価な4000シリーズのデコーダチップではどうだろうか。値0と値15の出力は直接インジケータに接続するように書いてあるのだ。

これは値0から出力される「アイドリング」インジケータを省き、さらに値15の出力による「両方チート!」の駆動を、3入力ORゲートの3回路目（図19-1には載せていない）を通して行うことで対処できる。3入力ORゲートの2つの入力を負極グランドに接続し、3番目の入力にデコーダの値15の出力を接続すれば、信号がそのまま通過するようになる。これは一種のバッファである。その出力の状態は、生きている入力の状態と常に同じになる。これを図19-7に示す。

LEDはすべて1本の直列抵抗を共有している。これで必要十分である。なぜならLEDは一度に1本しか駆動されないからだ。

ジャンパ線で配線する際は、図19-7の回路図をプリントアウトしておき、ジャンパ線をブレッドボードに入れたら色付きのペンで線を塗っていくのがよいと思う。多数の配線がすぐ近くを並行していると配線を間違えやすいが、こうすればリスクを軽減できる。

ブレッドボード化したものを図19-9に示す。私が使ったデコーダが非常に幅広のものであることがわかるだろう。74HC4514は一部にこうしたバージョンがあるが、普通の幅のものもある。機能は同じである。

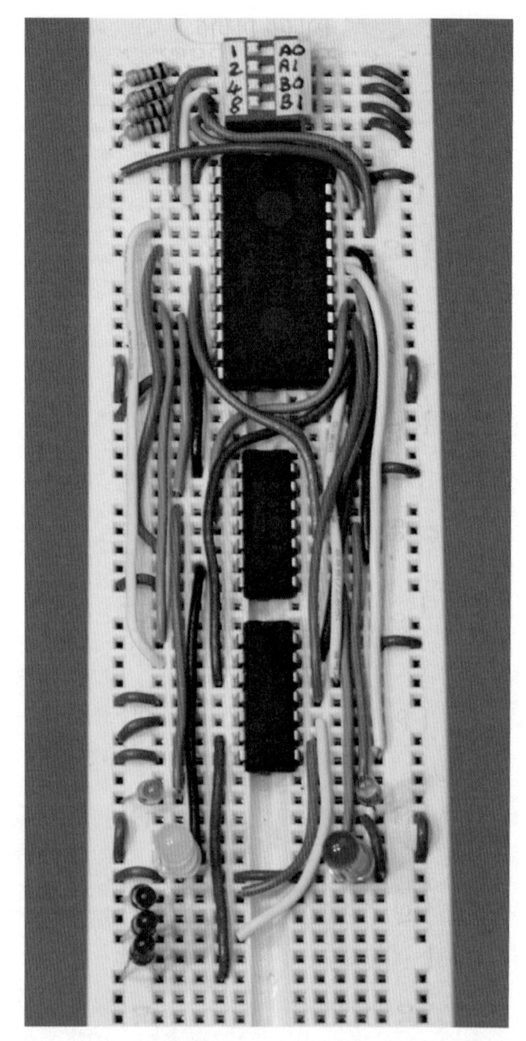

図19-9　デコーダを使ってチップカウントと回路の複雑さを減らしたテレパシー・テスト。

この回路では4514チップを使うこともできるはずだが、将来ほかの回路に再利用する際にHCチップと混用できるかは注意が必要だ。

デコーダのピン配列

図19-2の4514および74HC4514のピン配置図に戻ろう。ここには2つの番号付けシステムが共存している。黒の四角に白抜きの文字は、あらゆるチップに適用されている標準のピン番号である。これは必ず左上のピンから始まり、チップの周りを反時計回りで進んでいく。私はこれらを常に「1番ピン」「2番ピン」のように書く。

チップの内側に追加した数字は、そのピンがハイ状態のときに表現する値である。たとえば22番ピンがハイ状態のとき、これは入力の値8を表現している。20番ピンがハイ状態のときは、出力の値10を表現している。

この部品のデータシートでは、ピンの機能をほかの表記で書いているが、残念なことにこれは標準化されていない。たとえば入力ピンは、A0、A1、A2、A3のようにラベルされていることがある。またA、B、C、DやDATA1、DATA2、DATA3、DATA4となっていることもある。こんな調子で標準がないので、私は自分のやり方を使った方がピンの機能がわかりやすくなると思った。

データシートでは、出力ピンはY0からY15とか、S0とかS15とか、そんな感じになっている。Out 0からOut 15の方がわかりやすいように思う。(よく不思議に思うのだが、データシートを書く人たちは、どうして1文字でなく3文字——たとえば“Out”——使うことをこんなに嫌がるのだろう。)

ピンの番号の話に戻るが、ここにはいくつか、これまで説明していなかった機能がある。1番ピンはLatch Enable(ラッチ有効)ピンで、アクティブ・ローである。いい替えると、このピンをローに固定すると、出力状態はラッチされ、チップは以後の入力を無視するということだ。これはテレパシー・テスト回路に欲しい機能ではないので、ブレッドボード回路を見るとわかるが、1番ピンは電源のプラス側に接続してある。データシートでは、Latch Enableピンは「LE」とされていることが多いが、「ストロボ」となっているものもある。どうしてなのか、私にはわからない。

23番ピンはより一般的なEnableピンで、これもアクティブ・ローである。つまり23番ピンがローであるとき、チップの機能が有効になるということだ。23番ピンがハイになるとチップが無効化され、私は無効にはなってほしくないので、ブレッドボード回路では23番ピンをマイナスグランドに接続してある。データシートでは、Enableピンはしばしば「E」とされているが、「Inhibit(抑止)」となっていることもある。

デコーダチップは昨今あまり使われないが、小さなプロジェクトには依然として便利なものだ。一連のスイッチを2進数の桁に割り当て、そこからの入力をデコードするのは、ユーザー入力を調べるシンプルでパワフルな方法だ。

これをやるようなほかの応用例が思いつくだろうか。じゃんけんゲームはどうだろう。こちらのゲームには6個のスイッチが存在するから、6ビットデコーダに配線するというのは?

ここには2つの障害がある。1つ目、6ビットデコーダチップなるものは存在しない。2つ目、もしそのようなチップが存在したとしても、それには64本の出力ピンがあることになる。これは多すぎて面倒だ。なにしろ、あるプレイヤーが複数のボタンを押してチートする場面などを考えればわかるが、ほとんどの出力は無関係なのだ。すべてが「チート」インジケータを点灯することになる文字通り何ダースもの出力を、残らずORする必要がある。

しかしながら、3ビットデコーダというものは存在する。たぶん1組のスイッチに対して1個、もう1組に対して、もう1個使うことができるだろう。これなら役に立つだろうか? わたしの答えは「たぶん」である。次の実験ではその理由を説明する。

じゃんけんのデコード

Decoding Rock, Paper, Scissors

まずは図20-1を見てほしい。この回路は完全機能バージョンのじゃんけんゲームの、私ができる限りもっとも単純な形であり、2つのデコーダを使ってロジックを単純にしつつ、スイッチも残しておいてLEDの点灯とブザーのために使う、というものだ。スイッチもロジックゲートも利用するので、ハイブリッド回路と考えることができる。

ロジック

まずはロジックから見ていこう。私が実験17の終わりで、プレイヤーのチートを検出するタスクにはロジックゲートは不便で複雑になる、という結論に達したのを覚えておいでだと思う。そう、この困難は消え失せた。

回路図ではスイッチのそれぞれが2進数の1、2、4の桁を受け持ち、3個セットで3ビットデコーダに入力を与えている。スイッチの可能なすべての組み合わせが、0から7の8個の出力で表現できるようになったのだ。デコーダの数字の並びは回路図の結線の交差を最小限にするために並べ替えてある。また出力0は現在のところ未使用だ。

接続はほとんど同じなので、デコーダの片方だけに着目しよう。デコーダAの出力値3は、プレイヤーAがスイッチ1とスイッチ2を組み合わせて押したときのみ生成される。出力値5はスイッチ1とスイッチ4を押すことで生成される——あとは同じだ。そんなわけで、デコーダAから出力3または(OR)出力5または(OR)出力6または(OR)出力7が来れば、プレイヤーAがチートしている。これらの出力は4入力ORゲートでまとめて「チート」インジケータに送るだけでよい。この仕事は終了だ。

残りのロジックは前に使ったロジックと似たものになる。結線が追いやすいようにロジックゲートの接続には斜めの線を使ってある。たとえばプレイヤーAがスイッチ4（チョキ）を押したものとしよう。このときプレイヤーBがスイッチ2（パー）を押しているなら、ハサミは紙を切るので、プレイヤーAの勝ちだ。これを図20-2に示す。赤は通電している部分だ。

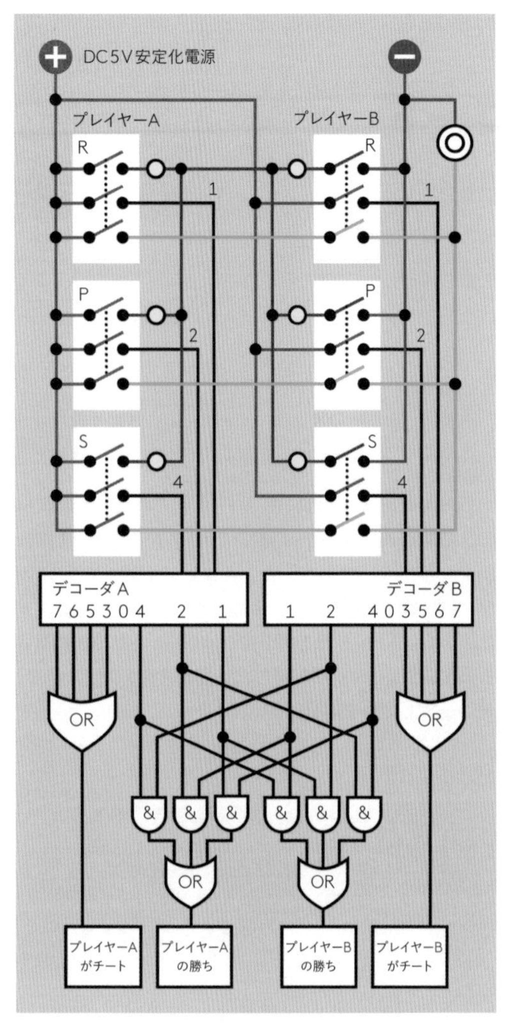

図20-1 デコーダ、ロジックゲート、多極スイッチの混用は、じゃんけんのエミュレートをおそらくもっとも単純に実現する。

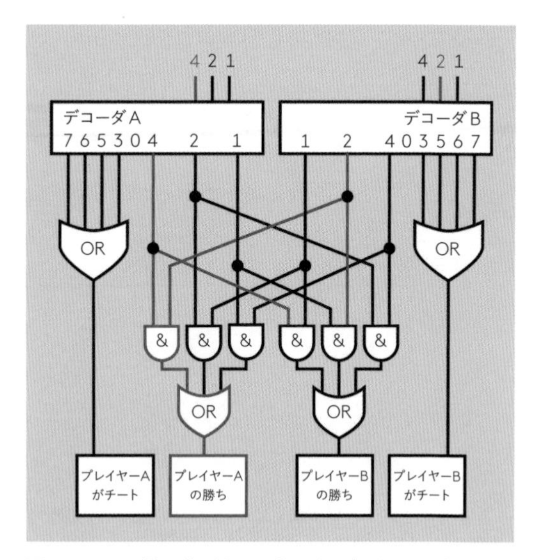

図20-2 この例はプレイヤーAがチョキ、プレイヤーBがパーを選択したところ。前図の回路図のスイッチ群を使っている。

この調子ですべての組み合わせを追うことができる。

しかしもし両者が同じ番号のスイッチを押して、あいこになったときはどうなるだろう。あいこの組み合わせはANDゲートのいずれも動作させないので、「勝ち」のインジケータは暗いままだ。この場合の処理にはスイッチそのものを使うことにした。配線がごく単純だからだ。図20-1ではこれにまつわる配線を緑色（なんでもいいのだが）にしてある。対向した2つのスイッチを押した場合、右上のブザーが鳴ることがわかるだろう。今回は配線が単純化されたので、ブザーは1個でよい。

また、どのスイッチが押されたかを示すLEDも、スイッチによって作動する。このLEDはスペースを抑えるため黄色の丸で示してある。配線は茶色だ。LEDたちは前回同様、直列につないであるので、LEDが点灯するには両方のプレイヤーがスイッチを押す必要がある。あいこになるとブザーが鳴り、向かい合ったLEDが点灯するのをプレイヤーは確認できる。

私はこれが、このゲームを電子的に表現するもっとも簡単な方法だと思っているが、ほかの考えも歓迎だ。

スペック

ロジックゲートやスイッチを使ったほかのシステムを思いついた方がいたら、ぜひ見せていただきたい。以下の条件を満たしていることだけ確認してほしい：

- どちらかのプレイヤーが2個以上のボタンを押したときは「チート」インジケータを点灯すること。
- ほかの2つのインジケータで勝ちプレイヤーを表示すること、またそれはチートのないときのみ点灯させること。私の回路がこの要求を満たしていることに注意。デコーダAおよびデコーダBの1、2、4の出力ピンは、スイッチが1個だけ押されたときにのみハイになるのだ。複数のスイッチを押すとデコーダの出力は別のものになる。
- あいこの際にはブザーが鳴ること。
- スイッチのそれぞれに、押したとき点灯するLEDがあること、ただし両プレイヤーが押すまで点灯しないこと。

手に入らないOR

図20-1バージョンのゲームに必要なのは、6個のスイッチまたは押しボタン、2個のデコーダ、2個の4回路2入力ANDゲート、1個の3回路3入力ORゲート、そして1個の2回路4入力ORゲートである。これを全部合わせても、チップカウントはロジックチップだけでやろうとしたときよりは、ずっと小さくなる。また、この回路は製作も理解も簡単になっている。

配線するとなれば、かなり単純なはずである。

だが、ちょっと待ってくれ。なんで「はず」なんて言葉を使っているのか。なぜなら、簡単なはずではあるのだけど、簡単ではないからだ！　問題は入手性にある。

- HCファミリーの2回路4入力ORゲートは（DIP形式では）入手不能である。古いCMOSの4000シリーズなら手に入るが、LEDを駆動するパワーがない。

これは面倒なことだ。しかし稀なことではない。回路を設計すれば、まさに欲しいパーツが存在しない、またはサプライヤが“end of life（製造終了）”と称する状態に達しているのを発見する場合があるものだ。

この回路に使いたい、その他のパーツについてはどうだろうか。入手可能だろうか。

74HC237はHCファミリーの3ビットデコーダである。これは問題ない。

HCファミリーの3回路3入力ORチップと4回路2入力ANDチップについてはこれまでも使っているので、存在すると判っている。

2回路4入力ORチップだけが問題だ。

どうするべきだろうか。ロジックゲートは必ずほかのロジックゲートでエミュレートできるし、ORゲートはこれが特に簡単だ。図20-3は、3個の2入力ORゲートをまとめることで1個の4入力ORゲートと同じ機能が実行できることを示している。4入力ORゲートはこれで代替できるわけだ。

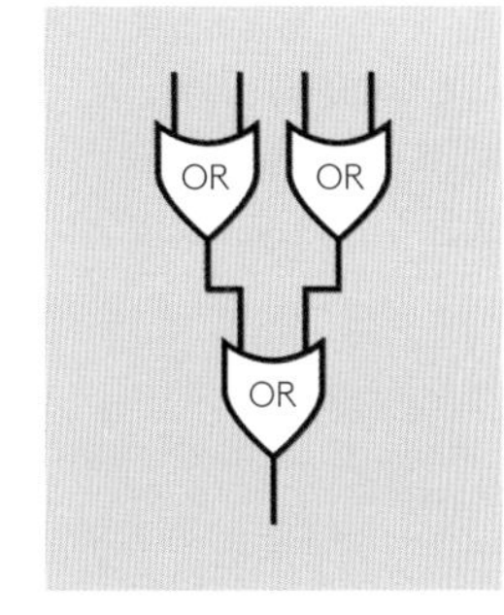

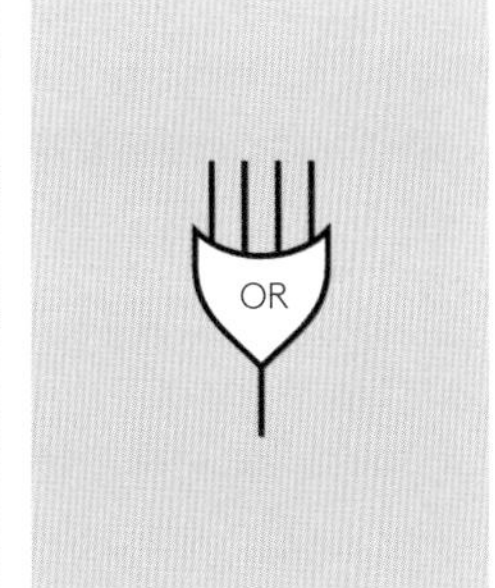

図20-3　3個の2入力ORゲートは、このように組み合わせることで、1個の4入力ORゲートとまったく同じ機能を持つ。

だがこれも悩ましい。こうすると1個の2回路4入力ORゲートチップに替えて、2個の4回路2入力ORチップが必要になるのだ。私はすべてのチップがブレッドボードに収まるようにしたい。ほかに選択肢はないだろうか。

NORの救い

（入手不能の）4入力ORゲートは言う。「デコーダの3、5、6、7のどれかのピンがハイになったら2個以上のボタンが押されたということで、チートになる。」これがどういう意味なのか考えてみよう。もし3または（OR）5または（OR）6または（OR）7がハイであるなら、とは、0でも（NOR）1でも（NOR）2でも（NOR）4でもないピンがハイである、という意味にならざるを得ない。だって、ほかにハイになれるピンは存在しないのだ。つまり、チートを示す出力ピンのどれかがハイになっていることを見つけるかわりに、ほかのすべてのピンにハイ出力がないことを見つけるということだ。両者は同じである。

4入力NORゲートをデコーダの出力値0、1、2、4のピンに接続すれば、出力値3、5、6、7のピンにORゲートをつなぐのと同じ機能になる。そしてなんと！ HCファミリーには2回路4入力NORチップが存在する。74HC4002だ。

4入力NORチップが存在し、4入力ORチップが存在しないのはなぜ？ 私にはわからない。じゃあ、各ファミリーにどのタイプのチップやゲートが存在するかどうかはどうやってわかるの？ Wikipediaに、存在するすべてのロジックチップがリストアップされたページがあるからだ。"List of 7400 series integrated circuits"で検索しよう。すごく便利だ！* そしてチップが理論上存在していることがわかったら、http://www.mouser.com/などのサプライヤに行き、それが現実世界で依然製造中であり販売されていることを確認するのだ。

図20-4は改訂版の結線図で、ORゲートをNORゲートにしている。各デコーダの値3、5、6、7の出力ピンは未接続である。

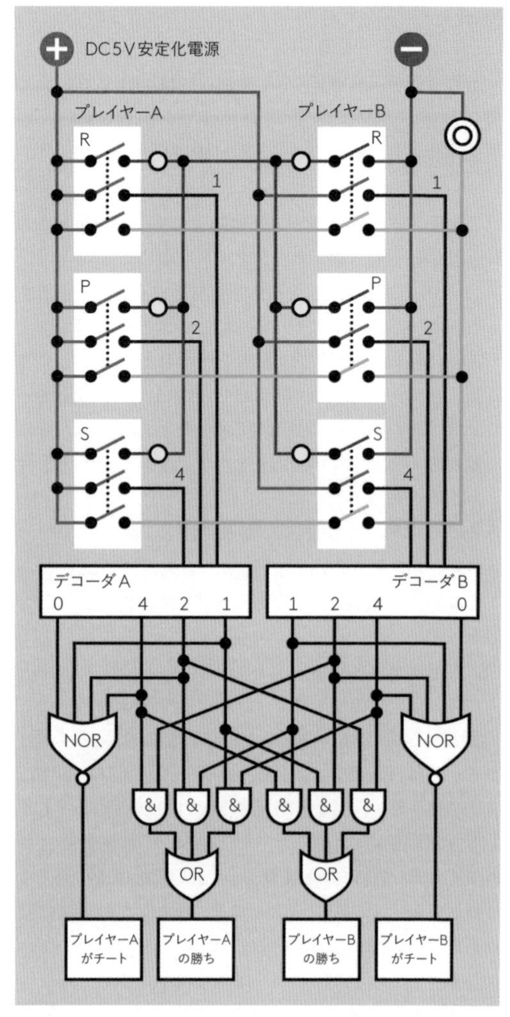

図20-4　HCファミリーのDIPチップとしては入手不能だった2回路4入力ORゲートに代えて、2回路4入力NORゲートを使った、改定版の結線図。

単純化した回路のブレッドボード化

ロジックは決まった。チップを組むときだ。4回路2入力ANDチップ74HC08は2個必要だ。これは前にも使っている。内部動作を図15-7に示す。（ANDゲートのうち2本は使わない。）また、3回路3入力ORチップ

＊訳注：同レベルの情報を掲載した日本語ページは存在しないので英語ページを見るのがよい。データシートへのリンクもあって便利だ。

74HC4075は1個必要だ。これは実験19で使っている（19章参照）。内部の接続状態を図19-8に示す。（3番目のORゲートは使わない。）最後のロジックチップは2回路4入力のNORチップ74HC4002だ。ピン配置は図20-5に示してある。

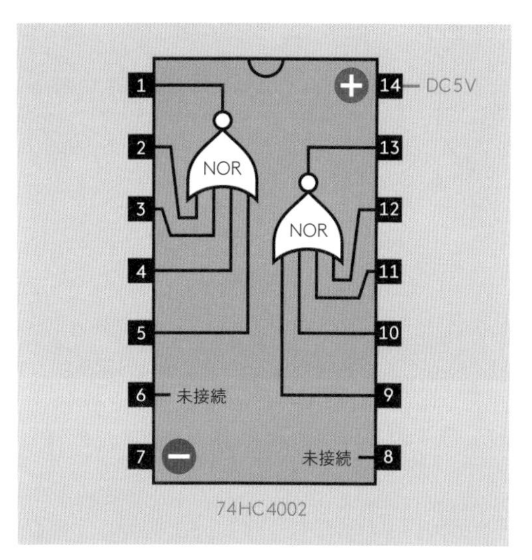

図20-5　2回路4入力のNORチップ74HC4002のピン配置。

もちろんデコーダチップの74HC237も2個必要だ。図20-6にピン機能を示してある。出力有効ピンが2本あり、一方はハイ時アクティブ、もう一方はロー時アクティブであることに注意してほしい。出力を有効にするには両方ともアクティブにする必要があるのだ。つまり、5番ピンをグランドに、6番ピンをブレッドボードの正極バスに接続しなければならない。

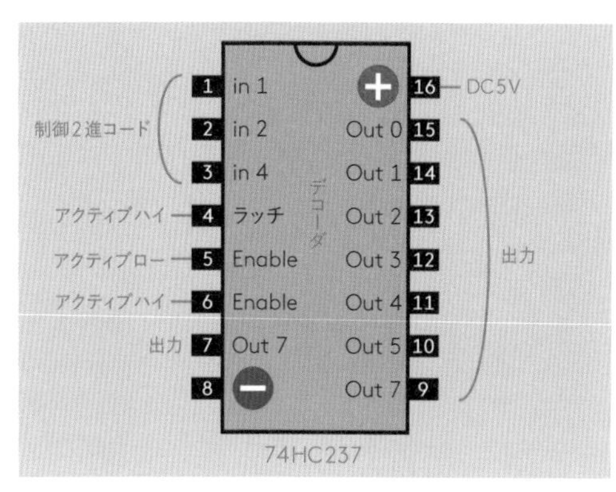

図20-6　74HC237デコーダチップのピン機能。

4番ピンは出力をラッチするので、チップが入力を無視するようになる。4番ピンはアクティブハイなので、デコーダが応答できるようにするには接地する必要がある。

ここでのピン名は図19-2と同じボキャブラリーとした。出力はOut 0からOut 7とラベルしてある。入力はバイナリの桁数字を使い、1、2、4としている。

これだけの情報があれば、ハイブリッド版じゃんけんゲームのブレッドボード化は比較的やさしい。今回もスイッチ類は別の回路図に分けてある。図20-7だ。スイッチ類の結線図は図20-8である。

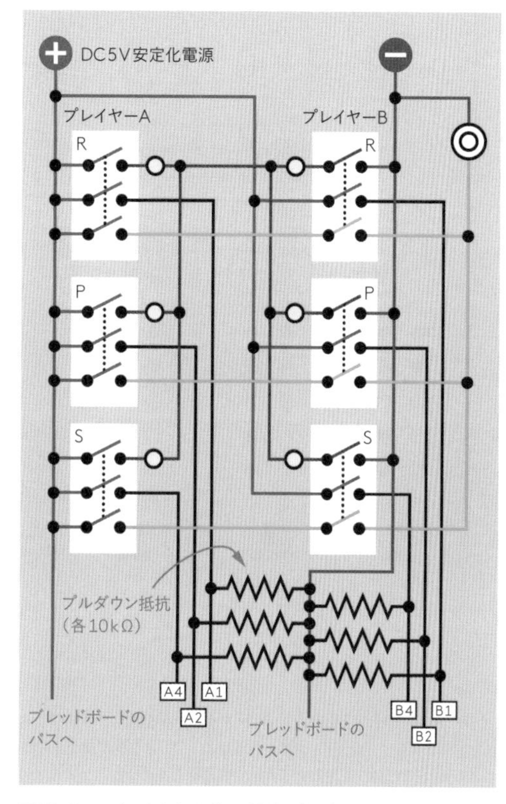

図20-7　スイッチ出力はブレッドボード回路図にある同じラベルのところに接続する。

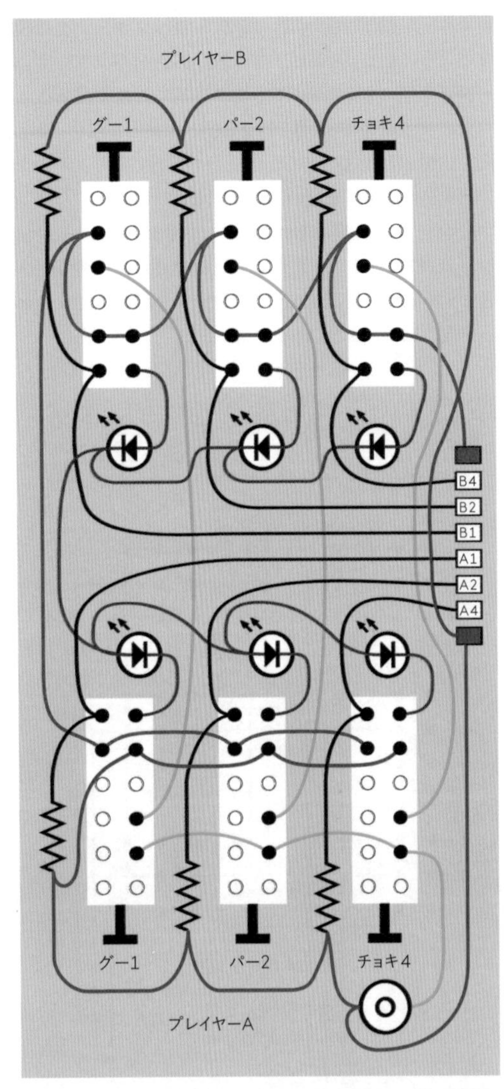

図20-8　すぐ前の回路図のスライダスイッチの結線。この回路とメイン回路（ブレッドボード）のリンクにはエッジコネクタが使える（右のところ）。これはプラスとマイナスの電源線も通せる。

実際にスライドスイッチを基板に取り付けたところを図20-9に示す。

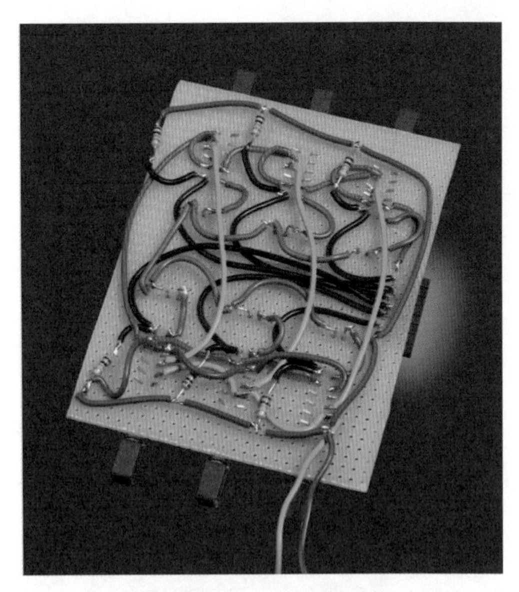

図20-9　ハイブリッド版じゃんけんゲーム用に配線したスライドスイッチ。この基板とメイン・ブレッドボードをつなぐエッジコネクタが、写真右の背景を明るくしてある部分に見える。

このスイッチの出力（A1、A2などとラベルしてある）は同じラベルがついたチップ入力に接続する（図20-10）。

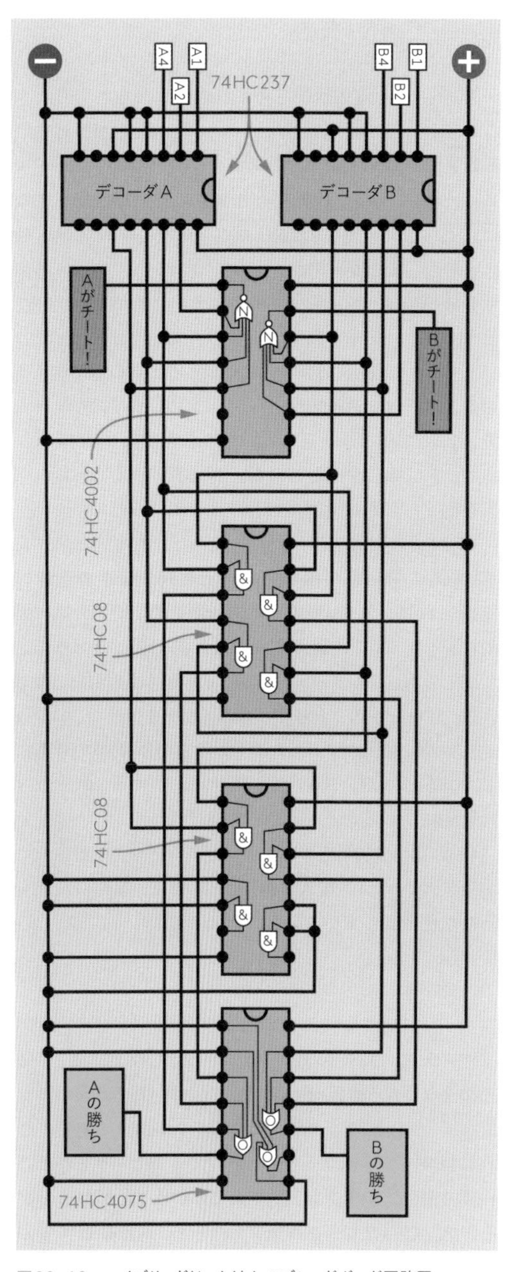

図20-10　ハイブリッドじゃんけんのブレッドボード回路図。

ご存知の通り、私はいつもこうした回路図をブレッドボード上の部品配置をほぼ反映するものとして描いてきた。しかし今回はこのルールを破らざるを得なかった。すべてのチップを縦にすると、ページの縦幅に収まらないのだ。そんなわけで、デコーダチップを回転させる必要があった。

とはいえブレッドボードにはすべてが収まる。回路を図20-11に示す。テスト用に6つの小型タクトスイッチを使用しているが、これはそれぞれブレッドボードの1カラムに収まっている。写真の一番上のところに黄色と赤の小さなボタンが見えるだろう。これはSPSTスイッチなので、あいこやどれを押したか示すLEDは配線できなかった。これには図20-9の多極スイッチが必要だ。

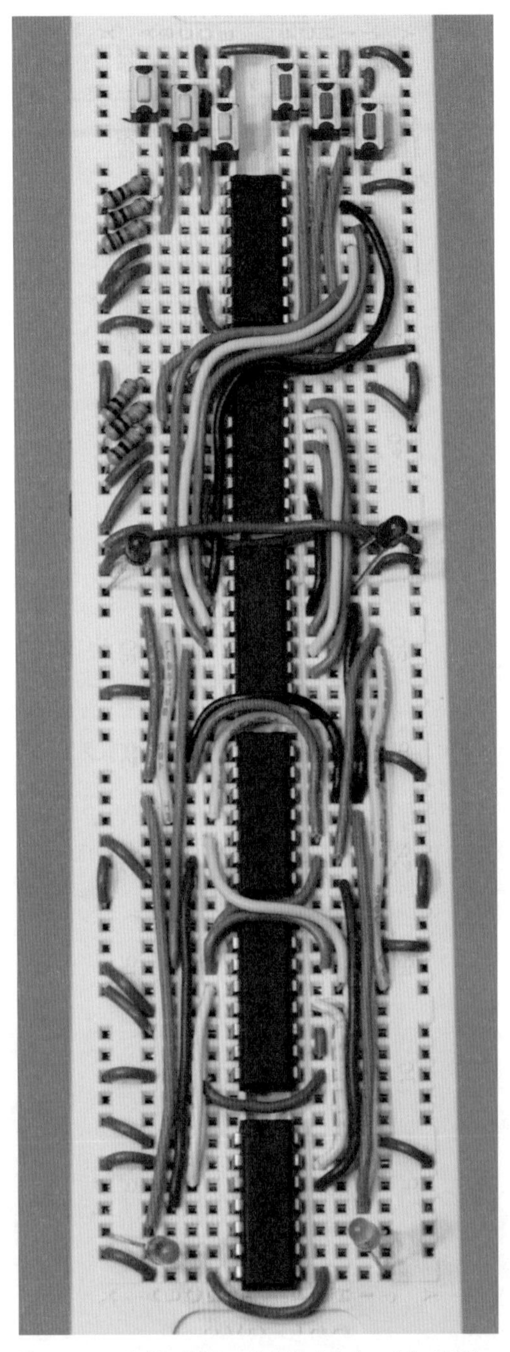

図20-11　ハイブリッド版じゃんけんゲームのブレッドボード回路。

Make Even More

ちょっとした追加機能を考えるのをやめられたことがない私は、この回路でもスイッチに追加機能が付けられるのを思いついた。3極のスライドスイッチや押しボタンスイッチというのは比較的まれなものだ。だからあなたはほとんど不可避に4極押しボタンを使うことになり、各スイッチには未接続の極が1本ずつ残されている。この余分の極を使って、何か便利で面白いことができないだろうか？

できる。これらは回路の電源をオンにするのに使えるのだ。オール・スイッチ・バージョンのじゃんけんゲームで、オンオフスイッチを別に付ける必要がないのがわかったときは嬉しかったものだ。押しボタンはゲームの結果を出すと同時に電源を接続するものだったのだ。

同じことがハイブリッド・バージョンでも可能だ。プレイヤーAの未使用の接点をすべて並列つなぎで電源に接続すれば、スイッチのどれかを押したとき、デコーダやロジックチップに電源供給する電源バスに通電することができる。プレイヤーBのスイッチも同じように配線できる。どちらかのプレイヤーがスイッチを押せば、ロジックチップの電源が入り、スイッチ入力の解釈ができるようになるわけだ。スイッチを放せば、システムの電源は自動的に切れる。

私がこの拡張版を作ったかって？　いや、まだやってない。アウトラインをスケッチしてみせて、機能の追加をあなた任せにしているのはこのためだ。

アンデコード

オンラインのパーツ屋で「デコーダ」を検索すると、ほかのチップが3種類出てきたのではないだろうか：エンコーダ、マルチプレクサ、デマルチプレクサである。これにはすごく混乱するかもしれない。同じチップがデコーダでありマルチプレクサであるということがあるのだろうか。だいたい、マルチプレクサとは厳密には何なのか？

ここで私がすべきことは混乱の排除であり（もしくは少なくともそれを我慢できるレベルまで減らすことであり）、つまり次に取り組もうとしているトピックはこれである。

ホットスロット

The Hot Slot

前に、コインには記憶がないから、表が出るか裏が出るかの見込みは毎回同じだ、という話をした。（17章を参照。）賭け率でみれば、いつも同じなのだ。同様に、昔ながらの“wheel of fortune（米国の超長寿クイズ番組）”も、前回のスピンで止まった場所を覚えてはおらず、毎回ランダムに回転しているという前提をおけば、数字ごとの出やすさが異なるということはありえない。

すべてのゲームがこうではない。たとえば「戦艦ゲーム（2人がボード上に自分の艦隊の船の位置を定め、互いに攻撃していくゲーム）」をプレイしたことがあれば、マスごとの攻撃成功率がゲーム中に変わっていくこと、とくに空のマスをだいたい潰し終えてからは大きく変わるのをご存知だろう。

私は確率の変化する2プレイヤーのコインゲームを作ることにした。当初は賭け金は小さく、勝利の可能性も低い——それが両プレイヤーがコインを追加するにつれてジャックポットが大きくなり、勝利の可能性も次第に大きくなるというものだ。これならお金ではなくトークンを賭けていてさえゲームに緊張感とドラマが生まれるはずだ。

というわけで「ホットスロット」は生まれた。

Make:誌を読んでいる方は、私のコラムにコインを使って電気回路を完成すると賞がもらえるゲームの話があったのを覚えておられるかもしれない。ホットスロットはこの基本コンセプトを踏襲するが、ほかの部分はかなり違っている。

マクシングせよ

このゲームには、マルチプレクサを紹介する、という先のお約束を守らせてくれるはたらきもある。マクス（mux）とは、日常会話でこの部品のことを言うときよく使われる語だ。

種類はたくさんあるが、本実験では4067Bを使うことにした。これは昔風味のCMOSチップだが、同時期の多くのCMOS部品とは異なり、小さな出力電流による制約がない。単なる電流の流れ道のように考えることができるのだ。

4067Bをブレッドボードに差し、さらにスイッチとプルダウン抵抗を4個ずつ入れよう（図21-1）。これは4514デコーダを調べるテスト回路（図19-3）に非常によく似ているが、16の出力ピンではなく、入力ピンとして機能する16本のチャネルピンがあるところが違う。

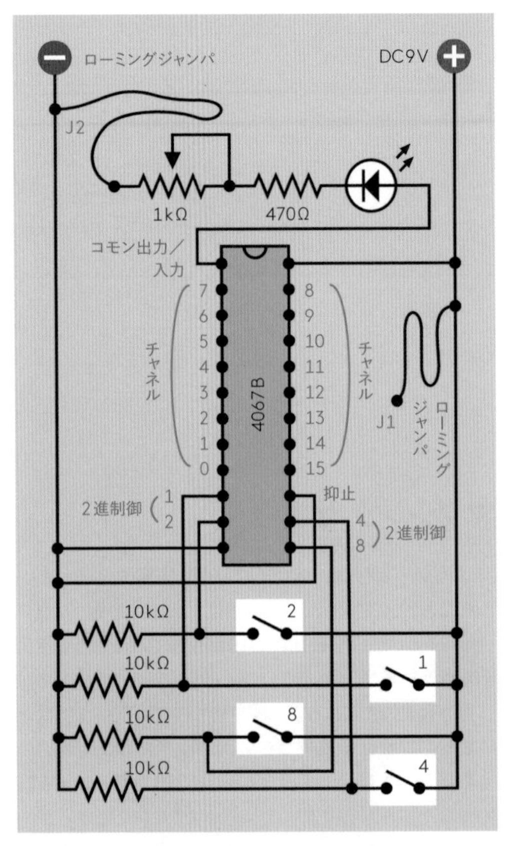

図21-1　アナログマルチプレクサをテストする単純な回路。

スイッチが下部にあるのは、スイッチにまつわるピンがチップの一番下のところにあるからだ。回路をすっきりさせておくためである。

マルチプレクサのテストにマルチメータはいらない。LEDがらくらく駆動できるからだ。これは1番ピンの「コモン出力／入力」ピンに接続されている（理由はすぐに書く）。直列抵抗はLEDを過電流から保護するため、半固定抵抗は電流の調節ができることを示すためのものだ。

半固定抵抗に付けてある配線は、フレキシブルなジャンパ線であることを示すため、ぐにゃぐにゃに書いてある。これはふだんなら使いたくない、両端に小さなプラグの付いたタイプの線である。動かして回るものなので、これを「ローミング・ジャンパ」と名付けることにする。今のところ、これの「J2」とラベルした先端は、負極グランドバスに差し込んである。このタイプのジャンパ線をお持ちでない方は、AWG24番の単心線の両端を5ミリほど剥いたものを使ってもよい。

回路図の右側には、もう1本「ローミング・ジャンパ」がある。この先端、「J1」は、チャネルピンの0番から15番のどれにでも触れられるようにしておいてほしい。

回路の電源は電池から取るDC9ボルトでよい。安定化している必要はないし、平滑コンデンサもいらない。ただ、CMOSチップは静電気に弱いので、扱うときは自分を接地するという当たり前の注意をすること。

ジャンピングとローミング

それでは何が起きるか見てみよう。スイッチの2番と4番を閉じるのだ。スイッチがエンコーダのときと同じように機能するのであれば、閉じたスイッチの値を足すことで決まる数、6の値を持ったチャネルが動作するはずだ。

案の定、ジャンパJ1をチャネルピン6に触れれば、LEDが点灯するだろう。正極からの電力がバスから流れ込んで、J1からチャネル6に入る。チップ内部の接続がこの電力をコモン出入力端子である1番ピンに運ぶ。そこからLED、2本の直列抵抗を経由して、J2から負極バスに流れるのだ。

1kΩの半固定抵抗器を回せば、LEDの輝度が変わる。このとき変化させているのは出力電力だけではない。チップ全体を流れる電力を変化させているのだ。ミリアンペア測定にセットしたマルチメータをJ1と直列に挟めば、入力側も出力側同様に変化することがわかるだろう。

このサービスには少しのペナルティがある。チップは電圧の数％を自分のために差し引くのだ。これを確かめるには、マルチメータを電圧測定にセットし、6番ピンとコモン出入力ピンに当ててみるとよい。

面白いのはここからだ：

- J1をほかのチャネルピンに当ててみよう。LEDは暗いままのはずだ。
- スイッチの組み合わせを変えると、別のチャネルピンが作動する。

たとえば全部のスイッチをオンにすれば、それらの値を足し算して（8+4+2+1）、値15を持つピンが作動する。

ここまでに何が判っただろうか。知るべきことは何が残っているだろうか。

マルチプレクサはやわかり

- このマルチプレクサはデコーダ同様、2進値が付いた制御ピンが4本ある。
- しかしそれはデコーダとは反対のものであるようだ。0から15の値を持ったピンから電力を出す代わりに、0から15の値を持ったピンから電力を受けるのだ。これらのピンは「チャネル」を介してチップ内部で接続されている。
- 制御ピンのハイ／ロー状態が作るパターンは、チャネルの1本を選択する。
- 選択されたチャネルは、入力された電流をコモンピンに流す。
- 選択されていないチャネルは電流を流さない。（実際にはわずかな漏れ電流があるが、些細なものである。）
- 最大入力電流は25ミリアンペアだが、この値は電圧が高くなれば小さくなる。パススルー・トランジスタはそれぞれ最大定格100ミリワットとなっている。
- 電源電圧はDC3〜20ボルトである。
- チャネルに与える電圧は電源電圧より高くできず、また負極グランドより低くできない。
- マルチプレクサは図21-2のような、ソリッドステートのロータリースイッチと考えるのがよい。この図では、値2と8の制御ピン（値は適当）を選ぶことで、チャネル10とコモン入出力の間を内部で接続している。

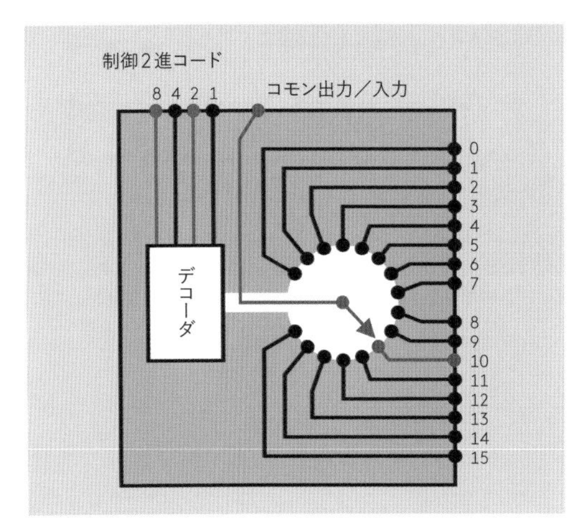

図21-2　マルチプレクサはソリッドステートのロータリースイッチのように機能する。紫の接続は制御入力に与えられた2進コードにより選択される。

マルチプレクサのピン配置

4067Bのピン配置を、より正規の形でピン番号とともに示す（図21-3）。制御ピンにはそれぞれの2進数桁値である「1」「2」「4」「8」がラベルしてある。（データシートでは「A」「B」「C」「D」でラベルされていることがある。）チャネルピンには「Chan 0」から「Chan 15」がラベルしてある。（データシートではY0からY15などと書いてあるかもしれない。）

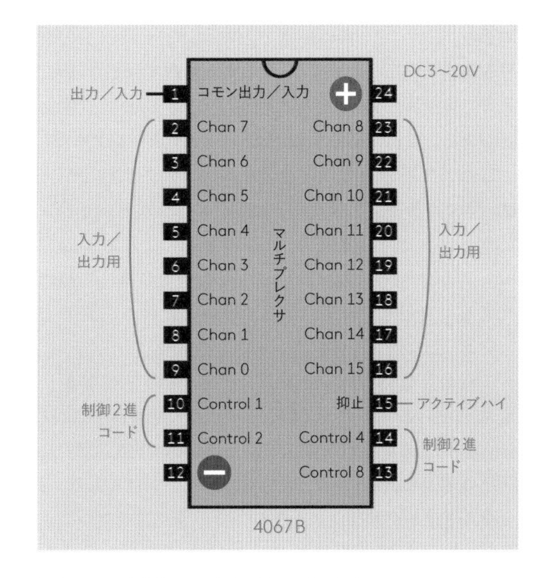

図21-3　4067Bマルチプレクサのピン配置。

これまでに解説したピンに加え、抑止ピン（15番ピン）が存在している。これはアクティブハイだ。つまりこのピンを正電源に接続すると、チップは制御ピンへの応答を抑止される。これは起きてほしくないことなので、テスト回路では抑止ピンはグランドに接続する。試しに電源のプラス側に接続してみるのもよい。その瞬間、チップは内部のトランジスタのスイッチを切ってしまう。

マクスの用途

このマルチプレクサは、ここで製作するコインゲームで使うつもりである。しかし普通は何に使うものだろうか。

まずはどんな能力を持っているか考えてみよう。それは制御入力に応じて16本までの入力を選び、その信号を非常に素早くコモンピンへと流すものだ。実際これは非常に高速で、各チャネルピンにかかる2本、4本、それ以上という別々のテレコミュニケーション信号を、順番にサンプリングして、1本の出力チャネルにまとめることができる。こうして1本の配線で2本、4本、それ以上の信号を伝送することができる。そして反対側ではもちろん、入ってきたストリームをもともとのチャネル群に戻す必要がある。これに必要なのが……デマルチプレクサだ!

これまで解説してきたこのマルチプレクサ、4067Bは、デマルチプレクサとしても機能する。双方向チップだからだ。ピン配置図のチャネルピンに「入力／出力用」、コモンピンに「出力／入力」とあったのはこのためである。マルチプレクサは自分の中を流れる電流の方向を気にしない。

これを自分で確認するには、テスト回路をわずかに変えて、図21-4のようにするとよい。今度はローミングジャンパJ1は負極バスに、J2は正極バスに差してあり、LEDは電流の向きに合わせて反対方向に向けてある。

マルチプレクサをマルチプレクサ／デマルチプレクサと言わないのはなぜなのか、やっていることはそれなのに、と思っているかもしれない。たしかにデータシートを見れば、普通にそのようにマルチプレクサ／デマルチプレクサと書いてあるものだ。でも発音がだいぶ面倒なので、単にマクスと呼ぶものなのである。

マクスは多重入力間での高速切替が必要な場所のほかでも使われている。たとえばコンピュータの中では、複数のビデオ出力から1つを選ぶのに使われる。

ステレオシステムでは、CDプレイヤー、DVDプレイヤー、MP3プレイヤーその他のオーディオソースからの入力の選択に使う。制御ピンに来たコードに応じて、マクスは入力の1つを選び、コモン出力ピンに接続するのだ。これはかつては電気機械式のロータリースイッチや押しボタンで行われてきたことだが、ソリッドステートの切り替え機器の方が高信頼だし、スイッチ接点から出やすいタイプのノイズを生じない。

ステレオシステムには2本の（Dolby 5.1のホームシアターシステムならさらに多くの）オーディオチャネルがある。この要求に応えるには、2本以上のスイッチが1組の制御ピンで動かせるマルチプレクサを買えばよい。このようなマルチプレクサは、複数の回路を1本のシャフトなりノブなりで切り替えるロータリースイッチと同等とみなすことができる。

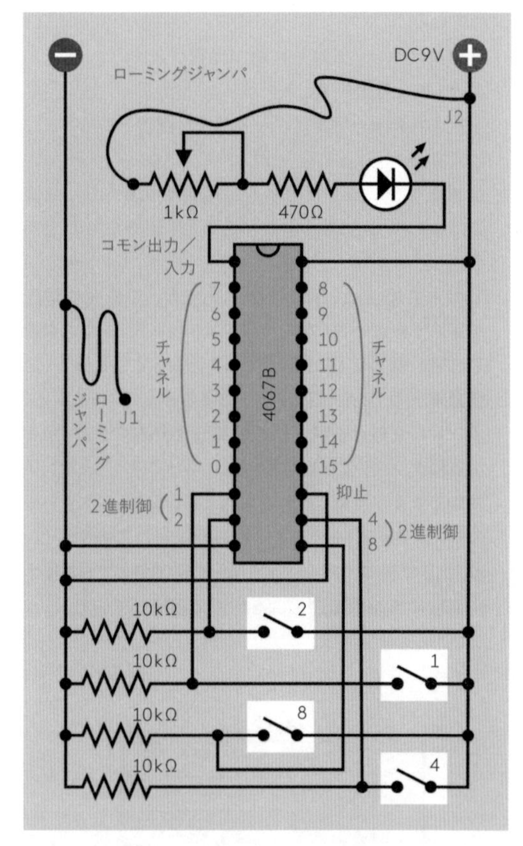

図21-4　ジャンパJ2を正極バスに入れることで、マルチプレクサの双方向性を検証できる。J1は電流を負極バスにシンクするのに使う。LEDの接続を逆にして電流の向きに合わせるのを忘れないこと。

アナログマクスとデジタルマクス

4067Bはアナログマルチプレクサだ。これはAC信号を、中点電位より上にも下にも変動するそれを、そのまま通せるという意味である。たとえば単純なインターフォンにマルチプレクサをつないで、家の各部屋に出力を分配するといったことができる。

デジタルマルチプレクサというものもある。これへの入力はロジックチップの通常のハイ／ロー信号の範囲に入っている必要がある。デジタルマルチプレクサは制御ピンへのバイナリーコードにより1本のチャネルを選択し（ここはアナログマルチプレクサと同様）、そのハイ／ローを検知する。そしてこのチップは出力信号を自分で生成する。これにより、出力がデジタル信号の仕様を満たすことを保証するのだ。

デジタルマルチプレクサは反転できない。チャネルは入力を受け、コモンピンは出力を担う。これで終わりだ。AC信号も使えない。

デジタルマクスが反転不能なら、反対側で出力をデコードしたいときは、どうするのだろうか。そう、デコーダを使えばいい！　デコーダの制御入力はデータパケットのフローレートに同期することができるので、ストリームを切り刻んで正しいサイズのセグメントに分割することができる。

デコーダは「デジタル・デマルチプレクサ」とまったく同じものだが、この語はほとんど使われない。そしてデジタルマルチプレクサはエンコーダみたいなものである。電子パーツショップがエンコーダ、デコーダ、マルチプレクサ、デマルチプレクサを同じカテゴリーに入れたがるのはこのためだ。ショップはこの有象無象を解きほぐそうとはしない。ただすべての選択肢を提示して言うのだ。「自分で決めてください。」と。

このとき助けになるように、以下にまとめを記す。

マクスの類のはやわかり

- **デコーダ**は2本、3本、4本の制御ピンを持つ。これら制御ピンにかかるバイナリーコードにより、0始まりの値のついた出力ピンから1本を選択する。選択されたピンはロジックハイ出力になる。ほかの出力ピンはロジックローである。デコーダはハイとローのロジック状態を持つデジタルデバイスだ。入出力の方向は反転不能である。
- **エンコーダ**はデコーダの反対である。複数の入力ピンを持ち、それぞれに0始まりの10進値が割り当てられている。ロジックハイ入力を取れるのは、同時には1本だけである。エンコーダはこの入力ピンの値を、2ビット、3ビット、4ビットの2進値に変換し、2本、3本、4本の出力ピンから出力する。これはハイとローのロジック状態を持つデジタルデバイスだ。入出力の方向は反転不能である。（エンコーダは本書ではまだ出てきていない。これからである。）
- **デジタルマルチプレクサ**はエンコーダに似て、0始まりの10進値が割り当てられた多数のピンの1本から入力を取る。ところが、コモンピン（出力ピン）は1本だけである。2本、3本、4本の制御ピンに2進値で指定される状態により、どの入力ピンが出力ピンに接続されるかが決まる。これはハイとローのロジック状態を持つデジタルデバイスだ。入出力の方向は反転不能である。
- **アナログマルチプレクサ**はデジタルマルチプレクサに類似するが、出力電圧を自分で生成しない。これは本実験で調べたデバイスである。内部接続を通し、選択されたチャネルピンの状態を素通しでコモンピンに渡すだけのものだ。この動作により、デジタル制御のソリッドステートスイッチとして機能する。信号はAC、DCを問わず、広い電圧範囲を持ち、電流を逆に流すこともできる。
- **アナログデマルチプレクサ**とは普通、ただのマルチプレクサのことで、コモンピンを入力に、選択されたチャネルピンを出力に使っているだけである。
- **デジタルデマルチプレクサ**は普通、デコーダと同じものである。

ゲームデザイン

ホット・スロットの制作にかかる前に必要だった説明が、だいぶ長かった。ともあれかかろうではないか。私の考えているゲームは次のようなものだ。まず箱がある。コインが差さるスロットが16ある箱だ。コインがスロットに差し込まれると、中の2つの接点の間がコインで接続される。

このスロットのうちの1つだけランダムに選ばれてライブ接点になっている。これがホットスロットだ。ホットスロットはゲームの開始時にマルチプレクサで選ばれており、2人のプレイヤーはそれがどれだか知る由がない。

プレイヤーのターンは1つのコインをスロットに差すことにより成る。それがホットスロットでなければ何も起こらず、他方のプレイヤーのターンとなる。どちらかのプレイヤーがホットスロットを引き当てるとブザーが鳴る。こうして勝利したプレイヤーが、それまでに差されたコインをすべて取る*。どちらかのプレイヤーが箱についているボタンを押すことでゲームはリセットされる。これによりマルチプレクサが新しいホットスロットを選択し、最初に戻る。

図21-5は、どのように進行するとよさそうか示した簡単なフローチャートだ。555タイマーが無安定モードで、たとえば50,000パルス毎秒で動作しているものとする。50kHzだ。このタイマーが0から15までを繰り返すカウンターチップを駆動する。カウンターチップは4ビットの2進数を連続的に出力する。この4ビットの数字をマルチプレクサの4ビットの制御入力に接続する。

プレイヤーはボタンを押すことでこのカウンターを動作させ、好きな瞬間に止める。これによりランダムにスロット番号が選ばれる。似たアプローチは『Make: Electronics』で採っているので、既読の方にはおなじみのやり方であろう。

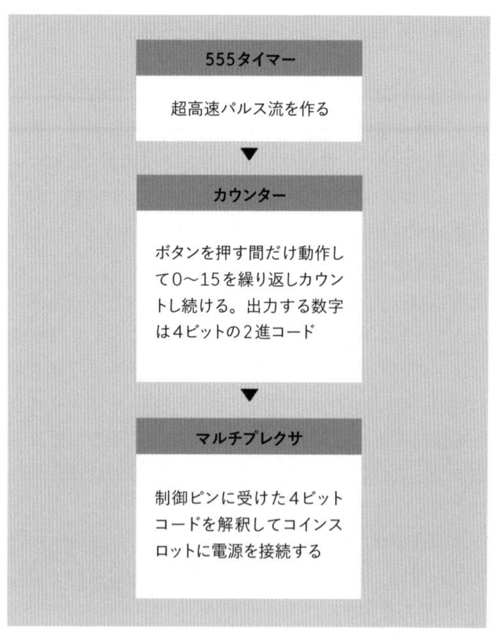

図21-5　乱数を選んでマルチプレクサに解釈させ、16のコインスロットから1つを選択するシステム。

スロットをカウントする

マルチプレクサはDC9ボルト電源で駆動して、内部抵抗の影響を最小限にしたい。9ボルトで駆動できるカウンターチップはあるだろうか。もちろんある。4520Bカウンターだ。これもまた、古風なCMOS部品でありながら、現在も大量に製造されているチップである。ピン配置は図21-6に示してある。

＊編注：日本においては現金の所有権を争うゲームは賭博になり法律で禁止されている。現金ではなくメダルを使うか、獲得するコインを点数に換算して競い、ゲームが終わるごとにコインを元の所有者に返却するルールであれば賭博にはあたらないと思われる。

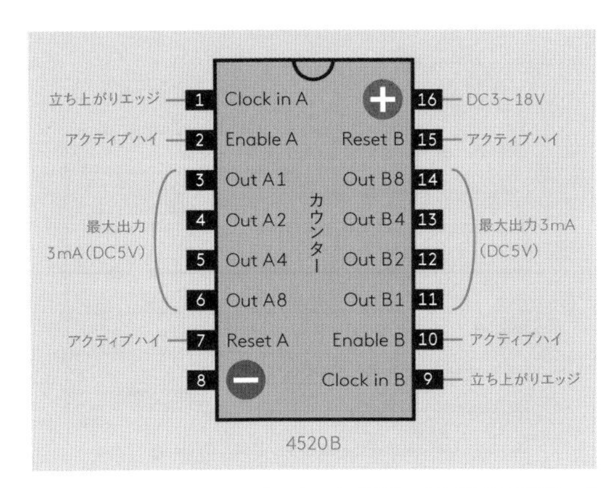

図21-6　CMOS 4520Bチップのピン配置。4520Bは10進数で0から15を連続的にカウントし、これを4ビットの2進数として出力する。

4520Bは実は2個の4ビットカウンターを内蔵しており、これをつないで8ビットカウンターとし、0から255をカウントすることができる。われわれには4ビットしか必要ではないので、チップの半分は使わない。

図21-6では、私が勝手に記号を振って、カウンターの一方をA、もう一方をBとしてある。メーカーのデータシートでは同じように書いてあるものもあるし、違った記号がついているものもある。出力も同様で、こちらは2進数の桁数字を振ってある。データシートでは「Q1」「Q2」「Q3」「Q4」のような形で振ってあるものが多い。標準化など存在しないのだ。

リセットピン（アクティブハイである）はすべての出力を0とするもので、われわれには関係ない。われわれはランダムに適当な番号を貰いたいからだ。ゆえにリセットピンは電源のマイナス側に接続したままにして無効化しよう。

Enable（有効化）ピンもアクティブハイだ。これはプラス電源電圧を与えればカウンターが動作するという意味のピンで、もしこれが負極グランドに接続されればカウンターはフリーズする。ホットスロット回路では、この機能を使ってカウンターを止めることで、ランダムにスロットを選ぶ。

Clockピンは、このピンに加えられた信号がローからハイに遷移するときカウンターが進むというものだ。（ハイからローへの遷移が必要な場合、Enableピンにクロック信号を与え、Clockピンはローに保ったままにすることができる。この機能はホットスロットゲームには無関係だ。）

回路デザイン

これで0から15の乱数を取る回路を作れる。ブレッドボードのこのセクションを図21-7に示す。

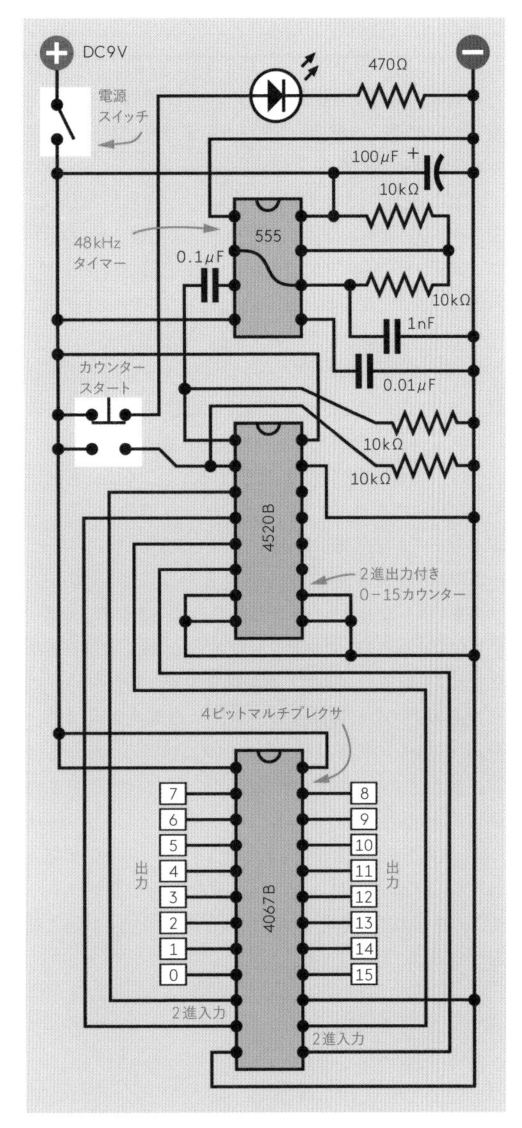

図21-7　ホットスロットゲーム回路のブレッドボードの一部。

カウンターとマルチプレクサは同年代のCMOSチップであり、問題なく通信できるはずだ。またこれらは555タイマーの出力にも互換性があるはずである。潜在的なトラブルの種はバイポーラ版555タイマーが電圧スパイクを生成しやすく、これがカウンターに拾われてクロックサイクルと誤解釈されうることにある。100μFのコンデンサを555の電源ピンと負極グランドの間に入れればこの問題に対処できるはずだ。コンデンサはできるだけ電源ピンの近くに配置し、またコンデンサのリードは可能な限り切り詰めること。

電源スイッチ（左上）がオンになると、LEDが点灯し、555タイマーは即座にクロックパルスを生成、カップリングコンデンサ経由で4520Bカウンターに送出する。ところがカウンターの2番ピン（Enableピン）のプルダウン抵抗が、カウンターがカウントするのを抑止する。

乱数の選択には押しボタンを押す必要があるのだ。これはカウンターの2番ピンを電源の正極バスに直接接続してプルダウン抵抗をオーバーライドするので、カウンターは555からのパルスに応答するようになる。押しボタンが放されるとカウンターはふたたび無効化され、数字のランダムな選択が停止する。LEDがオンになり、ゲームの準備ができたことを知らせる。

カウンターが止まったときの数字は4067Bマルチプレクサに与えられる。これにより4067Bは対応のチャネルピンとコモン出力／入力ピンの間を内部で接続する。コモン出力／入力ピンは正極バスからの電気を受けている。バスからの電気はチャネルピンに抜ける（だから厳密に言えばマルチプレクサはデマルチプレクサとして機能している）。

16本のチャネルピンは16個のコインスロットに接続されている（図21-8）。この回路図の左辺の番号はマルチプレクサの同じ番号のチャネルピンに接続されることを示す。

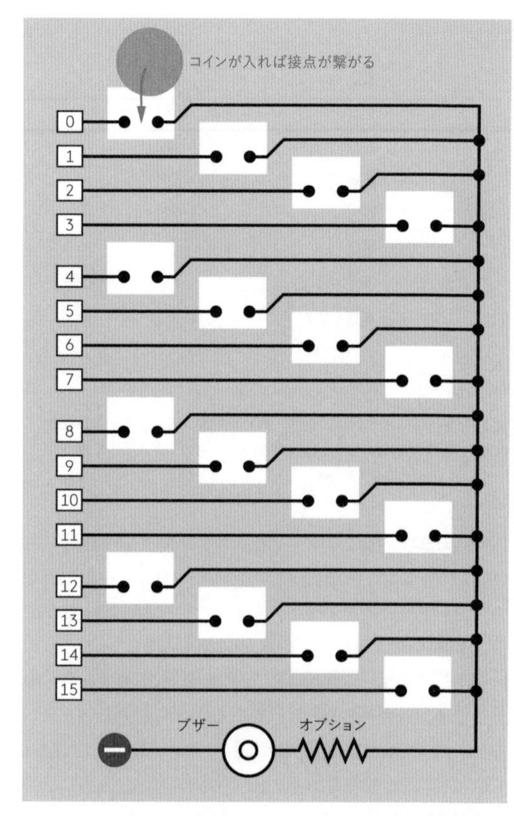

図21-8　本回路図の組接点たちはそれぞれがホットスロットゲームのコインスロットである。接点の間はコインで接続する。

マルチプレクサのチャネルのうち電源に接続されるのは1本だけなので、スロットも1本だけがアクティブになる。アクティブなスロットにコインが差し込まれると、電流がブザー経由で負極グランドに流れる。回路が完結するには、このグランドはブレッドボードの負極グランドでなければならない。ブザーの直列抵抗はマルチプレクサを過負荷にしないためのもので必要であれば入れる。これによりブザーの消費電力をおよそ15ミリアンペア以内になるようにする。

コインを外せばブザーは止まる。ここでまたブレッドボードのボタンを押して乱数を得る必要がある。これをしないと、前回のゲームで選択されたスロットが再度使われてしまう。

回路の制作は実のところ簡単な部分だ。チップは3つしかない。コインスロットを作るところの方が難しい。面倒なしに回路をテストしたいだけなら、コインスロットの代わりに8接点のDIPスイッチを使い、1接点ずつ閉じていくことでコインの追加プロセスをシミュレートすることもできる。図21-9のブレッドボード版ではこちらを示している。マルチプレクサとDIPスイッチを柔軟タイプのジャンパ線で接続しているのは、これが一時的な接続のつもりだからである。理想的には17線のリボンケーブルを使いたいところだ（17番目の線はスイッチのグランドをメイン回路に戻すため）。

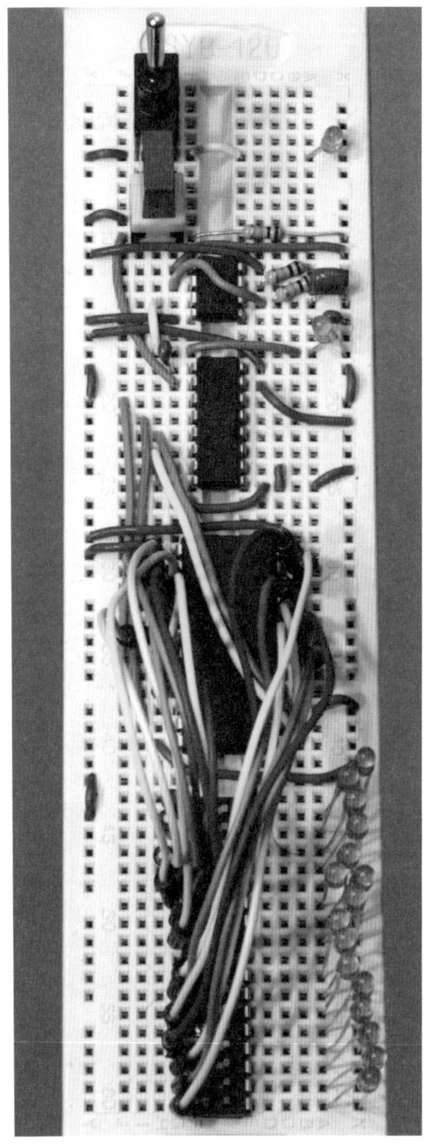

図21-9　ホットスロットゲームのブレッドボード版。コインスロットの代わりにDIPスイッチを使っている。

スロットのデザイン

Make:誌でスロットにコインを入れる話を書いたときは、図21-10のような設計をお勧めした。金物屋で買ってきた薄手の長いアルミアングル材から切り出した小片を使っている。16スロットでは、当然ながらこれを4組作る必要がある。

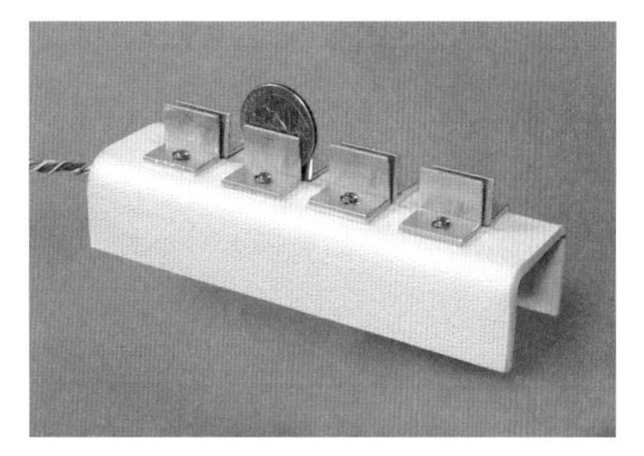

図21-10　ホットスロットゲーム用の簡単なコインスロット。比較的簡単に作れるわりにコインとの接点に信頼性がある。

私はABSプラスチックを使ったが、ここは木でもよい。スロットを上面にコイン穴を開けたボックスに取り付けてもよいだろう。コインがひっかかることがない、もっとエレガントなスロットデザインを思いついた方は、ぜひやってみるとよい。最終的にはこのプロジェクトを改造し、コインの存在を赤外線センサで検知するようにするのだが、それは実験31までお預けである。

ホットスロットのテスト

回路のテストをする際は、555タイマーの動作を遅くするように、47μFくらいの大きな値のタイミングコンデンサを使うことをお勧めする。555の出力とカウンターの4本の出力にLEDを追加する（直列抵抗は1kΩを共有するようにして回路電圧への影響を防ぐ）。私がこれに使ったLEDは図21-9に見ることができる。

回路図のDPDT押しボタンを押さずに、マルチプレクサのどのチャネルピンが作動しているかマルチメータで調べ、それが2進入力の値と一致していることを確認しよう。

回路が正しく機能していることがわかったら、555のスピードを上げるべく正しい値のコンデンサに交換し、LEDを外せばプレイ準備完了だ。

勝つのは誰か

回路が想定通りの動作をしているものとした上でも、まだ重要な疑問が1つ残っている：2人でホットスロットゲームをプレイしたとき、両者の勝利の可能性は等しいのか、あるいは先攻が（もしくは後攻が）有利ということがあるのだろうか？　である。

これを調べることはロジック回路の設計プロセスに似ている。最初のステップは、ゲームを非常に明確に記述することだ：

- 最初のコインを入れる者は16のスロットから選択でき、そのうち1つだけでゲームに勝てる。
- このため、彼には最初のターンでゲームを終える可能性が1/16ある。

これを裏返すと、第1プレイヤーがこれを引き当てない可能性は15/16あるということだ。この場合は第2プレイヤーのターンとなる。残っているスロットは15であり、ゆえに第2プレイヤーには勝利の可能性が1/15ある。

第2ターンでゲームが終わる確率はどのくらいあるだろうか。これには2つの事象が起きなければならない：

- 第1プレイヤーがホットスロットを外す。この可能性は15/16である。
- 第2プレイヤーがホットスロットを当てる。この可能性は1/15である。

これらの事象がともに起きる確率を求めるには、両者をかけ算する必要がある。第2ターンでゲームが終わる可能性（Chance）をCとすると：

C＝15／16*1／15

算数を覚えているだろうか。15は約分されるので、こうなる：

C＝1／16

- すなわち、第2ターンでゲームが終わる確率は1/16である。

もう一歩進んでみよう。プレイヤー2が第2ターンでゲームを終える選択肢は1/15あるので、そうでない選択肢は14/15ある。このようになったとき、プレイヤー1はもう一度プレイでき、このときオープンなスロットは14残っているため、彼が第3ターンで勝利する可能性は1/14である。これが起きる可能性をCとして：

C＝15／16*14／15*1／14

15と14は約分されて消えるので、こうなる：

C＝1／16

実はゲームが終わる確率は、第1ターン、第2ターン、それどころか第16ターンに至るすべてのターンで同一であり、常に1/16となる。

ある時点で見たときにホットスロットを当てるオッズが同一であると言っているわけではない。これは逆にゲームが進むに従ってよくなっていく。なぜならオープンスロットの残りは少なくなっていくからだ。私が言っているのは、何十回も何百回もこのゲームをすれば、そのうち1/16のゲームは最初のベットで終わり、また1/16は第2のベットで終わり、などなどとなっていくということだ。

直感的におかしいように感じたので、BASICで1,000回のゲームをシミュレートする小さなプログラムを書いてみた。コンピュータ言語が使っている乱数機能には分布の偏りがあることがあるので、何度かこのシミュレーションを走らせた。これによれば上の数学は正しかった。

この非直感的事実を押さえた上で、各プレイヤーが何個のコインを勝ち取りうるか考察しよう。

報酬見込み

第1プレイヤーは第1のコインを置く。彼がラッキーであり、この最初のベットでホットスロットを引き当てるものとする。このとき得られるコインは自分が置いた1枚だけだ。すなわち自分のコインが戻ってくるということになる。彼の利益はまったくない。

もし第1プレイヤーが失敗すれば、第2プレイヤーがコインを置く。こちらの彼が勝利すれば、彼は自分のコインを戻され、かつ相手のコインを得るので、お金は2倍になる。つまり、第2ターンで得られる報酬は第1ターンの無限倍である。

しかし最初の2回がともに失敗したとしよう。今度はまた第1プレイヤーのターンになる。このときホットスロットを当てれば、彼は今置いたコインに加えて第1ターンで置いたコイン、さらには相手が第2ターンで置いたコインを得ることができる。つまり、彼は自分のコインを2枚取り戻し、相手の1枚を得る。賭けたものに対する利益の割合は50%だ。

一方、最初の3ターンで誰も勝利せず、第4ターンで第2プレイヤーが勝利した場合、第2プレイヤーは自分の2枚に加えて第1プレイヤーの2枚のコインを得る。ここでも彼はお金を2倍にしている。ということは、100%の利益を得ることになる。

2人目のプレイヤーが有利なのは明らかだ！ それでは長いことプレイしたとき、この優位性は平均でどのくらいのものになるだろうか。

図21-11に、可能なすべてのゲームの結果を示す。たとえばあるゲームが最初のターンで終わった場合、プレイヤー1は1枚のコインを置き、それでホットスロットを当てているので、彼は自分のコインを取り戻している。彼の正味報酬（賭金を合わせたもの）は0である。プレイヤー2はまだコインを置いていないので、賭金0、報酬も0である。

ゲーム終了時のターン数	プレイヤー1		プレイヤー2	
	賭けコインの合計	正味の得失	賭けコインの合計	正味の得失
1	1	0	0	0
2	1	−1	1	+1
3	2	+1	1	−1
4	2	−2	2	+2
5	3	+2	2	−2
6	3	−3	3	+3
7	4	+3	3	−3
8	4	−4	4	+4
9	5	+4	4	−4
10	5	−5	5	+5
11	6	+5	5	−5
12	6	−6	6	+6
13	7	+6	6	−6
14	7	−7	7	+7
15	8	+7	7	−7
16	8	−8	8	+8
計	72	−8	64	+8
平均	4.5	−0.5	4	+0.5

図21-11　両プレイヤーの報酬と損失を示す表。1から16のゲーム終了ターンそれぞれの場合およびその平均。平均では第2プレイヤーは1ゲームにつき0.5コインの報酬を得る。

表の一番下の2行は列ごとの合計と、それを16で割ったゲームごとの平均である。ゲームが終わる可能性は第1ターンから第16ターンまでのすべてにおいて等しいことに注意。これがあるので、あるゲームについてのプレイヤーごとの期待報酬（損失）は厳密に平均値に等しくなる。

表の最終行はこういう意味だ：平均すると、プレイヤー1はゲームごとに0.5コインを失い、プレイヤー2はゲームごとに0.5コインを得る*。

＊訳注：これは設計がずさんだろう。スロット数を16にするから最後の余計なターンが生じて後攻側が有利になっているだけで、15にすればきちんと釣り合い、両者の期待値がともに0コインのゼロサムゲームになる。マルチプレクサのチャネルを全部使いたいなら、後攻側がまず1コインの場代を置くようにしてもよい。これでも期待値は0になる。

オッズを理解する

この奇妙な結果の裏にある理由は、プレイヤー1には先にプレイするという不利があるから、である。彼はプレイヤー2がコインを危険にさらさないうちに自分のコインを危険にさらす。この不利な状況はプレイヤー1のターンが来るたびに繰り返される。彼は常に敵手がコインを賭ける前に次のコインを賭けることになる。その結果は表の通りで、プレイヤー1はゲームの終了時点で平均4.5コインを賭け、これに対してプレイヤー2は4コインしか賭けていない。

プレイヤー2は64コインごとに8コインを得るので、投資に対する期待利益は8/64=0.125、すなわち12.5%となる。これはラスベガスのスロットマシンに匹敵し、ルーレットでカジノ側が得るものの2倍以上になる。ルーレットでは賭け側が置いた額の36／38≒95%が支払われるので、カジノが得るのは5%だ。（実際はこの計算はもうちょっと複雑だ。多くのカジノでは0と00が出たときに異なるオッズで支払うからであるが、まあパーセンテージとしては近いものとなる。）

個人的なことをいえば、私は偶然のゲームはプレイしない。こうしたゲームが示すように、オッズがあるプレイヤーに有利にできていることがほとんどないからだ。どんなにラッキーだと思っていたとしても、数学的確率は最終的には常にあなたを打ち負かす。

あなたがホットスロットゲームについて何も知らず、友達にやらないかと誘われたものとする。友達は言うのだ。「初心者だから先にやっていいよ」と。なんていいやつだ！　あなたが有利になるかのように言うではないか。なにしろホットスロットを当てる最初のチャンスはあなたのものなのだ。ところがここまで見てきたように、これは不利なのだ。実は彼はよい友達ではないことは明らかである。

ホットスロットでお金を稼ごうとすることに意味はあるのだろうか。2人が1円玉でプレイし、それぞれが100枚持つものとしてみよう。プレイヤー2は1ゲームあたり平均で0.5円稼ぐので、平均200ゲームでプレイヤー1の身ぐるみをはがす期待が持てる。

なかなか時間がかかりそうだ。各プレイヤーがコインを置くのに2秒、次のゲームのためにスロットのコインを取ってシステムをリセットするのに10秒かかるものとしよう。1回のゲームは平均8ターンで終了するので、30秒弱かかることになる。つまり200ゲームにかかる時間は1時間40分ほどだ。100円稼ぐにはずいぶんな時間である。

まあ、1円玉でなく10円玉を使えば、プレイヤー2は1時間あたり600円ほど稼げるかもしれない。また、たとえば1枚1,000円に設定したチップを使えば、プレイヤー2は相手から1時間あたり6万円ほど稼げる期待が持てる。（もちろん彼は毎回毎回、先にプレイするように相手を説得しなければならないだろう。）

繰り返すが、メッセージは明確だ：ギャンブルする前に計算しろ！　である。

背景：別のゲーム・アレイ

16コインゲームではプレイヤー2には12.5%の優位があるが、これはスロットおよびコインがもっと多かったり少なかったりしたときも同じだろうか。

違う。優位性は変化する。どうしてそうなるか調べるため、極端な例を見てみよう。スロットが2つしかないゲームを考えてみよう。このゲームでは、第1プレイヤーは勝てば自分のコインを取り戻し、第2プレイヤーが勝てばそれを失う。つまり第1プレイヤーは何も得ることがない！　平均的に彼はゲーム総数の半分に勝って半分に負けるので、平均ゲームでの期待値は0.5コインの損失、一方第2プレイヤーは0.5コインの獲得である。

実のところ、コインとスロットの数がいくつであろうと（それが偶数である限り）、プレイヤー1には常にゲームあたり0.5コインの平均損失が、プレイヤー2には常にゲームあたり0.5コインの平均利得がある。コインとスロットを追加することはゲームを長引かせ、プレイヤー2が0.5コイン得るのに必要な投資を大きくする意味しかない。

コインとスロットの追加はプレイヤー2が有利であるという事実を隠す助けとなる。2スロットゲームでは、この優位性は明らかだ。16スロットゲームでは、まったく明らかではない。

ではマイクロコントローラは?

イエスだ。マイクロコントローラはこのゲームを実行できる。とはいえこれ以上シンプルにはできないだろう。マイクロコントローラにはホットスロットを作動させる16もの出力がないだろう。4本の出力だけ使って0000から1111のバイナリコードを出す手があるが、これだとデコーダ、またはアナログマルチプレクサ（すなわちデマルチプレクサ）が依然として必要だ。

マイクロコントローラによる追加コスト、プログラムを書く追加時間を考えると、これはディスクリート部品を使った方がシンプルになるという例であるように思う。

ロジカルに音がする

Logically Audible

この実験ではロジックや確率の話を一休みしよう。楽しくて怪しくて簡単なものの作り方をやる（ただし本書の後半ではこれをもっと複雑にしてしまう方法をやる）。ここでお見せするのはオーディオ信号をロジックチップに通す方法だ。

背景：テルミン

昔々、エレクトロニクスが生まれたばかりの頃、テルミンというガジェットが、ホラー映画のサウンドトラックで気持ちの悪いノイズを奏でていたとさ。テルミンはリアルタイムの楽器で、奏者がテルミンとグランドの間の静電容量変化を検知する2本のロッドのまわりで手を動かすことで演奏する。うまいオペレータにかかれば、テルミンでそれとわかるメロディーが奏でられる。ただし大きな鋸の縁でバイオリンの弓を動かすような感じの音がする。

オンラインを検索すれば、テルミンの動作原理の完全な解説が見つかる。テルミン演奏のMP3だって見つかるし、テルミンを自作するためのキットも販売されている。

実験3でフォトトランジスタを使って555の周波数を制御したとき、それにより生成された音はテルミンにちょっと似ていた。ロジックチップについてかなりわかるようになってきたので、その知識を2つの（あるいはそれ以上の）オーディオ波の合成に使い、スーパーテルミン的なものを作ってみよう。

ロジカル・オーディオ

ロジックチップなんてオーディオ回路にはぜんぜん向かないものだと思っていないだろうか。次の3つの要素を念頭に置こう：

1. 50Hzから15kHzというオーディオの周波数は、1MHz以上の周波数で動作するように設計されているチップにとっては低速なものである。
2. 555が生成する矩形波はサイン波のようにメロウでもメロディアスでもないが、ちゃんと聞こえるものである。
3. 音楽はとっくにデジタル化されている。CDからMP3まで、あなたが聴いている音楽のほとんどすべてはデジタルサンプリングで生成・処理されたものである。

可聴のXOR

図22-1に回路図を示す。図5-1にどこか似たものだ。大きな違いは、555の出力たちはXORゲートに入り、XORゲートの出力がトランジスタ経由でスピーカーに行くことだ。その通り、これはまったく普通でないアレンジだ。でもすべての部品はその仕様内で動作しているし、私が思うに結果は興味深いものだ。

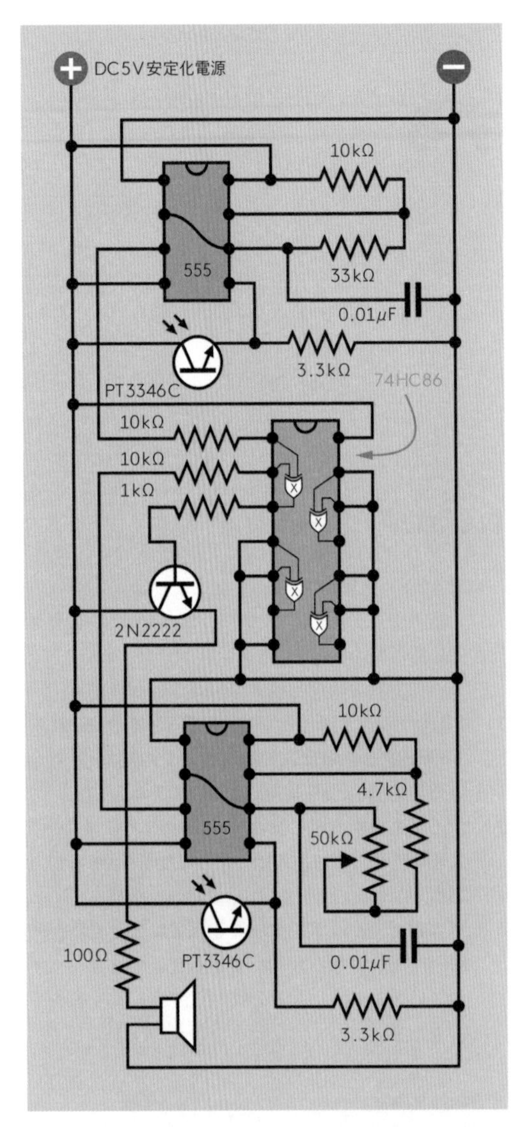

図22-1　2個の555から来る可聴周波をXORする回路の回路図。

組み立てに時間はかからないはずだ。図22-2は私のブレッドボードバージョンだ。

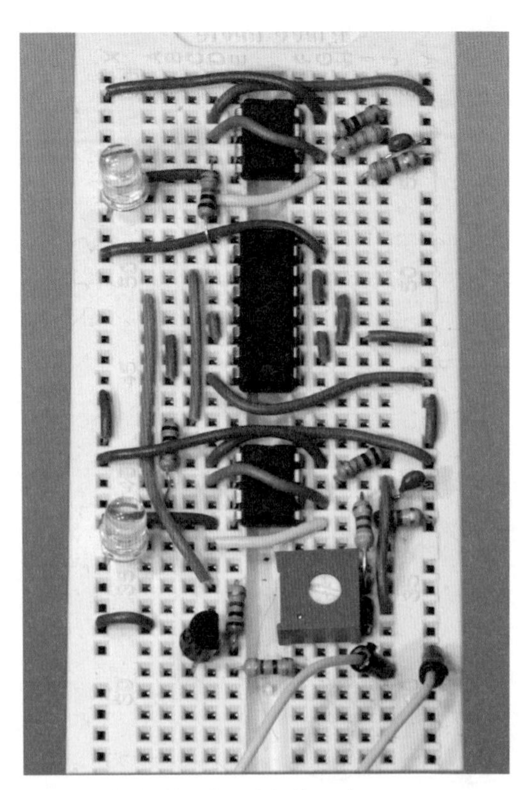

図22-2　前図の回路のブレッドボードバージョン。

フォトトランジスタに当てる光の具合を変えながら50kΩ半固定抵抗を上げ下げしてみよう。配線違いさえなければ、ありとあらゆる種類の音が聞こえるはずだ。何が起きているのだろうか。

オール・ミックスト・アップ

XORの動作をおさらいしよう。これの出力がハイになるのは、入力の一方がハイ、もう一方がハイではないときだ。つまり、2つのオーディオ信号を流し込んだとき、XORの出力がハイになるのは信号同士の位相がズレているときで、位相が一致すればローになる。

図22-3はこれを図解したものだ。XORゲートのほか、ANDゲートとORゲートの場合も示している。4回路2入力ANDチップの74HC07、ORチップの74HC32、XORチップの74HC86は、すべて同じピン配置になっているので、配線を変更しなくてもそれぞれを差し替えてエフェクトの違いを聴くことができる。

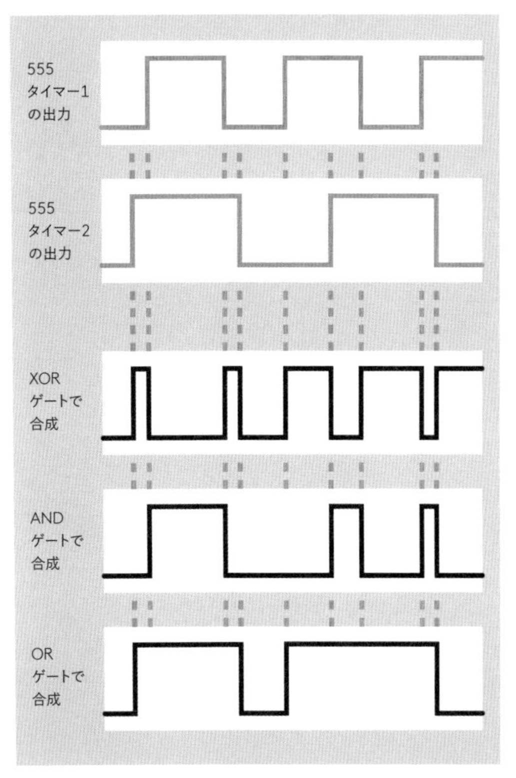

図22-3　2つのオーディオ波形のハイとローが重なるとき、ロジックゲートの種類によってまったく違ったオーディオエフェクトが生まれる。

ORゲートなら、どちらかの555がパルスを発すれば出力を与えるのに対し、ANDゲートはもっと神経質で、両方がハイ信号を出してこないと応答しない。私はXORゲートが一番面白いと思う。最初にこれをやってみるようお勧めするのはこのためだ。

できることはいろいろ思いつくだろう。たとえば33kΩの抵抗器を50kΩの半固定抵抗と4.7kΩに交換するというのはどうだろう（4.7kΩの固定抵抗器は、半固定抵抗器を回しきったときにタイマーの6番ピンにかかる電気抵抗が0になるのを防ぐためのものだ。さすがの555もこの仕打ちには耐えられない）。

片方の（あるいは両方の）555のR1の抵抗値をR2に比べて大きくすれば、ハイサイクルをローサイクルより長くすることができる。これはサイクルを小さな断片に切り刻むXORゲート用によさそうだ。たとえば33kΩの抵抗を470kΩに交換したらどうなるだろうか。またこの33kΩを1MΩ、あるいはさらに大きな抵抗に替えたら何が起きるだろうか。

上の555を下の555よりずっと低速にすれば、2つの周波が相互作用する様子を文字通り聴くことができるだろう。上の555にこの1MΩを付けて、さらにコンデンサを0.01μFから0.1μFに交換してみよう。これは、ツートーンが波打つエフェクトを生む。555タイマーのそれぞれの出力をグラフにすれば、なぜそうなるかわかるはずだ。

この回路が応用できないだろうか。たとえばロボットの声にするのはどうだろう。ロボットが動き回ってフォトトランジスタに当たる光が変わると声が変わるのだ。フォトトランジスタを別々の方向に向ければ、より効果的だろう。またはフォトトランジスタを外してただの半固定抵抗器にして、ちょうどいい音に設定すると、ほかのプロジェクトで音によるレスポンスに使えるだろう。

回路全体をもう1つ作り、XORされた出力同士をまたXORするのはどうだろう。こうした可能性の探求は読者におまかせする。

この実験には隠れた動機があるのだ。実験26では、このコンセプトをまったく違った用途に使う。目に見えるパルスのランダムバーストを生成するのである。

パズリング・プロジェクト

A Puzzling Project

次も比較的簡単なロジックの実験だ。一見簡単だけど自分でやってみるとなかなか……という、2プレイヤーのゲームを作る。「ホットスロット」同様、本書の後半でも採り上げるものだ。実験32でセンサの世界を探求し始めてから、ユーザー入力をアップグレードすることをお勧めする予定である。今のところは押しボタンスイッチを使ってプレイ可能なものを作る。

背景：イギリスのパズルの王様

昔、テレビがない頃——ラジオすらない頃だ！——イギリスの新聞たちが読者を楽しませた手段は小さなゲームやパズルだった。これらは現在のクロスワードパズルより、はるかに難しいものだった。

イギリスのパズル作家の王様はヘンリー・アーネスト・デュードニー（Henry Ernest Dudeney）であった。彼は答えるのに何日も何週間もかかる1パラグラフの質問を作るのに長けていた。

たくさん作ったのは幾何学的、算術的な問題だ。たとえば彼は読者に、数字11,111,111,111,111,111の2個の素因数を求めよ、といった——そう、デュードニーはどうやってか、紙と鉛筆だけしか使わずに、正しい回答を示すことができたのだ。（コンピュータを使ってすらこれは楽な問題ではない。かかわる数字が非常に大きいからだ。）

以下の小さなパズルに見られるように、彼にはいたずらっぽいところもあった：

- 顧客が建築家に依頼します。1辺2フィートの窓を作ってくれ。この窓は8枚のガラスでできていなければならない。ガラスは1辺1フィートでなければならない。空きスペースはあってはならない。これは不可能に見えますが、実行可能です。問題は、「どうやって？」です。

回答は181ページ「パズルの回答」にある——が、まずは自分でやってみよう。ヒント：秘密は問題の言い表し方にある。

コマを動かす

デュードニーが移動駒問題と呼んで楽しんでいたものがある。チェッカーは移動駒問題の顕著な例だ。一方が勝利するまで駒がボードを移動して回るからだ。三目並べは移動駒問題ではない。付けたマルバツが紙の上に固定されているからだ——しかしこれは移動駒問題にすることができるし、そうすればずっとずっと興味深いものになる。このモードの三目並べを、デュードニーは「オビッドのゲーム（Ovid's Game）」と呼んだ。彼の主張によれば、ローマの詩人オビッドの作品にそれへの言及があるからである。これが本当かどうかは措（お）こう。いずれにしても、戦略は取るに足らず、ルールも非常に簡単なものである：

- 2人のプレイヤーで競う。両者とも3個の駒を持つ。駒の色はプレイヤーごとに異なる。
- 盤は三目並べと同じ9マスからなる。
- プレイヤーは自分のターンごとにコマを1個ずつ置いていく。どのマスに置いてもよい。
- 両者が3個ずつのコマを置き終わったら、次のターンからはコマを移動する。移動は1コマを隣の空きマスに動かすことによる。ナナメの移動はできない。
- 3個のコマを1列に並べた方が勝ちだ。並びは縦横ナナメのどれでもよい。
- このゲームでは中央のマスが重要なので、先手が1ターン目に中央マスにコマを置くことはできない。

このゲームの肝は、自分のコマで相手のコマを邪魔することにある。コマをどこに置いてもいいが、相手のコマを飛び越えることはできず、1度に1マスしか動かせないことを思い出してほしい。

たとえば図23-1において手番が白なら、彼はマス6からマス5に移動して黒のコマを2個邪魔するべきである。こうすると黒は、白が次のターンでマス3からマス6に移動して勝利するのを防ぐような手がない。ゲームオーバー!

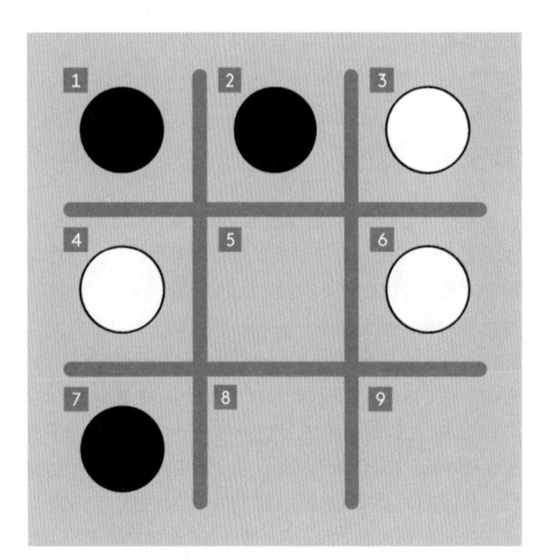

図23-1　オビッドのゲームの途中例。

しかし手番が黒ならどうだろうか。この場合、彼女は2から5に移動して白が5のマスを占めるのを防ぐべきだ。こうすると、ゲームの行方はまだわからなくなる。

このゲームのプレイ方法がわかるほど利口な回路をどうやって作ればいいのかはわからないが、どちらかのプレイヤーが勝ったときにそれを検出する回路ならお見せできる。これは三目並べにおける並びの検出と同じ回路である(まあ、三目並べは私の読者には簡単すぎるという想定である)。

勝利状況を検出する回路なんて必要ないと思われる方もいるかもしれない。3個のコマが1列に並んでいるところなんて誰が見ても明らかだからだ。ええもちろん!

でも、勝ったときに音が鳴れば楽しいし、これを検出可能な回路というのはちょっと好奇心をそそるものなのだ。どうなってるの?　というやつだ。

ロジックのグリッド

最初に決めなければならないのはユーザー入力の処理だ。つまり、駒の動きを電子回路で検出するにはどうするの?　ということだ。もっとも簡単な方法は、2色のコマを放棄して、2種類の(プレイヤーごとに1種類の)スイッチを盤の各マスに配置することだ。ゲームの開始時に、両プレイヤーは交代で3個のスイッチを入れる。移動は1個のスイッチをオフにして、隣の空きマスのスイッチをオンにすることによって行う。もちろん相手に占められているマスのスイッチは入れてはならない。

ラッチング押しボタン(1度押すとオンに、もう1度押すとオフになるもの)が、このタスクに理想的な感じがする。各ボタンの横に色付きのLEDがあれば(たとえば一方のプレイヤーには赤、他方には青)、誰がそのマスを占めているかわかりやすくなるだろう。図23-2に私の思っているものを示す。

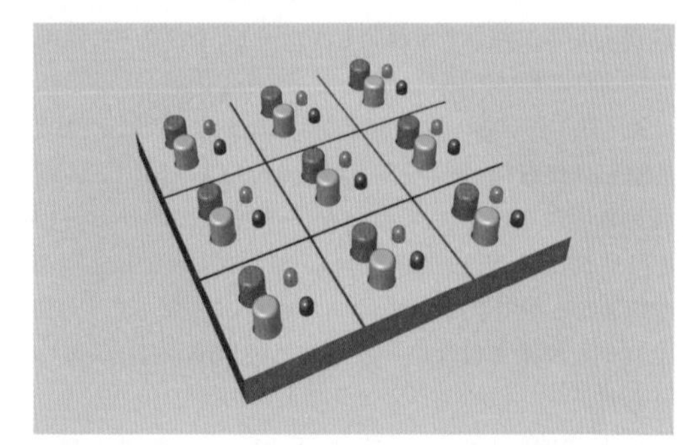

図23-2　オビッドのゲームのユーザー入力を電子回路で行うもっとも単純な方法は、ラッチング押しボタンとLEDをプレイヤーごとに揃えることである。

もう1つの選択肢はON－OFF－ONスイッチ――センターオフの3ポジションスイッチ――を使うことだ。プレイヤーはスイッチを自分の方に倒すことでマスを占める。マスはスイッチを中央オフ位置に戻すことで空きマスとなる。ON－OFF－ONの単極スイッチはごく安価だし、オン位置が2つあるので9個あればよい。ラッチング押しボタンなら18個必要だ。

ロジックを使う

ロジックゲートで勝利手の検知をやるものとする。この場合はいつもの通り、ロジックを言葉で記述することから始める。マスに図23-1のように1から9までの数字を振ると、これは以下のように述べられる：

プレイヤーの勝利にはマス1および(AND)2および(AND)3、または(OR)4および(AND)5および(AND)6、または(OR)7および(AND)8および(AND)9、または(OR)1および(AND)4および(AND)7、または(OR)2および(AND)5および(AND)8、または(OR)3および(AND)6および(AND)9、または(OR)1および(AND)5および(AND)9、または(OR)3および(AND)5および(AND)7を占める必要がある。

本書を頭から順番に読んできた人は、こうしたセンテンスを一連のロジックゲートに変換する練習を十分積んできたことだろう。3つの条件をANDで結んだ勝利状況が8種類存在するので、これらをORで結べばいいということがわかるだろう。ロジック図が描けるだろうか。基本概念を図23-3に、スイッチを含めた完全な図を図23-4に示す。

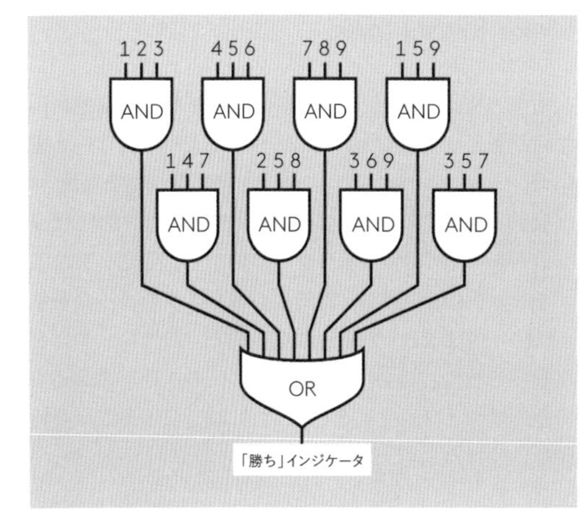

図23-3　オビッドのゲームのロジック図の骨子。ANDゲートに入力されている番号は、プレイヤーのコマが置かれる3×3の盤のマスを表す。

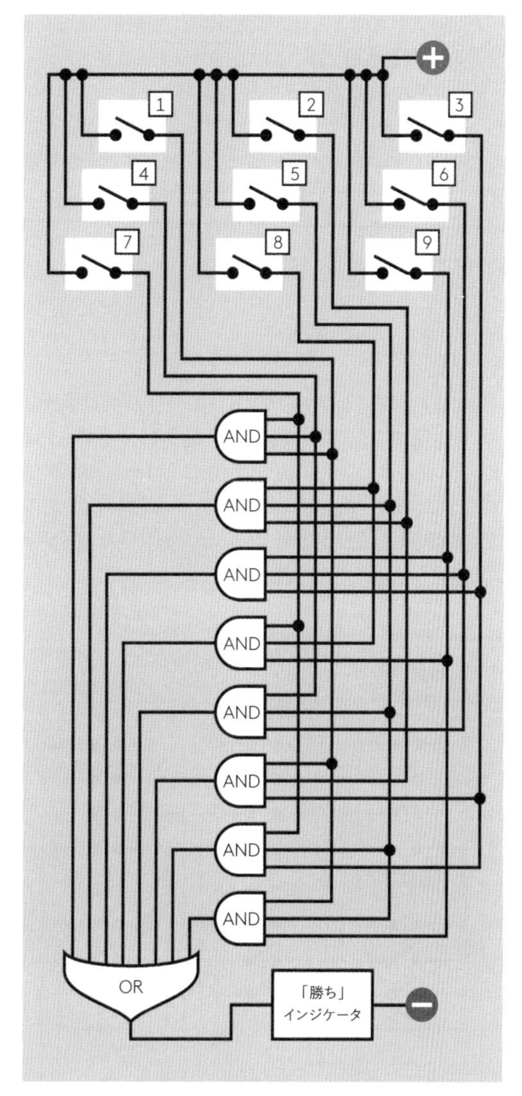

図23-4　オビッドのゲームのロジック図。盤に配置された1人のプレイヤーのコマを表すスイッチが描かれたもの。

図の一番下にある8入力ORが気になるところだ。これは存在するのだろうか？　する。だからこれは問題ではない。3入力ANDゲートも簡単に見つかるものだ。これは何個必要だろうか。8種類の異なる勝利状況があるということで、3入力ANDゲートは8個必要だ。

3入力ゲートなら14ピンチップ1個に3回路入っているので、3個のチップがあればよい。

ただしこれでは1人分の勝敗状況しか検出できない。相手の状態を検出するために、スイッチとロジックゲートチップがもう1組必要である——作業を少なくしたいなら、どちらのターンか決めるマスタースイッチを置き、これでどちらのプレイヤーのスイッチに通電するか切り替えて、ロジックチップは1組だけにする手がある。

どちらの方法がいいのか私には確信が持てない。だからここで別のやり方を提案したい。

オビッドをスイッチする

オビッドのゲームは（または三目並べは）、実は多極スイッチの配線で作るのに最適である。ロジックゲートはまったく使わない。このような回路はもうあなたが自分で考えつけるものとは思っているが、私が思いついたのを見てほしい。図23-5だ。（もっとシンプルなバージョンが考えられるだろうか。）

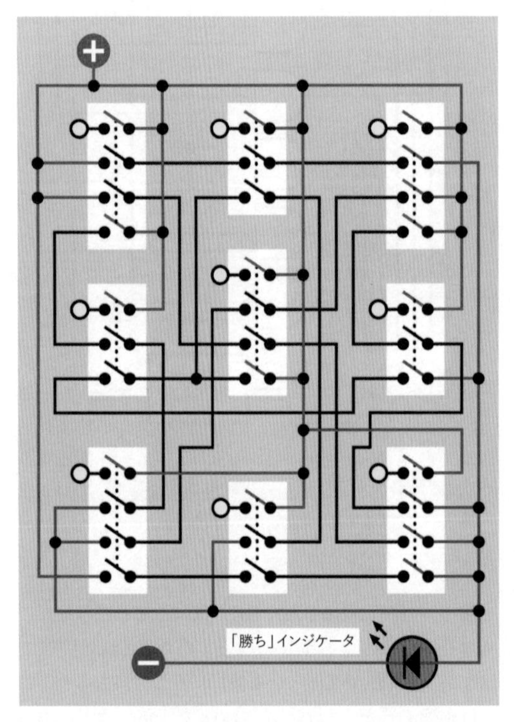

図23-5　オビッドのゲームはロジックチップを使わずにスイッチだけでモデル化できる。

これの動作の様子は、スイッチの1個を閉じてみて、プラスの電気がほかのスイッチを経由し負極グランド配線に流れるところを想像するのがよい。最初の印象よりずっと単純であることがわかるだろう。

小さい黄色の丸は、そのスイッチが押されたことを示す小さなLEDだ。当然これらは負極グランドに接続する必要があるのだが、配線は回路図を単純にするため省いてある。

見てわかる通り、各スイッチは3極または4極のものが必要だ。実のところ私はこのゲームを2極スイッチでモデル化したのだが、この場合は小さなLEDを省く必要がある。

4PDTラッチング押しボタンスイッチは非常に安く手に入り、この仕事がこなせる。一番下にある大きなLEDは、プレイヤーが一列に並ぶ3つのスイッチを押したとき点灯する。

1人のプレイヤーに9個のスイッチが必要なので、全部で18個必要だ。これは図23-2の通りである。

ロジックチップ版とスイッチ版、どちらがお好きだろうか。

まあその——コマを盤上で動かしてセンサでその位置を検知する、という方法が明らかにベストだし、その線でやり直す予定ではあるのだが、とりあえず、自分でこのゲームを製作する練習ができるのではないだろうか。配線スイッチ版やロジックゲート版を使っておいて、後からセンサを付けることは可能である。

Make Even More

前の方で、このゲームのプレイ方法がわかるほど利口な回路をどうやって作ればいいのかはわからないと書いた。しかしこれはソフトウェアを使えばできると思う。一般的なマイクロコントローラのメモリは相対的には少ないものだが、オビッドのゲームの場合、可能な手の数があまり多くないので、優先度の高い4つのルールを使うだけで処理できるかもしれないのだ。このルールはどんな手を打つべきかをマイクロコントローラに教えるものだ（誰かとプレイするときこれに従ってみることで検討も可能だ）：

- もし3個が直列するようにコマを動かせるならそれを実行する。そうでなければ——
- もし相手が3個直列するようにコマを動かせるなら、それを阻止しようとする。そうでなければ——
- もしコマを中央マスに動かせるのであれば、それを実行する。そうでなければ——
- コマをランダムに空きマスに移動する。これが不可能であればゲームは引き分けとなる。

このプログラムの勝率は高くないかもしれないが、動作はする。このプログラムでは、ゲーム盤とコマをコンピュータ内で表現するために、整数の配列が確実に必要になる。Arduinoでは、つまりC言語では、自分が配列境界内に留まっていることを保証してくれるエラー検出機構が存在しないし、私が好まないもろもろの性質もある。

現在に至るも、マイクロコントローラの多くは1980年代に私がMicrosoft BASICでゲームを書いていた懐かしのIBM-PCjrよりパワフルでなく、ユーザーフレンドリーでなく、エラープルーフでない。なんと悲しい情勢だろう！

友人のフレドリック・ジャンソン（Fredrik Jansson）はフィンランド出身の物理学者でこの本のファクトチェックをしてくれている人だが、彼によれば、オビッドのゲームは難しい部分をデスクトップコンピュータで処理しておくことでマイクロコントローラに実装できるという。フレドリックの計算によると、3個の黒コマと3個の白コマが盤上に取りうる位置の数は1,680である。ある位置における黒コマと白コマを入れ替えても論理的には等しいため、論理的に異なる位置の数は実際には840となる。これは十分に小さな数で、普通のコンピュータなら可能なすべてのゲームにおける可能なすべての最善手が探索できる。

探索済みのすべての最善手をテーブルにコンパイルすれば、マイクロコントローラの限られたメモリに収めることができるだろう。フレドリックの計算によれば推奨手の格納には4ビットしか必要ではない：2ビットでコマの選択、2ビットで方向指定（上下左右）すればよい。つまり、840種類の論理位置への応手は420バイトに収まることになる*。さらに初期配置で両者が3個ずつマーカーを置くときの命令が必要になるが、だとしてもこの方法は実行可能に見える。人間が指すたびにマイクロコントローラが実行するのは、ずっとパワフルないとこ、デスクトップコンピュータが探索してある最良手の検索だけになる。

これ、あるいはほかのプログラミング戦略を試してみた方は、結果をぜひ私に教えてください。

パズルの解答

デュードニーの窓のパズルの解答を図23-6に示す。この窓は1辺が2フィート、三角形のガラスの1辺が1フィートとなっている。ゆえにこのレイアウトは問題の要求を満たす。ちょっと待った——よもや「ガラスは4辺を持った正方形に限る」なんて前提を置いてはいないですよね？

図23-6　章の最初の「窓のパズル」の解答。

＊訳注：最初の1,680は黒、白、空白3個ずつを並べる場合の数9!／3!・3!・3!である。これは盤を90度、180度、270度回した場合を考慮していないので、実際の局面は210通り。応手は105バイトのテーブルとなる。

この種のパズルがお好きな方、自分で楽しんだり友達に考えさせたりするのが好きな方に、デュードニーのライフワークの集大成を2冊ご紹介しよう：“The Canterbury Puzzles（カンタベリー・パズル）”と“Puzzles and Curious Problems（パズルと不思議な問題）”だ。大昔に出版されたもので著作権が切れているため、グーテンベルク・プロジェクトでフリーで（合法に）読むことができる。

オビッドのゲームをコンピュータ相手に練習したいなら、Androidアプリがある。まあ、私は自分で何か作っている方が面白いと思う。

足し上げろ

Adding It Up

ロジックゲートのもっとも根本的な応用についての解説をせずにほかの話題に移ったとすれば、私はまともな仕事をしたとはとても言えないところだ。だから足し算の話をする。あなたはすでに電卓を持っており、それはこれから自作するいかなるものよりパワフルだろう。しかし私の経験では、基本の算数を実行できる自分自身の小さな回路を組み立てることには、なにやら魔法のようなものがあるのだ。

2進数の5つのルール

ロジックチップには2つの状態しかない。ローとハイだ。これは2進数の0と1を表現するのに理想的である。つまり、足し算をする回路を作るには、2進数の加算法を使う必要がある。さいわい2進数の加算ルールは5つしかなく、うち3つは明らかだ。これらを先にやろう：

- ルール1：0+0=0
- ルール2：0+1=1
- ルール3：1+0=1

これに同意することに異議はないものと思う。では、ちょっと奇妙な4番目である：

- ルール4：1+1=10（2進数）

これを「いちたすいちはじゅう」と読んだとしたら、それは正しくない。10進数で考えるのをやめるのだ！　ルール4の末尾の「（2進数）」は、10が2進数であり、「十」とは関係がないことを示している。

1+1=2であることは誰でも知っている。じゃあなんで2と書かないのか。それは2進数には1と0しかないからである。というわけで、5つ目のルールを適用する：

- ルール5：10進数で2になる出力を得たら、その和には0を書き、左の桁に1を繰り上げる。繰り上がった桁は2という桁値を持つ。

桁値の概念には、本書の前の方、デコーダチップなどの2進入力の解説で触れたことがあるだろう。2進数のカウントでは、1という数字は一番右の位（くらい）で桁値1を持ち、その左の位は10進数2を、その左の位は10進数4を、その左は8を——というふうに続く。

つまり、1+1=10が真に意味するところは、答えの一番右の桁には数字が入っておらず、すぐ左の桁に2という値が入っているということだ。

1桁の2進数を2個足し合わせたときに出てくる4つの場合をすべて図24-1に示す。

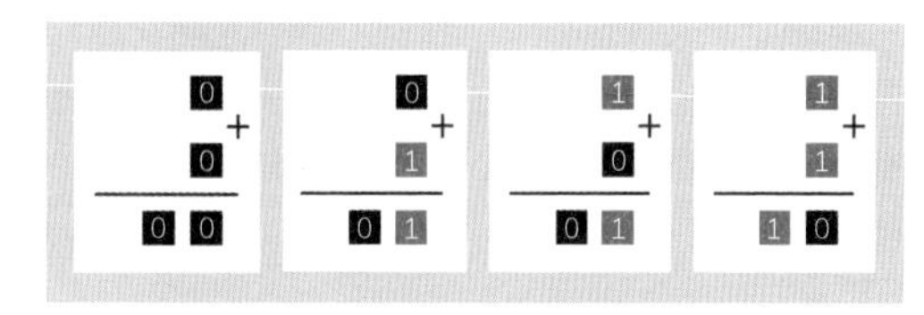

図24-1　1ビットの2進数を使った2進数の加法。

今度は図24-2を見てほしい。それぞれが2桁の2個の2進数を使ったときも、同じルールが適用されるのがわかるだろう。この図は2ビットの数を2個使ったときに可能なすべての組み合わせを示したものだ。

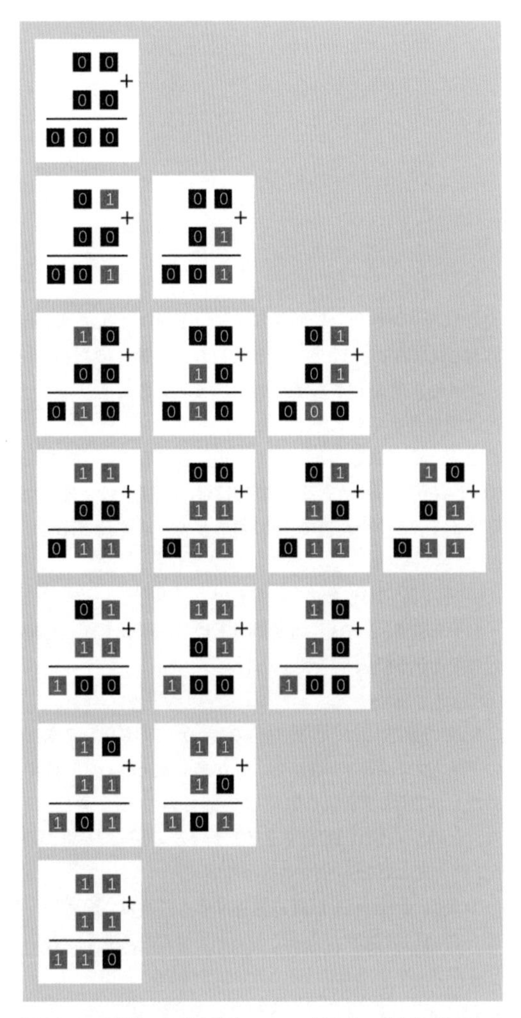

図24-2　2進数の加法の基本ルール。2ビットの2進数が2個あるとき。

1つだけ、まだ明らかではないと思うかもしれない問題がある。2進数で11+11をやったとき厳密には何が起きるのか、である。

いつも通りに一番右の桁から始めよう。1+1を足して0と書き、左の桁に1を繰り上げる。しかしこの桁では、すでにもう1つの1+1が足されることを待ち構えている。だからここでは1+1+1を処理する必要がある。

1+1が10（2進数）であることは判っている。だからここにまた1を加えると、11（2進数）になる。これは図24-2の一番下の例で見ることができる。

ビットから状態へ

2進数の算法ルールはここまでだ。これで2進数加算器の製作のために知らなければならないことはすべてわかった（そしてもし2進数がユーザーフレンドリーじゃないと感じるのであれば、2進数と10進数と相互変換する方法を次の実験でやる）。

ロジックチップで2進数の加算ルールをエミュレートするにはどうすればいいか考えてみよう。ロジックゲートのハイ状態で1を、ロー状態で0を表すものとする。2進数加法の最初の4つのルールを数字ではなく言葉で書き出してみよう。次のようになる：

- ロー入力+ロー入力=ロー出力
- ロー入力+ハイ入力=ハイ出力
- ハイ入力+ロー入力=ハイ出力
- ハイ入力+ハイ入力=ロー入力（および次の桁への繰り上げをハイにする）

何を思い出すだろうか。ほら、あれだ。「繰り上げ」操作をいったん忘れて見れば、これはXORロジックゲートの入出力の記述そのものではないか！　2個の数字をXOR入力のロー状態とハイ状態として加算すれば、XOR出力が答えになるのだ。LEDを使えば、0をオフ、1をオンで表すことができる。

それでは左の桁に1を繰り上げることについてはどうしようか。このように言える：

- 入力ハイ+入力ハイ=繰り上げハイ
- ほかのすべての組み合わせ=繰り上げロー

何を思い出すだろうか。もちろんANDゲートだ！　2つの入力にこれを接続すると、その出力は2番目のLEDになる。

図24-3はゲートを組み合わせて1桁の2進数を2個足し合わせる方法を示したものだ。2進数には仮にAとBと名付けている。図24-4は入力の可能な4つの組み合わせとそれぞれの出力。赤が1を、黒が0を表す。

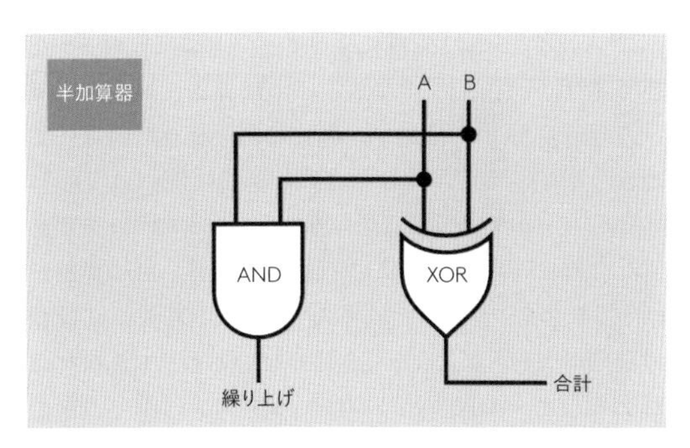

図24-3　ロジックゲートで2個の2進数数字を加算し、必要なら「1繰り上げ」を出力するおそらくもっともシンプルな方法は、XORゲート1本とANDゲート1本を使うものだ。

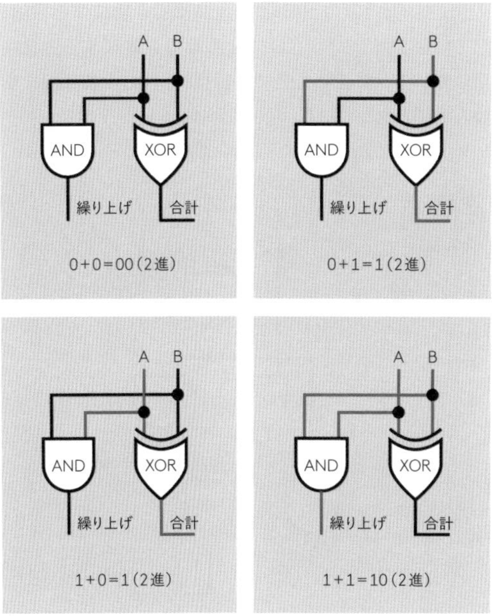

A B AND XOR 繰り上げ 合計
0+0=00(2進)

A B AND XOR 繰り上げ 合計
0+1=1(2進)

A B AND XOR 繰り上げ 合計
1+0=1(2進)

A B AND XOR 繰り上げ 合計
1+1=10(2進)

図24-4　半加算器の入力の4つの可能な組み合わせとその出力。赤は1、黒は0を意味している。

これはとてもとても単純な、「半加算器」と呼ばれる回路だ。2進数の加算では一番右の桁にしか使えない。なぜなら、さらに右の桁から繰り上がってくる数字を処理できないからだ。

ところで、さらに右の桁があって、1繰り上げの出力を出してくる場合にはどうなるのだろうか。これをどうやって処理すればいいのだろうか。

必要なのは「全加算器」だ。

こちらはもう少し手が込んでいる。XORロジックゲート1本では1度に2個の入力しか比較できないが、処理すべき数字が3個あるのだ：入力の2個の2進数プラス、右の桁からの繰り上げ数字（0または1）だ。自分で1+1+0や0+1+1、もしくは1+1+1までのあらゆる組み合わせを計算してみた人もいるかもしれない。

これを計算するには、プロセスを2つのステップに分割するとよい。図24-5にやり方を示す。これが実は2個の半加算器であることに気付いたかもしれない。それぞれのためにANDゲートが1個とXORゲートが1個、そしてどちらかの半加算器が要求したときに、1繰り上げがあるよ、と言うためのORゲートだ。

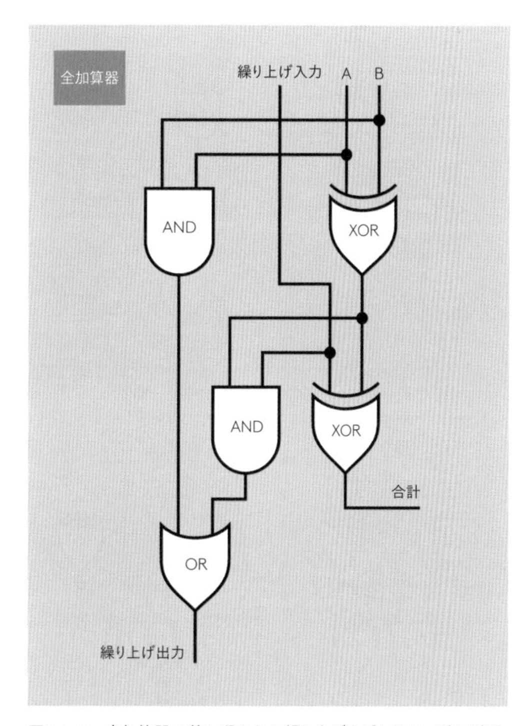

図24-5　全加算器は前の段からの繰り上げを受け取り、2個の新しい2進数とともに足し算する。

最初のXORは入力の2個の2進数を足し合わせるもので、これは前と同じだ。加算によりXORからは1個の数字が出力されるので、これを繰り上げ数字と足し合わせる。このために、もう1つのXORゲートを最初のXORの下に追加する。

全加算器が繰り上げを出力する状況は2種類ある：

1. もし2進数の入力が1および(AND)1であれば、最初のANDゲートを用いて1を繰り上げる（前と同じ）。
2. または(OR)、最初のXORの出力が1であり、かつ(AND)、1繰り上げを受け取った場合、1繰り上げを出力する。

2個の入力と1個の繰り上げ入力があったときの可能な組み合わせの数は8である。このうち4つを例として図24-6に示す。

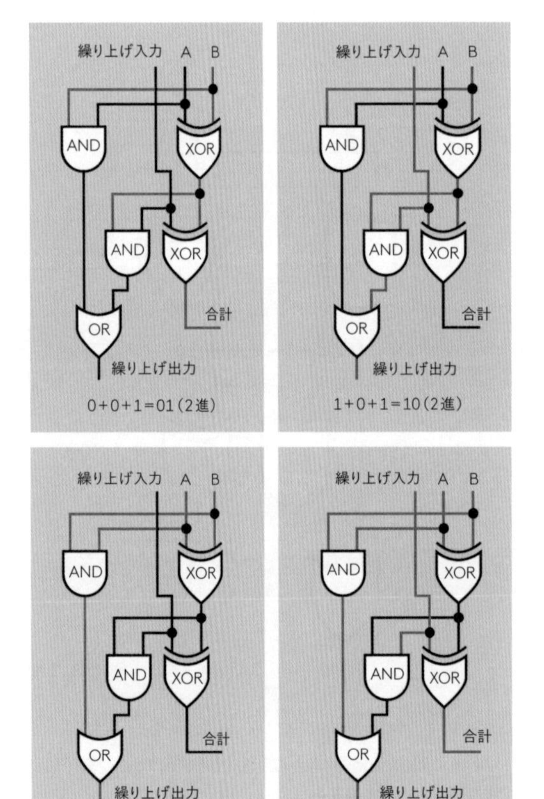

図24-6　全加算器の3つの入力の組み合わせは全部で8種類。これはそのうちの4種類で、加算器がどうやって演算するのかを図解するものである。

あなたが加算器を作る準備はほとんど整った。でもその前に、ちょっとした脱線を。

背景：NANDによる加算器

ロジックゲートは配線によって互いにエミュレート可能であり、上記のXOR/ANDは半加算器を構成する唯一の組み合わせではない。私がこれを使ったのは一番わかりやすいと思ったからだが、普通に使われるのはNANDゲートである。この別解はより多くのゲートが必要なのだが（半加算器には2個でなく5個、全加算器には5個でなく9個必要だ）、NANDによる方法にはほかの種類のゲートがまったく必要でないという大きな利点がある。オールNANDのコンピュータはいろいろな点で製作が容易なので、NANDはコンピューティングの根幹をなすゲートであるといわれることがしばしばである。NANDは74xxロジックチップの長いリストの中で、7400という番号を与えられている。

図24-7は5個のNANDで半加算器を構成する方法、図24-8は9個のNANDで全加算器を構成する方法を示している。ここでも全加算器は、2個の半加算器を重ねたものとなっている。

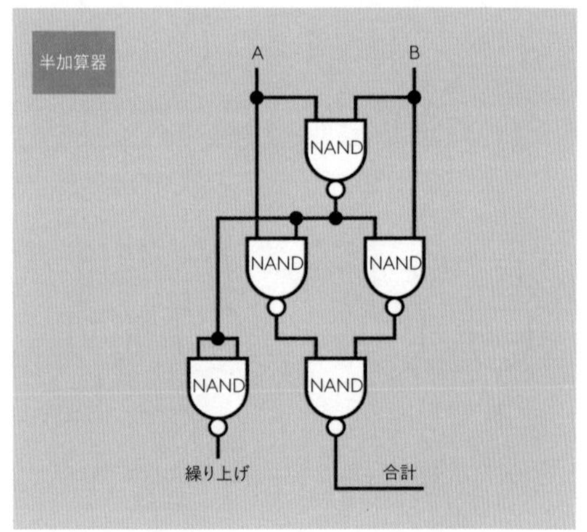

図24-7　半加算器はすべてNANDゲートで構成可能である。

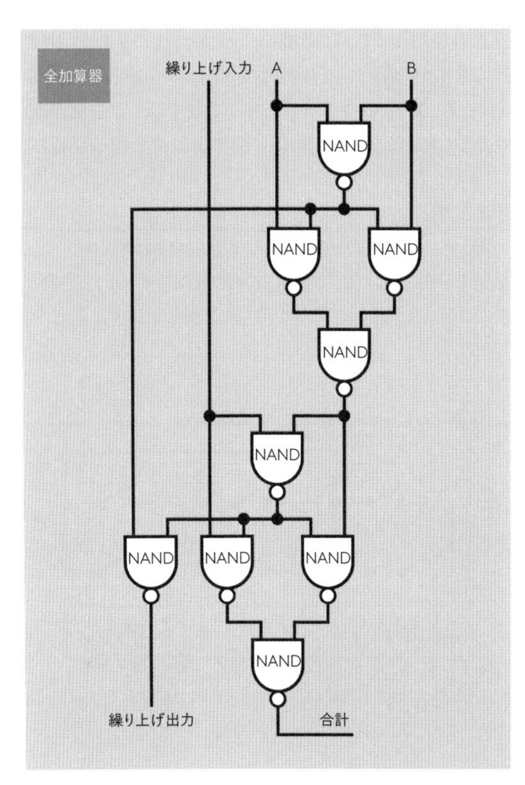

図24-8　全加算器もまたすべてNANDゲートで構成可能である。

几帳面で我慢強い方であれば、これらの図をコピーして赤ペンでロジックの経路を追うことで、8種の可能な組み合わせの入力に対して正しい出力が行われることを自分で確かめられるだろう。個人的にはやるつもりはない。NANDは頭が痛くなるので、私はXOR/ANDの組み合わせを使い続けるつもりである。

あなただけの加算器ちゃん

ハンズオン活動はどこだ？　ここか？　通常私はまず部品を組み合わせて何か作らせておいてから、それがどうしてそのように動くのかの絵解きをする。私が「発見による学習」と呼んでいるものの基本である。

しかし今回は、理論を先に説明しないと何が何だかわからないだろうと思ったのだ。ともあれ今度こそ製作のときだ。3桁の2進数を2個足して4桁の出力を得る計算機を作るのである。

これには半加算器を1回路と全加算器を2回路使う。全部合わせて5個のXORゲート、5個のANDゲート、2個のORゲートが必要だ。4回路2入力チップには2入力ゲートが4個入っているので、そこそこの数のゲートが未使用のままになる。実のところ、チップに入っているゲートを全部使えば4桁の2進数を加算して5桁の答えを得る計算機を作ることもできる。しかしこれはやりたくなくて、というのは、5桁の2進数という出力は私が思い描く次の小さな冒険には大きすぎるのである。次の実験でお見せする約束のものを覚えているだろうか——それは2進数の数字が4個だけならずっと簡単に処理できるものなのだ。

ブレッドボードの追加

図24-9は半加算器1回路と全加算器2回路によって構成した3ビット加算器（4ビット出力付き）の完全なロジック図である。

足し算の対象となる2個の2進数は図の一番上のスイッチ群を押すことで入力する。この3桁の数字を入力するスイッチは、それぞれ濃い青の背景にしてほかと区別がつくようにした。それぞれの桁数字は緑字で示してある。

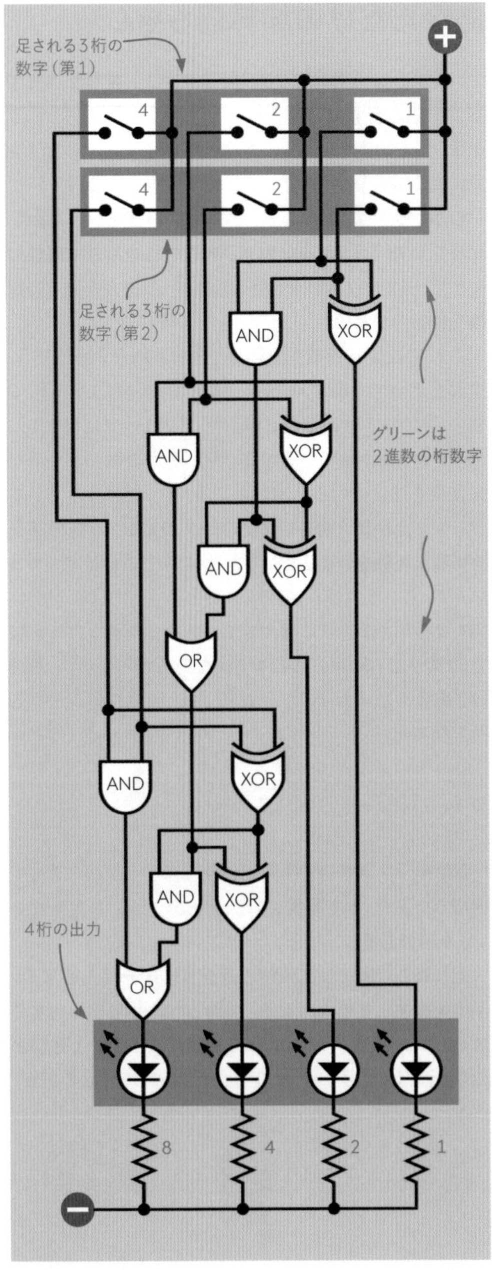

図24-9　3ビット2進数を2個足し合わせて4ビット2進数を出力する回路のロジック図。

前の全加算器のロジック図とはロジックゲートの位置が少し違うが、接続は同じままだ。

適当な例として、10進数の5+7をやってみよう。上の列のスイッチの4と1（合わせて5）と、下の列のスイッチの4と2と1（合わせて7）を閉じてみてほしい。加算機が正しく動作していれば、8と4のLEDが即座に点灯し、10進数12という解答を示す。2と1のLEDは点灯しないままだ。

図24-10はこの回路を組むときに必須のプルダウン抵抗を示した図だ。プルダウン抵抗はスイッチが開のときにロジックゲートの入力が浮くことがないように入れる。

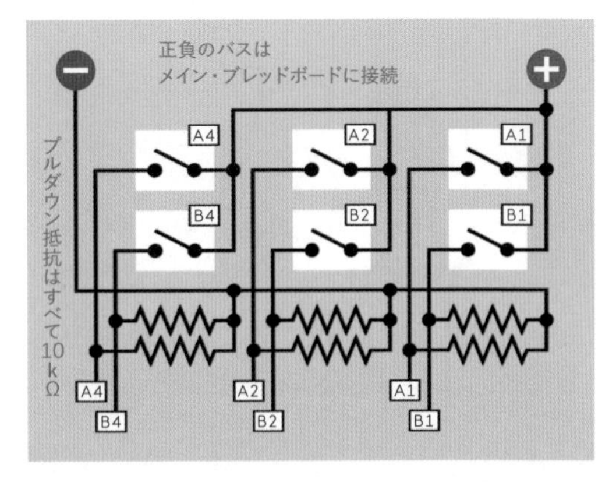

図24-10　3ビット加算器の入力スイッチとそのプルダウン抵抗。

スイッチとその出力に付いたラベル部は、図24-11のメイン回路の入力の同じラベルに接続する。小さな黄色の丸は省スペースのため普通の回路図記号の代わりに使っているLED記号だ。LEDが抵抗内蔵でない場合は、LEDと負極グランドの間に直列抵抗を入れるのを忘れないこと。

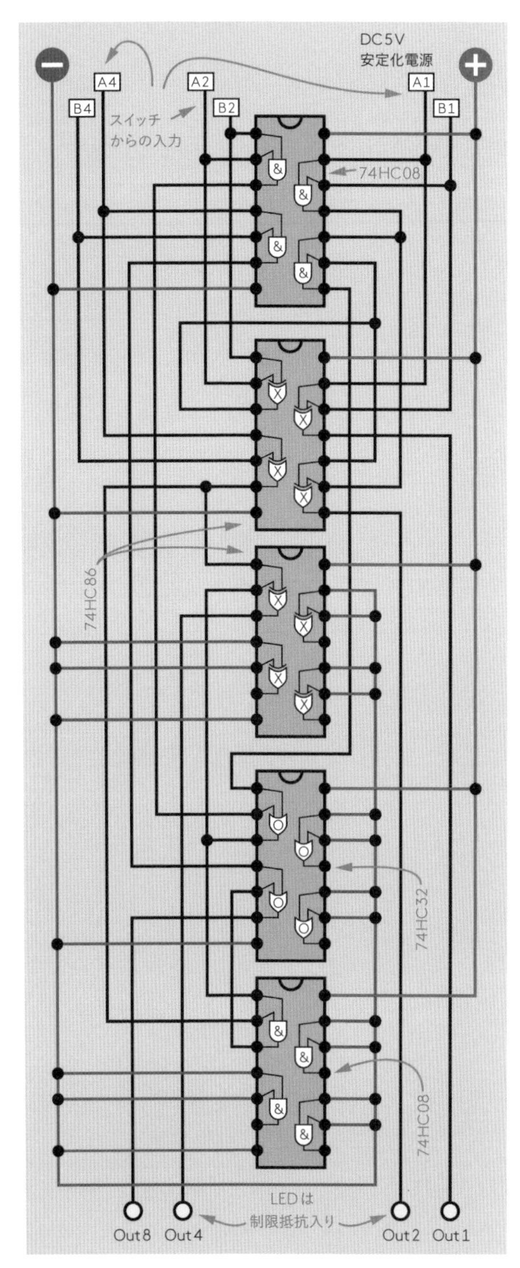

図24-11　4ビット出力の3ビット加算器の部品配置を示したブレッドボード回路図。上部のラベルは別図の入力スイッチとの接続を示す。入力のAやBに続く数字は2進数の桁数字だ。

この回路図は並行して走る配線が非常に多いので、混乱を減らすために電源のプラスマイナスへの接続を赤と青の配線で示してみた。

完成した回路を図24-12に示す。入力にはDIPスイッチを使っている。これなら非常に小さなスペースしか取らずにすむ。

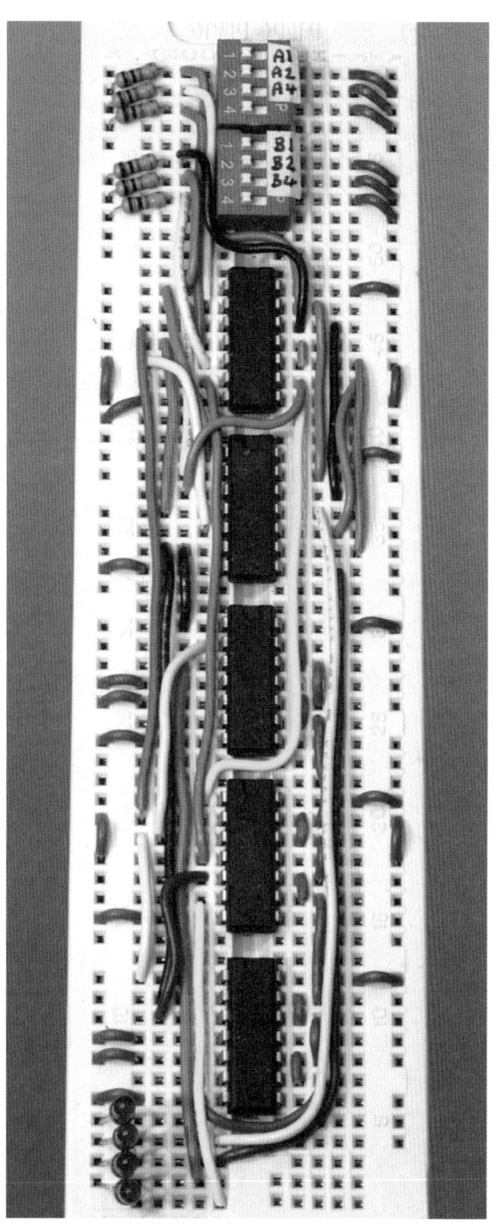

図24-12　完成したブレッドボード版3ビット加算器。DIPスイッチの2進数（AとB）のそれぞれに桁数字1、2、4が振ってある。一番下のLEDは上から1、2、4、8の桁数字を持つ。

こうしてあなたは現実の、ソリッドステートの加算器を得た――ごく最近の1930年代には、完全に魔法としか思えなかったはずのものだ。唯一の問題は……というか、その限られた能力を除いての話だが……唯一の問題は、これが非常に簡単に理解できるとは言い難いことである。10進数から2進数に変換して入力し、得られた2進数の出力を10進数に変換し直さなければならないためである。しかもキーボードはもちろん、数字キーパッドすらない。

実のところ、世界最初のパーソナルコンピュータ（1975年にキット形式で発売されたAltair 8800）は、すべてのデータをスイッチのフリップで入力する必要があった。これをプログラムの「トグル入力」という。このコンピュータにはキーボードがなかった。キーボードはコンピュータと通信するために追加のチップを必要とし、そしてチップは高かったからだ！

もはや1975年ではないことは承知しているので、あなたの3ビット加算器のデータ入力儀式を単純化し、ディスプレイを拡張することは可能だと思う。それが次の実験である。

加算器の拡張

Enhancing Your Adder

加算器への10進出力の追加は10進入力の追加より簡単なタスクであるから、出力からやっつけよう。

帰ってきたデコーダ

7セグの数値ディスプレイをいくつか出力に使えたらなかなか素敵だろうとは思うのだが、これにはドライバが必要であり、ドライバは2進コード化された10進数（BCD：binary-coded decimal）の入力を使う。そしてドライバの入力範囲は2進の0000から1001（10進の0から9）でなければならないのだ。あなたの加算器の出力は2進数0000から1110の範囲になっており、これを7セグ数字2つに変換するのは容易ではない。

というわけで、それぞれが10進値を表すLEDを並べておくことで満足していただけるものと想定するしかない。

これをやるには、実験19で使った4：16デコーダが使える。ただし昔ながらのCMOS版4514ではなくHC版の74HC4514が必要だ。出力ピンでLEDをドライブする必要があるからである。このチップの2進入力にはあなたの加算器の1、2、4、8の重み付けがされた出力が使用できる。出力ピンはLEDを駆動できるので、これに0から14までの10進数を割り付ける（あなたの加算器で演算した和の最大は111+111=1110［2進］であり、これは10進の14であることに注意）。

これらの追加部品は3ビット加算器のブレッドボードには入らないが、ブレッドボードは、特に私の推奨した左右に1本ずつのバスしかないタイプのものは安く買える。なので、この実験用にブレッドボードを2枚使ってもいいとあなたが思うであろうことを想定する。

この出力回路の回路図を図25-1に示す。LEDは番号順に並べたいところだが、74HC4514の出力ピンに付いた値はバラバラである。チップの内側の黒文字の値だ。

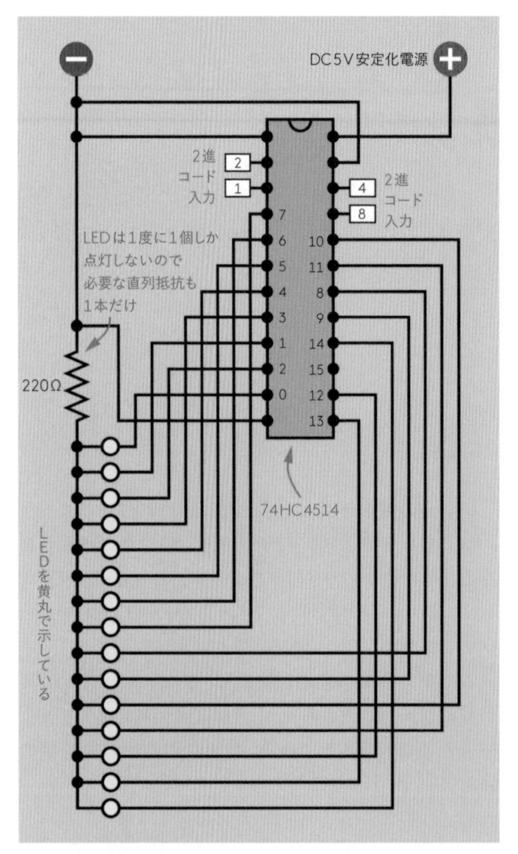

図25-1　実験24の加算器の2進出力は74HC4514デコーダチップの入力になる。デコード後の0から14までの出力をそれぞれLEDに接続する。ハイ状態になるのは1本だけなので、直列抵抗はすべてのLEDで共有できる。

これをもっとも楽に処理する方法は、図でやっているように（黄色の小丸がLEDである）、ブレッドボードの下半分にLEDを入れることだ。LEDが直列抵抗を内蔵していなくても、全部に対して1本の抵抗器しか必要ではない。点灯するのが1度に1本だけだからだ。ブレッドボードのバスが上下に分割されていれば、下半分のバスにすべてのLEDを入れ、上下のバスを直列抵抗で結べばよい。

こんなところだ！　それでは難しい方をやろう。

どっぷりDIPで

10進データの入力には単純なSPSTオンオフスイッチが使用できる。0から7まで番号を振った8個のスイッチを2列用意すればよい。最初の列のスイッチを1個と、2番目の列のスイッチを1個オンにすれば、足し合わせる2個の値が入力できる。

DIPスイッチはこの用途に使えるスイッチの中で、もっとも単純で安価で小型である。通常の8個組のDIPスイッチであれば、1から8の番号が振ってある。これは0から7に振り直す必要がある。

それぞれのスイッチバンクからの配線を8：3エンコーダチップの入力に入れる。ご想像の通り、これはデコーダチップと逆の機能だ。8本の入力ピン（0から7の値を持つ）から1本を取り、出力ピン（1、2、4の桁値を持つ）の2進値に変換するのだ。1個のエンコーダからの出力を加算器回路のラベルA1、A2、A4のデータ線に、もう1個のエンコーダからの出力をB1、B2、B4に入れる。（図24-11参照。）

図25-2は2個のエンコーダの配線を示す回路図だ。注意してこの通りに配線すれば動作するはずである。ただ、これが厳密にはどうして動くのか、ということについては説明が必要だろう——特に、スイッチが電源のプラス側でなく負極グランドに接続されていることにお気づきである方には。これはなぜだろう。

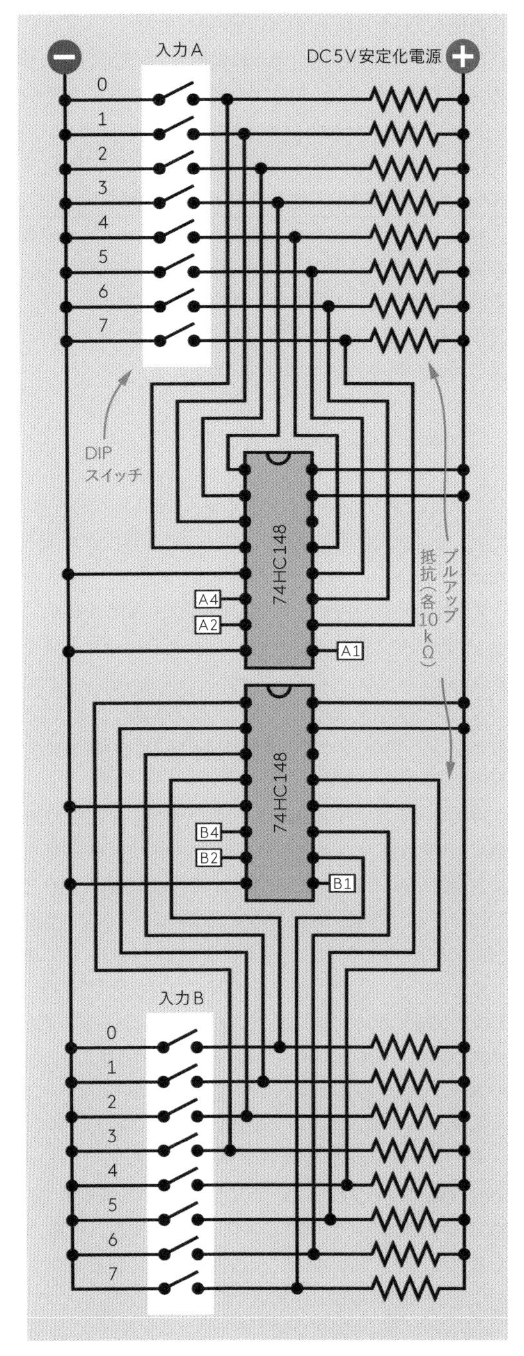

図25-2　2セットのDIPスイッチからの出力が74HC148エンコーダチップの入力に接続されている。入力がロジックローであり、抵抗群がプルダウンでなくプルアップになっていることに注意。これは多くのロジックチップの反対だ。

初めてのエンコーダ

昨今エンコーダはあまり見かけなくなっており、今でも販売者のリストに載っているのはアクティブローロジックを使ったものである。ロー入力／出力が1を、ハイ入力／出力が0を表すというものだ。伝統的なアクティブハイロジックを使う加算機と組み合わせて使うことを考えると、これはだいぶ面倒くさい。私はエンコーダがこのようになっている歴史的な経緯を知らないが、もっとも一般的な74HC148については、チップの奇癖を回避することで使うことができている。ピン配置は図25-3に示してある。

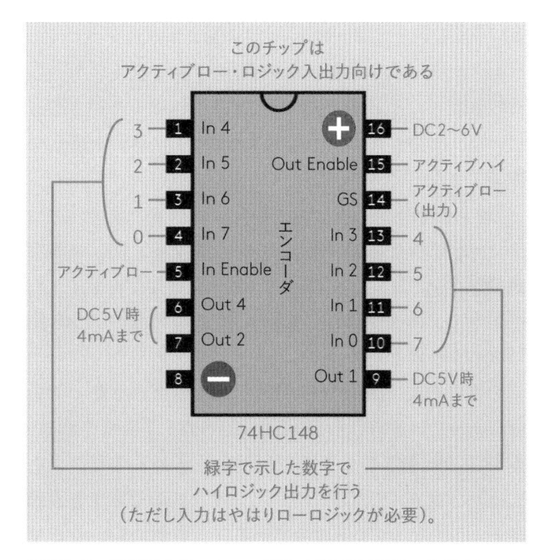

図25-3　74HC148エンコーダチップのピン配置。入出力についての詳細は本文参照。

このエンコーダの出力をアクティブハイにするトリックが存在する。入力を逆順に使うのだ。この様子をピン配置図に緑字で示した。

混乱してる？　まとめてみようか。74HC148の出力を、いつもの大好きなアクティブハイにするには：

- 値7のピンに値0を割り当てる。
- 値6のピンに値1を割り当てる。

（間の値もこの調子で）

- 値0のピンに値7を割り当てる。

入力ピンは依然としてアクティブローだ。これを避けて通る道はない。逆番号トリックは出力だけを修正してアクティブハイ（われわれの回路のほかすべての部分が理解するもの）にする。つまり、図25-2に示したプルアップ抵抗（プルダウンではない）は、すべての入力ピンを常時ハイ状態（0の値を表す）にするものだ。DIPスイッチは負極グランドに接続されているので、スイッチ「オン」にすることで、チップに必要なアクティブロー信号（1の値を表す）を送るのである。

エンコーダのその他の機能

面白いことに、74HC148にはほかにも変な機能がある。多くのデータシートで「GS」と書かれた「グループ・セレクト」ピンというものがある。これは、チップが入力を処理している最中にアクティブローになるという出力ピンだ。出力ピンなので心配する必要はなく、未接続で放置できる。

2本のEnableピンについては、入力イネーブル（データシートではだいたいEI）ピンはアクティブローなので負極グランドにつなぐ。出力イネーブルはアクティブハイなので（なぜかは知らない）、これは電源のプラス側につなぐ必要がある。

こんなので実用的な応用例があるのだろうかと不思議に思っている方もまだいるかもしれない。実はこれは、産業用の制御プロセスでの利用を見込めるのだ。たとえば小さなアイテムが一連のオンオフ式のセンサを通過するようになっている場合である。入力数の限られたマイクロコントローラを使う場合、センサに8：3エンコーダチップを通じてアクセスすることにより、入力を3本に減らせるのだ。このテクニックの威力は入力が多いほど発揮される。エンコーダチップをチェーンすることを考えてみよう。入力の数が2倍になっても2進出力は1本しか増えないのだ。これは2進数の桁値がその前の桁の2倍であるためだ。桁値の威力は即座に理解されるものではないので、ちょっとだけ突っ込んで書いておこう。

背景：2進数の累乗（パワー）

本書でこれまでに扱ってきた2進入出力は桁値が1、2、4、8までのものであった。この倍々の数字は特に印象的なものではない。なにしろ人間が使っている10進数はもっと強烈で、1桁上がれば10倍になる。それでもこの倍々プロセスは予想しない結果を生む。

8ビットの2進数なら、最も左の桁値は128であり、8桁全部では0から255の数字を表現することができる。これらはコンピューティングで非常に一般的な値だ。コンピュータのメモリの1バイトは通常8ビットから成る。よくあるJPEG画像のピクセルは3つの色（赤緑青）を持ち、それぞれに「完全な暗黒」を意味する0から「最大の輝度」を意味する255の値がつくことで表現される。色に256の階調があると言われても大したことがないように感じられるかもしれないが、3つの色は独立なので、これの可能な組み合わせの数は：

256*256*256=16,777,216

である。コンピュータのビデオカードが「1,600万色」だという話を聞いたことがあるなら、その理由がわかっただろう。

2進数の桁数を増やせば、状況はさらに面白くなる。

16ビットの2進数は0から65,535までの値を表現できる。

32ビットの2進数は40億を少し超える値になる——これは32ビットのOSが通常4ギガバイト以上のRAMのアドレッシングを行えない理由だ。

ギガバイトという用語について：「ギガ」の国際的定義は10億だが、コンピュータメモリの「ギガ」は1の後ろに30個のゼロがついた2進数だ。これは10進表記だと1,073,741,824となる。この状況はキロバイトが2進数10000000000（10進で1,024）と定義されたことに端を発している。メガバイトは1,024キロバイト、ギガバイトは1,024メガバイトになったのだ。ただしハードディスクについては、ギガバイトとは単に10億（10進）のことであることを念の為に書いておく。

まあよい、2進数のパワーの話に戻ろう——

私は10ドルの小型電卓を持っているが、これは999,999,999,999まで、ほぼ1兆という数を表せる。電卓の中でこれを処理するのに必要な2進数は何桁になるだろうか。私は41桁で十分だと思う。正負を表すのに1ビット使うものとの想定でだ。

1と0だけという限界に縛られている2進数だが、膨大な数を扱うことは可能なのである。

背景：自分でエンコード

74HC4514チップを使いたくない場合、自分でエンコーダを作ることもできる。ロジック自体はとてもシンプルだからだ。これを図25-4に示す。この通りに配線して（たとえば）6のスイッチを押せば、4と2の値の2進出力がアクティブになる。この回路を実際に作る場合はスイッチの出力にそれぞれプルダウン抵抗が必要であることに注意。

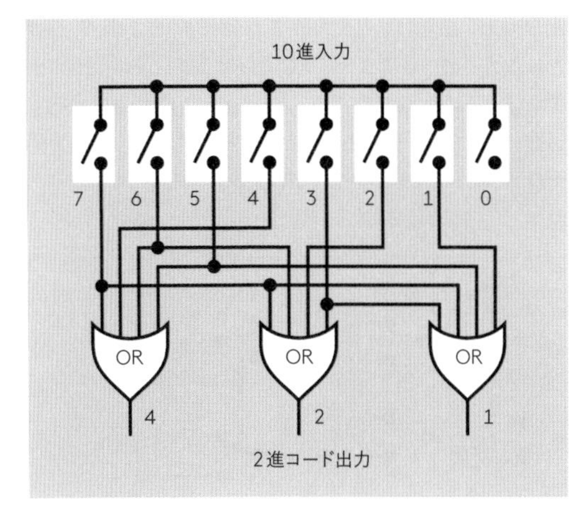

図25-4　3個の4入力ORゲートがあれば8：3エンコーダチップのエミュレートができる。プルダウン抵抗（図にはない）がスイッチそれぞれの出力側に必要である。

4入力ORゲートを使いたかったのにHCファミリーにはなかった、ということがあったのを覚えているかもしれない。（20章を参照。）これはここでは問題になるだろうか。ならない。ここではORゲートの出力でLEDを駆動するわけではないからだ。これらは加算器回路（図24-11）のほかのチップの入力に接続される。だから古いCMOS4000Bシリーズのチップが使える。2回路4入力ORチップの4072Bが2個あればこの仕事がこなせる。

私はチップカウントを最小化したかったので、ORゲートのチップを2個使う代わりに74HC148エンコーダを指定した。

Make Even More：ほかの入力

データ入力については、DIPスイッチの代わりに8接点のロータリースイッチを使ってもよい。これは複数の数字を同時に選択することを防止してくれる――ただしブレッドボードには入らないし高くなる。

またキーパッドを検討してもよいだろう。マトリックスエンコードではないものが見つかるなら特にだ。マトリックスエンコードのキーパッドはマイクロコントローラでスキャンするようにできている。エンコードされていないキーパッドは入力する各数字に別々の出力を与えてくれるもので、ただしあまり一般的ではない。（『Make: Electronics』の実験では使ったことがある）。

最後に、サムホイールで0から9または0から15までの数字を選択するタイプの入力デバイスを使うこともできる。紛らわしいが、これもよく「エンコーダ」と呼ばれている。

スイッチできる？

2進数加算器の入出力の10進数化が完了した今、このプロジェクトはできるところまでやり切ったのだろうと思っている方もおられるかもしれない――ところが実は、まだお勧めしたいものがあるのだ。テレパシー・テスター、じゃんけんゲーム、オビッドのゲームで、ロジックチップの代わりにスイッチを使ったバージョンについて書いたことについては、もちろん覚えていることと思う。いやいや、原始的な電気機械式スイッチで2進数計算機を作ろうだなんて考えているとでも？

実はその考えに抗しきれないのだ。これを独立の実験とはしない。なぜならこれは楽しいだけが――少なくとも私が考えるのが楽しいだけが理由で入っている、本当にMake-Even-More的な脱線であるからだ。完全にエレクトロニクス抜きの2進数加算器（LEDを勘定に入れなければ）、という考えをとても気に入っているのだ。

また、この種のものには実用性こそないものの、あなたがコンピュータのように考える助けになるし、それは優れたロジック回路を（あるいは優れたソフトウェアを）デザインするための必要条件なのだ。というわけで、私はこれにいくらかの価値があると思うものである。

Make Even More：
スイッチ化2進数加算器

それではスイッチで作ったものをお見せしよう。ロジックゲート版の図18-1に相当するものだ。半加算器はXORゲートとANDゲートで作れるので、スイッチ2個だけで表現できてしまう（図25-5）。

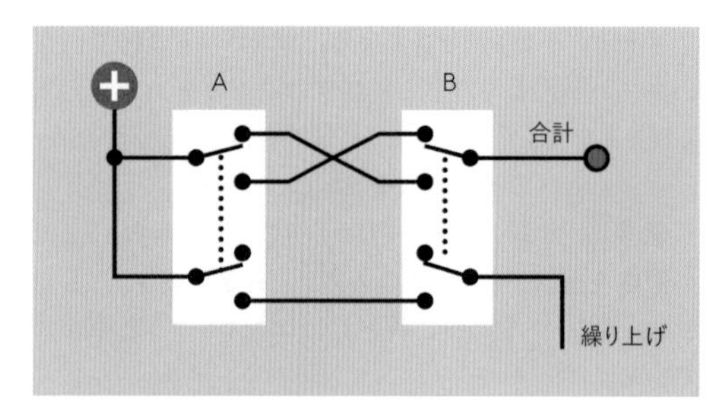

図25-5　半加算器の機能は2個のDPDTスイッチでエミュレート可能だ。グランド接続されたLEDは「和」のインジケータだ（直列抵抗が必要である）。

スイッチをロジックゲートの代用に使った場合、入力はスイッチを押すことにより構成される。だから、2進数の足し算「1+0」を入力したいときは、左のスイッチを閉にし、右のスイッチは開のままにする。これはLEDの点灯と繰り上げ出力のないことにより、1という答えを正しく与える。また、もし両方のスイッチを押して「1+1」を入力すれば、10という正しい答えが、繰り上げ出力の存在とLEDの消灯によって得られる。

これは比較的簡単な感じだが、全加算器は問題が多い。全加算器のロジック図、図24-5を見返して記憶をリフレッシュしよう。上の方は、今やった半加算器とまったく同じである。ここは問題ない。しかし最初のXORゲートからの出力はもう1つのXORに送られ、ここで下の桁からの繰り上がりと比較される。

問題は、われわれが今入力として使っているのがスイッチを押す指であることだ。2番目のXORには電気的な入力しかない――指で押せるものなど何もないのだ。

もう1つ問題がある。ロジックゲートはロー出力をハイ出力と同じくらい簡単に解釈できる。ところがスイッチを使った場合、ロー出力とは開状態のスイッチのことであり、その出力は不定であるため、解釈不能なのだ。

これらの問題への私の答えは、「繰り上げ」という出力に加えて、「繰り上げなし」というアクティブ出力を半加算器から行うことだ。これにより、次段の加算器が遮断したり通過させたりすることができる電圧というものが生じる。

改訂版の半加算器の回路図を図25-6に示す。「繰り上げなし」出力は、どちらかまたは両方のスイッチが押されなかったときアクティブになる。「繰り上げ」出力がアクティブになるのは両方のスイッチが押されているときだけなので、「繰り上げ」と「繰り上げなし」の出力同士はお互いを反転させたものとなる。

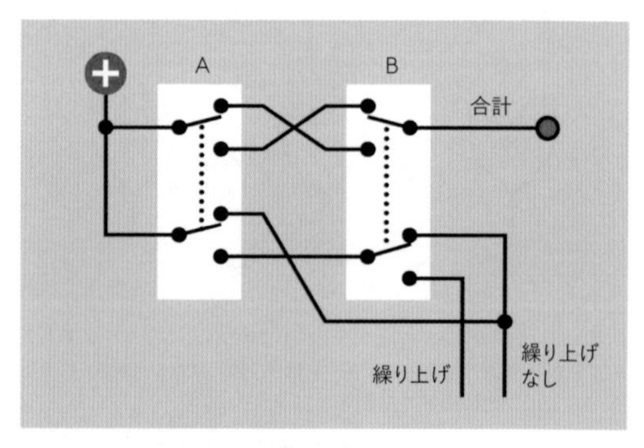

図25-6　前図のスイッチ半加算器に「繰り上げなし」出力を追加することで次段に渡す電圧を作る。

表を作る

次のステップは、われわれが全加算器に求めることを厳密に明らかにすることだ。これをするため、ちょっとした表を作ってみた。図25-7だ。ここでは加算器が生じうる3種類の出力と、それを生ずる入力の組み合わせのすべてが示してある。

スイッチA	スイッチB	繰り上げ入力	繰り上げなし入力	出力
開	開	1	0	計=1
開	閉	0	1	
閉	開	0	1	
閉	閉	1	0	
開	閉	1	0	繰り上げ出力=1
閉	開	1	0	
閉	閉	1	0	
閉	閉	0	1	
開	開	0	1	繰り上げなし出力=1
開	開	1	0	
開	閉	0	1	
閉	開	0	1	

図25-7　全加算器の出力をすべての可能な入力の組み合わせについて求める。

たとえば表の2行目ではスイッチAが開（入力0を表す）、スイッチBが閉（入力1を表す）、そして前桁からの繰り上がりはなしなので、和=1だ。表の11行目は、同じ入力の組み合わせで「繰り上げなし」を出力することを示す。片方のスイッチを押しており、繰り上がりが来ていないとき、次段への繰り上げはないのでこれでよい。

スイッチの仕様

表の要求にマッチするスイッチ群のパターンを（どうにかこうにか）考えつくことができた。回路図を図25-8に示す。

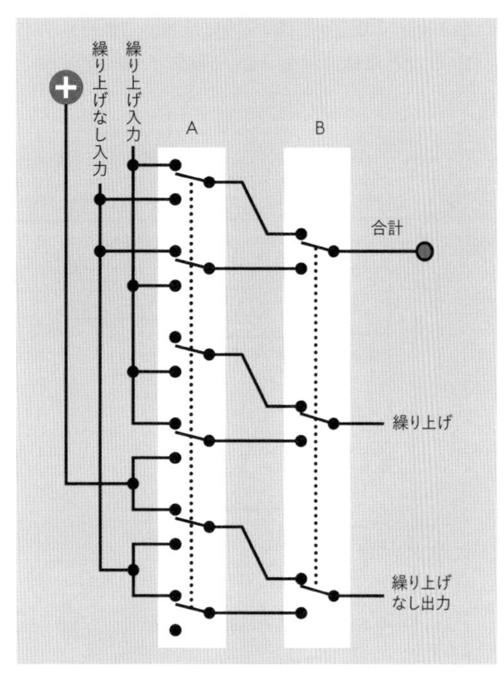

図25-8　前表で定めた出力群を生成する、6極スイッチと3極スイッチによる全加算器。

ご覧の通り、これは6極スイッチと3極スイッチを必要とする。こうしたスイッチはラッチング押しボタンの形で市販されているが、まだ完成ではないのだ。スイッチにはLEDを追加して、押してあるときはそれとわかるようにしたい。

スイッチBについては簡単だ。なぜなら接点が3セットしかないので、LEDを点灯するためにもう1セット追加することができるからだ。しかしスイッチAに接点を追加するのは問題だ。すでに6極も使っているのだ。8極スイッチというのも確かに存在しているが、eBayで中国の業者を探し回りでもしない限り高価である。

しばらく考えてから、グレアム・ロジャース（Graham Rogers）というイングランドのプログラマーが私と同じパズルへの興味を共有していたことを思い出した——そして私と同じくらい執拗なたちのグレアムは、数年前に2進数加算器のスイッチ版を作り出していたのだ。その回路図は見つけられなかったが、彼と一緒にチェックしたところ、われわれは基本的に同じ回路に独立にたどり着いていたことがわかった。ところが彼は和を生成するスイッチ機能を入れ替えており、これにより左のスイッチが1極空いて、LEDを駆動できるようになっていた。

この改訂版の回路を図25-9に示す。これは前のバージョンほど単純ではないが、6極スイッチしか必要としない。

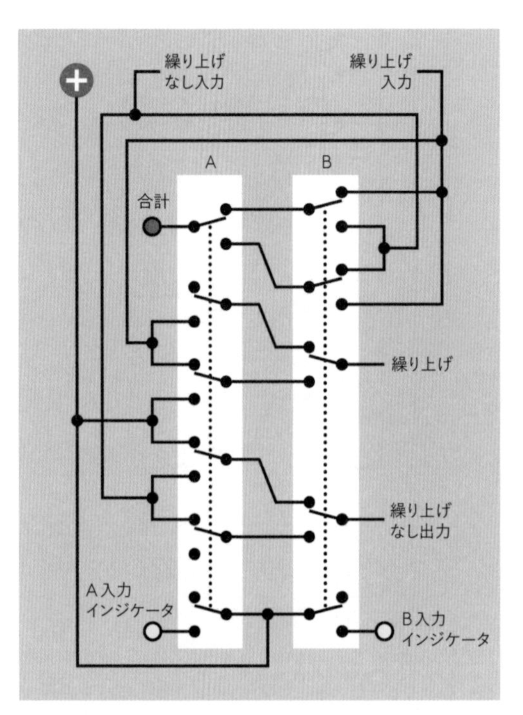

図25-9　スイッチ全加算器の改定回路図。両方のスイッチにLEDインジケータ用の極が確保できる。

このスイッチ加算器は好きなだけの段数を重ね、好きなだけの桁数の2進数を処理できる。グレアムが製作したバージョンは2個の8ビット数（2バイト）を足し算できて、引き算までできる。2進数での引き算のルールは思い出せないので、この問題はあなたにゆだねることにする。

Make Even More：ほかの可能性

スイッチ版2進加算器をさらに単純化できないだろうか？　スイッチの極数は減らせないだろうか？　できるとは思えないのだが、間違いであってほしい。何か思いついた方はお知らせ願いたい。

そしてこの問いを立てることに抗しきれない——図25-4からORゲートを排除し、10進数入力を処理して2進数にするエンコーダを、スイッチだけで作れないだろうか。可能なはずである。図25-4のような単純なゲートセットを見たら、スイッチでエミュレートできると思って間違いない。

実際これはごく簡単だ。回路を図25-10に示す。

この回路の出力は電子版の加算器（図24-11）に使用可能だ。ただしDIPスイッチを捨ててSPST、DPDT、3PDTスイッチの組み合わせを使うことになる。

これをスイッチ版加算器に組み込む方法は見つからなかった。問題は、スイッチ加算器でのスイッチたちは単に入力を供給するだけではないことにある。算術演算の処理という、もう1つの役割を担っているのだ。現実的な極数のスイッチを使った10進入力のスイッチ半加算器が可能であれば驚きである。とはいえ、私はそれが不可能であることを証明できないし、人間の工夫というものはときどきものすごい結果を生むものである。

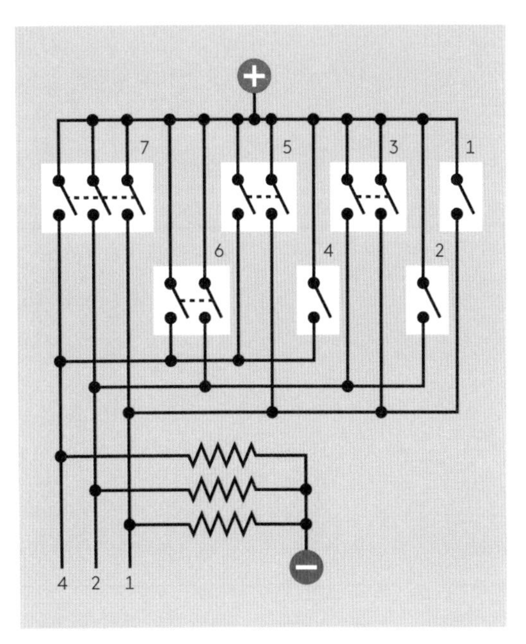

図25-10　このスイッチ回路は8：3エンコーダチップの機能をエミュレートする。

今の電子計算機時代以前、加算器（複数桁の乗算もできた）が完全に機械式だったことを思い出してほしい。中を見れば、信じられないほど複雑に組み上がったギアとレバーがあり、その設計は当然ながらすべて紙と鉛筆で行われていた。CAD時代よりはるか以前のことである。

さらにさかのぼると、チャールズ・バベッジ（Charles Babbage）の「階差機関（ディファレンス・エンジン。最初の部分が1832年製作）」は計算機械であった。これはバベッジを汎用のプログラマブル計算機械である「解析機械（アナリティカル・エンジン）」の計画に導いた。誰かがある問題に十分な時間と資金で取り組むとき、ビジョンと持続力の組み合わせはとてつもない結果につながる可能性がある。

しかし私は次のリングカウンターとシフトレジスタのことに移る。これはランダム性にさらに深く、最終的にはさまざまなタイプのセンサを使ったそれにまで入り込むものだ。そしてセンサは本書の締めくくりのトピックとなる。

リングを駆ける

Running Rings

リングカウンターは「デコード出力」を持つタイプのカウンターである。これはピンを0から順々に1本ずつアクティブにする動作を最大値（ピンの数による）までカウントアップしていくということだ。最大値まで行ったら0に戻って繰り返す。

これに対してバイナリ（2進数）カウンターは「コード出力」を持つ。すなわち、出力ピンのハイ・ロー状態が2進コードでの数値を表す。

ここで使うリングカウンターは74HC4017で、10進カウンターとも呼ばれるチップだ。10までカウントアップする（実際には0から9だが）ことからこの名がある。私はこれを2種類の反射テストゲームに使うことを計画している。1つはLEDを順々に、もう1つはランダムに点灯させるものだ。

リングデモ

リングカウンターのデモは非常に簡単だ。LEDを出力ピンたちに接続しておいて、遅く発振するタイマーチップで駆動すればよいのだ。私のテストでは、クラシックなバイポーラ版の555タイマーはシグナルがノイジーすぎて、リングカウンターが1パルスを2パルスに解釈することが多かった。この問題はもしかしたら平滑コンデンサを入れれば解決したかもしれないが、ノイズの少ない部品を使った方が安全だと思ったのでそちらを使うことにした：7555タイマーだ。これは古い555と同じピン配置で同じタイミング特性を持ちながら、ロジックチップとうまく互換性のとれるクリーンな出力になっている。

警告：タイマーの非互換性

7555タイマーと伝統的555タイマーは別々に保管するよう気をつけること。同じに見えるし同じ動作に感じられる両者だが、7555の出力の電流ソース能力は限界が低い。ほかのチップや1個のLEDなら駆動できるが、リレーと組み合わせてはいけない。

また、7555の出力は確かに綺麗だが、入力についてはちょっとうるさいことがある。たとえばだが、入力ピンをカップリングコンデンサ経由でドライブするときに、コンデンサの値が大事になることがある。電圧スパイクがタイマーの現在のサイクルを早くに終わらせることがあるのだ。これはデータシートには書かれていないが、私は遭遇したことがある。

面倒なピン並び

デモ回路を図26-1に示す。前の実験同様、正しい記号を入れる場所がないので、LEDを示すのに黄色の丸を使っている。直列抵抗が内蔵されていないLEDを使う場合は追加すること。LEDは同時に1本しか点灯しないので、必要な直列抵抗も1本だけである。

74HC4017の8番ピンがLED経由ではなく直接負極グランドに接続されていることに注意。これは電源ピンなのだ。

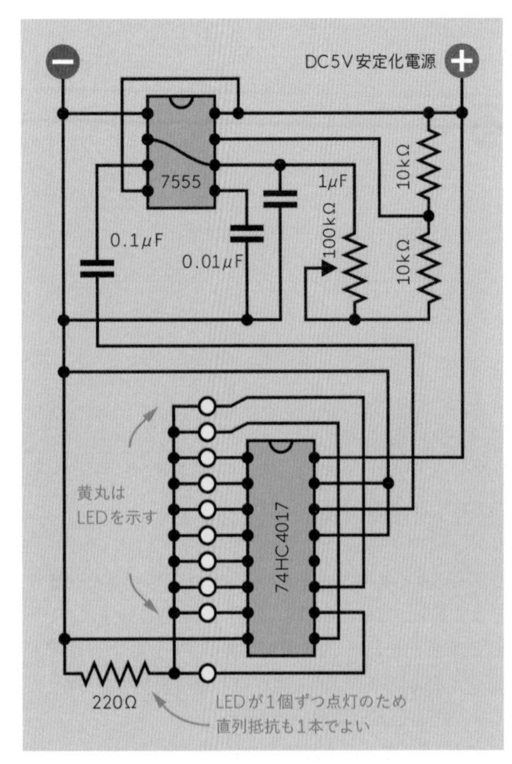

図26-1　10進カウンター74HC4017の簡単なデモンストレーション。クロック入力に低速の連続パルスを与え、イネーブルピンとリセットピンはローに保持する。

回路を組んで電源を入れると、カウンターが555からのパルスに応答してLEDを1個ずつ光らせる。困ったことに、74HC4017のピンの値はバラバラで、実験25で見た74HC4514デコーダの並びよりもさらにメチャクチャだ。図26-2はこのチップでの値の割り当てを示す。

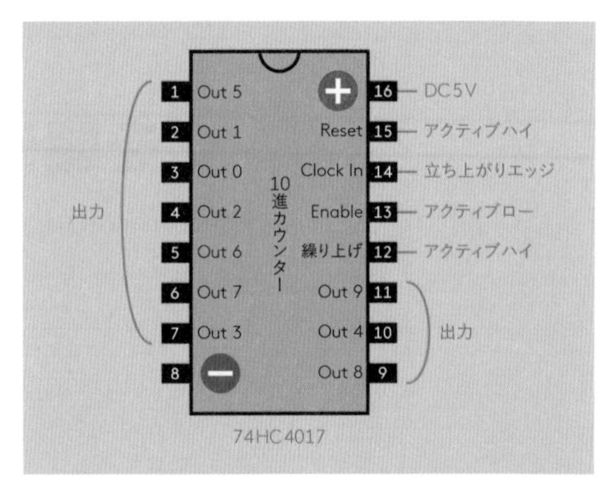

図26-2　74HC4017カウンターのピン配置。これはリングカウンターである。つまり、出力はデコードされて——2進コードの組み合わせでなく1度に1本ずつ通電することで——カウントアップしていく。10の出力を持つため、10進カウンターとも分類されている。

実験25のデコーダチップでやったように、LEDをブレッドボードの下半分にずらし、ジャンパ線でバラバラの値を並べ直したいところである。ところが今回私が計画している用途では、さらなるチップとそのためのブレッドボードスペースが必要だ。LEDを並べるには2枚めのブレッドボードがどうしても必要だ。そちらにカウンターからの配線を伸ばすようにするとよい（図26-3）。接続は色分けしてあるので追いやすいと思う。

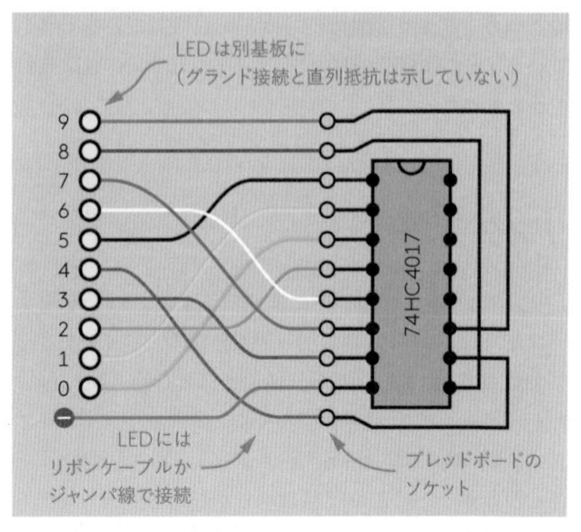

図26-3　74HC4017リングカウンターのピンの並びを並べ直してLEDを番号順に点灯させるための配線図。色付きの配線はジャンパ線でもリボンケーブルでもよい。

図26-4のテスト回路のようにフレキシブルなジャンパ線を使うとよい。ボードをまたぐ配線には接続が追いやすいようにできるだけ多くの色の配線を使うとよい。

図26-4　ジャンパ線を使い、カウンター出力を並べ直しつつ電源を供給すると、LEDが番号順に点灯する。写真のブレッドボードの上部にある部品はカウンターのデモを実行するためのものだ（下記参照）。

ただし経験的に、この種のジャンパ線の両端にある小さいプラグでの接続は、堅牢とも高信頼とも言い難いものがある。よりよいソリューションは、リボンケーブルの先にヘッダをハンダ付けする方法だ。これを図26-5に示す。

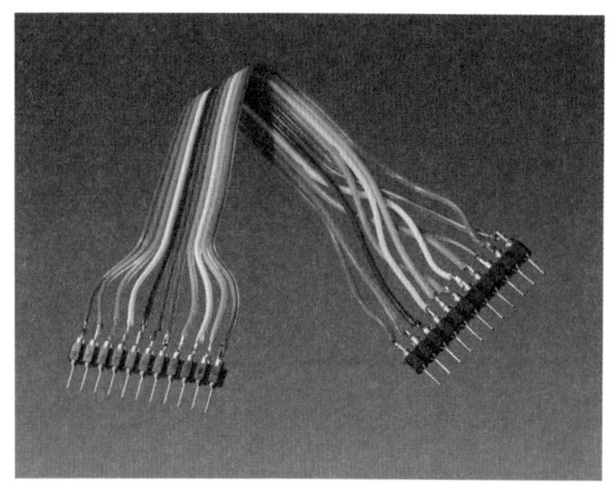

図26-5　両端にヘッダピンをハンダ付けしたリボンケーブル。前図のように接続するため、線をあちこち入れ替えてある。

「ヘッダ」という用語を見たことがない方もいるかもしれない。OK、ちょっと説明しておこうじゃないか。使い方がちょっと紛らわしいのだ。

ヘッダ類はややわかり

「ヘッダ」という用語は厳密なものではない。多くの場合、これは薄い長いプラスチックに埋め込まれた一連の「ヘッダピン」のことを指す。反対側に出た短い端子までが1本のピンだ。図26-5に出ているのはこれである。プラスチックの部分は必要なピン数で折ることができ、ピン部分はブレッドボードにしっかりと押し込める（ちゃんと2.54ミリ間隔の製品を買うこと）*。リボンケーブルの線を並び替えつつ、後ろの端子にハンダ付けするとよい。

ユニバーサル基板を使った恒久的な取り付けの場合は、基板側に「ヘッダソケット」が必要だ。ヘッダピンをヘッダソケットに差し込むのである。ややこしいことに、パーツベンダーのカテゴリーではソケットもピンも「header」で指定するようになっている。

ヘッダピンを1種類とヘッダソケットを2種類、図26-6に示す。

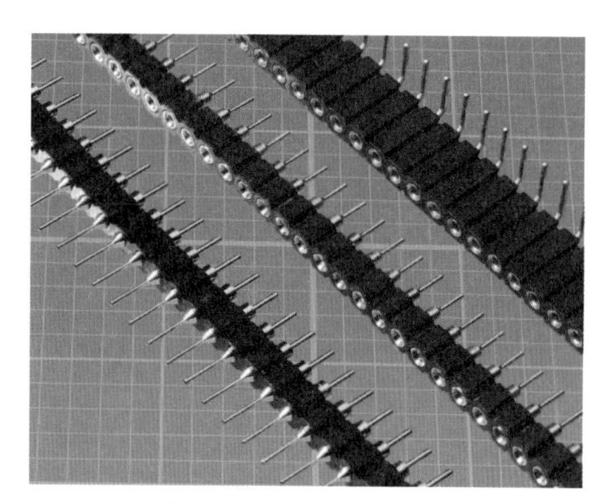

図26-6　ヘッダピンやヘッダソケットは必要なピン数で折って使えるように長い状態で販売されている。ピンもソケットも「headers」で指定されることが多い。形式はさまざまで、一番右のようにL型のピンのものもある。

＊訳注：写真のものは日本では「丸ピンICソケット」の名で販売されている。この種の製品はピン径0.5ミリ、穴径0.8ミリの規格だ。日本で一般に「ピンヘッダ」と呼ばれるものは、樹脂製のレールにピンが並ぶという形式は同じだが、ピンが細い角棒状になっており、ピン径は0.6ミリ程度と太めだ。ピン径0.5ミリの「細ピンヘッダ」もあり、ブレッドボード用として販売されているが、正直どちらでもよいと思う。日本製の高級ブレッドボード、たとえばサンハヤト製品の場合、使用可能線径が「AWG#22〜#30（0.3φ〜0.8φ）」と指定されているが、経験的には安価なブレッドボードほど穴が大きくバネが弱いようだ。

リングカウンターはやわかり

テスト回路より先に進む前に、リングカウンターの重要事項をまとめておこう：

- 74HC4017は10進カウンターであり、10ある出力が順番に1度に1本ずつ通電する。
- これはリングカウンターとも呼ばれる。
- よく使われるリングカウンターは出力が8、10、16のものだ。
- 2進コード出力のカウンターはすべての出力をローにすることで0を表現する。リングカウンターには値0を表す出力があり、カウンターが0のときこれはハイになる。
- リングカウンターはクロック入力がある限り出力シーケンスを無限に繰り返す。
- 74HC4017は通常、リセットピンをローに、イネーブルピンをハイに保持したまま使う。繰り上げピンは単なる出力であり、未接続で構わない。クロックピンはローからハイへの遷移（「クロック信号の立ち上がり」という）に応答する。
- 繰り上がり出力はカウンターの出力が値9から値0に戻るときハイになるので、これを次のカウンターのクロック入力に接続することで99までの値が表示できるようになる。カウンターをさらに追加することもできる。
- リセットピンがハイになると、カウンターは強制的に0出力に戻される。
- 10進ではないリングカウンターもあるし、10進カウンターにはリングカウンターでないものもある。リングカウンターとは出力が1本ずつ通電されるシングルデコード出力のカウンターだ。ただしそのカウント数は10とは限らない。10進カウンターとは0から9までをカウントするカウンターだ。ただしその出力は2進出力でもシングルデコード出力でも構わない。2進出力の10進カウンターはデータシートで「binary-coded decimal（2進コード10進数）」あるいは「BCD」となっている。

あのゲームを作る

ラスベガスでプレイできるゲームに、LEDが巨大な輪を描いてぐるぐる点灯して回るというのがある。自分の目の前に来た瞬間にボタンを押すのだ。お金を出すと決まった回数だけボタンが押せる。

このゲームのシンプル版を作ろうと思うが、ブレッドボードで組む限りLEDを丸く配置するのは難しいだろう。それで縦並びのLEDで妥協することにした。プレイヤーは1番下のLEDが光った瞬間にボタンを押すのだ。時間がある人はリング状に並べた回路を作り直すとよい。

ボタンを押しっぱなしにするだけで勝てるようにはしないために、ワンショットモードのタイマーを追加しよう。555は通常、入力がローに保持されている間は自分を再トリガーし続けるが、押しボタンスイッチとタイマーの間にカップリングコンデンサを入れてやれば、コンデンサがハイからローへの最初の遷移だけを通してくれる（これは7章の「時間光学的ランプスイッチャー」で使ったワンショットタイマーと同じだ）。また、このコンデンサの値が適切であれば、ボタンを押したときの「接点バウンス（チャタリング）」による小さなスパイクを無視するようになるはずだ。（接点バウンスについては『Make: Electronics』で少し検討した。）

ところで、この押しボタンには2本の極が必要だ（DPSTかDPDTであること）。これはボタンを押していないときにカップリングコンデンサを電源プラス側に接続しておくためである。これをやらないと、ボタンを押したときに放電すべきチャージがない、ということになる。

図26-7はゲームのコンセプトをブロック図で示したものだ。

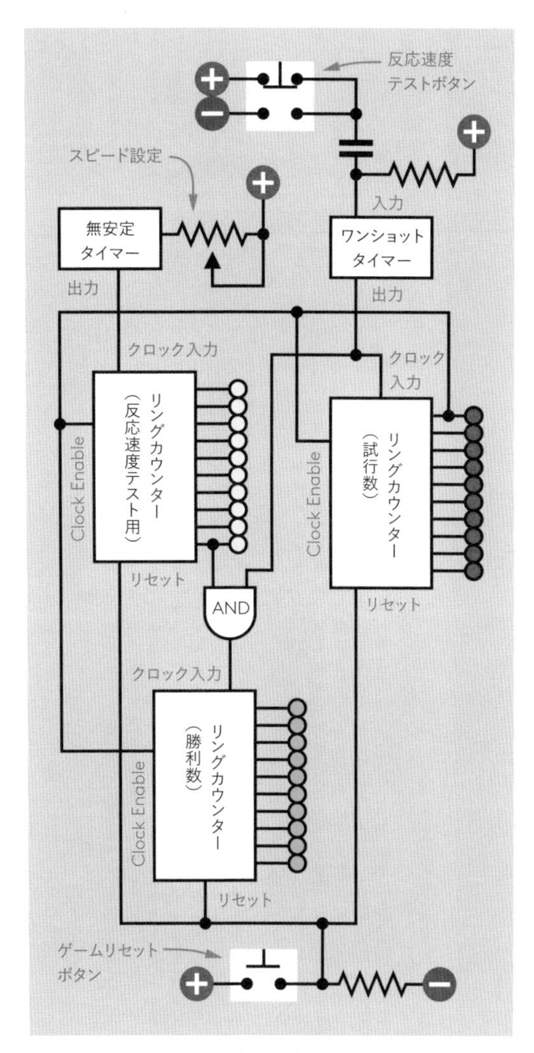

図26-7　リングカウンターゲームの簡略なロジックを示したブロック図。

追加機能

ブロック図を見ると、プレイヤーが成功したときはボタンの押下とリングカウンターが同期したことをANDゲートで検出していることがわかるだろう。ANDゲートがトリガーするのは（さて何でしょう）……ほかのリングカウンターだ。これは接続された10個の緑色LEDを使ってスコアを記録する。

ゲームの終了判定には3個目のリングカウンターを使った。これは赤色LEDである。ボタンを押せばこれが1個進む。プレイヤーの勝ち負けは関係ない。0から9まで進むと、値9の出力は3個のカウンターすべてのclock-enableピンに接続されており、ピン状態をローからハイに変えることですべてをフリーズさせる。

もう一度プレイするには図の一番下にあるリセットボタンを押すしかない。これは3つのカウンターすべてのリセットピンにハイ信号を送り、カウントを0に戻す。リセット信号はclock enableピンのハイ状態をオーバーライドする。

というわけで、このゲームのセットアップにはLEDが30個必要だ。さいわい昨今ではLEDは安価で（中国から買うと1個2セントくらい）、またリングカウンターはLEDを同時には1個しか点灯しないので、10個ずつのLED列のそれぞれが1本ずつの直列抵抗を共有できる。抵抗内蔵のLEDに余分なお金を使う必要はない。

ゲームの回路図を図26-8に示す。スペースがないので、この回路図ではLEDを完全に省いている。各カウンターに付いている黄色、赤色、緑色の数字は、そのピンをその色のLEDに、その番号順に接続することを示すものだ。色は図26-7と合わせてある。

また、やはり回路図のスペースを省くため、チップを斜めにずらしてある。当然だが、ブレッドボードでは1個ずつ直列させる必要がある。自分でうまく収めてほしい。

前のテスト回路を起点にするなら、最初のリングカウンターの13番ピンと15番ピンを負極グランドから切り離すのを忘れないこと。当初はこれらをグランドに接続することで、リセット機能を無効に、チップをenableモードにしておいた。フル版の回路では、これらの機能はそれぞれ、新しいゲームの開始と10回プレイ後のゲーム・フリーズのために制御されている。

ブレッドボード2枚の回路の写真を図26-9と図26-10に示す。

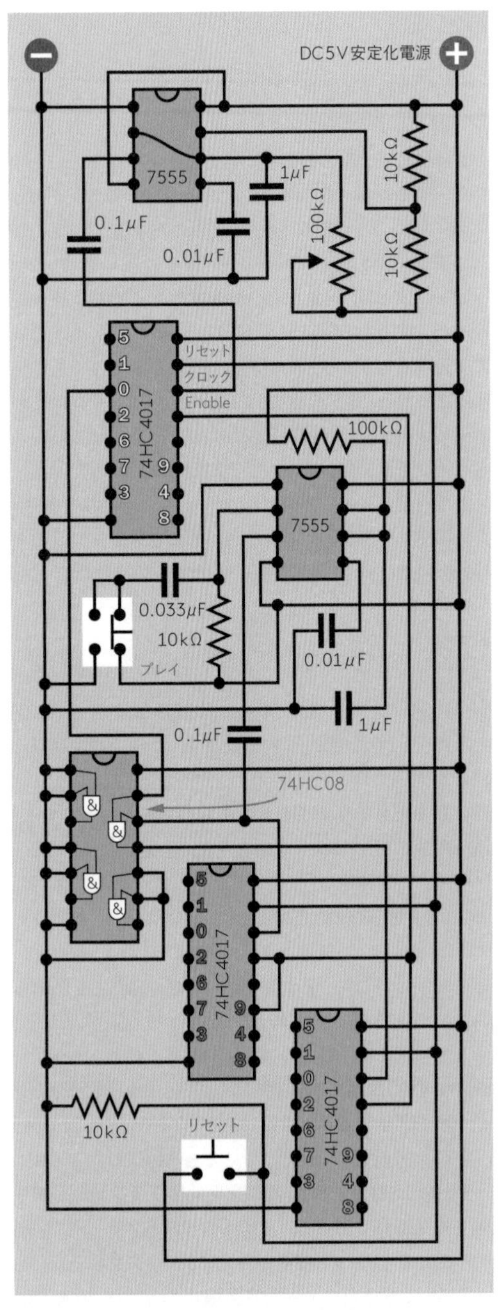

図26-8　リングカウンターゲームの回路図。3個のカウンターチップの内側の数字は、そのピンがその色のLEDに接続されること、LEDをその数字の順に並べることを示すものだ。

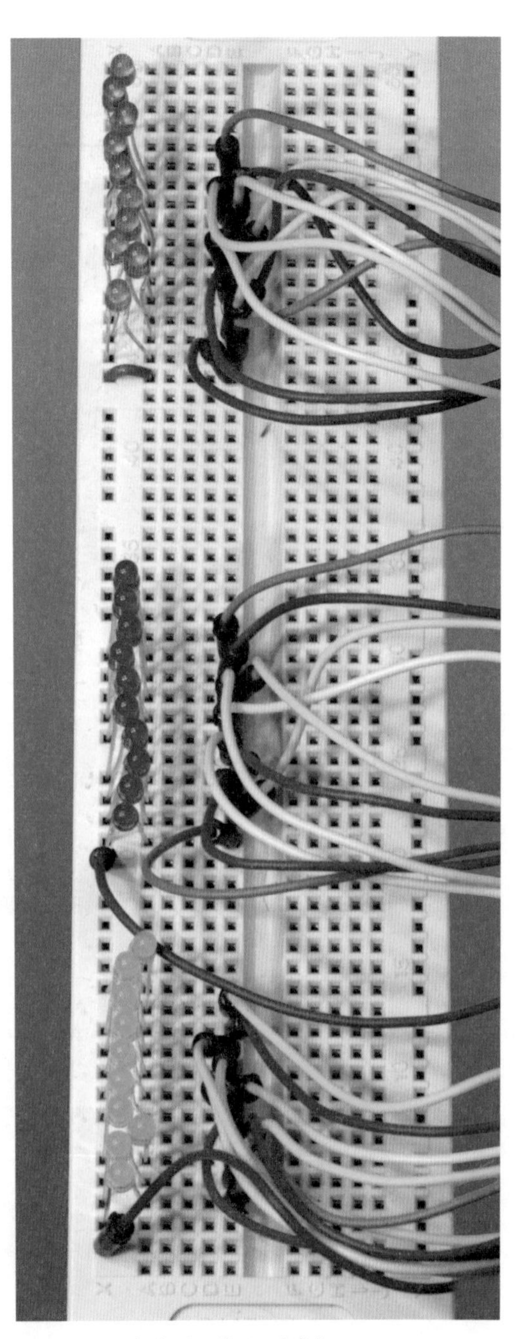

図26-9　リングカウンターゲームの左半分。

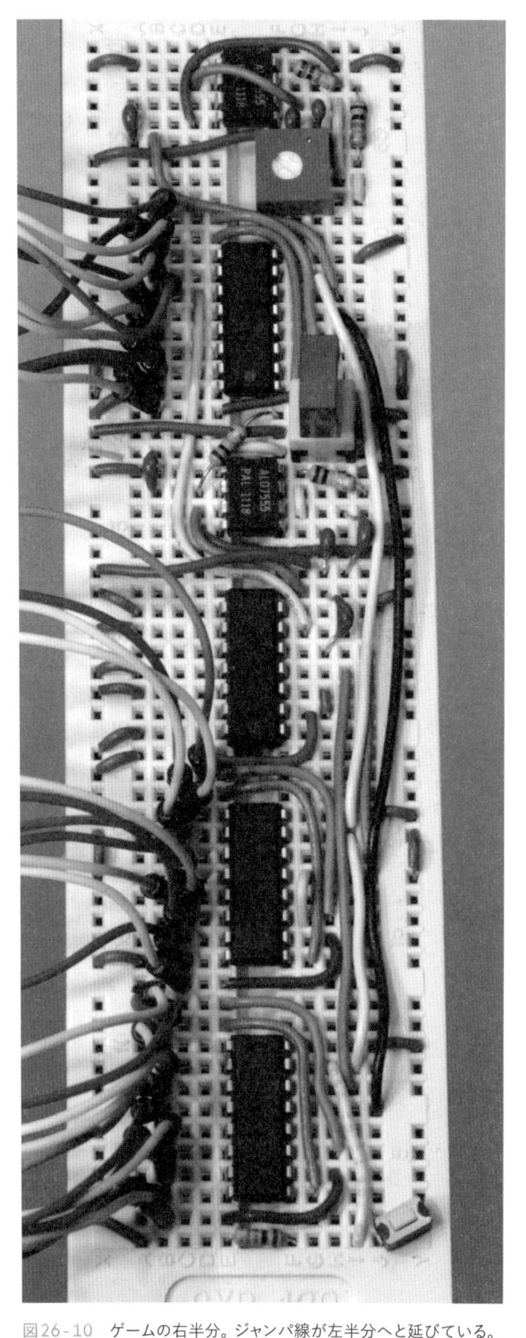

図26-10　ゲームの右半分。ジャンパ線が左半分へと延びている。

プレイアビリティ

ゲームのスピードは半固定抵抗器で調節できる。しばらくプレイしてみたら、半固定抵抗器をDIPスイッチで切り替えられる固定値の抵抗器に交換し、数種の難易度をプリセットするとよいだろう。

押しボタンを何種類か使ってみたが、これとワンショットタイマーの入力をつなぐコンデンサは0.033μFがよいようだ。7555がこの値にちょっとうるさいことがあるのは前にも書いた。もしタイマーが応答しなかったり、出力パルスを途中で止めてしまうようなことがあるなら、コンデンサの値を変えてみたり、押しボタンを別のものにしてみたりしてほしい。

ワンショットタイマーからのパルスの持続時間はきわめて重要だ。パルスが長すぎた場合、プレイヤーは一番下のLEDが点灯する少し前にボタンを押すことで勝ててしまう。これはパルスの持続時間がLEDのオン状態に引っかかればいいからだ。100kΩの抵抗と1μFのコンデンサで約1/10秒持続するパルスになる。もっと難しくするには、抵抗を47kΩや22kΩに交換するとよい。それぞれ1/20秒や1/40秒のパルスになる。

Make Even More

LEDの点灯していく速度がランダムに変われば、このゲームはもっと面白くなるように思う。難しそうに聞こえるが、実際はそうでもない。実験22では、2個の555の出力をXORゲートに接続し、信号の位相を一致させたりずらしたりすることで、予想不能なオーディオエフェクトが生成できることをすでに示した。

やるべきことは、これらのタイマーチップを1,000倍ほど遅くして、XORゲートからの出力を反射テストのリングカウンターのクロック入力に接続し、もともとの無安定モードの555に代えることだけだ。

1枚のブレッドボードには収まらないが、疑似ランダムサイクル生成器のボードを別に用意して、間を信号線でつなげばよい（正負の電源接続も必要だ）。2個の半固定抵抗器を調節して、点滅があなたを誘うかのように止まったり動いたりするようにしよう。これは本当にランダムであろうか。そうではない。しかしランダムに感じられるものだし、われわれに必要なのはそれだけだ。これはいずれは同じシーケンスを繰り返すが、2個のタイマーの位相をわずかにズラすことで、そうなるまでの時間を長くできる。

実際にブレッドボード化したものを図26-11に示す。この回路は図22-1から派生したものであり、XORされた出力が10進カウンターに接続されている部分だけが異なっている。

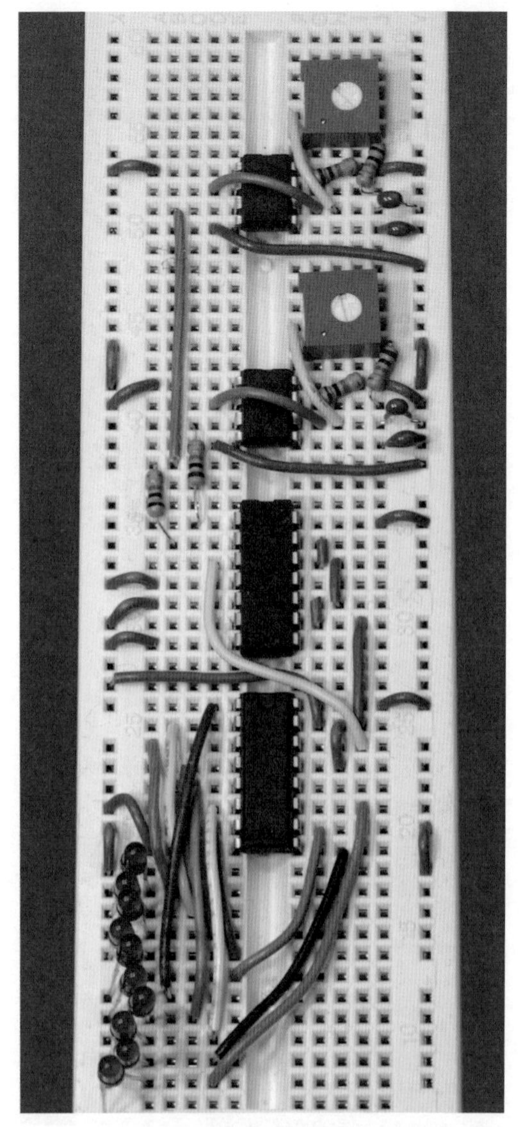

図26-11　2個のタイマーの位相をわずかにずらしてXORするというアイディアは実験22で最初に言及した。ここでは10個のLEDを制御するカウンターにランダムっぽい変動を与えている。

ではマイクロコントローラは?

このゲームをマイクロコントローラで再現するときにいちばん大変なのは、LEDを駆動するのに30本の出力が必要なことだ。そうだろうか? 本当はもちろん、10個の黄色LEDがあればゲームはプレイ可能である。スコアとトライ数はLCDスクリーンにでも表示すればよい。また、LEDが10個でも出力ピンの数より多いという場合、LEDを2進:10進デコーダを通じて駆動すればよい。これなら2進入力が4本必要なだけだ。もちろんこれは、デコーダに2進コードの形で数字を送る必要があるという意味でもある。

マイクロコントローラでユーザー入力ボタンをチェックするには割込を使えばよい。ただし値0のLEDの点灯前にボタンが押されたりした場合には無視するルーチンは必要だろう。前もって押しておくのはだいたいチート目的だ。

CやBASICといった高級言語の一種を実行するマイクロコントローラのほとんどでは、擬似乱数ジェネレータが組み込みになっている。これなら555をXORする必要はない。ゲームスピードの調整はアナログ=デジタルコンバータ付きの入力ピンに半固定抵抗器を接続すればできる。

だから、答えはイエスだ。マイクロコントローラ化は可能だしチップカウントも減るだろう。ところが、不思議な感じがするかもしれないが、私はこのゲームをマイクロコントローラで動作させるのは難しいだろうと思っている。これはプログラムを書いてデバッグするのが面倒そうだからだ。どうしてそうなるのかといえば、さまざまなチップの機能をすべて一塊のコードに圧縮する必要があるからである。LEDを擬似ランダムな調子で点灯し、それぞれのLEDが点灯する間にユーザー入力ボタンとリセットボタンをチェックし——試行回数が上限に達したらゲームを止めなければならない——またLCDの表示のアップデートもしなければならず、ゲームスピードの半固定抵抗器の入力が変われば内部クロックとの組み合わせで使う変数を変更しなければならない。タスクの一部は割込で処理できるが、それはつまり、割込が起きたときに処理するコードを書かねばならないということだ。

チップの配線の方が簡単な場合はままあるのだ。そしていずれにしても、私ならゲームの表示は30個のカラフルなLEDがチカチカしている方が好きだ。

ビットをシフトする

Shifting Bits

デコード出力のカウンターはゲームやピカピカ光る表示で人を楽しませるのに使えるが、LEDが1個ずつ連続的に光るだけというのはちょっといただけないかもしれない。シーケンスを自分で作れる方がよいのではないか。

これをやる部品がある。シフトレジスタという。とても面白いものだが——いやまて、どうして面白いの？　何に使うものなの？

これらの質問には実用的解答があるのだが、まずは回路を組もう。シフトレジスタをトリガするもので、将来的にはほかの実験の制御に使う。これは前実験の7555タイマーのワンショットにそっくりの、固定長のクリーンなパルスを出す（図26-8参照）。

バウンスなし！

スイッチバウンス、すなわち接点バウンス（チャタリング）については『Make: Electronics』で論じた。機械式スイッチを開閉するとき、その接点がわずかな時間だけ振動するという、厄介な現象だ。デジタルチップは非常に高感度かつ応答が非常に速いので、接点の振動をすべてスイッチのオンオフと誤認してしまうのだ。

スイッチバウンスはわれわれの実験のほとんどでは問題にならなかった。これは、スイッチでチップにパルスを送出してそれを数えさせる、ということをしてこなかったからだ。たとえば図26-1では、無安定モードの555でカウンターを制御している。

この実験の対象物、シフトレジスタのテストでは、これを手動で進めることがどうしても必要で、これをする理にかなった手段はバウンスなしスイッチだけである。

仕様

前著では、NORゲート2本またはNANDゲート2本でフリップフロップを組むことで、入力のバウンス除去ができることを示した。しかしこのタスクには555を使う方が望ましい。555なら固定長のパルスを送出できるからだ。固定長パルスそのものがまた有用なのである。

図27-1に回路を示す。双投押しボタンスイッチは必須だ。スイッチが上位置にあるとき（通常時）、これが0.033μFカップリングコンデンサのプラスのチャージを保つからだ。このとき555の2番ピン（入力ピン）もまた、10kΩプルアップ抵抗によってハイ状態に保たれている。入力ピンがハイである限り何も起こらない。

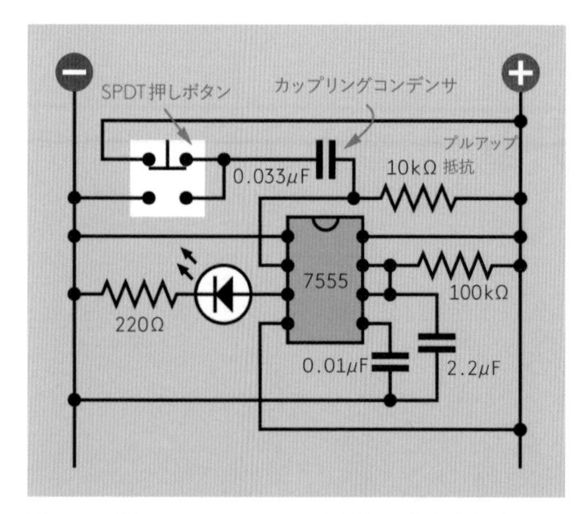

図27-1　固定長のクリーンなパルスを送出する基本回路。押しボタンが出してしまいやすい接点バウンスを抑止する。

ボタンは押されることによりカップリングコンデンサを接地する。このイベントは555タイマーの入力ピンに伝達され、ワンショットモードのタイマーをトリガーできるほど長く、ピンの電位を引き下げる。100kΩの計時抵抗と2.2μFの計時コンデンサの組み合わせはおよそ1/4秒間のパルスを送出する。この動作の間、スイッチ接点からの振動は無視される。

- タイマーからの出力は接点バウンスより長く続く必要がある。そして接点の振動は数ミリ秒で止まる。

タイマーがパルスを出し終えたとき、入力ピンがローのままなら通常は再トリガーされる。ところがこの回路では、ボタンがそのまま押されていたとしても、カップリングコンデンサが今度はDC接続を遮断し、またプルアップ抵抗が555の入力ピンをハイに保持するようになっている。

- もしタイマーの出力が終了したときボタンが押し続けられていれば、タイマーはボタンを無視してサイクルを完了し、出力パルスを停止する。

ボタンをタイミングインターバルの終了前に放した場合を考えてみよう。コンデンサは即座にリチャージされ、プルアップ抵抗は555の入力をハイに保つ。

- もしタイマーの出力終了前にボタンが放されれば、タイマーはやはりサイクルを完了し、出力パルスを停止する。

エラーの可能性はただ1つ、タイマーのパルスが終わる瞬間にボタンが放された場合のみである。このような場合、スイッチを開にしたときの接点振動によって再トリガーが起きうる。

- タイマーは短いパルス（1/4秒以下）または比較的長いパルス（1秒以上）を送出することで、タイマーパルス終了とスイッチ接点振動が同時に起きないようにすべきである。

回路図のタイマーにはデモ用として出力にLEDが接続されている。用途によってはこの出力部にもカップリングコンデンサを入れて、次段に短いパルスだけを送ってDCを遮断するようにできる。

ビットシフトのデモ

シフトレジスタの準備ができた。図27-2のようにするが、これはリングカウンターのテスト回路である図26-1にちょっと似ている。ただし今回は、今解説したばかりのデバウンス回路により、マニュアル制御するようになっている。ここでも7555タイマーを使い、伝統的な555を使っていないことに注意。

ブレッドボード版の写真が図27-3である。

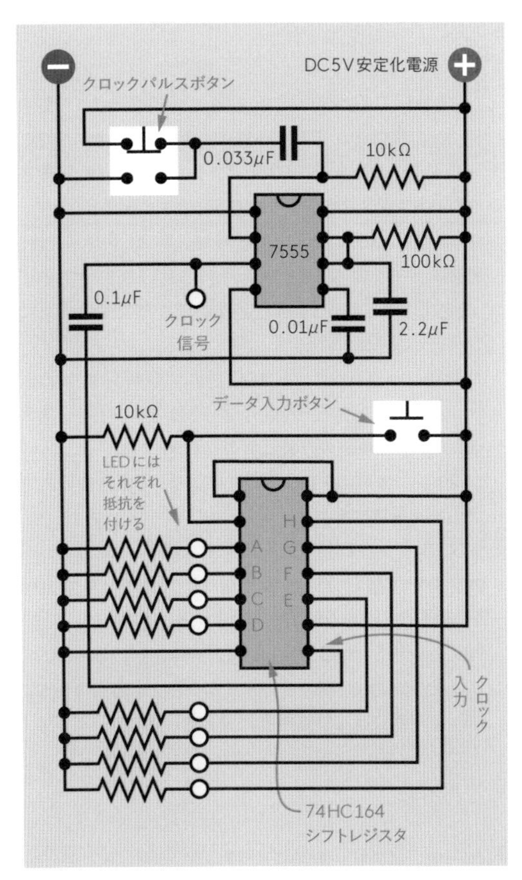

図27-2　シフトレジスタのテスト回路。メモリに保持した内容の位置をクロック信号に反応して移動していくのを示す。押しボタンはシフトレジスタにデータをロードする。

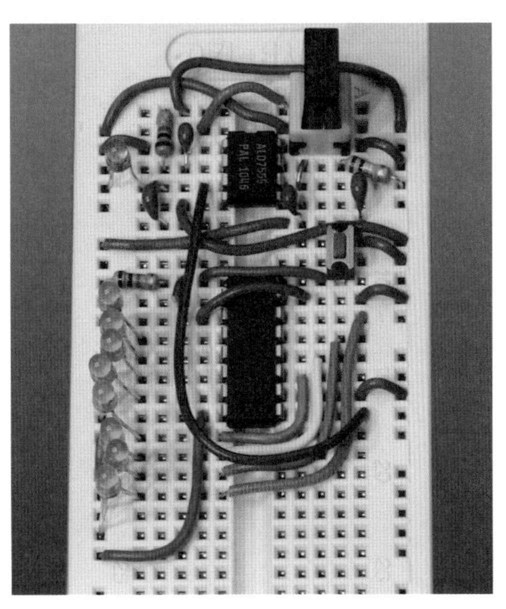

図27-3　ブレッドボード版のシフトレジスタテスト回路。

前回使ったリングカウンターの（そして前々回のデコーダの）ピンの値が番号順ではなかったのに対し、74HC164シフトレジスタの出力はずっとずっと便利で、3番ピンから反時計回りに連続的に並んでいる。おかげでLEDを縦に並べて順に点灯するのは簡単だ。順番も下から上ではなく上から下である。

これまで同様、図27-2の黄色い丸はLEDを示す。LEDが抵抗内蔵でない場合、回路のすべてのLEDに、それぞれ抵抗器が必要だ。デコーダやリングカウンターは同時に1個のLEDしか点灯しなかったが、シフトレジスタはどんな組み合わせでも点灯することができる。8個同時点灯も可能だ。

クロック信号LEDを追加したのは、555の出力がちゃんと来ていることを示すためだ。回路の電源を入れたときに8個の出力LEDにはたぶん何も出ないのである。これはデータ入力前のシフトレジスタのメモリは空であるからだ。

それではデータ入力ボタンを押しておこう。これを押したまま、クロックパルスボタンを何度か押してみよう。データ入力ボタンはシフトレジスタの入力バッファにハイ状態を与えるもので、クロックパルスボタンは入力バッファの内容をシフトレジスタの最初のメモリ（回路図でAとあるもの）にコピーする。それまでのメモリ内容は場所を空けるように玉突きで移動する。

データ入力ボタンを放すと、10kΩプルダウン抵抗が入力バッファにロー状態を与える。ここでさらにクロックパルスボタンを押せば、ロー状態がシフトレジスタに"クロック・イン"され、メモリ内容もこれまでと同じように移動していく。最後の場所、回路図の「H」の内容はどうなるのだろうか。捨てられる。

レジスタを1回シフトサイクルしたところを図27-4に示す。8個のメモリは2進数字、すなわちビットを保持するものと考えてよい。この図ではCとHのビットがハイになっている。最初に押しボタンが入力バッファにハイ状態を挿入する。次にクロックパルスの立ち上がりにより、シフトレジスタはすべてのビットを移動させ、入力バッファのハイ状態をAの位置にコピーする。

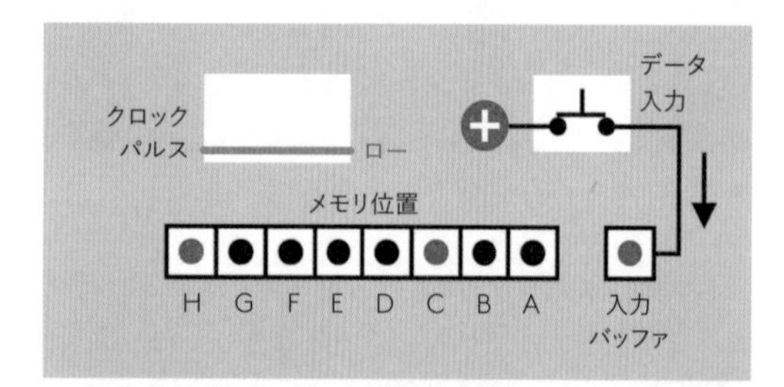

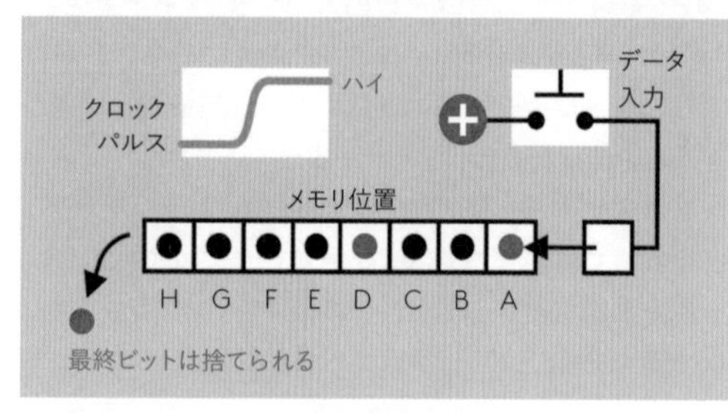

図27-4 シフトレジスタ内でのデータ移動。

回路図のタクトスイッチがデバウンスされていないのは、シフトレジスタによるスイッチ状態のチェックがクロックパルスの立ち上がり時にのみ行われるからだ。この瞬間以外、タクトスイッチの状態はシフトレジスタにより無視される――実のところ、クロックパルスとクロックパルスの間でボタンをちょっと押したとしても、シフトレジスタはそれに気づかない。

シフトレジスタはやわかり

- シフトレジスタはハイ/ロー状態を保持するメモリ群を持つ。これはそれぞれ2進数字と考えることができる。
- 大部分のシフトレジスタは8ビットである。ただし複数のシフトレジスタをチェーンすることもできる。
- クロックピンにかけられた信号は、シフトレジスタに、最後のメモリの内容を捨て、それより前のすべてのビットを1ステップ前に進め、新しい値を最初のメモリにロードせよ、と命ずる。
- この新しい値は、クロックサイクルの開始時の入力ピンのハイ/ロー状態である。大部分のシフトレジスタはクロックパルスの立ち上がりに応答する。
- シフトレジスタはクロック遷移によりトリガされるまで入力ピンを見ない。
- シフトレジスタには、シリアルからパラレルへのデータ変換ではなく、パラレルからシリアルへの変換を行うものもある。また両方を行うものもある。
- TPIC6A595というシフトレジスタは、100ミリアンペア以上を出力できる「パワー・ロジック」出力を持つ。これは用途によっては便利である。

ピン配置

74HC164のピン配列を図27-5に示す。8本のピンはチップ内部のメモリに接続されている。これらにはAからHのラベルを付けたが、データシートによっては1Aから1Hとか、QAからQHなどとなっていることがある。

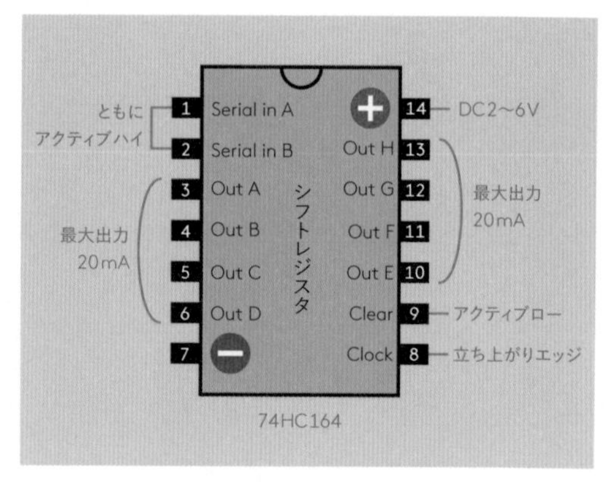

図27-5 74HC164シフトレジスタのピン配置。

クリア入力はアクティブローで、すべてのメモリをゼロにする。ゆえにこれは通常ハイ状態に保持する。このチップには1番ピンと2番ピンの2本のシリアルデータ入力ピンがある。ここでは1本をハイに固定し、もう1本でデータを入力するようにしている。1番ピンと2番ピンの機能は交換可能だ。

74HC164は14ピンしかない、比較的単純なチップだ。ほかのシフトレジスタはもっと機能豊富である。これらについてはここでは論じない。

背景：ビットストリーム

はるかな大昔、コンピューティング機器の間の通信には3本の線が通ったシリアルケーブルが使われていた。3本のうち1本はグランド線、もう1本は機器にデータストリームの開始と終了を知らせるための信号線で、3本目の線がデータを運んだ。

受け側の機器は7個の2進数を蓄積すると、これを組み立てて0000000から1111111までの2進値（10進値の0から127）とする。この2進値がそれぞれ大文字小文字のアルファベットと数字、基本的な記号に割り当てられていた。さらには改行など多少の制御コードも入れられた。（のちにこのコードシステムは8ビット使うように拡張されるが、拡張部の意味には多数の規格ができた。）

当時テキスト通信はこのように行われていたのだ。このごく基本的なシステムで使われた文字コードシステムは「ASCII」と呼ばれた。「American Standard Code for Information Interchange（米国情報交換標準コード）」の頭文字である。

それは低速で原始的だった——しかしシリアルデータ通信は現在でも使われている。シリアルデータ通信とは、データのビットたちが1度に1個ずつ1本の線を伝っていくという意味だ。これはUSB機器や、内蔵HDDを接続するSATAでもその通りである。スピードはとんでもなく上がったが、基本原理は同じなのだ。

ASCIIコードも今も変わっていないが、今やこれはユニコードの一部となっている。ユニコードは1文字あたり32ビットまで使えて、日本語などを含む多様な言語が同時に扱えるようになっている。

ちょっと手が込んでて説明をスキップしたのが、受け側の機器がシリアルストリームからデータを「組み立て」る方法のところである。初期のパーソナルコンピュータは1度に8ビット（1バイト）を処理できた。このため、シリアルから8つのビットを受信し、8つのメモリ位置に入れ込み、8本のデータ線に同時に吐き出して処理する必要があった。

ご想像の通り、これをやっていたチップがシフトレジスタなのだ。それは8つのビットをシフトしていくことができるレジスタである。それはまたシリアル－パラレルコンバータとしても機能する。

現代的用途

シフトレジスタの能力は、今ではほかの大きなチップに組み込まれるようになっている。しかしこの懐かしのチップにも使い道はある。

たとえば、マイクロコントローラから8台の機器をオン・オフしたいが出力ピンには8本も余裕がない、という場合を考えてみよう。8個のオン・オフ状態を1本の線でシフトレジスタに高速に転送し、それに合わせてもう1本の線でクロック信号を送れば、ビットたちをクロックインすることができる。シフトレジスタの8個の出力ピンの状態で8台の機器を制御できるし、レジスタのアップデートは非常に高速に行われるので、すべてが瞬間的に行われているように見えるだろう。

さらに、シフトレジスタをチェーンすれば16台の——あるいは24台の、32台の——機器が制御できながら、依然必要なデータ線は1本だけなのである。これは非常に強力なコンセプトだ。

もう1つある。シフトレジスタで7ビットを使って1個の2進数を表しているものとする。すべての数字をシフトし、一番右の数字に0を入れると、元の値を2倍にしたことになるのだ。これはなぜだろう。2進数の桁数字は1桁上がるごとに2倍になっているからだ。

フーム……前に作った2進数加算器でかけ算ができないだろうか？　なかなか魅力的だが、こちらには進まない。シフトレジスタを使う方向に行き、占いをやる装置を作ろうと思う。

易占ちゃん

The Ching Thing

本実験では易経の電子版として2つのヘキサグラムを表示するデバイスを製作する。名付けて「易占ちゃん」だ。

こうしたあれこれに不案内でも心配ない。すぐに説明する。

このプロジェクトのずっと短いバージョンはMake:誌に登場済みだ。しかし数ページの記事に圧縮するには複雑すぎたので、図版と詳しい説明を加えた新しいバージョンをここにお届けする次第である。

また、回路は友人のフレドリック・ジャンソン（Fredrik Jansson）の助言によりシンプルになっている。彼は4000シリーズロジックチップだけでコンピュータを自作した男だ。実はフレドリックとのファーストコンタクトは、彼がMake:誌の当該記事の回路図を見て、ORゲートを1つ排除できることを指摘するメールをくれたことなのである。これに言及するのは、念を押したいためだ。私のところに来ているメッセージは本当にすべて読んでいるのだと。そしてそれを真面目に取るのだと！

ヘキサグラムたち

易占ちゃんに戻ろう。

易経（中国語だとイーチン、英語だとI Ching）は古代中国の書で、あなたの現在の状況と将来の見通しについての謎めいたアドバイスが書いてある。これは占いをしているものと考えることができる。

この奇妙で印象的な助言の書は2,000年以上昔のものであり、その基礎は3,000年を遡るといわれている。これには本当に予知能力があると考える人たちもいる。彼らが正しいかどうか私には確信はないが、逆に彼らが誤っていると証明することもできない。

易経には英訳版がたくさんあり、ネットでフリーで閲覧できるものもある。いずれもあなたの状態を表す64の卦辞（基本文言）より成っており、卦辞のそれぞれには6本の線からなる「卦」というヘキサグラム記号が割り当てられている。

例として、図28-1に2つの卦とその意味の簡単な解説を示した。易経を真剣に考えている人なら、この解釈はちょっと単純化しすぎていると文句を言うだろう——その通りだ。大事なのは、私が易経の専門家だなんて主張するつもりはないことだ。それが電子的にシミュレートできることを示したいだけなのである。

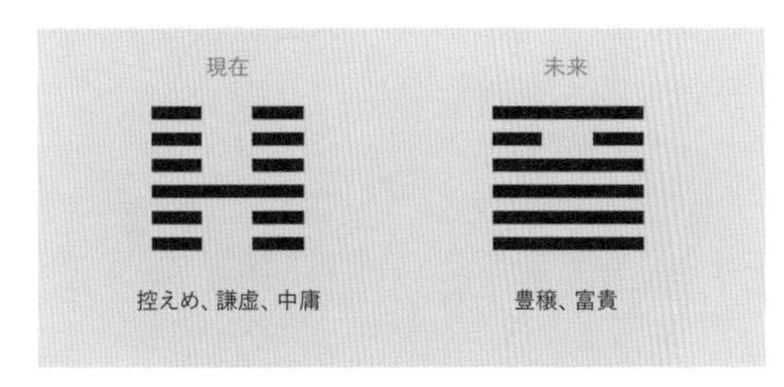

図28-1　2つの卦の例。およびそれらの非常に簡略化した解釈。

卦の6本の線には実線と破線がある。これはつまり、線は2つの状態を取りうるということだ。線は6本、つまりこれが卦が64種類になる理由である：

2*2*2*2*2*2=64

大事なのは、左の卦が現在のあなたの状況にまつわるもの、右の卦があなたの未来を語るものであることだ。現在のありようと将来のかたちについて知るには必ずペアになった卦が必要だということである。

ディスプレイ

このプロジェクトの計画の初期段階で、卦の表示を電子的にやるのにライトバーを使おう、ということは決めていた。これは小さな箱型の部品でLEDを内蔵している。ライトバーの拡大図を図28-2に、「易占ちゃん」での卦の表示の様子のグラフィックを図28-3に示す。

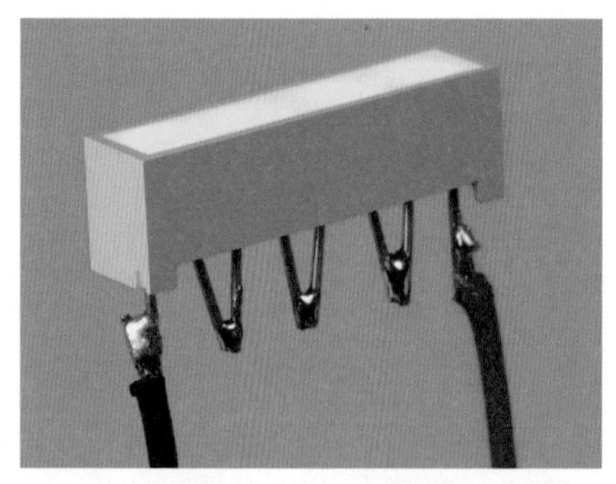

図28-2 LTL-2450Yライトバー(または類似品)を使えば素敵な表示ができる。

図28-3 易占ちゃんの3Dグラフィック。2個組の卦を表示している。

私がイメージする易占ちゃんの使い方は、ボタンを押し続けることで2つの卦が生成される、というものだ。それからお好きな翻訳の易経を見て当該の卦辞を読み、あなたの運命について何らかの見識を得るのである。

難しいのは、卦のヘキサグラムを生成する際に、伝統的な占法を正確にシミュレートすることだ。これにはちょっとした研究が必要だった。

筮竹(ぜいちく)への道

古代において、卦の実線と破線は筮竹で決められた。筮は植物の名前(ノコギリソウ)で、筮竹はその茎を乾燥させたものだ。筮竹を使うには、まとめたり分けたり数えたりする込み入った手順があるのだが、裏にある原則は明確だ:あなたの運勢は筮竹に現れる偶然により決まる、である。

筮竹は複雑な方法であり、1960年代の米国で易経が突然流行したとき、ほとんどの人には正しい手順に従うだけの根気がなかった。筮竹がどんなものであるか知ることすら難しく、ウェブもまだ発明されていないので買う場所もなかった。もはや信じがたいことだが、1960年代の世界ではAmazonやeBayでものを買うことはできないのだ。

この結果、人々は卦を生成するために、コイン投げを基本とした簡便なシステムを使い始めた。残念ながら、このシステムが出す卦の確率分布は筮竹を使う場合とは違ったものになる。

電子的なシミュレーションの計画を始めたとき、私は可能な限り純正なものにしようと決めていた。それでもともとの筮竹による確率分布に従いたいと思ったのだが——しかしどうしたらよいのだろうか。問題ない! Wikipediaで易経についての非常に優れた項目を探しだしたのだ。

さて、2つの卦が必要であることを述べた。現在の状態を表す左の卦(本卦(ほんか))と、未来にまつわる右の卦(之卦(しか)*)だ。

易経には、左の卦の破線が右の卦の実線に変わったり、その逆が起きたりする場合についての非常に詳細な記述がある。これらは「変(changes、変爻(へんこう))」と呼ばれるのだが、易経の英名がしばしば“the book of changes”となっていることが多いのは、まさにこのためだ。実のところ、バディ・マイルスがジミ・ヘンドリックスとともに歌った1960年代の古いセリフ、“My life is

* 編注:「之卦」は「いくか」とも読む。

going through so many changes"の起源はこれであると私は思っている。

さて、この仕事を正しく行うには、破線が実線に変わる確率、および、破線が実線に変わる確率、および、実線がそのままになる確率、および、破線がそのままになる確率を知る必要がある。卦はこのように、1度に一対2本の線を出すことを6度繰り返すことで構成される。2つの卦にまたがって水平に2本並んだこの一対の線を、ここでは「スライス」と呼ぶ。

数字

図28-4は実戦と破線によるスライスの形成の4パターンである。各々の組み合わせの起きやすさは、筮竹を複雑に数えていく方法のせいで等しくならない。それぞれの確率を右に示している。

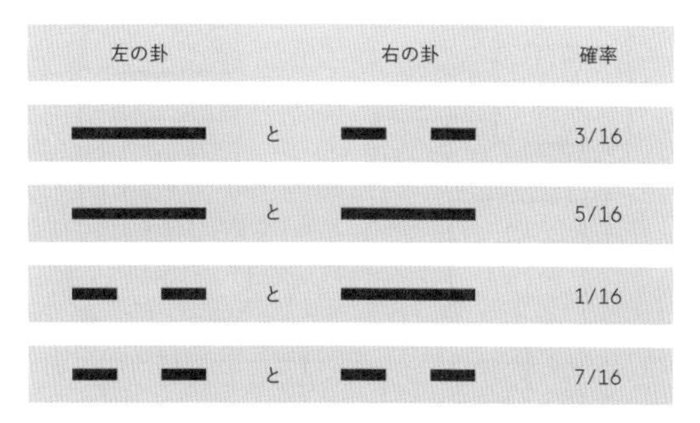

図28-4 「スライス（左右の卦から1本ずつ線を取って並べたもの）」の組み合わせごとの確率。

これを電子的に動作させるにはどうしたらいいだろうか。うむ、16という数字は非常に便利だ。なぜなら（もちろん覚えているだろうが）デコーダには出力が16あるからだ。555が非常に高速に動作して2進カウンターを動かし、このカウンターの出力をデコーダに回すことを考えよう。ここで555を止めれば、デコーダの出力のどれかがランダムに選択される。デコーダの出力をグループにまとめれば、1/16、8/16など、好きな確率を作ることができる。

図28-5に概要をまとめる。このデコーダには16本の出力があり、0から15の番号が振られている。下の8本の出力がハイ状態のときは左の卦の線が実戦になるものとしよう。これはライトバーを全点灯させるということだ。

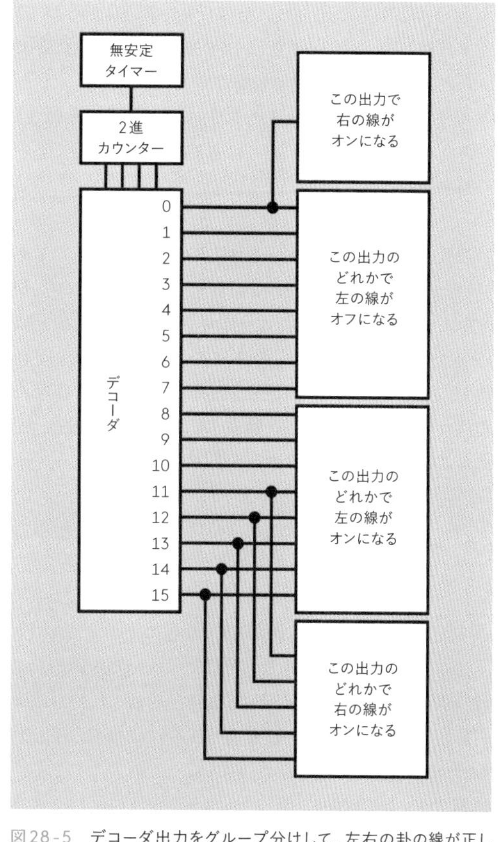

図28-5 デコーダ出力をグループ分けして、左右の卦の線が正しい確率でランダム選択されるようにする。

図28-4を見直そう。左が実線になるのは16回のうち8回で、そのうち右に破線が来るのが3回、実線が来るのが5回である。図28-5はその通りになっていることがわかるだろう。

残る8本のデコーダ出力がハイ状態であれば、左は破線となる——すなわちライトバーは両端の2灯だけ点灯し、中央の1灯はオフのままとする。この8回のうち1回は右が実線になる。これもやはり図28-4の仕様に沿ったものである。

ライトバーの通常状態はオフなので、オンにする場合だけ考慮すればよい。この点灯ルールをデコーダの出力番号を使ってまとめると、次のようになる：

- ルール1：もし出力8または9または10または11または12または13または14または15がハイ状態であれば、スライスの左の線をオンにする。
- ルール2：もし出力1または11または12または13または14または15がハイ状態であれば、スライスの右の線をオンにする。

どうやら大きなORゲートが2本必要なようだ。でも——ちょっと待った。ルール1において（フレドリック・ジャンソンが指摘してくれたように）、左の線は出力8〜15（2進だと1000〜1111）のすべてで実線になる。2進数1000〜1111がすべて共通に持っている要素はなんだろうか？　そう、どれも一番左の桁が1なのである。だからこのルールは次のように書き換えられる：

- ルール1（改定）：もし2進カウンターの8の桁の出力がハイであれば、スライスの左の線をオンにする。

ルール1のORゲートが要らなくなるのだ。

ルール2については6入力のORゲートが必要だ。これは存在するのだろうか？　しない。しかし8入力のゲートでOR出力を持つものがある（これにはNOR出力も付いているが使わなければよい）。この入力の2本は負極グランドに接続し、残った6本を使う。

これで2つの卦のスライスの1本を作れるようになった。スライスは6本あるので、この手順を6回行う必要がある。

ランダムサンプリング

私が使っている乱数選択方法は、高速カウンターを任意の瞬間に止めるというものだ。OK、でも、どうやって？

このプロセスは自動に見えるようにしたい。ユーザーがボタンを6回押す必要があるというのは好きではないのだ。では次のようにするのはどうだろう：まず低速（1秒1パルス程度）の無安定モードで動作する555を追加する。これの速度を予想不能に変化させられれば、高速カウンターを6回サンプリングするのに使えるだろう。

予想不能にするにはどうしたらいいだろうか。考えがある。指を湿らせたとき、その皮膚上のそこそこ近い2点間の抵抗値は500kΩから2MΩ程度になるだろうから、この抵抗値を使って低速タイマーのパルス速度を制御するのだ。

あと必要なのは自動化システムだ。2つの卦の一番下のスライスを生成、1段シフトアップして次のスライスを生成、またシフトアップというのを、6個のスライスができるまで繰り返すものだ。「シフトアップ」というフレーズは、シフトレジスタの必要性を強く感じさせるものだ。

実のところ、左の卦の線の表示と右の卦の線の表示で2個のシフトレジスタが必要である。これらを「レジスタ1」と「レジスタ2」と呼ぶことにする。図28-6にはこれらがある。またここには3個目のシフトレジスタがあるが、これについては少し後で説明する。

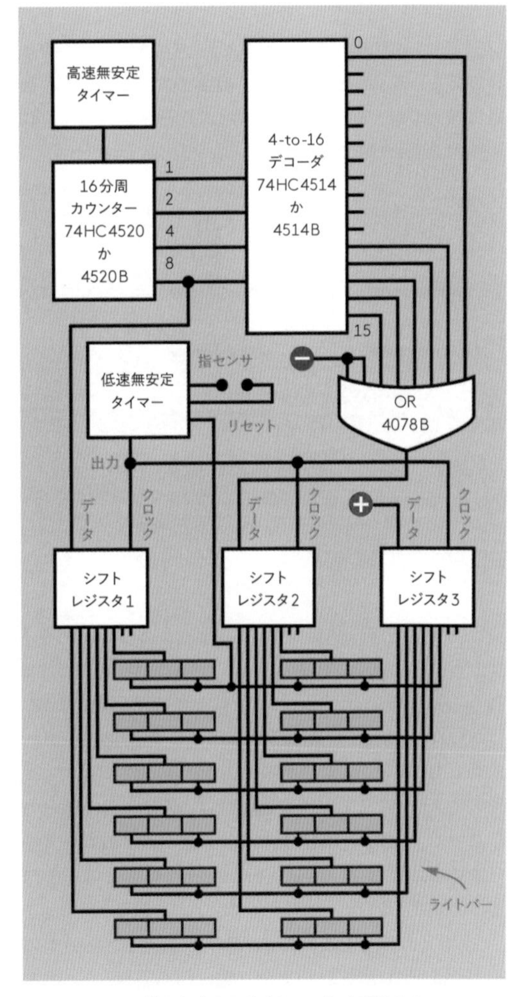

図28-6　2つの卦を生成するデジタルロジック部品たち。

カウンターとデコーダは連続動作しており、またこれらはシフトレジスタのデータ入力に常時接続になっている。（さいわいチップというものはこのように高速で常時連続動作させても消耗することはない。）ところが実験27で見てきた通り、シフトレジスタはクロック信号を受け取らなければ何もしない。クロック信号はメモリの内容をシフトし、新しいデータを「クロックイン」して、結果を表示させるものだ。

低速タイマーはこのクロックパルスを与える。シフトレジスタはパルスの立ち上がりにのみ反応するので、パルスの長短は重要ではない。

ルックアンドフィール

というわけで、以下のようなシナリオになる。易占ちゃんのスイッチを入れる。指を湿らせて端子に触れる。皮膚の湿り具合と指を押し付ける強さによって低速タイマーの速度が変わる。低速タイマーがランダムな間隔で高速タイマーをサンプリングし、これにより2つの卦はライトバー・ディスプレイにゆっくりせり上がってくる。

このプランで特に気に入っているのが、指を端子に押し付けるまで低速タイマーはまったく動作しないというところだ。端子間の抵抗がほぼ無限大なため、低速タイマーの経時コンデンサはチャージされないのだ。これによりスタートボタンが不要になる。オンになった易占ちゃんは指を付けられるのを待っているのである。

理想的には自分で停止もしてほしいところだ。おそらく、一番上のスライスが生成されたときに、そこから低速タイマーのリセットピンに何らかの電圧をもらってパルス生成を止めるというのがよいだろう。一番上のスライスのハイ状態をリセットピンのロー電圧に変換する必要があるわけだが、これはトランジスタがやってくれるだろう。

これでもまだ明白とは思えない方のため、回路の「コマンドチェーン」をフローチャートにまとめた（図28-7）。

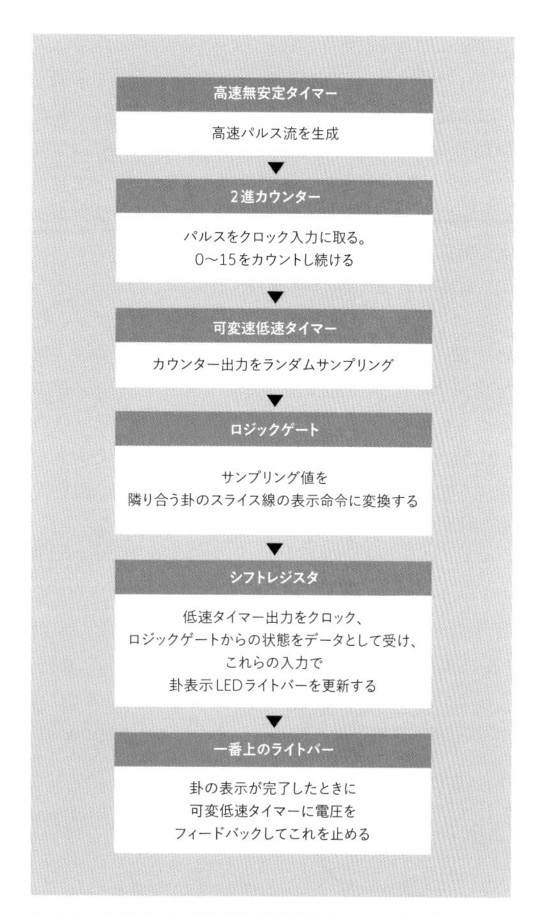

図28-7　易占ちゃんの基本原理を概説したフローチャート。

もう1つ疑問がある。図28-6の3個めのシフトレジスタはなぜあるのか？　だ。これの出力が卦を表示するライトバーの外側2灯をドライブしていることに注目してほしい。これらのライトバーは、中央のライトバーの状態にかかわらず、常に点灯するものだ。だからこれは単にプラス電源に恒久的に接続してもよかった――でも、卦のディスプレイはスライスごとに連続的に、全部のライトバーが下から上へとスクロールしていく表示の方がカッコいいではないか。というわけで、3個めのシフトレジスタは途中の見た目をよくするためだけに使っているものである。そのデータ入力はプラス電源に常時接続で、クロックのパルスがあるごとにほかのシフトレジスタと同期して、プラスの状態を押し上げていくのだ。

詳細

この回路では細かい機能を省いている。まず、3個のシフトレジスタすべてのクリアピンにパルスを送るリセットボタンが追加可能だ。74HC164シフトレジスタはリセットにロー入力が必要なので、「クリア」ピンはプルアップ抵抗でハイ状態を保持しておき、これを押しボタンで一時的に負極グランドに接続するようにする。

次に1回路8入力ORチップ74HC4078だが、これは一部のサプライヤで廃番となっている。オンラインで50セント以下で宣伝されてはいるものの、次第に販売されなくなるだろう。さいわい、古いCMOS版の4078Bは今も供給豊富だし、ここでは出力から大きな電流を取らないので置き換え可能である。この回路では74HC4078でも4078Bでも使うことができる。

どちらのチップも実際に入っているものはNORゲートとインバータである。インバート（反転）したNORはORと同じなためだ。OR出力とNOR出力は別のピンに出ている（図28-8）。

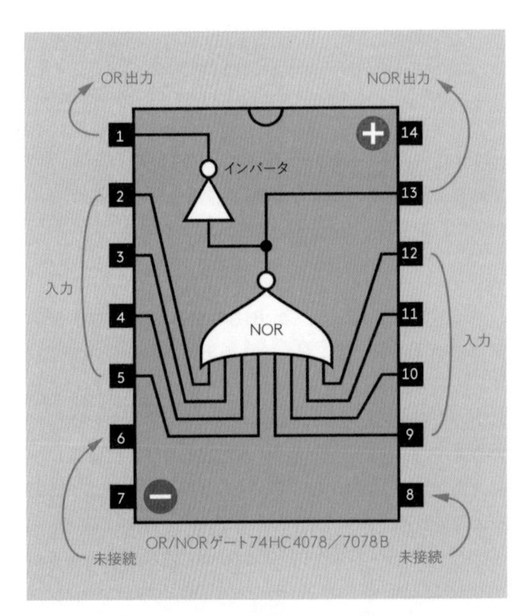

図28-8　74HC4078および4078Bのピン配置。易占ちゃんにはどちらを使ってもよい。これらのチップはOR出力とNOR出力を選択使用できる。

2進カウンターについては、実験21で使用したのと同じ4520Bチップが使える。ピン配置は図21-6に示してある。

バーにするかLEDにするか

ライトバーの消費電流はシフトレジスタの出力から直接点灯するには大きすぎる。図28-6の一番右のレジスタは、各列で4本、すべてが点灯したときのトータルでは24本のライトバーに電源供給する必要がある。ライトバー1本につき20ミリアンペアとして、合計ほぼ500ミリアンペアである。

これはTPIC6C596「パワーロジック」シフトレジスタを使えば解決できる。すべての出力がハイのとき、出力ごとに100ミリアンペア駆動できるというチップだ。しかしこれの運用モードは74HC164シフトレジスタとは少しだけ違うし、こうしたバリエーションに立ち入ることは避けたい。使ってみようと思う方はデータシートをチェックしてほしい。

私の好みはULN2003などのダーリントンアレイでライトバーを駆動することだ。こちらは7本の出力ピンのそれぞれが500ミリアンペアまでを扱うことができる。ULN2003のピン配列を図28-9に示す。注意してほしいのは、このチップは内蔵されたダーリントンペアのトランジスタがオープンコレクタ出力であるため、電流をソースせずシンクするということだ。

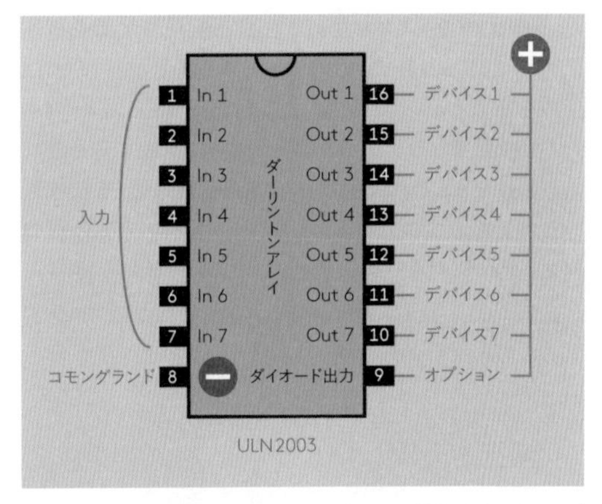

図28-9　ULN2003ダーリントンアレイのピン配置。7個のトランジスタペアを持ち、それぞれ500ミリアンペアまでシンクできる。

ULN2003が電流をシンクするには、8番ピンと負極グランドを接続することが必須だ。9番ピンの正極への接続は、リレーコイルのような誘導負荷により逆起電力が発生するときにのみ必要だ。ここにはコイルのプラス側を接続する。これが接続されることで、ULN2003に内蔵されたダイオードは、過渡的な電流からチップを保護する。ライトバーを駆動するだけの回路であれば、この接続は必要ない。

直列抵抗のハンダ付けの手間を省きつつライトバーの消費電力をわずかに減らす方法がある。ほとんどのライトバーはLEDのアレイを内蔵しており、個々のLEDにはリード線からアクセスできる。Lite-On LTL-2450Yライトバーを使っていた私は、図28-2のようにリード線を2本ずつハンダ付けすることでLEDを直列につないだとき9ボルトで駆動でき、このとき定格の20ミリアンペアより低い16ミリアンペア程度しか取らなくなることに気がついた。この場合はDC9ボルトの電源が必要だ。回路全体をDC9ボルトで駆動しよう。ダーリントンアレイはこれで大丈夫だ。しかしロジックチップには、LM7805ボルテージレギュレータでDC5ボルトを生成すること。

LEDをダーリントンアレイで駆動する3種類の方法を図28-10の回路図に示した。

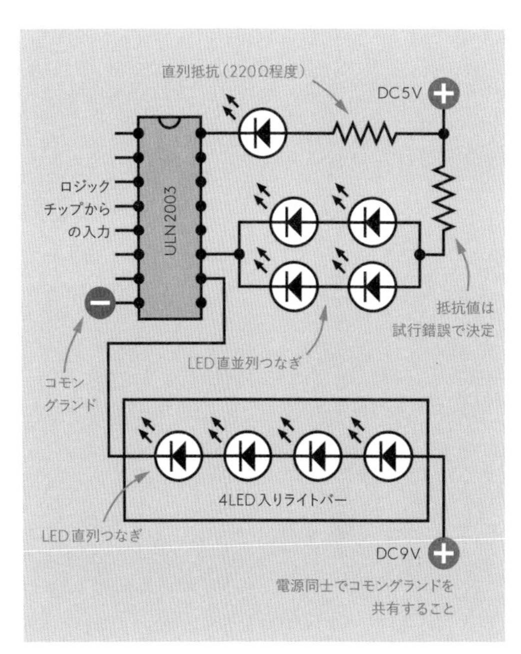

図28-10　ダーリントンアレイでLEDを駆動する3種類の配線方法。

これらは煎じ詰めると2つの選択肢にまとめられる。

1. 完全版用完成回路

- 74HC164シフトレジスタを使う。これはこの実験で検証済み。
- シフトレジスタの出力の増幅にULN2003ダーリントンアレイを追加する。
- Lite-On LTL-2450Yまたは類似品を使う。内蔵された4つのLEDを直列つなぎにする。
- ライトバーは安定化前のDC9ボルト電源で点灯する。ライトバー以外の部分はDC5ボルトである必要がある。DC5ボルトは9ボルトをLM7805（5ボルトボルテージレギュレータ）に通すことで供給できる。

2. デモ用回路

- ライトバーを個別の小電流LEDに置き換える。個別LEDの消費電力は1個あたり8ミリアンペアを超えないこと。
- スライスの外側の4個のLEDは並列の直列つなぎ（図28-10中央の配線方法）とする。
- LEDはすべて74HC164シフトレジスタから直接駆動する。シフトレジスタの出力1本あたりの負荷が8ミリアンペアを超えないことを確認してから接続すること。（シフトレジスタチップ1個あたりの総消費電流が50ミリアンペアを超えないようにすること。）ダーリントンアレイは不要である。
- 回路全体を安定化DC5ボルトで駆動する。

いずれを採るにせよ、この回路の消費電流は電池駆動するには大きすぎる。

易占ちゃんの実装

1枚のブレッドボードに回路全体を収めるには大きすぎるので、パート1とパート2に分割した。パート1の回路は図28-11である。回路のこの部分はデモ用と完全版用で共通だ。すべてが収まるように回路図上のチップはオフセットしてある。

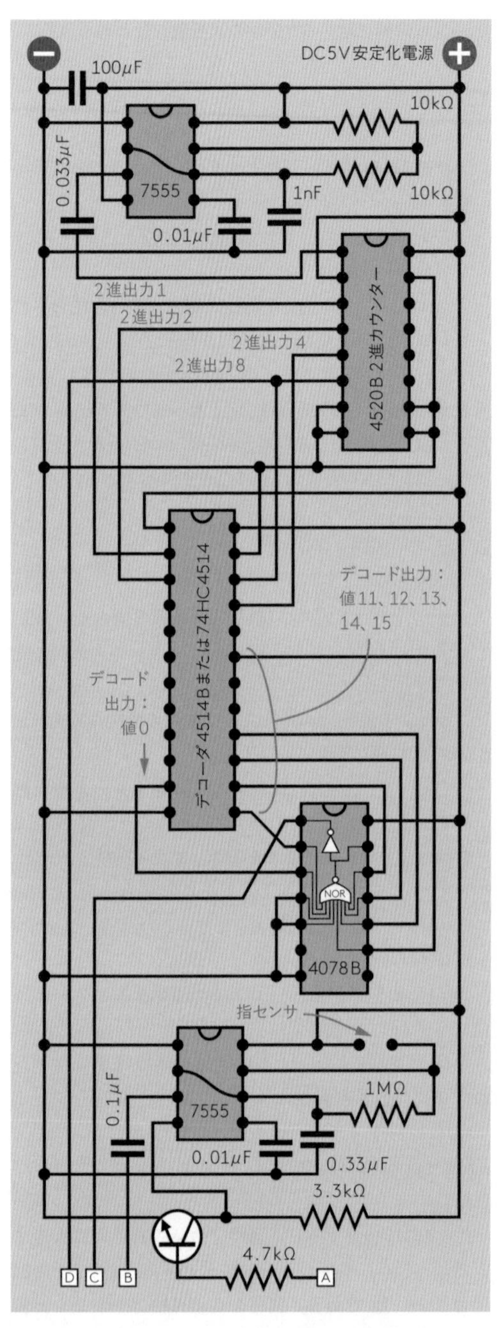

図28-11　易占ちゃん回路パート1。この部分の回路はデモ版と完全版で共通だ。

回路図のパート2を図28-12に示す。これはデモ版の方で、シフトレジスタがLEDを直接駆動する。完全版にアップグレードするには、シフトレジスタの出力にダーリントンアレイを追加し、LEDをライトバーに交換すること。DC9ボルトラインを別に取ってライトバーに電源供給する。

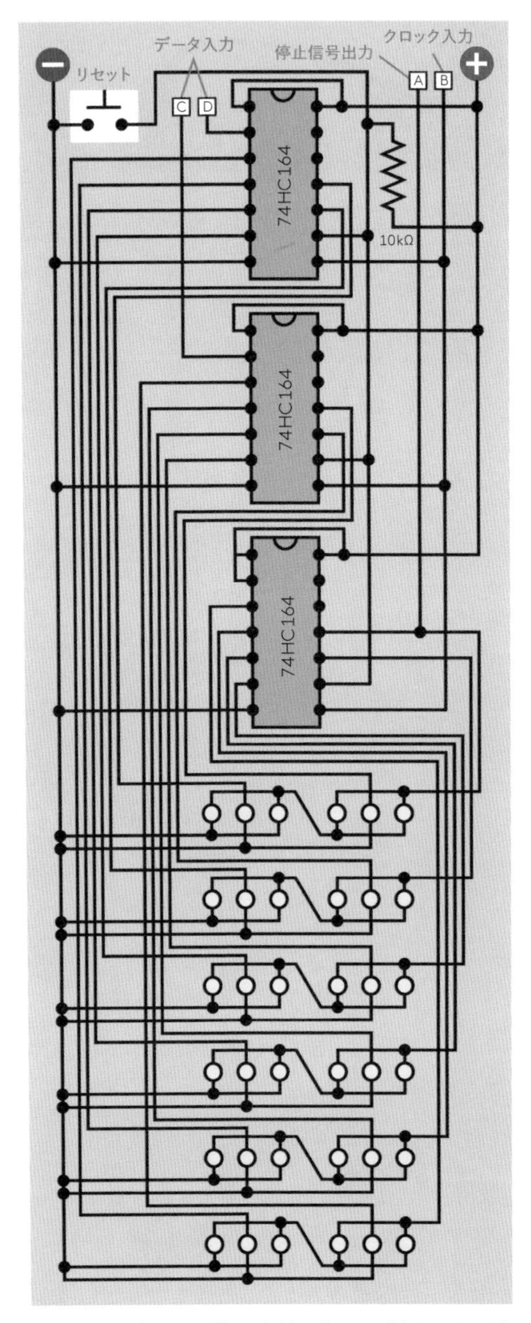

図28-12　易占ちゃん回路パート2（ライトバーの代わりにLEDを使用したデモバージョン）。

図28-12ではスペースがなさすぎて、たくさんの配線を非常に近接して書かざるを得ず、申し訳なく思う。配線の横に定規を当てることで、どこからどのLEDに行くのかわかると思う。LEDの並びそのものは、どの行も同じである。

またこれもスペースの都合によるものだが、LEDは黄色の丸で示してあるし、直列抵抗も描いていない。注意：LEDはすべて、プラスのリード（アノード）が上、マイナスのリード（カソード）が下になっている。

それぞれの卦の中で必ずオンになる左右のLEDは並列の直列つなぎになっているが、これらのLEDが抵抗内蔵型でない場合、単独点灯時とは違った値の直列抵抗が必要である。LEDを何個点灯するにせよ、直列抵抗はさまざまな値を試し、実際に流れる電流をチェックして決定する必要がある。単独点灯のLED1個の消費電流は、そして並列の直列つなぎになった4個のLED1セットの消費電流は、8ミリアンペアを超えてはならない。

図28-13は直列抵抗を外付けする必要があるLEDを、ブレッドボード上の占有スペースが最小になるように配線する方法である。この6個のLEDはスライスの1本分である。振ってある番号は、そのLEDを駆動するシフトレジスタを示す。太いグレーの線はブレッドボードの中の導体である。

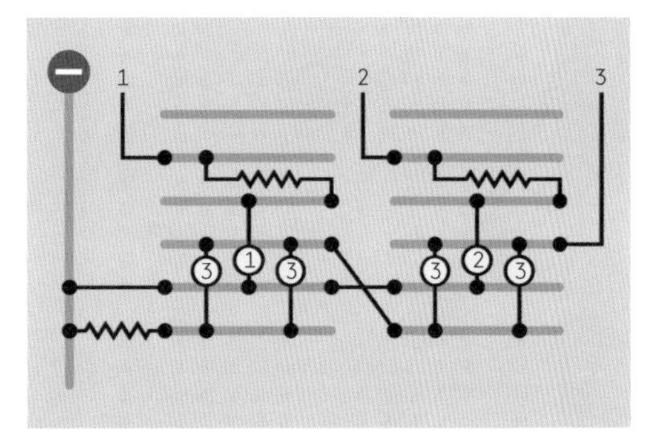

図28-13　LEDの結線方法。単独点灯する2本のLEDはシフトレジスタ1と2により、並列の直列つなぎになった4本のLEDはシフトレジスタの3により駆動される。LEDが抵抗内蔵でない場合、直列抵抗に流れる電流が8ミリアンペアを超えることがないように、直列抵抗の値を決める。

このレイアウトはブレッドボードの穴を5段分しか取らないので、全体で30段に収まる。これならブレッドボードの上半分にはシフトレジスタを入れる場所が十分取れるだろう。

完成したデモ回路を図28-14および図28-15に示す。

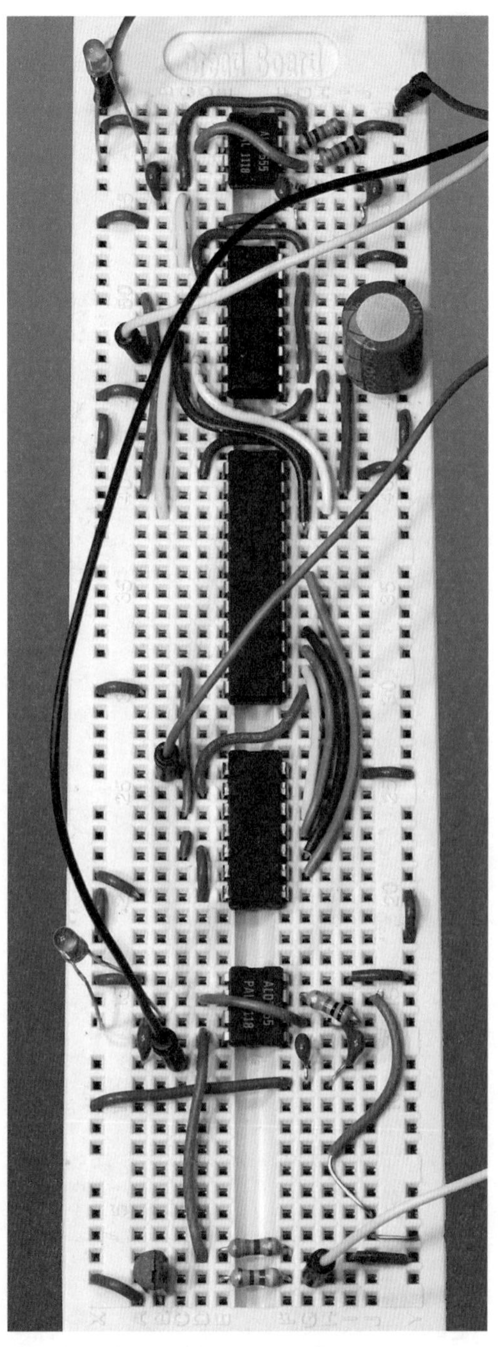

図28-14　易占ちゃん回路のロジックチップセクション。

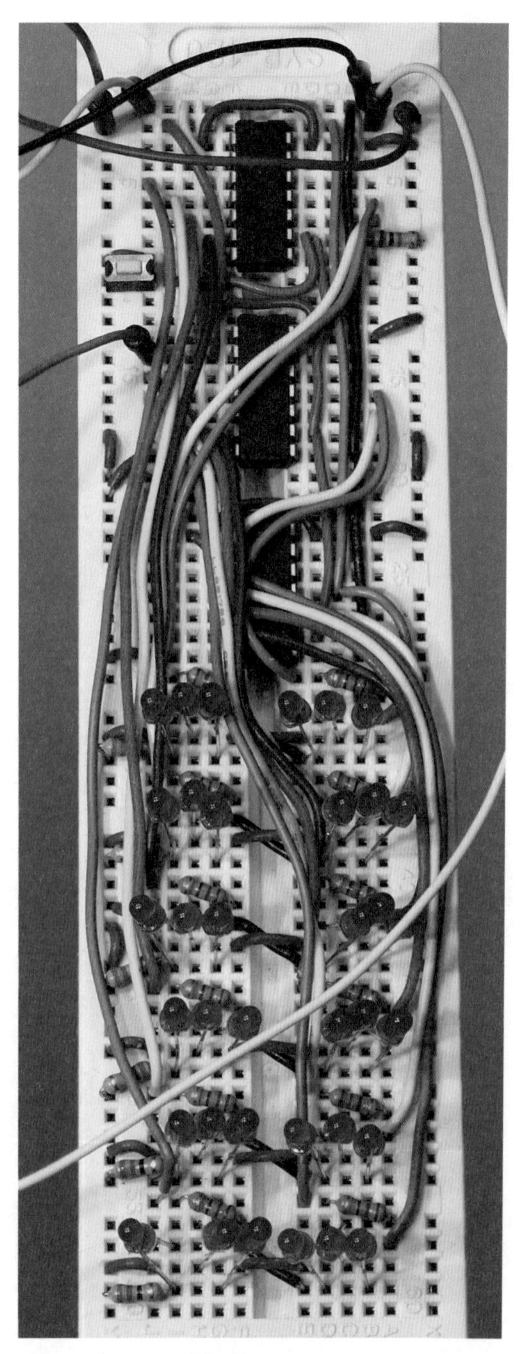

図28-15　易占ちゃん回路の第2セクション。

組み立てとテスト

これは比較的大きなプロジェクトなので、製作時にはセクションごとに検証した方がよい。私がコンセプト検証版を制作したときは以下のステップに従った。LEDから取りかかり、後ろ向きに進むのだ：

1. 第2のブレッドボードのLEDにまつわるジャンパ線と抵抗器をすべて設置する。それからLEDを取り付け、それぞれに電圧をかけてみて、配線違いがないか確認する。
2. シフトレジスタ3個を取り付け、LEDと結線する。入力CとD(回路図参照)およびクロック入力Bを使い、シフトレジスタを手動でトリガする。入力Bにクリーンなクロック信号を与えるのは難しい。10kΩの抵抗器で接地しておいて、プラスの線をごくごく短く触れるというのを試してほしい。
3. 第2のブレッドボードを脇にどけておく。第1のブレッドボードの最上部に7555タイマーを設置する。テスト用にタイマーを低速化するため、0.01μFのコンデンサに換えて33μFを使う。このコンデンサはステップ10までこのままである。また、LEDを1個、タイマーの出力ピンに追加しておく。
4. 2進カウンターを追加する。出力ピンにLEDを接続してテストするが、2ミリアンペアを超える電流を取らないように、大きな値の直列抵抗を使う。
5. デコーダを追加し、出力にはチェック用にLEDおよび大きな値の直列抵抗を接続する。
6. OR/NORゲートを追加し、出力にはチェック用にLEDおよび大きな値の直列抵抗を接続する。このORの出力がハイになるのは、デコーダの出力値が2進値1011、1100、1101、1110、1111、0000のときであること。
7. 低速動作の7555タイマーをLEDで検証する。LEDは電源を入れた途端にオンになるはずだ。これはOKである。指を湿らせ、センサ端子（剥いた配線でよい）に押し付ける。端子の間隔は0.1インチ（ブレッドボードの穴間隔分）以下にすること。LEDは1秒か2秒でオフになり、またオンになるはずだ。
8. トランジスタを追加し、また2枚のブレッドボードをジャンパ線で接続する。
9. カウンター、デコーダ、OR/NORロジックチップに付けたLEDをすべて除去する。これは重要だ！ これらのチップは、LEDを高速で駆動していると、うまく通信しあうことができなくなるのだ。
10. 高速動作の7555タイマーに付けていた33μFのコンデンサを0.01μFに戻す。
11. テスト時に両方のブレッドボードに電源が入るように、両方のブレッドボードの正極バス同士、および負極バス同士をリンクしておく。動作確認を急いで反対向きにつないだりしないように注意すること。

易占ちゃんの使い方

100μFコンデンサ（図28-11左上）は最初の電源投入時に起きる突入電流の電圧スパイクを抑制する。このコンデンサがちゃんと仕事をしていれば、LEDは暗いままになるはずだ。どれかが点灯した場合は、第2ブレッドボードにあるリセットボタンを押す。

センサ端子に指を押し付けよう。すぐ反応が欲しいときは指を湿らせる。注意：コンデンサのチャージには1、2秒かかることがある。555からの出力がローになり、またハイになった瞬間、最初のスライスがディスプレイに現れるはずだ。これが6回繰り返されて止まる。ディスプレイのスクロールが止まらないときは、低速タイマーのリセットピンの電圧をマルチメータで調べる。これはディスプレイの表示の更新中はDC4.5ボルト以上、完了すればDC0.5ボルト未満になるはずだ。

電源を入れ直すときは、100μFコンデンサに残った電圧がディスプレイの表示を再生することがある。このコンデンサの放電のため、電源を切ったら再投入前に1、2分待つ必要があるだろう。

2枚のボードの接続には長いジャンパ線が必要だ。両端にプラグのついたジャンパ線は接触が悪いことがある。回路の挙動がおかしいときは、まずこのジャンパ線をチェックすることだ。

パッケージング

図28-3は完成した易占ちゃんが2つの卦を表示する様子、図28-16はケースのトップパネルの切り出し寸法である。

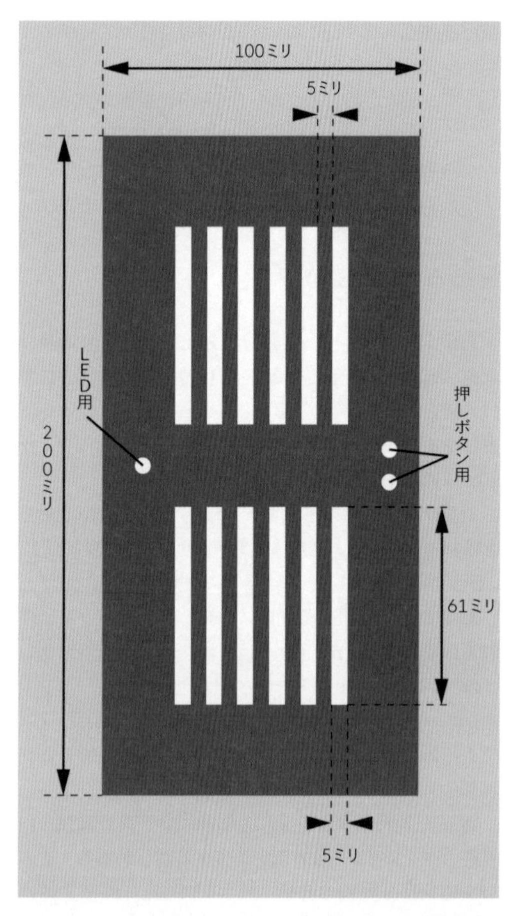

図28-16　易占ちゃんのケースのトップカバー用パネルの切り出し寸法。

このプロジェクトは見た目ほどは野心的ではない。チップの配線が比較的単純だからだ。配線の大部分は卦の表示にまつわるものだ。当然ながら、これはダーリントンアレイを使うとさらに複雑化する。コストの問題もある：ライトバーを使う場合、プロジェクトの総コストは40ドルほどになるだろう。

それでも依然、私の知る限りでは、世界最古の未来予測システムのエレクトロニクスバージョンとして、易占ちゃんは唯一のものである。

これは本当に筮竹バージョンに匹敵する動作をするのだろうか。筮竹を投げて手で卦を書いていくことに、なにがしかの説得力があるのは確かだ。しかし運命が筮竹の位置をコントロールするというのであれば、その運命はシリコンチップの中の電子のふるまいをもコントロールするのではなかろうか。

これにより得られた私の結論はこうだ：あなたの運勢が電気的にプラスになりますように！

一般センサ

Common Sensors

この章および続く5つの章ではセンサの解説をする。これは現在も急速に発達しつつあるエキサイティングな分野だ。これまで使ってきたロジックチップの基本設計と能力が、はるか昔に確立されていたのに対し、安価なセンサの発達は今まさに身の回りで起きていることなのだ。

ここでのキーワードは「安価な」である。1つ例を挙げよう。西暦2000年の世界で、私が加速度センサを買うことは、探し回ればおそらく可能だったろう——しかし、たった1個だけ売ってくれるディストリビューターを探すことは困難だったし、値段も高かった。さらに言えば、買えたとしても使い方を知るのが難しかっただろう。

現在の米国では、6軸加速度センサを香港から3ドルで買えて、国際送料は無料、しかもArduinoに挿せる。

ハンドヘルド機器の発達は、小型で高信頼で簡単に使える安価なセンサの大量生産を促した。現代のスマートフォンは10種類ものセンサを内蔵していることがある。マイクロフォン、タッチスクリーン、ワイヤレスアンテナ、GPS、環境光センサ（スクリーン輝度調整用）、加速度センサ（どちらを上にして持っているか知るため）、温度計、気圧計、湿度計——さらには、電話を耳に近づけたとき頭への接近を検知して、ディスプレイをオフにすることでタッチ入力を無視してバッテリーを節約するための近接センサまである。

センサ分野は今では膨大な領域となっており、ちょっとした解説以上のものを書くスペースはない。https://www.jameco.com/やhttps://www.sparkfun.com/といったサイトで“sensor”で検索すれば、出てくるものに驚くに違いない。

小さなマグネットスイッチ

たぶん最古のセンサは、ささやかなリードスイッチだ。『Make: Electronics』でも少し触れたが警報システムに関連した話だけであり、使ったのも、窓やドアの開閉を検知する小型の白いプラスチックモジュールにパッケージされたものである。ここではもっと詳細に立ち入る。

このたいへん役に立つデバイスについて、例を交えながら見て行こう。図29-1に2つのリードスイッチを示す。

図29-1　リードスイッチ。背景のグラフ用紙は1マス0.1インチ（2.54ミリ）である。

ガラスのカプセルには接点を酸素から守るための不活性ガスが封入されている。これはよいことなのだが、ガラスは薄く割れやすく、リード線を鋭角に曲げただけで割れることがある。リードスイッチの扱いにはよく注意すること。より丈夫なパッケージが必要な場合は、図29-2のように、プラスチックに封入されたリードスイッチもある。

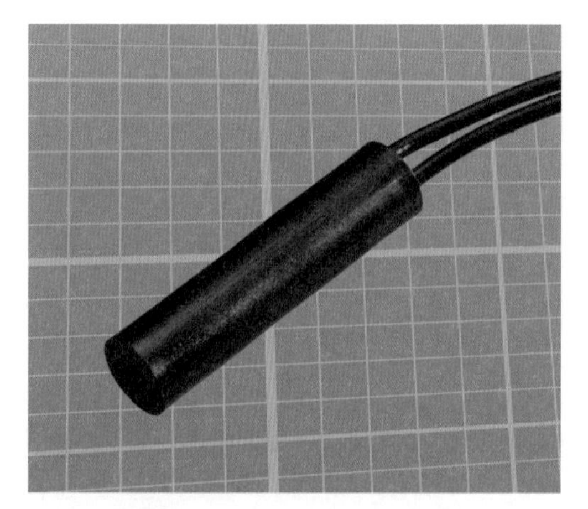

図29-2　一部のリードスイッチは、この写真の製品のように、プラスチック封入により多少なりとも保護されている。

リードスイッチテスト

以下の実験は本書で一番単純なものだろう——トランジスタと木工用ボンドの実験1と比べてすら単純なのだ。

リードスイッチには規格化された回路図記号はないが、図29-3のように描かれることが多い。図のように配線して、小型の棒磁石を近づけてみよう。磁石のマゼンタとシアンの色分けは極性を表している。

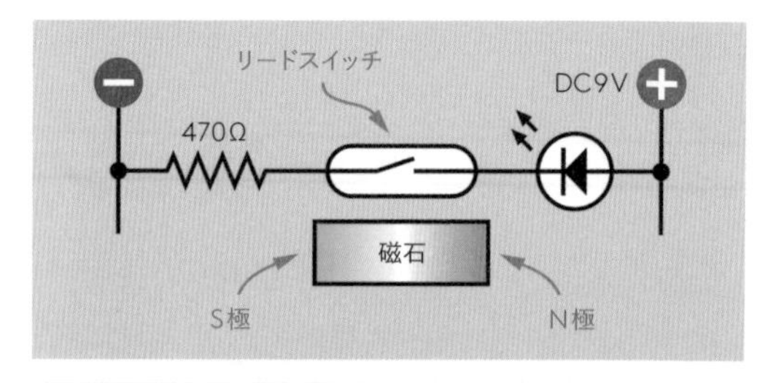

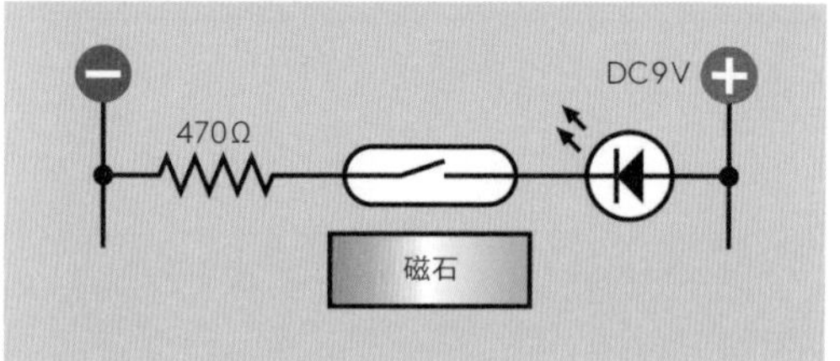

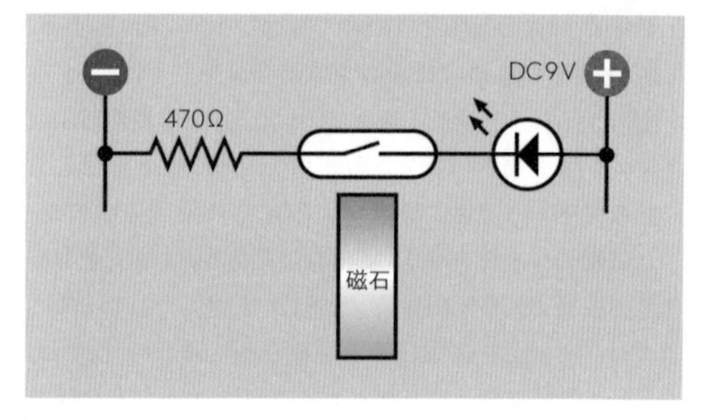

図29-3　リードスイッチのテスト。

スイッチの感度は図の一番上と中央で同程度になっていることがわかるだろう。一番下のように、一方の極を近づけて他方を遠ざけたとき、感度が最低になる。この情報はスイッチの応答に信頼性を持たせたいときに重要である。

- リード「スイッチ」と呼ばれるこの部品だが、ふるまいは押しボタンに似ている。磁界にさらされている間だけオンになるからだ。磁石が離れていけばオフになる。

動作原理

スイッチ内部の接点は、柔軟な金属板（「リード」）に取り付けられている。リードは磁化されていないが透磁性がある。磁石はほかの物体を磁化する場を形成する。実際、磁石が鉄を引き寄せるときは、磁石の中で鉄に近い磁極が鉄中に反対の磁極を生じさせる。

磁石がリードスイッチと平行に置かれると、向かい合ったリードは互いに逆の磁極を持つように一時的に磁化される。これが互いを引き寄せるため、リードはお互いの方に曲がり合って接続する。磁石が離されれば、リードたちはバネで離れる。

スイッチが図29-3の上図や中図のような磁石の方向に対してほぼ同等の感度となるのは、どちらの場合でもリードが互いに反対の極に磁化されるからである。磁場は反転するが、互いに引きつけ合うことは同じなのだ。

水位センサ

何年か前にラボ用の急速冷却装置を作っていたときのことだが、ちょっと水位センサが必要になった。一番基本的なタイプとしてオンオフ型のフロートスイッチというデバイスがあり、これは水位が最大とか最小になったことを検知する。液体のしみこまないプラスチックの発泡体でできたフロートは水面に浮かぶ。こうしたフロートの中央にドーナツのように穴を設け、これによりプラスチック棒の上を自由に上下する。プラスチック棒にはリードスイッチが入れてある。このリードスイッチがフロートの中に仕込まれた磁石で閉じる。図29-4はこの種のローコストセンサの例だ。

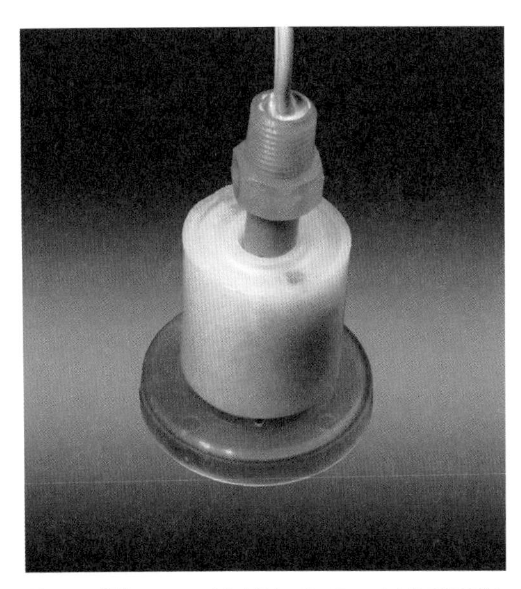

図29-4　単純でローコストな水位センサ。フロート内部の磁石が中心を通るプラスチック棒内のリードスイッチを動作させる。

使い道はいろいろ思いつくだろう。たとえば、トイレタンク内の止水弁というものは、数十年もの長きに渡る改良にかかわらず依然本当に信用できるものにはなっていない。私が住んでいるハイ・デザート（モハベ砂漠周縁の高地）では水は高価な日用品であり、機能不全のトイレタンクは些細な問題とはいえない。フロートスイッチをトイレタンク内に設置し、線を引き出して9ボルト電池とLEDに接続しておくとよさそうである。止水弁がおかしくなりだして水位がオーバーフローレベルまで上がったら、LEDが知らせてくれるのだ。小型のブザーを使ってもよさそうだ。

ほかにもある。洪水に弱い地下室のある家に住んでいる人達がいる。ここにもフロートスイッチが使えそうではないか。さらなる用途を思いつくだろうか？

燃料計

用途によっては、単なるオンオフ出力ではなく、液体の量に応じた出力を出してくれる水位センサが便利ということがある。よくある例は燃料計だ。

旧来の方法としては、アームの先にフロートを取り付け、このアームが根元の可変抵抗器のワイパーを回すというものがある。数十年もの間、自動車は燃料タンクにこのシステムを使用してきた——しかしこれはかさばるし、非常に正確とはいえないし、密閉環境以外で使うと汚れや湿気に弱いものである。

水位を測るのによりよい方法を探していて、私はeBayで、20センチほどの棒に上下するフロートが付いているだけの燃料水位センサを見つけた。動作原理がわからなかったので注文してみた。受け取って、さっそく棒の端をノコで落としてみると、この棒は実は中空のチューブである。中には非常に細い回路基板が入っていた。幅は5ミリほど。この基板の長辺に沿って、7個のリードスイッチと6個の抵抗器が取り付けられていた。

最初は不思議だった。鉄管に入っているスイッチを磁石で動作させるにはどうすればいいんだ？　それからわかった。チューブはステンレスであり、非磁性だったのだ。これなら外の動くフロートに取り付けられた磁石からの磁場は問題なくスイッチに届く。

フロートが上下すると、その磁場はリードスイッチを順番に閉じる。抵抗器たちは直列に接続されているので、これは6箇所でタップできる分圧器として機能するのだ。であれば、一番上の端子で総抵抗の変化を検知できる。

この燃料水位センサの簡略化したものを図29-5に示す(抵抗器4本、リードスイッチ5本しか書いてない)。

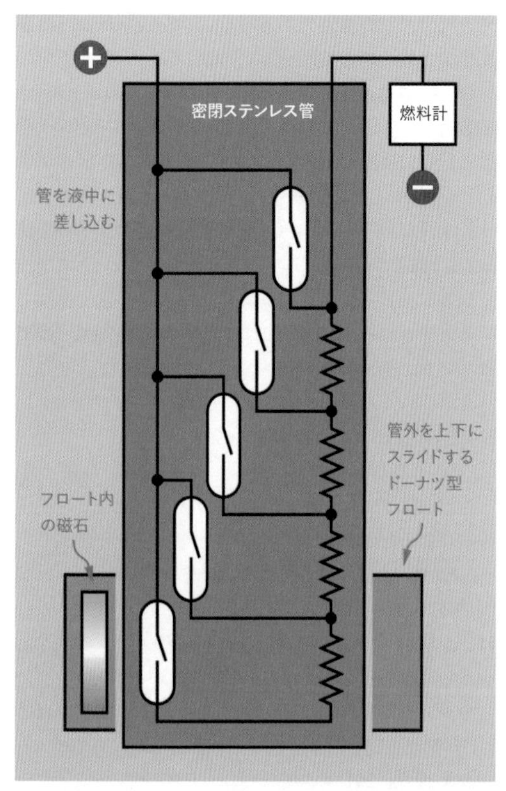

図29-5 リードスイッチと抵抗器で多段の分圧器を形成した水位センサ。

もちろんこのタイプのセンサの抵抗値は連続変化しないが、たとえば自動車の燃料計なら7段あれば十分許容範囲だ。

これに言及したのは、リードスイッチほど単純なセンサがどれほど万能になりうるかという感覚を持ってほしいからである。実際、たぶん多くの自動車の燃料計は類似のシステムを採用しているはずだ。ただし現在使われているのはリードスイッチではなくホール効果センサである。ホール効果センサについては実験30で採り上げる。

リードスイッチはやわかり

- リードスイッチのほとんどはSPSTで接点は常開である。一部に常閉接点を持つものがある。いずれにしても、リードスイッチは押しボタンに似た動作で、磁石が「押し」を与える。
- SPDTやDPDTのリードスイッチも販売されている。図29-6は1極双投のリードスイッチである。極は1本だけ出た線の方に接続されている。2本出ている方の線のうち長い方が、常閉接点に接続されている。

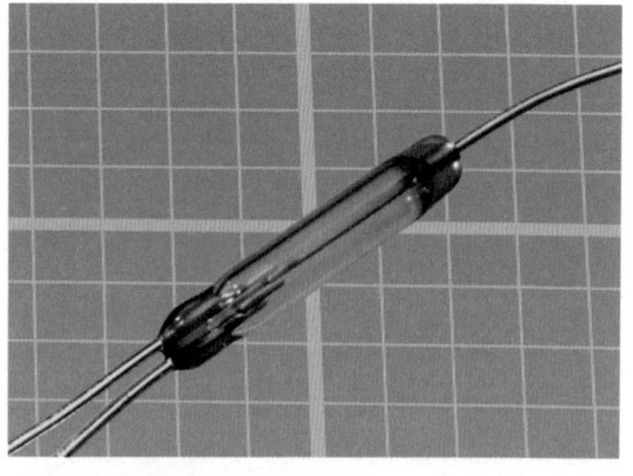

図29-6 単極双投リードスイッチ。

- リードスイッチは磁極に無関係に動作する。これは磁場がリードに互いに反対の磁極を発生させるからだ。
- 超小型リレーの一部は、周囲にコイルを巻いたリードスイッチを内蔵している。通電したコイルが電磁石となり、これがスイッチを閉じる。
- リードスイッチには自然なヒステリシスがある。接点を閉じるのに必要な力は接点が閉じた状態を保つのに必要な力より大きい。このためスイッチを閉じた磁石がある程度離れても、スイッチは開かない。

リードスイッチには明らかな欠点がいくつかある:

- リードスイッチは通常は薄いガラスカプセルに封入されており、ひびが入ったり割れたりしやすい。
- 接点は小さく、あまり多くの電流を流せば急激に劣化する。
- 強い振動にさらされれば接点が開いてしまう。リードスイッチを落とさないように、特にコンクリートの床に落とさないように気をつけること。

- リードスイッチは高耐久に作ってあるが、ソリッドステートスイッチほど高信頼にはなりえない（たとえメーカーがどんなことを主張していても）。
- 周囲の磁場によって動作してしまうことがありうる。
- 磁石の向きが間違っていると、うまく動作しないことがある。
- リードスイッチの接点が閉じるときは、その衝撃による「リード振動」、つまり接点バウンスが生じることがある。これは接点が大きな慣性を持つ大型のスイッチで、より顕著な問題となる。接点バウンスはデジタル部品にスイッチが複数回閉じたものと誤解されることがある。

とは言うものの、リードスイッチにはソリッドステート・センサに対する利点もいくつかある：

- 外部電源を必要としない。
- 電力消費がない。これはスイッチが閉じているときも開いているときも同じ。
- インターフェイス部品やアンプといった回路が不要。
- 接点が開のときの漏れ電流は無視できる程度。
- 接点が閉のときの抵抗は無視できる程度。
- 高電圧バージョンが存在する。
- 大電流バージョンが存在する。
- ACでもDCでもスイッチできる。
- ソリッドステートスイッチほど静電気に弱くない。
- 環境温度に大きな影響を受けない。

簡単な置き換え

一般に、リードスイッチというものは回路でSPSTスイッチを使っていたところすべてに使用できる。たとえば、移動の限度のところでモーターを止めるスナップアクション型リミットスイッチをリードスイッチに置き換えるのは、よくあることだ。

実験21のホットスロットゲームで書いた16ペアのコイン接点は、16個のリードスイッチで置き換えることができる。回路のほかの部分を改造する必要はまったくない。唯一の問題は、これをすると当然ながらコインでは遊べなくなることだ。16枚の円板型磁石が必要になるだろう。

このゲームにセンサを追加し、しかもコインを使い続けられるという、よりよい方法があると思っている。光学センサを扱う実験31でこれに触れる（31章参照）。

リードスイッチの取り付け

販売されているリードスイッチにはさまざまな感度がある。たとえば私が使ったものは3ミリ×6ミリ×1.5ミリの小さなネオジム磁石で動作する。磁軸をスイッチと平行に置きさえすれば、磁石を1センチほど離しても依然動作するのだ。

小型磁石と小型リードスイッチを組み合わせれば、とても柔軟な使い方ができる。たとえばスイッチをどこかに接着し、磁石の方は薄いプラ板の裏に隠す。

本書のプロジェクトの多くの場合、フタを開ければスイッチが入る小型のボックスを作って仕込むことができる。フタが閉じていても開いていても、スイッチは電気をまったく消費しないのだ。

リードスイッチは自動車や家屋のセキュリティ向けにも使える。小型の磁石をキーリングに仕込んでおいて（クレジットカードと確実に離しておけるようにするのが重要だが）、ラッチングリレーに接続された秘密のリードスイッチを操作し、自動車に乗ったり家に入ったりする前に警報システムを解除するのだ。

ほかには磁石を指し棒やスタイラスに仕込んでゲームの入力デバイスにするというのも考えられる。

背景：磁極

ここでは磁石について少々解説しようと思う。これはリードスイッチやホール効果センサ（すぐ出てくる）のトリガに磁石が必要だからである。

永久磁石には2つの極があり、これは伝統的に「N（north）極」と「S（south）極」と呼ばれている。たぶんあなたは、これは地球の北極と南極と同じようなものに違いないと思っていることだろう――ここでちょっと言っておこうと思うのは、磁石のN（north）極はもともとnorth-seeking（北を求める）極だったことだ。

反対の極同士が引かれ合うって習ったことがなかったっけ？　確かに、もし2つの磁石があれば、片方のN極はもう片方のS極と引かれ合う。とすると、磁石のnorth-seeking極が地球のN極を向くというのはどういうことだろうか？　答えは、地球の北極は実際には南極の（S極の）極性を持っているということだ。

北極を南極と改名するともものすごい混乱をまねくので、われわれはまったくnorth pole（N極）ではないものをNorth Pole（北極）と呼び続けているのである。

磁石のタイプと購入先

ネオジム磁石は1980年代に開発されたもので、昔ながらの鉄磁石よりはるかにパワフルだ。現代の小型DCモーターの中にはほぼ間違いなくネオジムが使われている。実をいえば、カメラから軽量電動工具に至るまで、多くの機材の小型化はネオジム磁石によって可能になったのだ。

強力な磁石で遊ぶのは楽しいものである。ただしリードスイッチの多くは敏感なので安い鉄磁石で十分だ。販売店はオンラインにたくさんある。eBayではいつでもセット販売されている。

必要以上に強力な磁石の使用は、実は不利になることを知っておいてほしい。これは近くの意図していないスイッチや部品に影響しかねないためだ。

一番親しまれている磁石はたぶん角型や円筒形の棒状タイプだろう。通常は棒の両端がN極S極になっているが、例外もある。

一部の業者は（私が好きなK&J Magneticsを含め）寸法の最後の数字が磁化方向となっている。つまり、1/4"×3/4"×1"（1/4インチ×3/4インチ×1インチ。6.4ミリ×19ミリ×25ミリ）とあれば、1"の軸の両端が極である。だから3/4"×1"×1/4"とあれば、平たい面の表と裏が極になっているのだ。注文時はよく確認すること！

磁石の形

古典的な馬蹄形磁石は棒状の磁石を馬蹄のようなU字型に曲げたものなので、2つの極が隣り合って並んでいる。これは磁石の牽引力を向上する。なぜなら極同士の間の力線が最短になるからだ。

磁石の例をいくつか図29-7に示す。鈍い灰色は鉄、ほかはネオジムだ。すべての磁石がくっつきあっているのは、1枚の写真の中で離しておく簡単な方法がないからだ。小型の円板型磁石は大きな磁石にくっつく際に割れて2つになっている。注意しよう：ネオジム磁石は割れやすい。

図29-7　マグネットあれこれ（1つはほかのものにくっつく際に割れた）。鈍い灰色の磁石は鉄、ほかはすべてネオジムである。

円板型、円筒形、リング型の磁石は「軸方向（axially）」で磁化されていると書いてあることがある。円筒形磁石の軸とは図29-8のように円の中心を通る線のことだ。円筒はこれを軸とした回転図形と考えることができる。軸方向に磁化されているということは、この中心軸の両端が反対の極になっているということである。円筒の平たい面の一方がN極、もう一方の面がS極である――図29-9のように。この図は赤と青が反対の極を示している。

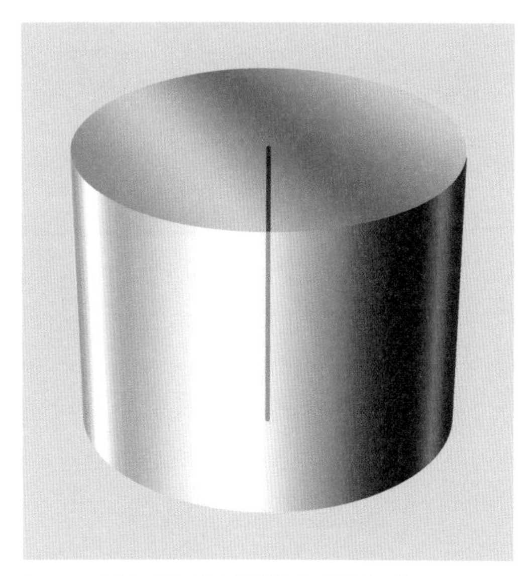

図29-8　円筒の中心を通る仮想的な線が「軸（axis）」である。

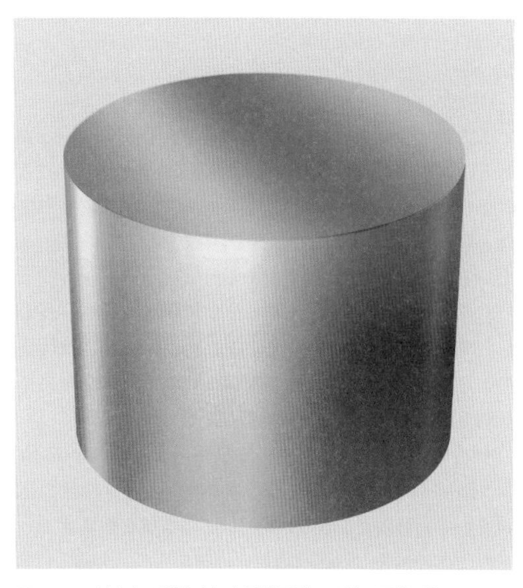

図29-9　軸方向に磁化された円筒形磁石は軸の両端が極となる。

丸い磁石の多くは軸方向に磁化されており、これはリング型も同じだ。図29-10はリング型磁石を交互に裏返しに、つまりN極同士、S極同士が向かい合うようにして斥力を発生させるという、古典的なデモの様子だ。写真の磁石たちは中央の棒にくっついているわけではない。自由にスライドできるようになっている。

図29-10　リング磁石のほとんどは軸方向に磁化されている。非磁性体の棒（この写真ではステンレス）に同じ極同士が向かい合うように重ねると、リング磁石同士は離れ合おうとする。

ロッドの一番下では上のリング磁石の重量の合計がかかるために磁石が近づく。指で押し込めばリング同士をさらに近づけることができるが、離せばジャンプして離れる。実際、このデモを撮影したときに、一番上の磁石は飛んでどこかに行ってしまった。

この初歩的な磁力デモを私はやったことがなかったのだ。磁石をこのようにふるまわせるエネルギーはどこから来るのだろうか。答えはもちろん、あなたからである。あなたが磁石を押し付けたことによる。磁石がエネルギーを作り出すことはない。溜め込むだけである。

丸い磁石には「径方向に磁化（radially magnetized）」されたものもあるが、これはごく少数派だ。図29-11に様子を示す。曲がった側面と側面が反対の極になっている。

図29-11　径方向に磁化された円筒形磁石は曲面が極になっている。

磁石の極を調べたいときは、磁石が2個あると便利だ。互いに引きつけ合ったり離れ合おうとするのを観察するのだ。2個の円筒形磁石がもし軸方向に磁化されていれば、平面同士を近づけたときの挙動は安定しており、軸を中心に回るような力は発生しない。

Make Even More：渦電流

磁石には驚くような性質があるが、一番顕著なのはアルミなどの非磁性体の金属と相互作用ができることだ。ボール形のネオジム磁石を用意して、それよりわずかに直径の大きいアルミ管の中に落とすと、磁石は糖蜜の中のようにゆっくり落ちる。アルミ管の厚みが増すほどボールは遅くなる。板厚3ミリのパイプでは、板厚1.5ミリのパイプより、この効果がずっと大きくなるのだ。同じ効果は銅管を使っても見ることができる。

図29-12は管に入れたボール磁石で、管は中のボールが見えるようにスリットの入ったものを使っている。この管は長さ約30センチで、ボールが落ちるのに約1秒かかる。これは磁石と金属の相互作用の視覚的デモである。

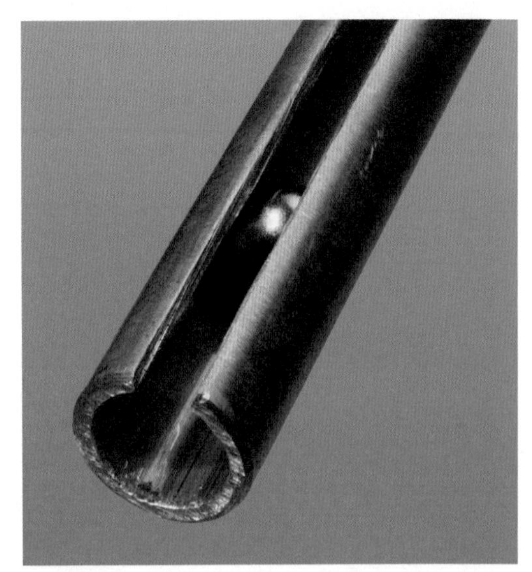

図29-12　ネオジムボール磁石は、アルミや銅など非磁性だが導電性の金属の近くを動くとき渦電流を発生させるほど強力である。渦電流を発生するにはエネルギーが必要であり、ボールの落下はこれにより非常に低速になる。

この奇妙な効果は、動いていく磁石が周囲の導体、たとえばアルミや銅などの中に、「渦電流」を誘導することにより起きる。実はこれは、世界の電気の多くを作る方法と同じだ。ただし発電では磁界中で銅の巻線を動かしている。（太陽電池は例外である。）

作られた渦電流がどうなったか知りたいかもしれない。それはわずかな熱を発することになる――導体中を流れる電気の常だ。この実験は、エネルギー保存の法則の実演をこのような形で行うものなのだ。

デモの拡張として、パイプの裏に先ほどのガソリンタンク用ゲージのようにリードスイッチと直列つなぎの抵抗たちを付けるというのがある。この抵抗を無安定モードの555の放電ピンと閾値ピンの間に入れ、全体として可聴周波数帯域にすることで、落ちていくボールがリードスイッチを通過するごとに音が高くなっていくようにすることができる。

このデモは、アングル材やチャネル材（断面がL字やコの字のもの）でもうまくいくが、パイプでやるほどはボールは遅く落ちない。

警告：磁石の危険性

ここで警告を省くのは無責任というものだろう。磁石で怪我をするなんて信じがたいと思うだろうが、私が身をもって学んだように、ネオジム磁石は人間に危害を与える能力が十分にある。

直径20ミリ、長さ20ミリにすぎないN52グレードの円筒形ネオジム磁石でも、定格牽引力が40ポンド（18キログラム）程度はある。これは5ガロン（約19リットル）の水の重さだ。この磁石を2個、違った極の平面同士で合わせれば、この力は2倍になるし、ぶつかるときに間に指があれば、血豆ができるくらいで済めば何よりだ。

それから磁石同士を離すときには別種のリスクが生じる。数カ所の爪のめくれと数多くの腹立ちを覚悟すること。強力な磁石を扱う方法については優れたYouTubeビデオがいろいろある。

ネオジム磁石は割れやすく、ニッケルメッキされているにもかかわらず、くっつきあうときの強烈な衝撃により飛び散ることがある。飛び散る金属片は非常に鋭く速度も高いことがある。ヘビーデューティーの磁石で遊ぶときは目の保護具を付けること。

当たり前だが（とはいえ言うのだが）、強力な磁石はハードディスクその他の磁気記録媒体（クレジットカード含む）と離しておくこと。実のところ、磁石はあらゆる電子機器から離しておくべきである。

最後になるが、ペースメーカーも強力な磁場の影響を受けうる。強力な磁石は適切な注意を持って使うこと。

隠されたディテクター

Hidden Detectors

実験 30

ホール効果センサはそこら中にある。あなたがノートパソコンのフタを閉めれば、たぶんプラスチックの裏にあるホールセンサがこの動きを検知し、コンピュータをスリープモードに入れる。コンパクトカメラの電源を入れれば、ホールセンサはレンズが完全に出てきたことを検知する。ホールセンサはあなたのハードディスクの中にもあり、モーターの回転を検知してスピードを制御する。それは自動車の電子点火装置の中にある——そして同じ自動車のドアロックにも入っており、キーを回したときに照明をオンにする。あなたの新しい洗濯機はホールセンサを使ってフタが閉まっていることを検知する。電子レンジも同じだ。

ホールセンサは磁場に応答して微小な電子的電流を生ずる。リードスイッチのように使えるが、こちらは完全にソリッドステートだ。その基本原理は1879年には発見されていたが、ホール効果は非常に微小で、広範な応用はセンサに加えてアンプを内蔵できるような集積回路チップの発明まで非現実的だった。

ホールセンサの優位性は安価、高信頼、小型化にある——リードスイッチとは異なり、微小な表面実装デバイスにもなるのだ。応答速度は非常に高速で、壊れにくく、用途に合わせてふるまいの異なる4タイプが製造されている。リードスイッチと比べると、回路に入れ込むにあたってちょっとした手間が必要ではあるものの、ほぼ万能の代用品となる。

図30-1にホール効果センサをいくつか示す。

図30-1　ホール効果センサ各種。

ホール効果センサのテスト

このテストではもっとも一般的でもっとも安価なタイプのホールセンサを使う。これは「バイポーラ型」というタイプで、オンにするには磁石の一方の極（ポール）を、オフにするには反対の極を必要とするものだ。（この「バイポーラ」はバイポーラトランジスタとはなんの関係もない。）バイポーラセンサは「ラッチング」型とも呼ばれる。ある状態になったら、強制的に戻さない限り、元の状態にならないからである。

図30-2はDiodes IncorporatedのATS177センサの模式図である。ホールセンサの大部分は同じピン配置だ。パーツナンバーの下のコードは通常は製造日にまつわるもので、ここでは無関係だ。

図30-2　ATS1777バイポーラ・ホール効果センサ（Diodes Incorporated製品）。ピン配置はほかのホール効果センサも普通は同じだ。

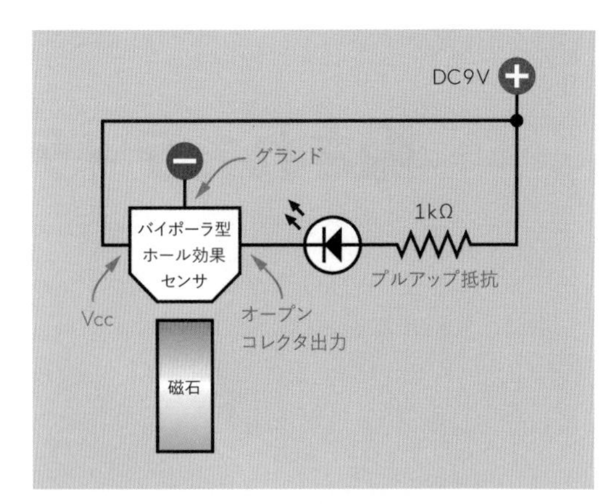

図30-3　ホール効果センサ調査用の非常に単純な回路。

データシートでは、正極側の電源ピンは「Vcc」または「Vdd」になっているだろう（ここではどちらも同じ意味だ）。負極グランドはほぼ「Gnd」と書かれている。出力は「Out」になっていることが多いが、ロジックチップと接続するセンサでは「DO（デジタル出力）」となっているものもある。

このセンサを一番簡単にテストするには、実験28で書いたようなネオジム磁石を使うとよい。円筒形でも四角い棒状でもかまわない。ただしホールセンサはリードスイッチと異なり、一方の極が他方の極よりずっと近いときに作動する。

図30-3に示した回路を組み立てよう。注意してほしいのは、このセンサがオープンコレクタ出力であることだ。これまでに出てきたフォトトランジスタ、エレクトレットマイクロフォン、コンパレータと同様だ。動作を思い出す必要がある場合は36ページ「出力」を参照のこと。

電源は9ボルト電池が使えるように「DC9V」と書いておいた。このセンサはデジタルデバイスではないので、電源を安定化する必要はない。ホールセンサの多くはDC20ボルトまでなんの問題もなく使える。ただし低電圧用に設計されたものもある。データシートを常に確認するようにしよう。

図30-4のように磁石を当てる。棒型電池には普通極が書いてないので、どちらの先端でLEDがオンになるかは試してみないとわからない。LEDをオンにできたら、磁石の反対側でオフにしてみよう。

図30-4　センサ本体の角を落としてある面に磁石の一方の極を当てる（反対の極は離す）。磁石を反対向きにするとセンサの状態が反転する。

LEDは明確にオンまたはオフとなり、フェードしたりまたたいたりしない。これはセンサに内蔵されているシュミットトリガという回路のおかげだ。

ホールセンサは一般的には20ミリアンペアまでシンクできるが、これは絶対最大定格である。DC9ボルト電源と1kΩのプルアップ抵抗を使うと、シンクする電流はこの半分程度となる。マルチメータで測っておくのがよいだろう。20ミリアンペア定格の汎用LEDに10ミリアンペアしか通さなかった場合明るくは光らないが、明確なオン・オフの様子を見て取るには十分だろう。

用途

あなたはもしかしたら、バイポーラ・ホールセンサはリードスイッチより不便だと感じているかもしれない。電源が必要というだけではなく、磁石の一方の極を使わなければならないし、しかもセンサをオン・オフするのであれば、もう一方の極も使わなければならないのだ。ところが、このセンサは極が連続的に通っていく——あるいは反対に、連続した極をセンサが通っていく——状況で便利なように作られているのだ。

センサからのパルスは、モーターのスピードを正確に制御するためのフィードバックに使うことができる。図30-5はこのコンセプトの概略図だ。回転体には互い違いの極性で磁化された歯が付いている。

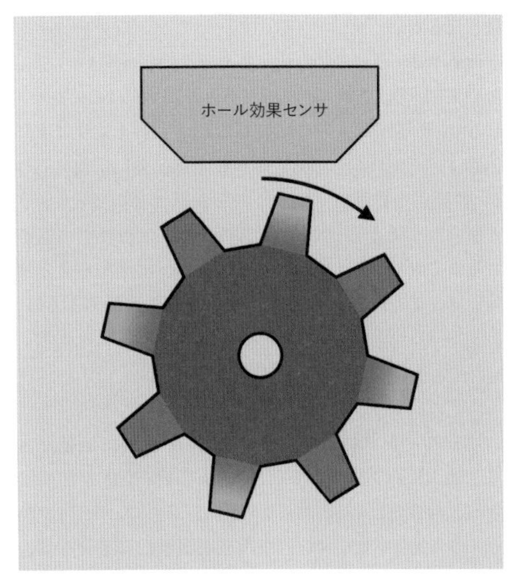

図30-5　ホールセンサは互い違いの極性で磁化された歯を持つホイールの回転速度を計測できる。

テスト回路で磁石を90度回し、センサを通過するようにスライドさせてみよう。前にある極が通過するときと後ろにある極が通過するときに反応するはずだ。ここでもLEDが明確にオンとオフを移行するのがわかるだろう——そしていくらかのヒステリシスも。センサはオンまたはオフの状態にとどまろうとするのだ。

このヒステリシスは図30-6のようにグラフ化できる。この図を、コンパレータの動作を描いた図6-8と比較してみよう。両者の相違は、コンパレータが電圧の変動に応答するのに対して、ホールセンサは磁場の変動に応答することだ。

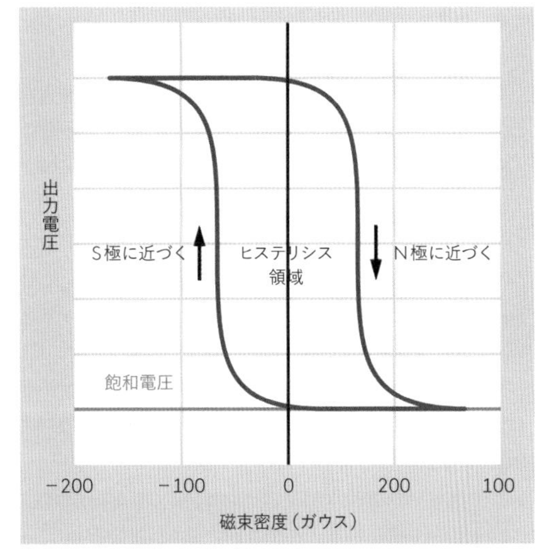

図30-6　バイポーラ・ホールセンサのヒステリシス。

ホール効果センサを自転車のフロントまたはリアフォークに付けて、マグネットをホイールのスポークの間につければ、オドメータやスピードメータを作ることができる。センサからの出力をマイクロコントローラに食わせ、ホイールの回転を距離に変換すればよい。それから距離を時間で割ってやれば速度が計算できる。

ホールセンサはやわかり

- スルーホール版のホール効果センサは通常、0.1インチ×0.1インチ×0.05インチで3本のリードを持つ黒いプラスチックのパッケージに封入されている。これは一般的なトランジスタのTO-92パッケージによく似ているが、より小型だ。
- データシートでセンサの「フロント」や「トップ」と書いてあれば、それはパーツナンバーの記された面のことだ。この面は角を落としてあり、背面（“back”）は落としていない。このセンサは通常、磁極をフロントの角落とし面に向けたとき反応するように作られている。

- パーツナンバーは略されて3桁の数字になっていることが多い。この3つの数字の下にあるコードは、普通は製造日を示すものだ。
- 電源電圧はDC3ボルト〜20ボルト程度で、9ボルト電池で使うことができる。ただしDC3ボルト〜5.5ボルトにしか耐えられないセンサもある。データシートをよく読むこと！
- ホール効果センサはフォトトランジスタ同様、オープンコレクタ出力を持つNPNトランジスタとともに封入されていることが非常に多い。この出力にシンク可能な絶対最大電流は20ミリアンペアから25ミリアンペア程度である。
- 図30-3のように、ホール効果センサのオープンコレクタ出力と電源正極の間にプルアップ抵抗を入れた場合、出力はセンサが動作したときにハイに、不動作時にローになるように見える。
- ホールセンサの多くは、ヒステリシスをともない明確なオンオフ反応を出力するシュミットトリガ回路を内蔵している。
- ホールセンサ製品はバリエーションとしてS極動作品とN極動作品があることが多い。こうした情報はデータシートに掲載されている。
- ホールセンサにはリードスイッチで問題となる接点バウンスが存在しない。これはロジックゲートに入力を与えるとき便利である。

ホールセンサの種類

ホール効果センサには4つの一般的なタイプがある。

バイポーラタイプは今解説したばかりだ。これのオンとオフにはそれぞれ逆の磁極からの磁場を必要とする。

ユニポーラホールセンサは一方の磁極の近接に応答してオンになり、磁石が離れるとオフになる。これをオフにするのに逆の磁極は必要ない。

ユニポーラセンサにはN極動作とS極動作のバージョンがある。バイポーラセンサ同様、シュミットトリガを使用して明確なオンオフ応答ができるようになっている。

ホールセンサのオープンコレクタ出力は、「オフ」状態のときに負極グランドとの間の抵抗値が高くなるものであるのを忘れないこと。このとき出力電圧はプルアップ抵抗によりハイになるのだ。そしてセンサが「オン」状態になると、出力電圧はローになる。こうした動作はフォトトランジスタと同様である。

リニアホールセンサと呼ばれる部品は、シュミットトリガを内蔵せず、外部の磁場に比例した電圧を（内蔵トランジスタにより）生成する。磁場が存在しないと、センサの出力電圧は電源電圧の半分となる。一方の磁極への応答として、センサの出力はほぼDC0ボルトまで低下する。もう一方の磁極への応答として、出力はほぼ電源電圧いっぱいまで上昇する。

リニアホールセンサは「アナログ」センサとも呼ばれる。出力ピンは普通、内部のNPNトランジスタのエミッタ（コレクタではない）に接続されている。シンク電流の制限のため、出力ピンとグランドの間に2.2kΩ以上の抵抗を入れること。

出力の変化はセンサと磁石の間の距離の測定値として解釈可能だ。知覚磁場は距離に応じて減衰するので、距離が離れる（ほとんどの場合10ミリ以上）と、センサは反応しない。

オムニポーラタイプのホールセンサはリードスイッチによく似ている。これはNとSどちらの磁場によってもオンになり、磁場が消失するとオフになる。このセンサは実は2個のホールディテクタと、両者間の電圧差に応答するロジック部品を内蔵している。内蔵回路が多いこと、需要が少ないことから、このタイプのセンサは少しずつ高価になってきている（執筆時で1ドルをわずかに超える程度。ほかのバージョンは1ドル未満で購入可能である）。

ホール効果センサのアイディア

ホールセンサはデジタルロジックと容易に接続できる。図30-7のように10kΩのプルアップ抵抗が使用できる。抵抗値はもっと高くてもよい。これは、ロジックチップの入力インピーダンスが電流制限抵抗に必要な値より、はるかに高いためだ。ただし当然ながら、電圧が適切な範囲にあるかどうかは確認しておく必要がある。

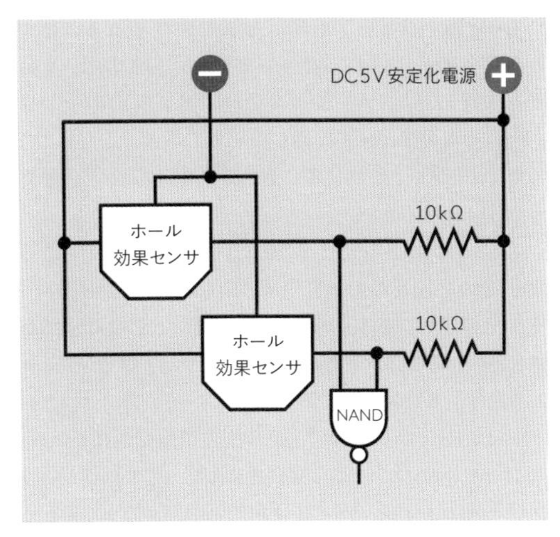

図30-7　この回路のNANDゲートの出力は通常時ローで、ホールセンサのどちらか、または両方が作動したときのみハイになる。

この回路のNANDゲートは、センサのどちらか、または両方が作動したときにハイ出力を与える。ホールセンサとプルアップ抵抗の組み合わせから得られる電圧はセンサ「オン」時にローとなること、これに対してNANDゲートの出力は、入力が両方ともハイのときローとなり、片方または両方がローのときハイになることに注意しよう。この用途にはユニポーラのセンサが適当である。

手持ちで磁極のわからないマグネットにホールセンサを応答させる場合は、オムニポーラタイプが適当である。

バイポーラセンサの裏にバイアスをかける磁石を取り付けると、ユニポーラセンサのようにふるまう。つまり、表面からN極を近づけて動作させ、S極を近づけて不動作にするセンサがあるとき、裏側に小さい磁石を付ければ、「オフ」状態に戻るようにできるということだ。N極をセンサの表面から近づけたときは、その磁場が裏側の弱い磁石の磁場に打ち勝って、センサを「オン」にすることができる。

磁石をこのように使うときは、保磁力の強い磁石を使うこと。つまり、第1の磁石は第2の磁石の逆磁極による再磁化に抵抗しなければならないのだ。ネオジム磁石は高い保磁力を持つので、この種の用途に適している。

Make Even More：ミニサイズのロール・ザ・ボール・ゲーム

伝統的なカーニバルやステート・フェア（州のお祭り）の露店で、ロール・ザ・ボール・ゲームの類を見たことがあるだろう。あなたは上りの傾斜がついた板の、こちら側に座るようになっている。反対側には穴がいくつも空いている。ボールを板に転がして、遠い穴ほど高いスコアになっているのを考慮しつつ、できるだけ素早く穴に沈めていくのが目的だ。

どの穴にも入らなかったボールは、あちら側の溝に落ちて、まったくスコアにならない。基本レイアウトは図30-8のようになっている。

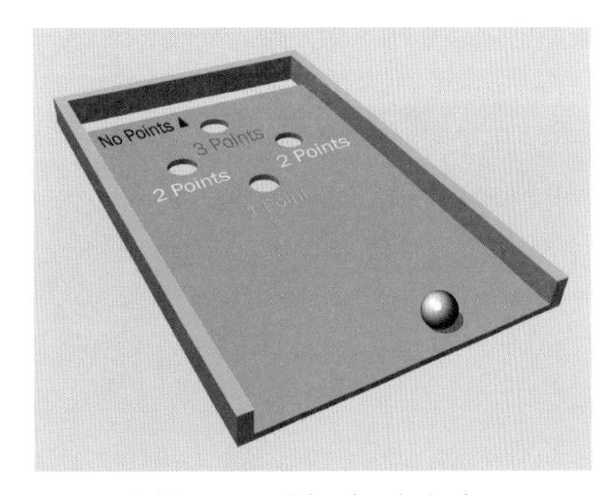

図30-8　伝統的カーニバル露店のボール転がしゲーム。

通常これは、多くの人が隣り合うたくさんの台で同時にプレイし、一番早くハイスコアに達した人が何らかの賞をもらえるようになっている。

ボール型磁石とオムニポーラのホール効果センサを使えば、これのミニサイズバージョンが作れるだろう。1人用ゲームとして製作するなら、スコアカウンターに加えてタイムリミット機能も必要だろう。

さて、どうやってスコアの1、2、3ポイントの加算を制御したらいいだろうか。一番簡単なのは、ボールの戻し路にスコアの数だけセンサを仕込むことだろう。ボールが転がってセンサのところを通過することでトリガする。

このようにするには小型の木の走路を作る必要があるが、これはプラスチックチューブを使った方が楽だし、うまくいくだろう。

プラスチック曲げ

PETG（ポリエチレンテレフタレート）製のチューブはオンラインで販売されており、値段も高くない。これを使えば、たとえゲーム台が揺すられたりしたときでも、戻ってくるボールを完全にコントロール下に置ける。唯一面倒なのは、チューブを歪めずスムーズに曲げることだ。これにはスプリングを入れてからヒートガンを当てるという方法がある。

これはちょっと電子回路の制作からは離れることだが、センサを扱うからには、それが物理的世界とどのように相互作用するかについて考える必要がある。

図30-9はPETGチューブにスプリングを入れて曲げたところだ。次のステップはスプリングを取り出すことだが、これが難しいことがある。スプリングを巻きの方向に回すと、少し直径を小さくすることができる。

図30-9　ポリエチレンチューブにスプリングを入れてヒートガンを当てることでスムーズな曲線に曲げたところ。

もっと細いチューブも同じ方法で曲げられる。ボール転がしゲームでは、3/8インチ（9.5ミリ）のボール磁石を内径1/2インチ（12.7ミリ）、パイプ厚1/16インチ（1.6ミリ）のチューブに通したいところだ。しかしこうしたチューブや、それに押し込むスプリングは、どこで買ったらいいだろうか。

お勧めはMcMaster-Carrだ。ここはおそらくこの星一番の品揃えのハードウェアショップ（金物・建材・その他の店）である。今まさにこの店で、この寸法で長さ6フィート（1.8メートル）のPETGチューブが、フィートあたり1.5ドルほどで販売されている。スプリングも“cut-to-length”で1本3.5ドル程度で販売されている。“cut-to-length”はどんな長さにも切ってくれるという販売形態だが、チューブ曲げ用であれば、カットする必要はまったくない。

もちろんすべてを木で作りたいならそのようにすればいいし、このような工作が必要ないプロジェクトをやりたいというならそれもよいだろう。プラスチックチューブを曲げてボールを通したいなどという私のおかしな興味を、誰もが共有しているわけではないことは承知している。とはいえ乗りかかった船だ。このプロジェクトについて最後まで書こう。

ボール転がしのエレクトロニクス

1ポイントの穴からの戻しチューブに1個のセンサを、2ポイントの穴それぞれに2個のセンサを、3ポイントの穴に3個のセンサを付けると、センサは合計8個になる。

8個のセンサをすべて8入力NANDチップに、またそこからカウンターに接続すればよい。図30-10はこの配線とボード下のボール戻しチューブのレイアウトを示したものだ。

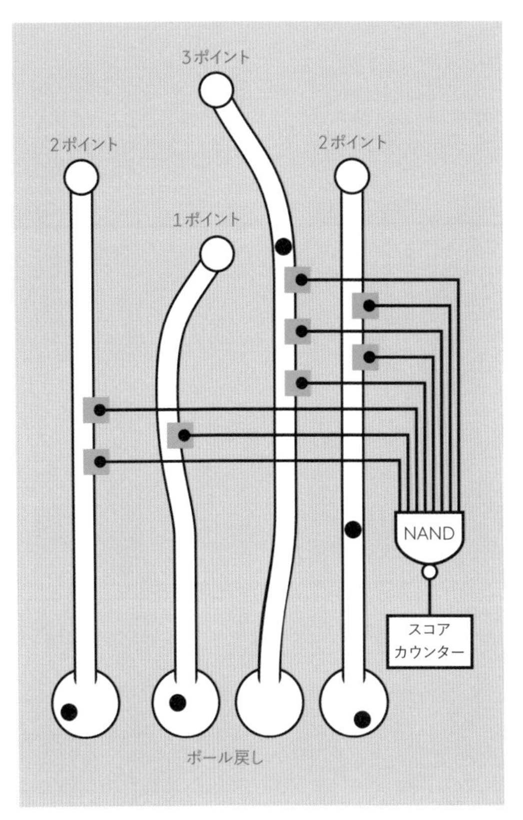

図30-10　ホール効果センサ（緑の四角）でロール・ザ・ボールゲームのポイントをカウントする。

図30-7を見ると、ホール効果センサにはNANDが適切であるのに気がつくだろう。これはセンサの1つが入力をローにするたびにハイになるのである。

この用途にはオムニポーラセンサが適切である。転がるボール磁石が作り出す磁場は極性がくるくる変わり、これに反応しなければならないからだ。センサがノイズフリーな信号を出してくれることは、リードスイッチの代わりにこれを使う第一の理由であり、望ましいことだ。バウンス・フリーなセンサが使えるときに、リードスイッチを（『Make: Electronics』で言及した方法を使って）デバウンスする理由などない。

NANDチップの出力は10進カウンター4026Bに接続する。このチップは7セグ数値LEDを駆動するように作られたものだ。チップの繰り上げ信号を2個目の4026Bに（そして2個目の7セグLEDに）接続すれば、99ポイントまでカウントできる。4026Bについても『Make: Electronics』で解説している（反射神経タイマーゲームで使った）。

リセットボタンを追加して、カウンターをゼロにしつつ、30秒にセットした555タイマーをスタートさせるようにしよう。555タイマーはサイクルの終わりでカウンターを停止させるようにする。これでよし！　あなただけのマグネットボールローリングゲームだ――初期のプリミティブなピンボールマシンのようではないか。

ちょっと待った――ネオジムボール磁石でピンボールマシン全体が作れるのではないだろうか。

たぶんできるが、これは複雑性のことはまったく考えないにしても、ボール同士が絶対に接触しないようにする必要がある。ボール転がしゲームの場合、くっついてしまったボールを離すことはハイスコアへの挑戦にまつわる緊張感を高めるものとなるだろう。

電子光学

Electronic Optics

光の変化でトリガされるセンサには基本的に2つのタイプがある。アクティブ型とパッシブ型である。

実験7の時間光学的ランプコントローラはフォトトランジスタを使っていたが、これはパッシブセンサだ。パッシブセンサは座して待ち続けるタイプで、外部の光源を測り続け、それに応じて内部抵抗を変化させ続ける。

一般的なパッシブ光センサ部品にはもう1つ、PIRモーションセンサというのがある。PはパッシブのPで、IRは赤外線（infrared）のIRだ。こちらのよくある用途は周囲に人が来ると体温を検知して照明を点灯したり警報システムをトリガしたりすることだ。

PIRモーションセンサは便利だが、金物店で販売されているものは実験の余地があまりない。このセンサで遊びたいなら、図31-1のようなブレイクアウト基板を買う方がいいだろう。ホビー・エレクトロニクス系の販売店、たとえばSparkfunでは、執筆時にこれらを10ドル以下で販売している。そしてこれらはマイクロコントローラに直接接続するように作られている。使用方法の非常によいチュートリアルはhttp://www.ladyada.netにある。ここではPIRは扱わない。これはアクティブセンサの方が、より興味深い可能性を秘めていると思うからだ。

図31-1　実験用ブレイクアウト基板に取り付けられたパッシブIR（PIR）センサ。

アクティブ光センサ

アクティブセンサは周辺光を座して見続けるだけでなく、自力で発光する――この光はほぼ常に赤外光で、まれに紫外光のセンサがある。アクティブセンサはコピー機に入っている（紙詰まり検知用だ）。産業用オートメーション機械に入っている（製造プロセスでの製品の進行検知だ）。またロボットにも入っている（可動部のポジション確認用だ）。

光ビームは狭い波長の赤外線LEDで生成するのが通例で、さらにほかの光源とはっきり区別できるように、変調してあることもある。近傍にあるディテクタ（通常はフォトトランジスタ）には回路が内蔵されており、この波長向けに調整されている。

光エミッタ（光源）と光センサの組み合わせは「エミッタ／レシーバ」の一般名で呼ばれ、バリエーションが2つある：

反射型エミッタ／レシーバ（フォトリフレクタ）：

- LEDとフォトトランジスタが、だいたい同じ方向を向いた横並びに取り付けられたもの。一例を図31-2に示す。

図31-2　赤外線エミッタの横に、これにマッチする赤外線フォトトランジスタが取り付けられた構成の反射型エミッタ／レシーバ。少し離れたところにエミッタからの光をはね返す反射体を設置し、何かがこれを遮ることで起きる光量の変化をフォトトランジスタで測定する。

- LEDからの光をフォトトランジスタに戻すため、銀色のマイラーフィルムや白色物体などの反射材を設置する必要がある。
- 探知距離は普通非常に短い。反射型センサの多くが想定する反射体までの距離は半インチ（13ミリ）程度である。これには例外があるが、コストが上がることが多い。

透過型エミッタ／レシーバ（フォトインタラプタ）：

- LEDとフォトトランジスタはU字型の本体ギャップを挟んだ両側に、対向して取り付けられている（図31-3）。

図31-3　Everlight ITR9606-F透過型フォトインタラプタ。赤外光はギャップの一方から、他方にあるフォトトランジスタに向けて発射される。ダイオードの回路図記号がプラスチックの本体にモールドされているのが見えるだろうか。赤外線LEDはこちら側に取り付けられている。

- 物体が光線を遮ると、フォトトランジスタの出力が変わる。
- この種のセンサの多くでは、ギャップ幅は5ミリ程度である。
- 透過型のエミッタ／レシーバは反射型ほど多用途ではないが、取り付けが非常に簡単で使いやすい。
- この種のセンサは「光スイッチ」「オプトインタラプタ」などと呼ばれることもある。

次の実験ではEverlight ITR9606-Fなどの透過型センサを使う。テストが済んだら応用例をやってみよう。しかしまずは——

警告：センサはゆっくり死ぬ

アクティブIRセンサは「常時オン」型のデバイスだ。システムの電源が入れば赤外線LEDは発光する。

これによりいくらかの電力消費が発生する（普通は10〜20ミリアンペア）が、問題はそれではない。悲しい事実は、赤外線LEDとは使えば劣化するものであるということにある。約5年間の使用で光量が50%減になると警告しているデータシートもある。何も書いていないデータシートもあるが、その場合にもやはり起きうることである。劣化は熱によるものかもしれないし、製造時に使われる何らかの化学プロセスに関連するものかもしれない。読んだところによれば、こうした劣化は完全には理解されていないものの、それが起きることは誰もが認めているということらしい。

アクティブIRセンサを使うのであれば、時とともにLEDが減光しても動作が続けられるように、回路の誤差マージンを大きく取るようにしよう。また、LEDを通過する電流を最小限にしよう。

数字

透過型センサの赤外線エミッタになっているLEDは、比較的小さな順方向電圧になっている——多くは1.2ボルトであり、1.5ボルト以上ということはない。センサのLEDには抵抗は内蔵されていないものなので、保護用の直列抵抗を追加すること。抵抗値は必ず電源電圧に合わせて決めること。

- 赤外線LEDは順方向電圧だけでなく消費電流もチェックすること。電流値がデータシートの「標準（typical）」の値付近になるように直列抵抗を合わせる。「絶対最大（absolute maximum）」に近い電流は必要ない（し、望ましくない）。

赤外線レシーバは通常はオープンコレクタ出力のフォトトランジスタである——ホール効果センサと同じだ。これまで通り、このオープンコレクタはプルアップ抵抗と組み合わせて使うことが想定されている。問題はプルアップ抵抗の適切な値だけである。これはデータシートには書かれていないが、オープンコレクタでシンク可能な電流の最大値は書かれている。この「最大」値が20ミリアンペア程度の場合でも「標準」値はずっと低いことがある。なので、この種のセンサから（通常の可視光型）LEDを直接駆動することは想定しない方がいいだろう。

赤外線センサのテスト

オリエンテーションは受けたので、テストしてみよう！

ITR9606-Fを使う場合、ピン配置は図31-4のようになっている。しかしこのセンサの向きはどうなっているのだろうか。Everlight ITR9606-Fの場合、プラスチック部にダイオード記号がエンボス加工してある。図31-3をよく見ると、右側にこれがあるのがわかるだろう。

同様のスペックのセンサは多数あり、データシートには各リード線の機能の記載がある。ITR9606-Fと同じものもあるが、一方のリード線ペアが逆配置のものもある*。

この実験は、手順通りに、ピン機能を正しく理解し、部品に過大な電流を流さないようにすれば、どんな透過型フォトインタラプタでも可能なものだ。

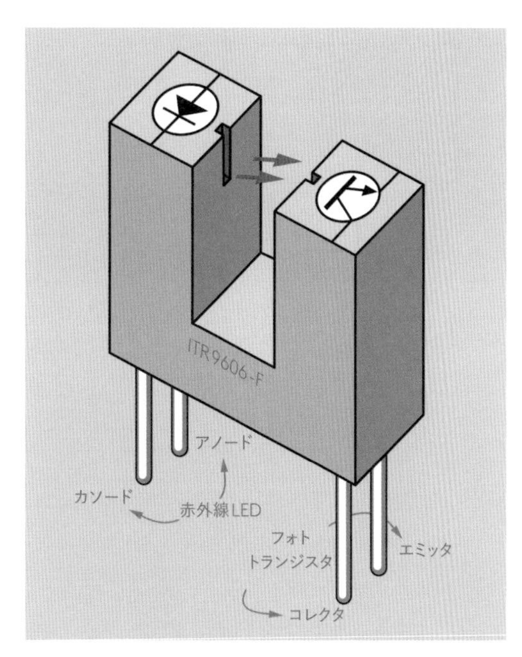

図31-4 Everlight ITR9606-Fのピン機能。仕様が似たほかのセンサの場合、ピン機能が同じこともあれば、一方のペアのピンが逆配置のこともある。メーカーのデータシートで詳細を確認しよう。

＊訳注：グランド共通で3端子のものもある。

図31-5ではセンサのテストに4回路2入力ORのロジックチップを使うことをお勧めしている。その理由は追いおい明らかにする。ブレッドボード化した回路を図31-6に示す。

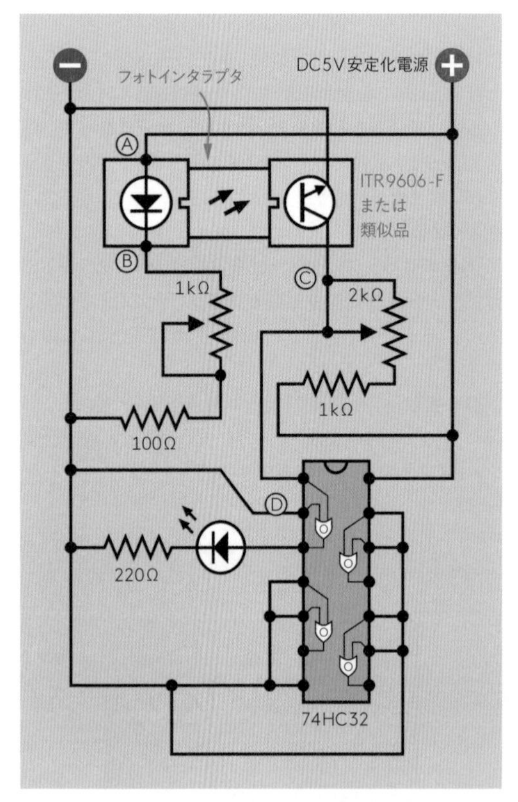

図31-5　透過型フォトインタラプタをORロジックチップを使ってテストする回路。

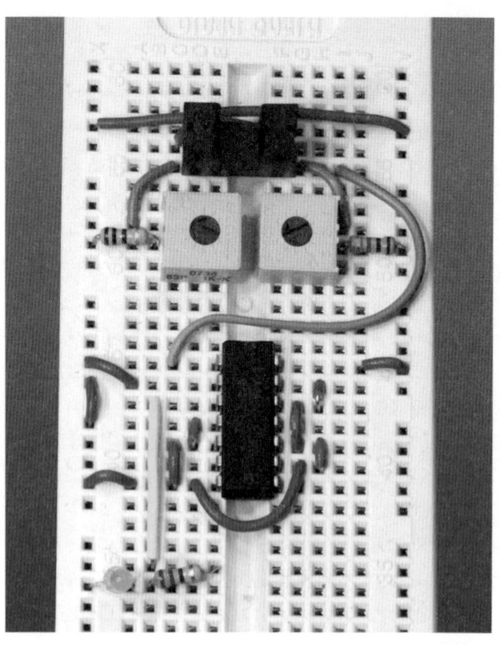

図31-6　ブレッドボード化した透過型フォトインタラプタ用テスト回路。U字型のセンサは最上部、半固定抵抗器のすぐ上にある。

DC5ボルト安定化電源を使っていることに注意。これはORチップに必要なためだ。

回路を配線する際に、最初はチップへの電源配線、およびフォトトランジスタのコレクタへの配線を未接続にすること。最初のステップでは赤外線LEDだけに電源供給するのだ。

赤外線LEDテスト

センサ内部のLEDから出る光は可視スペクトルの範囲外にあるため、まったく見えないことに注意しよう。動作しているかどうかを知るにはマルチメータに頼るしかないのだ。

図31-5の1kΩの半固定抵抗器を抵抗値最大に合わせる。（よくわからないときはブレッドボードに差す前にマルチメータで確認する。）それではポイントAとBの間の電圧を測定しよう。DC1〜1.2ボルトになるはずだ。

赤外線LEDに流れる電流も測定する必要がある。これにはポイントAと正極バスを接続しているジャンパ線を抜く。そしてマルチメータをミリアンペア計測にセットし、ポイントAと正極バスの間に入れて計測しよう。半固定抵抗器を回すと、メータの読みが変化する。およそ10

ミリアンペアに調整しよう。LEDの定格値はもっと大きいが、考えている使い道があるので、この回路の消費電力をあまり大きくしたくないのだ。

調整できたら半固定抵抗を外し、上側端子とワイパーの間の抵抗値を測定する。私がやったテストではこれはおよそ350Ωとなった。これにより赤外線LEDに対する直列抵抗は合計で100+350=450Ωとなり、これはDC5ボルト駆動のLEDとしては比較的高い値だが、私の回路はこの値で動作した。

- これで1kΩの半固定抵抗と100Ωの固定抵抗を外し、450Ωまたはあなたの回路で10ミリアンペアになる値の抵抗器に交換できる。

フォトトランジスタのテスト

LEDはこれでよいので、フォトトランジスタのコレクタを接続し、ポイントCと負極グランドの間の電圧を計測しよう。この電圧を与えるのは1kΩ抵抗器と2kΩ半固定抵抗器で、これらはオープンコレクタへのプルアップ抵抗を形成している。

計測しながら、赤外光ビームを遮るようにセンサの間にカードなどを入れたり、また外したりしよう。半固定抵抗の調整により、カードを取り除いた時にハイ電圧としてDC4.5ボルト以上を、カードを入れたときにロー電圧として0.5ボルト未満を得ることができるはずだ。合計の抵抗値はおよそ2kΩになるだろう。

- これで2kΩの半固定抵抗器と1kΩの抵抗器を外し、ポイントCの電圧が適切な範囲になる値のプルアップ抵抗に交換することができる。

ロジックのテスト

74HC00はロジックハイ入力としてDC3.5ボルト以上、ロジックロー入力としてDC1ボルト未満が望ましいので、このセンサ出力は許容範囲である。

私が見た透過型フォトインタラプタの中には、フォトトランジスタ部のプルアップ抵抗として非常に小さい100Ωを推奨しているものもあった。こうしたものを使う場合、センサがシンクする電流を確認すること。これにはマルチメータをミリアンペア計測にセットし、フォトトランジスタのエミッタ側の接続を外し、エミッタと負極グランドの間にメータを挟む。電流が4ミリアンペアを超えるのは望ましくない。

それでは前図のように、ポイントCをロジックチップの左上のORゲートに接続しよう。このORゲートのもう1つの入力であるポイントDは、今のところは負極グランドに直接接続しておく。

センサの隙間にカードを入れるとLEDが点灯する。遅れや点滅はないはずである。

74HCシリーズのロジックチップの入力インピーダンスは非常に高いので、オープンコレクタの電圧が目に見えて下がることはないだろう。

回路をテストしながら、センサの赤外線LEDを遮るものをいろいろ試してみよう。厚手のボール紙を使うと、たぶん普通の白い紙よりも高いオープンコレクタ電圧になるだろう。センサを実用に供すときは、これを頭に入れておこう。

オプション

光学センサをもう1個追加すると、この実験をもう一歩進めることができる。ORゲートの第2入力（ポイントD）を接地する配線を外し、ここに第2のセンサの出力を接続する。これでORゲートはどちらのセンサの赤外線ビームが遮断されたときにもハイになる。もっと多くのセンサをチェックしたければ、ORゲートにはまだまだ入力がある。

ORゲートをXORゲートに置き換えてもいいだろう。この場合はセンサが1個だけトリガされたときに出力が出る。ロジックゲートは必要に応じて回路をカスタマイズすることを可能にしてくれる。

また、透過型フォトインタラプタはコンパレータを駆動するのに非常に向いている。これは「時間光学的ランプスイッチャー」でフォトトランジスタとコンパレータを組み合わせたのと同じやり方による（7章参照）。コンパレータは許容電圧範囲がロジックチップより広く、閾値電圧のエラーマージンを大きく取ることができる。

ホール効果センサの実験をした時は複数のセンサからの出力を組み合わせるのにNANDゲートをお勧めした。これはホールセンサのオープンコレクタ出力が、センサ作動時にローになるためである。フォトインタラプタは逆動作だ。赤外光を遮ればフォトトランジスタの実効抵抗が上昇するので、オープンコレクタ出力はセンサ動作時にハイになるのだ。

フォトインタラプタの動作を逆にしたいのであれば、次のようにすることでエミッタフォロワ出力に変更できる：

1. フォトトランジスタのコレクタのプルアップ抵抗を取り外す。フォトトランジスタのエミッタを接地する配線も取り外し、このエミッタ・グランド間には抵抗を入れる。
2. フォトトランジスタのコレクタは電源のプラス側に直接接続する。
3. ORチップに接続する配線をポイントCからフォトトランジスタのエミッタに移動する。

これでセンサの出力は通常時にハイ、赤外線ビームが遮断されるとローになる。

透過型フォトインタラプタはやわかり

- 内蔵の赤外線LEDに1.5ボルト以上の電圧は必要ない（1.2ボルト程度が望ましい）。消費電流は10～20ミリアンペアである。
- オープンコレクタ回路のフォトインタラプタは、コレクタと電源正極の間にプルアップ抵抗が必要である。この値は製品によって大きく異なる。コレクタ電圧はセンサが遮られていないときロー、遮られたときにハイになる。
- エミッタフォロワ回路はセンサのこうした動作を逆にする。フォトトランジスタのエミッタと電源の負極グランド側の間に抵抗を入れる。こうするとエミッタへの接続はセンサが遮られていないときハイ、遮られたときにローになる。
- 透過型フォトインタラプタは大きな負荷をドライブするようには作られていない。出力はコンパレータやロジックゲートのような高インピーダンス部品に接続すべきである。
- 赤外線LEDの出力が時間とともに劣化することを忘れないようにする。減光しても動作するように回路を設計しよう。コンパレータはロジックゲートより広い入力電圧範囲を許容する。
- 赤外光は見えないので、部品が動作しているかどうかは見てもわからない。誤ってオンのままにしないこと！

ベター・スロット

これは何に使おうか。うーん、ホットスロットゲームのコインディテクタはどうだろう？　センサは16個必要だが非常に安いし、あなたがこれを読む頃にはさらに安くなっているかもしれない。

2つの問題を解決したい：センサの配線方法と、コインを置いていくのに適したボックスへの取り付け方法だ。まずは配線からやろう。

実証実験

このゲームのオリジナル版では、マルチプレクサの16の出力の1つを使ってスロットに給電した。記憶をリフレッシュしたい向きは図21-7と図21-8を参照されたい。

フォトインタラプタには非常に小さな電流しか必要ではないので、マルチプレクサは赤外線LEDとフォトトランジスタの両方に給電できると思う。これはなかなかよいアレンジになりそうだ。これならほかのセンサをオフ状態にしておけるので、電力消費がなくなる上に赤外線LEDを温存できる。

このアレンジがよいと思うもう1つの理由は、どちらかが勝ったときにただ1つのLEDが点灯するのではなく、各センサが個別の「勝ちマーク」LEDを点灯できる（何らかのアンプを入れてやれば）ということにある。どちらかがホットスロットを引き当てたら、そのスロットのすぐ横にある勝ちマークLEDが点灯するのだ。

残る疑問は、それぞれの動作の厳密なシーケンスだけである。これはちょっとややこしいので、センサ1個について何が起きるか示そうと思う。

図31-7はマルチプレクサからの給電がなく、センサがまだ何もしていないところだ。赤外線LEDは点灯していない。フォトトランジスタにも電源供給がない。

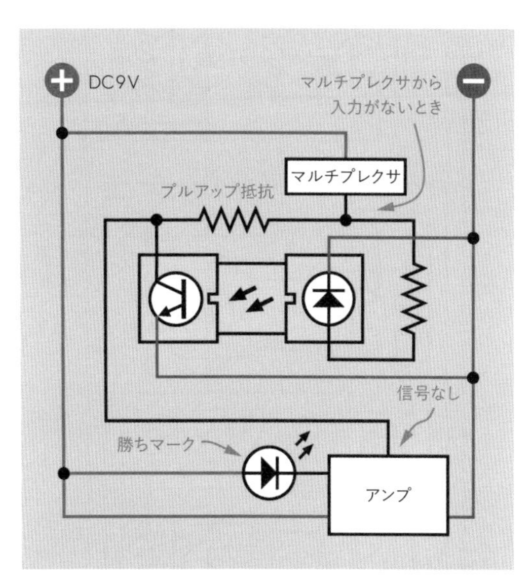

図31-7　コインセンサの動作のステップ1。詳細は本文を参照。

電源は勝ちマークLED用のアンプに接続されている。アンプはおなじみULN2003ダーリントンだ。これは勝ちマークLEDを通じて電流をシンクするように動作する——ただしコインセンサからの信号で、そのようにしろと言われたときだけそうする。センサにはまだ電源が来ていないため、信号もまだ来ない。つまり勝ちマークLEDは点灯しない。

次に図31-8を見てほしい。マルチプレクサがこのセンサをホットスロットに選んだところだ。センサの赤外線LEDとフォトトランジスタに電源を与えている。赤外線LEDはフォトトランジスタの実効抵抗を即座に低下させるので、フォトトランジスタはプルアップ抵抗経由で電流をシンクする。電流はフォトトランジスタがシンクしてしまうので、アンプにはまったく届かない。このためアンプの信号入力の電圧はローのままであり、勝ちマークLEDも点灯しない。

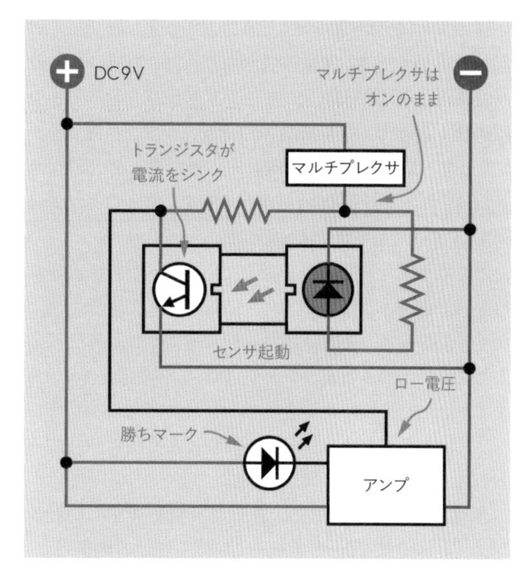

図31-8　コインセンサの動作のステップ2。詳細は本文を参照。

最後、図31-9は、どちらかのプレイヤーがこのセンサにコインを挿入したところだ。赤外光が見えなくなったフォトトランジスタの内部抵抗は上昇する。これによってアンプの信号入力にかかる電圧が上昇するため、アンプは勝ちマークLEDをオンにする。

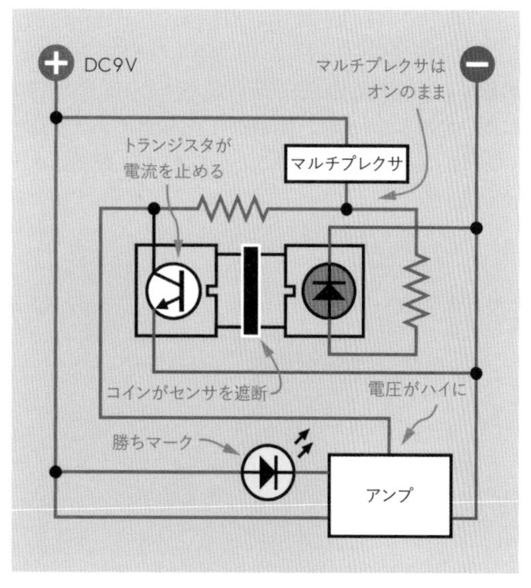

図31-9　コインセンサの動作のステップ3。詳細は本文を参照。

さて――これはうまくいくと思いますか？　最初にこの回路を書いたとき、実は確信がなかった。マルチプレクサが電源供給を始めたとき、センサが反応し始めるまでに時間がかかり、その間はフォトトランジスタが電流をシンクせず、電源がアンプに漏れ出て勝ちマークLEDが点灯し、どれがホットスロットかわかってしまうことがあるのではないだろうかと思ったのだ。

ところが実際に回路を結線してみると、センサは非常に高速に反応し、電流がアンプに流れることはほとんどなくて、勝ちマークLEDが目に見えるような反応をすることはないとわかった。つまり、はい、回路はうまくいきます、だ。確認のためにやってみなければならないということはときどきあるものだ。少なくとも私はやってみねばなるまい。

実証実験は以上である。あとは抵抗器の正しい値を定め、すべてをブレッドボードに収めるだけの問題だ。

実のところ、すべてを1枚のブレッドボードに収めることはできなかった。しかし8個のセンサなら収められて、これはつまるところダーリントンアレイが扱える最大数である。でき上がったブレッドボードレイアウトをほかのブレッドボードに複製すれば、ホットスロットゲームの全16スロットができ上がりである。

回路図

図31-10はダーリントンアレイをともなう3個のセンサの図である。紙面が無限ではなく、個々のセンサの配線は同一であることから、図に出ている以外のあと5個のセンサについては自分でやってみてほしい。配線はまったく同じだ。

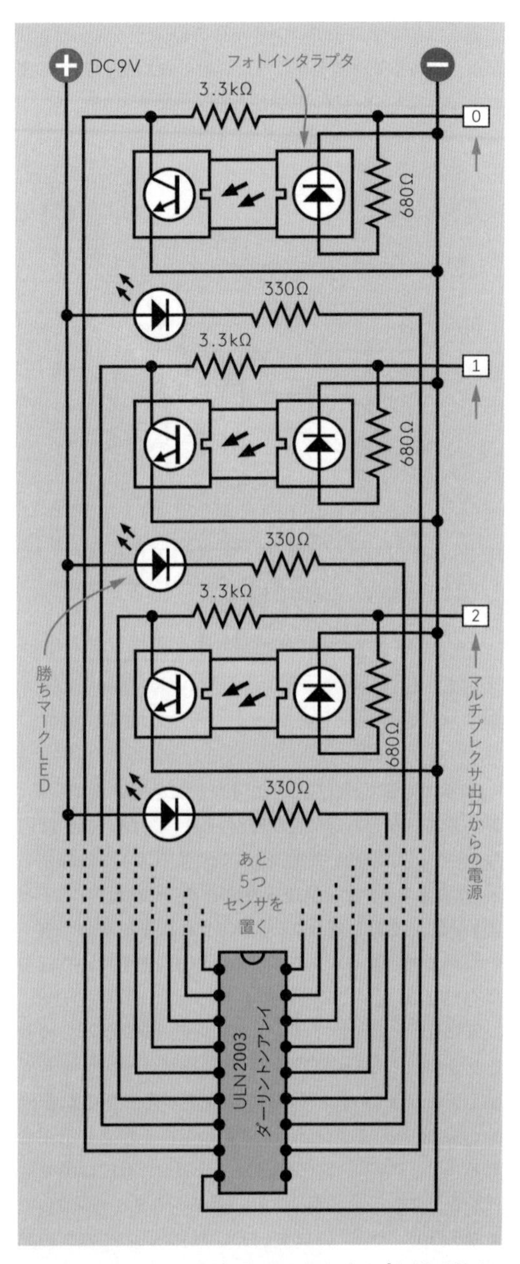

図31-10　ホットスロットゲームにフォトインタラプタを取り付けるのに必要な16個のセンサのうちの3個と、2個のダーリントンアレイのうちの1個。

- 右にある0、1、2の番号がついた入力は、もとのホットスロット回路にあるマルチプレクサの出力に対応するものだ。図21-7参照。
- センサの向きは、図31-5のテスト回路と180度違っている。このように方向を変えたのは、ダーリントンアレイを駆動する配線の交差を最小限にするためだ。センサの取り付けの際は、赤外線LEDが左ではなく右に来ていることを確認する。
- 赤外線LEDへの直列抵抗の値は680Ωに上げ、オープンコレクタ出力のプルアップ抵抗は3.3kΩとした。これはマルチプレクサがDC9ボルト電源で駆動されることになるからだ。74HCシリーズのロジックチップを使わないのであれば、DC5ボルト安定化電源は必要ではなく——また不十分でありうるのだ。これはマルチプレクサが内部抵抗を持っており、ちょっとした電圧降下をもたらすためだ。
- ダーリントンチップは電流をシンクする(ソースしない)ので、勝ちマークLEDは電源の正極側に接続し、ダーリントンに電流をシンクさせる。
- 各センサへの給電は図21-7のマルチプレクサから行うが、ダーリントンアレイにはメイン電源から給電する。このようにすると、ダーリントンがマルチプレクサに負荷をかけずに済む。
- これらのダーリントンペアは、先のテストで使ったORチップより入力インピーダンスが低い。このため、作動したセンサの出力電圧を、ダーリントンがわずかにプルダウンする。私はセンサのプルアップ抵抗としてさまざまな値を試してみて、3.3kΩが一番よく折り合いがつくとわかった。勝ちマークLEDのオン・オフの様子がおかしかったら、これを変えてみてほしい。
- 勝ちマークLEDの直列抵抗は330Ωをお勧めする。私が使ったものは順方向電圧がDC2ボルトである。違うLEDを使う場合、この直列抵抗値は調整の必要があるかもしれない。LEDのオン時にリード間の電圧を計測し、通る電流値を調べよう。
- ダーリントンペアは問題なく100ミリアンペアをシンクできるので、これについては過負荷の心配はない。

ブレッドボード

図31-11はセンサを配置するときのブレッドボードレイアウト。センサのすぐ横の勝ちマークLEDまで含めて4段ずつしか使わない。灰色の線はブレッドボードの中の導体である。センサのピンは中白になった丸マークで示した。

- センサのピンを斜めに結ぶ配線はセンサをブレッドボードに差す前に挿しておく必要がある。

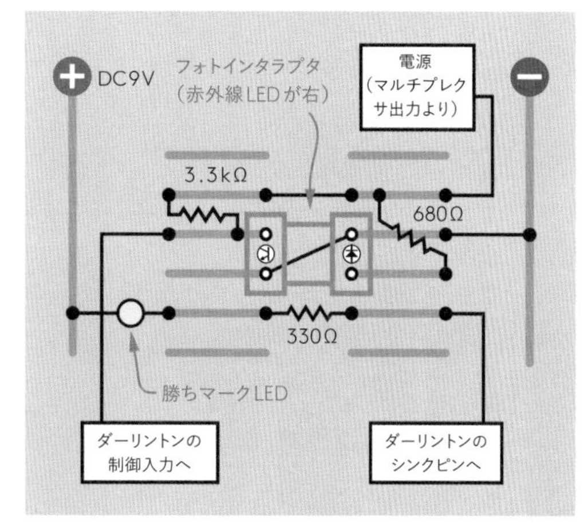

図31-11　センサ1個分を最小限の列に収めたブレッドボードレイアウト。

部品の密度が高いので、実装時はよく注意する必要がある。抵抗器やジャンパピンを正しい場所から1穴ずらしてしまうと、センサに逆電圧がかかって焼損することがある。私は自分の回路のテストの際に2個のセンサを焼損した。忍耐力はいつでも問題になるものだ。うん……私の問題だ。

図31-12は8個のセンサを載せた私のブレッドボード回路だ。この回路を複製すると残り8つのセンサが扱える。

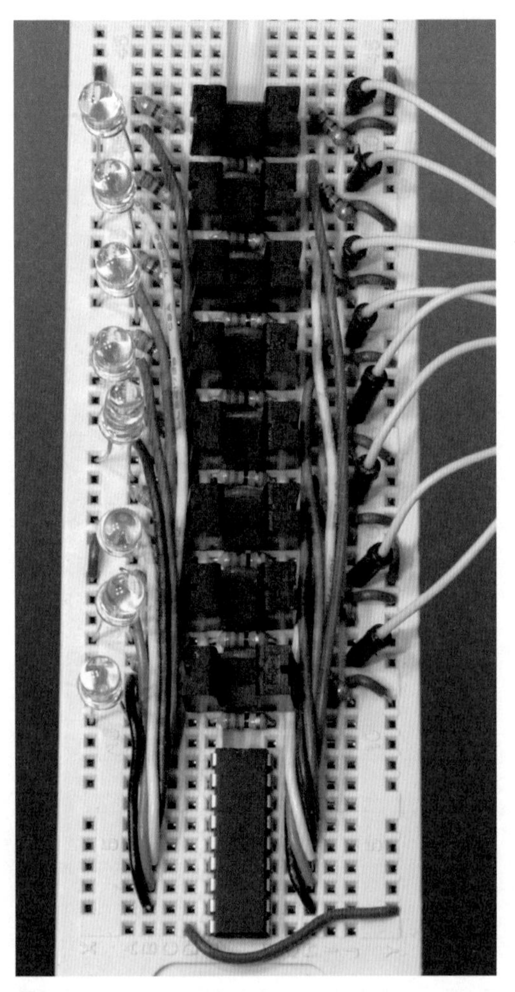

図31-12　ホットスロットゲームのコインセンサ16個のうち8個を搭載したブレッドボード回路。

写真右から入る白のジャンパ線は、図21-7のホットスロット回路のマルチプレクサの出力からのものだ。この回路では明るいLEDを使いたかったので、透明で直径5ミリのものにした。左に並んでいるのがそれだ。

どうだろうか。コインをタイトな金属接点の間に押し込むのでなく楽に落とし込めるようにする、という快適なユーザーインターフェイスを作り出すのに手間をかける価値はあるだろうか？　個人的にはあると思うし、本当にエレガントな筐体についてのアイディア（すぐ後に書く）を見れば、あなたも同意してくれるのではないかと思う。

スロットボックス

この回路の恒久化として一番わかりやすいのは、すべての部品をユニバーサル基板に取り付け、ボックスのフタにコインスロットをカットして、その下に基板を固定するというものだ。このアイディアにはそんなに感心しない。コインを適切に制御できそうにないからだ。

木材や不透明プラスチックを縦にして並べたものにセンサをサンドイッチする、という構成の方がよいように思う。

図31-13はこのプロセスの第1段階で、1/4インチ厚の木材またはプラスチックに半円形のコイン受けを切ったものを作り、ここに4つのセンサを組み合わせている。

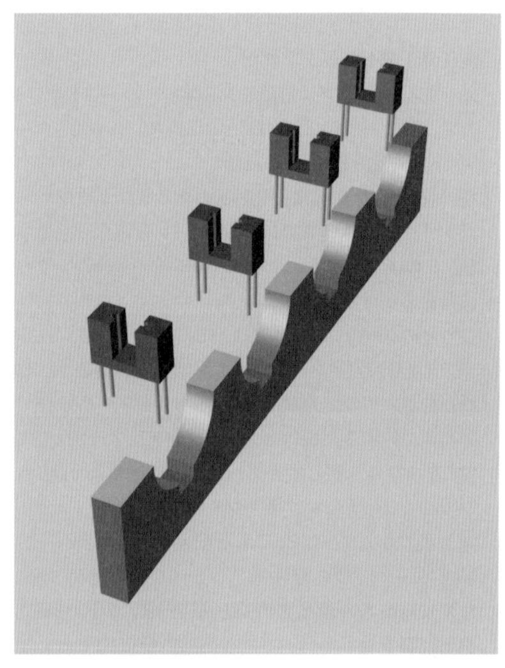

図31-13　センサ筐体を組み立てる第1ステップ。

図31-14は、この半円スロットの底部にノッチを設け、そこにセンサをはめ込んだ様子だ。

図31-14　コインスロット底部のノッチにセンサをはめ込む。

次の図31-15では3/4インチ厚のスペーサを追加する。このスペーサには下からドリルで縦に穴を空け、LEDを取り付ける。

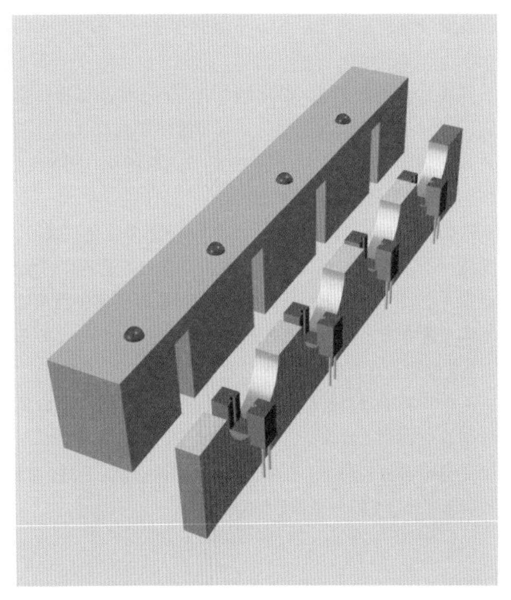

図31-15　センサを定位置に保持し、赤外光がほかのセンサに漏れることを防ぐスペーサ。

4枚のスペーサと4枚のコインスロット部を組み合わせたら、あとはスペーサをもう1枚、手前側（右側）に追加して、組み上がった全体をボックスに収める。基板もボックスの中に収める。

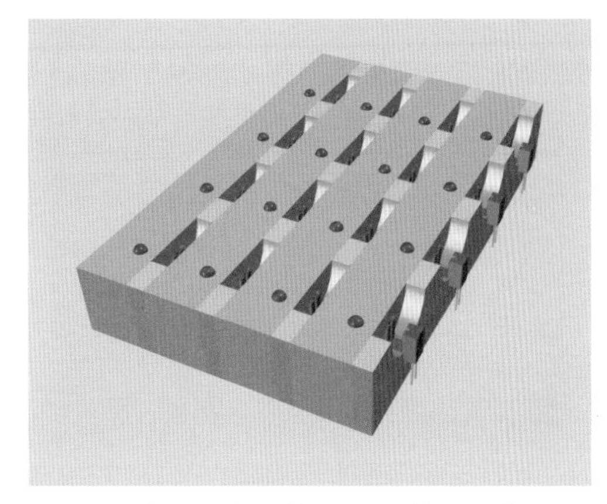

図31-16　ボックスに収める前に、フロント側にもう1枚のスペーサが必要だ。

この筐体の部材のカットはそれほど困難ではない。図面を図31-17に示す。色に特別な意味はない。区別がつきやすくしているだけだ。

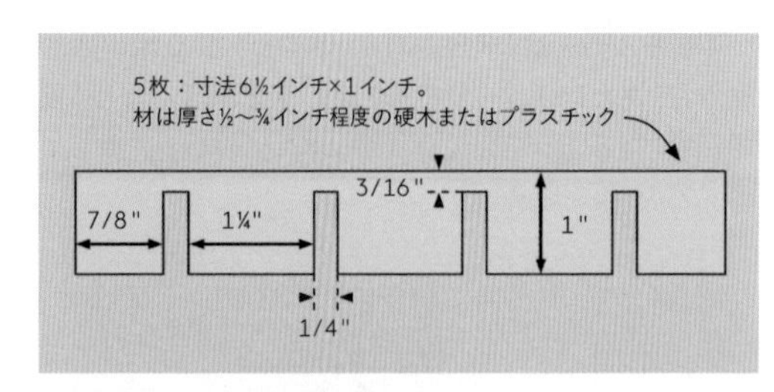

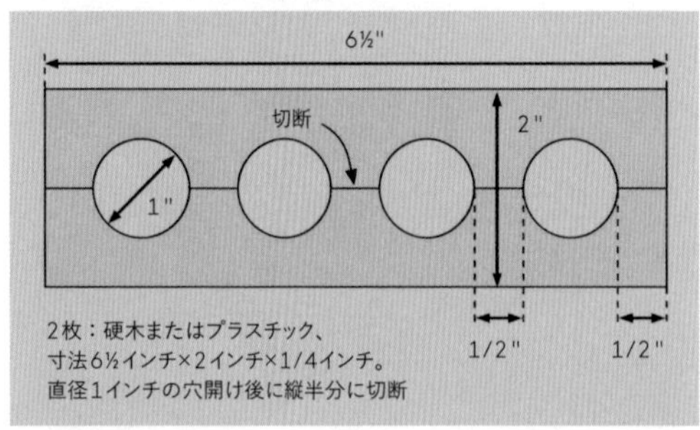

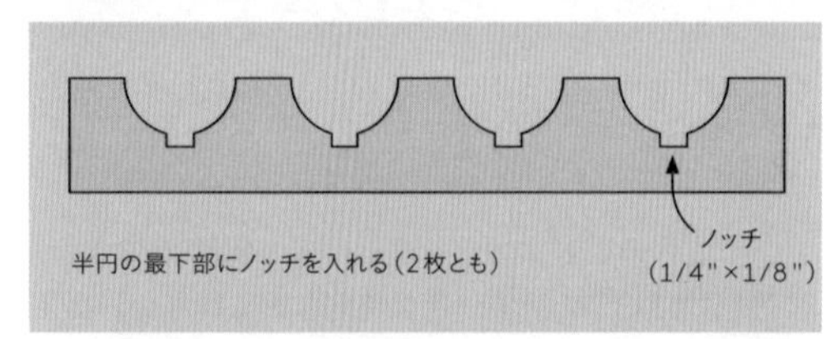

図31-17　センサ、コインスロット、勝ちマークLED各16個を収める部材を切り出す方法*。

スペーサは3/4インチ厚の木材またはプラスチックである。木材を使う場合は硬材を使う方がよい。溝の上の部分は3/16インチしかないので、軟材では強度不足になるからだ。

コイン受けは6½×2×1/4インチの木材またはプラスチック2枚に、直径1インチの穴を4個空けて作る。板厚はセンサの幅に合わせるため1/4インチとすること。この板厚の硬材が見つからないときは、高品質の1/4インチ厚ベニヤでもよいだろう。私なら穴開けにはフォスナービットを使いたいところだが、ホールソーでも注意すれば問題ないだろう。ABSなどのプラ材が使えるならその方が便利だ。

穴開け後の板を長辺に平行に半分に切る。できた半円の底部にノッチを入れる作業には平型か角型の棒ヤスリが使えるだろう。

スペーサにLEDを入れる穴は、組立前に忘れずに開けること。LEDのリード線はAWG24番の線材で延長して穴の底から出るようにする必要があるだろう。底部のフランジがない5ミリLEDを使う場合、13/64インチの穴にきれいに入るだろう**。エポキシを塗れば固定できるだろう。

センサをノッチ内で安定させるのにも少量のエポキシを使う。センサLEDにエポキシがつかないようにすること。また、センサをすべて同じ向きにすることについては特に注意する。筐体を組み立てると見えなくなるので、センサの向きのメモをちょっと絵を描いて残しておく方がよいかもしれない。

このスロットは、センサの赤外光の遮断にクオーター（25セント）、ペニー（1セント）、ニッケル（5セント）、ダイム（10セント）貨が使用できるサイズである。クオーターの直径が1インチをわずかに下回る程度なので、クオーターよりはっきり大きいコインはうまく入らないだろう。大きなコインのある国にお住まいの場合は、それに合うように自分で穴径を調節していただきたい***。

組み上げたものを裏返せば、センサからのリード線には依然アクセス可能だ。つまりスロットとスペーサによる部品を完全に組み上げてから配線作業をすることができる。

回路に必要なチップ群は別のユニバーサル基板に実装し、センサとはリボンケーブルで接続すればよい。それから薄いベニヤかプラ板でボックスを作り、回路とスロット部を入れるようにする。

このプロジェクトは私の「必作」リストの上位にあり、完成版を写真でお目にかけられないことを遺憾に思う。いますぐにでも作りたいところだが、私の最優先目標は本書を書き終えることにあるので、ご自分で作ってみることを検討されたい。

その意味では、私が自作の筐体を持っておらず、お見せできないことはよいこととも言える。これならあなたは完全に自分自身で、誰の作品の影響も（よくも悪くも）受けることなく製作できるのだ。

＊編注：本図の寸法をミリに変換すると不整合が生じるため、インチ表記のままとした。
＊＊訳注：5.16ミリ程度。日本なら5ミリの穴を少し広げる。
＊＊＊編注：日本の硬貨で直径が1インチ（25.4ミリ）より大きいのは500円玉で直径26.5ミリ。

オビッドゲームの改良

Enhancing Ovid

実験 32

実験23のことを覚えていることと思う。あのとき私は、2人でオビッドのゲームをプレイする際に、一方のプレイヤーのトークンを他方のプレイヤーのそれと区別するのによりよい方法を望んだ。あのときできた最善は、各プレイヤーが自分でボタンを押すことで区別をつけるというものだった。

センサがあれば、これはもう必要ない。

一方のプレイヤーが磁性のあるコマを、もう一方のプレイヤーがないコマを使い、ゲーム盤の穴に差し込めばよい。この穴にホール効果センサ（磁性コマに反応するが非磁性コマには反応しない）と透過型IRセンサ（すべてのコマに反応する）を仕込むことで、コマのタイプを自動的に判定できるだろう。

これは私にはロジック上の問題に感じられるので、第1のステップは言葉で表すことになる。

ロジックの選択肢

動作は以下のようになる：

もしIRセンサがトリガされ、かつ(AND)ホールセンサがトリガされない(NOT)のであれば、穴には非磁性コマが入っている。

もしIRセンサがトリガされ、かつ(AND)ホールセンサがトリガされるのであれば、穴には磁性コマが入っている。

これは図32-1のロジック図で表される。逆三角形の下の頂点に小丸がついたものはインバータで、ハイ入力をロー出力に、ロー入力をハイ出力に変換するものだ。インバータについては『Make: Electronics』で言及しているが、本書ではここまで特に使う理由がなかった。

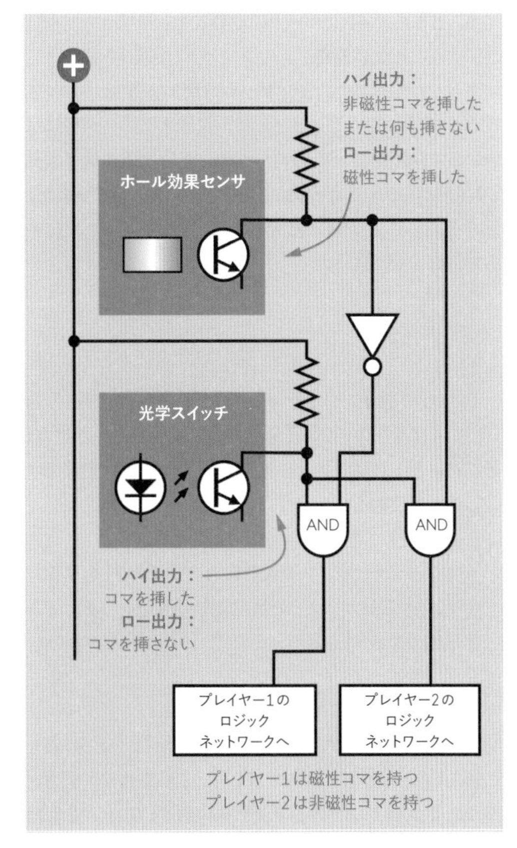

図32-1　2本のANDゲートと1本のインバータを使うと、オビッドのゲームのゲーム盤に差し込まれたのが磁性コマ（プレイヤー1）か非磁性コマ（プレイヤー2）かに応じて、適切な勝者判定ロジックネットワークを作動させることができる。

右のANDゲートの出力は、非磁性コマを使っているプレイヤーが3個直列による勝利を検出するロジックネットワークに行く。左のANDゲートの出力は、非磁性コマを使っているプレイヤーの勝利を検出するロジックネットワークに行く。判定用のロジックネットワークの1つを図23-4に示す。図中のスイッチのそれぞれを、ここで示したようにANDを取ったセンサたちで置き換えるのだ。

ちょっとひっかかるのは、センサが同時には作動しないことである。最初にオンになるのはたぶんホールセンサだ。これは磁性コマが近づいてきている最中にトリガされるだろう。

とはいえ、これは問題にはならないように思う。光学センサの方がオンにならない限り、何も起きないからである。どちらのANDゲートの動作にも、光学センサがオンになることが必要だ。

もっと心配なのは、センサーシステムが複雑になりすぎるのではないかということだ。完成するゲーム盤には9つのマスがある。このロジックを実装するには4回路2入力ANDチップが5個と、6回路インバータチップが2個必要だ。この配線は膨大である。もっとシンプルにやる方法はないだろうか。

スイッチしてみる

いつもの通り、この種の最適化に決まった方法はない。いくばくかのクリエイティブな思考が必要なだけだ。最初のステップはセンサの役割の再考である。実際これらは異なる役割を果たす：

- 光学スイッチは「コマが入れられているか?」を見る。
- ホール効果センサは「それは磁性コマか？　それとも非磁性コマか?」を見る。

これは実は2段階のオペレーションなのだ。ステップ1はイエス／ノー出力を持つ。これはロジックゲートらしく聞こえる。しかしステップ2は「これかあれか」出力を持つ。これはあまりロジックゲートっぽくない。これは……まるで……双投スイッチのようではないか！　ならもしかしたら、ホール効果センサはこれをこなすベストツールではないのかもしれない。単極双投のリードスイッチに置き換えたらどうなるだろうか。

双投リードスイッチが存在していることは前に述べた。また、リードスイッチは接点バウンスがあるためロジックゲートでは問題が出ることも述べた。とはいえ接点は非常に速く落ち着くので、プレイヤーがコマを差し込むときにリードスイッチが先に作動するのであれば、コマを差し込み終わって光学スイッチが作動する前に接点が落ち着くだけの時間はあるはずだ。光学スイッチが「コマがあるよ」と言った時には、リードスイッチはコマの種類をとっくに判定しているはずだ。

つまり、センサ回路はロジックゲートを完全に排除するところまで単純化できる。光学センサはハイ／ロー出力、リードスイッチはプレイヤーAかプレイヤーBかの経路切替を行う。これを図32-2に示す。

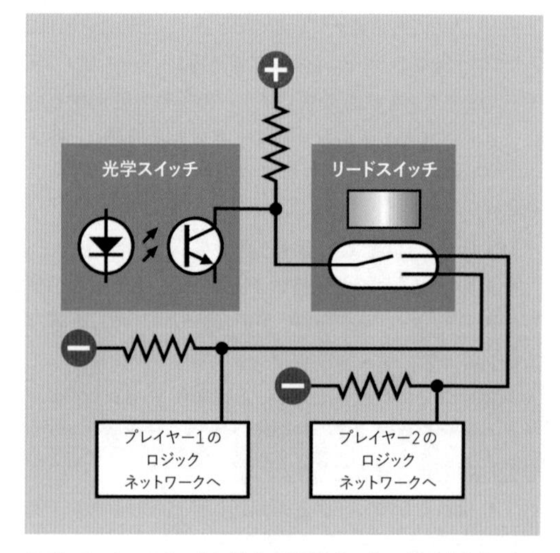

図32-2　ホールセンサに代えてSPDTリードスイッチを使うことにより、コマ判定回路に必要だったロジックゲートを排除することができる。

1つ引っかかるのは、スイッチが一方の回路を開のままにしていること、そしてロジックゲートの入力を開回路に接続してはならないということである。つまりここにはプルダウン抵抗を追加する必要があるのだ。この抵抗は、光学センサからの信号でくつがえして入力電圧を変化させることができるように、比較的高い値にしなければならない。

図32-2では、光学スイッチのためのプルアップ抵抗はおそらく2kΩ程度になる。ロジックネットワークのプルダウン抵抗はそれぞれ10kΩ程度になるだろう。

これはなかなか有望だ。しかしオビッドのゲームでは、プレイヤーはコマを抜いて別のマスに動かす。磁場が開放されたときもスイッチバウンスは起きるだろうか。

起きる。しかしコマを抜くことでリードスイッチがほかの位置に動けるようになったときには、光学スイッチの出力はハイからローに変わっている。光学スイッチが持つヒステリシスが、クリーンな出力を確実なものとしてくれる。

磁石の問題

ここでもう1つ解決しなければならない問題は、リードスイッチと磁石のマッチングである。磁石はスイッチを確実に操作するほど強力な必要があるが、隣のスイッチに影響するほど強くてはいけないのだ。ゲーム盤の穴同士は1インチ以上の間隔が必要だし、プレイヤーがコマを盤上に落としても作動しないように、十分深いところにリードスイッチを設置する必要があるだろう。

コマはペグのような形にして、先端に磁石を付けよう。1/4×1/2インチの長方形で1/16インチ厚（6×12×1.5ミリ）の磁石を使うものと想定する。木材かプラスチックのペグの下部に溝を掘り、この溝に磁石を接着する。

リードスイッチと磁石の方向も正しく合わせる必要がある。SPSTのリードスイッチなら磁極の方向にあまりうるさくないものだが、DPDTリードスイッチのリードは、接点から接点にプッシュ／プルする必要があるのだ。だから、コマは穴に間違った方向で差すことができないように形を決めるべきだと思う。コマの断面をTの字状にして、ゲーム盤のTの字型の穴に差すというのはどうだろうか。

この方式にすれば、さらに可能性が開ける。ペグの幅が十分に広ければ、左右の一方にのみ磁石を入れて、他方には入れないということができる。たとえば、プレイヤー1のコマはペグの左側だけに、プレイヤー2のコマはペグの右側だけに磁石を入れるのだ。こうすると光学センサは不要になり、穴の左右にリードスイッチを付ければよいということになる。1組のリードスイッチがプレイヤー1のペグで作動し、もう1組のリードスイッチがプレイヤー2のペグで作動するというわけだ。図32-3はこれの動作の様子だ。

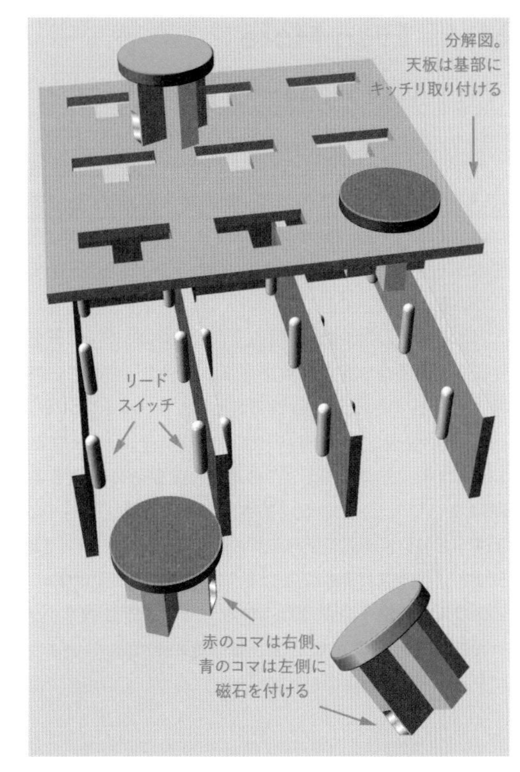

図32-3　1セットのリードスイッチがプレイヤー1のコマで、もう1セットがプレイヤー2のコマで作動するバージョンのゲーム盤。隔壁の両側にある2つのリードスイッチが同時に作動するのを防ぐには、隔壁をもっと厚くする必要があるかもしれない。

この構成の利点は、元のオビッドゲーム回路の手動の押しボタンをSPSTリードスイッチで置き換えるだけでよいことにある。任務完了だ！

システムの信頼性は慎重なテストにかかっている。これはセンサを使うことの負の側面だ：現実世界の物理特性と付き合わなければならないのだ。

Make Even More：
マイクロコントローラ化

オビッドのゲームはマイクロコントローラで扱うのが難しい。なぜならゲーム盤には9個のマスがあり、各マスにはプレイヤー1、プレイヤー2、空きマスという3つの状態があるからだ。これは入力が多数あるということを示している。

ところが、入力の数はマトリックスエンコーディングを使えば大きく減らすことができる。キーボードのキーの押下を検出するのに使われるのと同じシステムである。行×列のマトリックスにおいて、マイクロコントローラは1行ずつ間欠的に走査し、このときの交差部の接続を各列についてチェックする。基本的な考え方を図32-4に示す。このシステムを使うと、マイクロコントローラは3×3のマトリックスに3本の入力と3本の出力を使えばよく、9本の入力を使う必要はなくなる。ただし複数のスイッチが閉じた時に電流が意図しない経路を流れないようにダイオードが必要である。

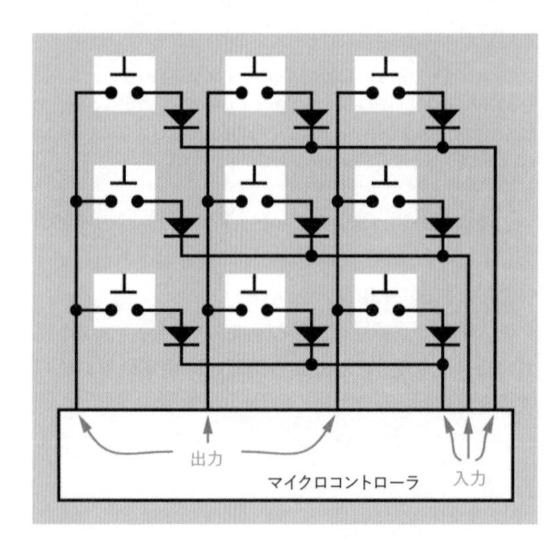

図32-4　マトリックスエンコーディングの基本概念。

オビッドのゲームでは2人のプレイヤーに対して2セットのスイッチが使われていたが、マトリックスエンコーディングを使うとこれを図32-5のように改変できる。2セットのスイッチは薄赤と薄青で示し、どちらのプレイヤーのコマでどちらのセットが操作されるのかわかるようにした。

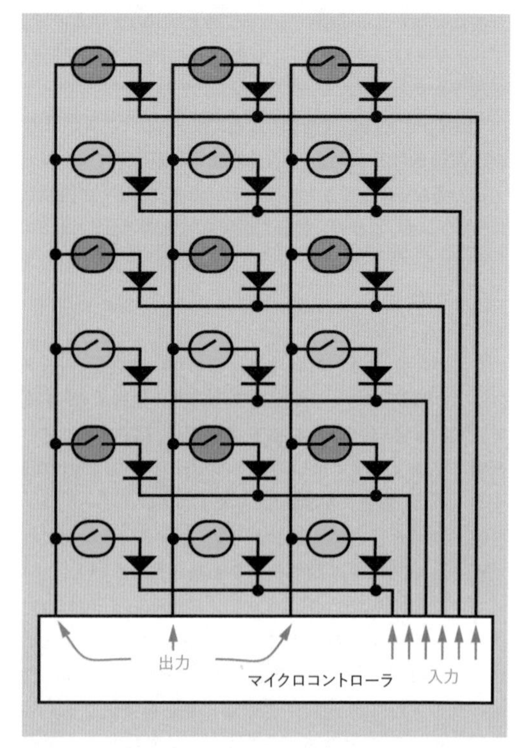

図32-5　オビッドのゲームのマトリックスエンコーディング。2人のプレイヤーは別々のセットのリードスイッチ（薄赤か薄青）を操作する。

可視光用のフォトトランジスタを使って、つや消し黒と光沢白のコマを区別するという方法もあるのではないだろうか。

または、フォトトランジスタで違った色のコマを区別できないだろうか——たとえば赤と緑のコマを、違った色のLEDで照らすとか？　緑色のコマは緑色の光を当てると明るく、赤い光を当てると暗く見えるし、赤いコマは赤い光を当てると明るく、緑の光を当てると暗く見える。コンパレータを使って、マスにあるコマの色を区別できるかもしれない。

こうしたコマの区別方法はほかにも思いつくのではないか。ベストの方法は、高信頼で安価で簡単に使え、見た目に心地よく、そこそこ簡単に製作可能というものだろう。あなたが考えたものがあれば、ぜひ見たいものである。

しかし今は、オビッドのゲームのユーザーインプットを改良する方法をいくつか示すという約束が守れたので、ほかのタイプのセンサの話題に移ろう。

回転を読む

Reading Rotation

みんなが大好きな可変抵抗への親しみは大きいものだ。本書だけ見ても、さまざまな回路におそらく20もの半固定抵抗器（英語だと「trimmer potentiometer［微調整可変抵抗器］」）を使ってきただろう。

ところがコンシューマ・エレクトロニクスの世界では話が違う。あなたの自動車のカーステレオにはボリュームつまみが依然として存在するかもしれない。だがそれは完全に360度回転して――さらに回り続ける。これが意味するところは、可変抵抗器でない何かが後ろに隠れているということだ。

どんな部品があるのだろうか？　答えは、ロータリーエンコーダだ。ローテーショナルエンコーダ、インクリメンタルエンコーダ、電気機械式エンコーダ（物理接点があるから）ともいう。いくつか選んだものを図33-1に示す。見た目は可変抵抗器を彷彿させる――なにしろ端子数まで3本のものが多いのだ。しかし動作はまったく違う。

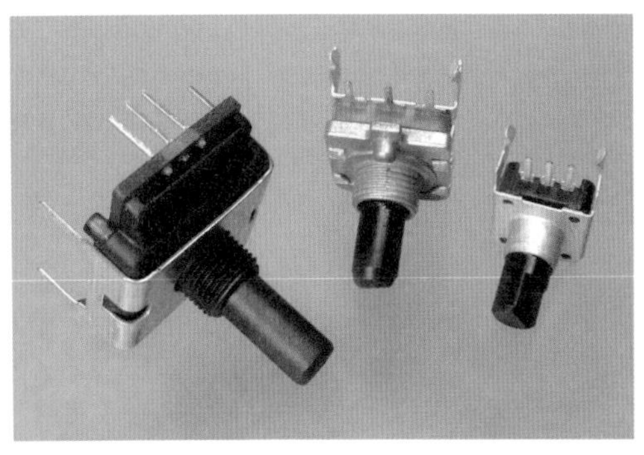

図33-1　よく使われる安価なロータリーエンコーダの例。

ロータリーエンコーダを定義する

まず最初に、さまざまな「エンコーダ」同士を明白に区別する必要があるだろう。たとえば、ソリッドステートのエンコーダチップのことではないのは明らかだ。こちらについてはすでに詳しく見てきており、ツマミなんか付いていないことはあなたも重々承知だろう。

ロータリーエンコーダには1本のシャフトと2個以上の端子があり、シャフトを回すことにより内部接点からパルスのストリームを生成する。このストリームを解釈し、これに対する応答として何をすべきか決めるには、別の部品（通常はマイクロコントローラ）が必要である。これによりオーディオの音量調節にも、スクリーンのメニューを行き来するのにも、その他プログラムで定義したあらゆる仕事に使えるというものだ。

もともとロータリーエンコーダはハイエンド的な部品であり、しばしば光学的手法を使って、回転を非常に正確に（360度を100以上に分割して）計測するものだった。こうした定義は変わった。今やノブを回転させることにより内部接点からパルス列を生成する部品はすべてロータリーエンコーダと呼ぶに近い。

スペック

この実験では、以下の属性を持ったロータリーエンコーダが必要だ：

- 「直交（quadrature：直角位相）」出力を持つこと（この意味は下で解説する）。
- 「分解能」が1回転360度について24状態変化以上であること。これは「回転ごとのパルス数（PPR：pulses per revolution）」と書かれていることもある。
- 分解能と同数のクリック数（detents）。ここでのクリックとは、軸を回す時に感じるコリコリした断続的な抵抗感のことである。

Bourns ECW1J-B24-BC0024Lが一例だが、同様に使える24PPRで24クリックのエンコーダは100以上存在する。この分野は急速に発達しているため、今日私が指定したエンコーダが明日わずかに違った新モデルで置き換えられることも十分考えられる。代品で済ますのを恐れないこと。仕様をきちんと読めばいいだけだ。

- デコーダには直交型でないものもある。これらは端子数が3より多いまたは少ないことがよくある。ここではこれらは取り扱わない。

パルス列

エンコーダの動作のデモはとても簡単にできる。内部の接点は大電流には耐えられないものの、LEDの点灯に必要な数ミリアンペア程度ならなんとかなる。

エンコーダのセットアップは図33-2のようにする。多くのエンコーダはピン間隔が0.1インチになっており、ブレッドボードに直接挿せる。図33-3のようになる。

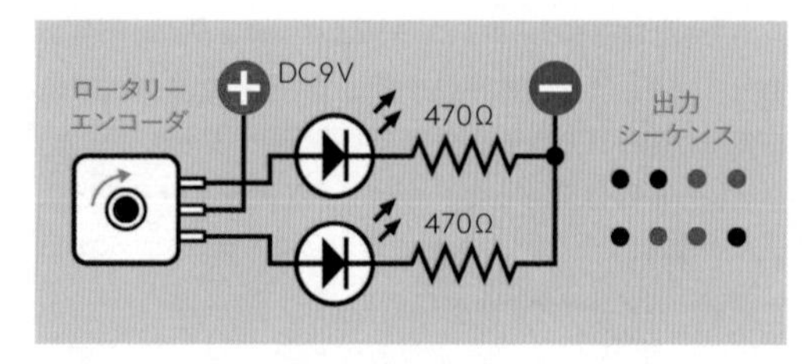

図33-2　ロータリーエンコーダをこのように配線すると、両側の2本の端子からの出力は右のようになる。

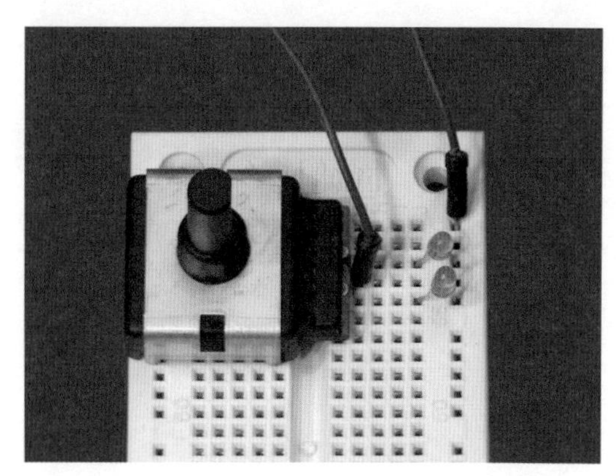

図33-3　多くのエンコーダは、このようにブレッドボードに直接挿してテストすることができる。

シャフトを非常にゆっくり回せば、LEDが図33-2のようなシーケンスで点灯するはずだ。そしてシャフトを反対方向に回せば、逆のパターンで点灯するだろう。上で書いたパルス列とはこれのことである。

黒のドットはロジックローの状態ではないことに注意すること。エンコーダの出力は「ハイ」または「オフ」である。これは内部にあるのが小さなスイッチだからだ。「オフ」のときは開回路であり、何にも接続されなくなるのだ。

エンコーダの配線としては、ここで示したように中央端子を電源正極に接続するのではなく、負極グランドに接続することもできる。この場合、出力パルスはプラス（ハイ）とオフではなく、マイナスとオフになる。

警告：下級品のエンコーダ

あなたが使ったエンコーダの出力シーケンスが図33-2のようでないとか、きっちりと点灯しなかったり明滅するようなことがある場合、それは安物のエンコーダを使ったせいかもしれない。少しばかり多く払えば、よりクリーンで、より規則正しい出力が得られる。以下の実験ではそのような性質が望ましい。

エンコーダの内側

ここで見てきたパルスは、エンコーダ内部の2組の接点により生成されたものだ。これらの接点は互いにわずかに同期しないように取り付けられている（すなわち位相が異なる）。図33-4はこのことの概念図である。

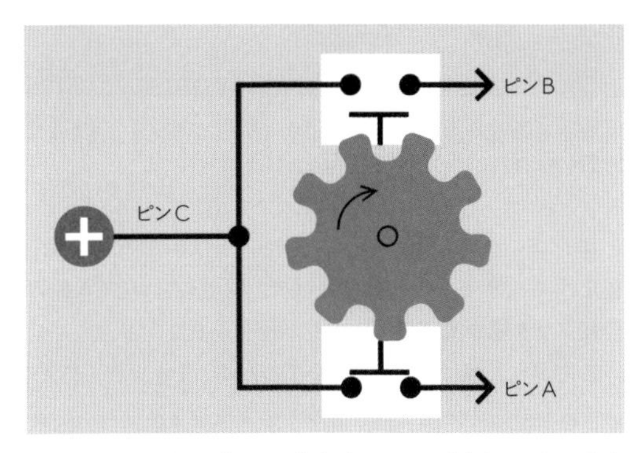

図33-4 図の押しボタンは直交型エンコーダ内部の2組の接点を表すものである。

この出力をグラフにしたものを図33-5に示す。白い点線はクリックのあるところ、A出力とB出力の組み合わせの変化はクリックごとに起きている。

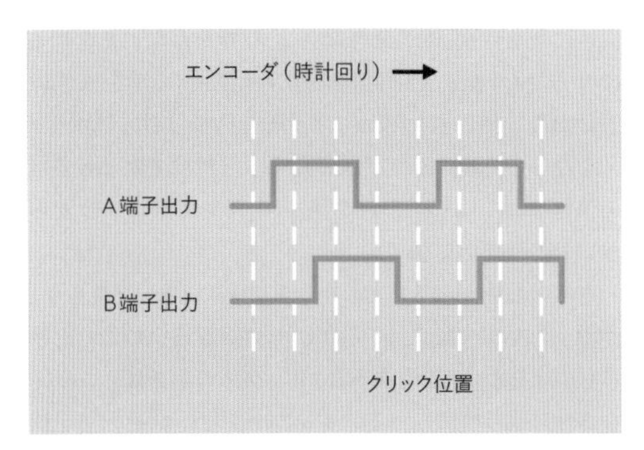

図33-5 エンコーダの出力例。クリック数が分解能と同数の場合。

エンコーダに関する記述はややこしいことがある。以下がルールだ：

- ここで説明しているような、4種類のオン・オフの組み合わせを持つ2本の出力端子をともなうタイプのエンコーダを「直交エンコーダ」と呼ぶ。
- 分解能とは1回転360度の間に起きる2つの端子状態の変化（上下いずれも）の回数に、端子数（直交エンコーダでは2）を乗じたものだ。
- つまり、分解能とは1回転あたりの状態変化の数に等しい。
- 「PPR（pulse per revolution）」という用語における「パルス」は、各端子からの「オン」パルスと「オフ」パルスの両者をカウントする。つまりPPRが意味するところは分解能と同じだ。

エンコーダの使い方

エンコーダはきわめて単純志向の怠惰な装置である。内部の小さなスイッチをクリックするだけしかせず、そのシーケンスの解釈という知的な仕事はほかの部品に任せてしまうのだ。

ほかの部品として考えられるものにロジックチップがある――が、エンコーダをいかなる種類のデジタルロジックに接続する際にも気をつけねばならない非常に重要な点があるのだ：

- エンコーダの出力にはプルダウンまたはプルアップ抵抗を必ず接続し、エンコーダの中のスイッチが開状態のときに出力が一定の電圧を持つようにすること。

このルールはロータリーエンコーダをマイクロコントローラの入力に使うとき（もっとも一般的な使い方だ）にも適用される。

エンコーダを音量調整用に使っているものとする。ツマミを回すと、マイクロコントローラは2つの端子から来るパルス列を比較することで、あなたが回している方向を判断する。たとえば、スイッチAがスイッチBよりわずかに早く閉じるのであれば、回転方向は時計回りだ。スイッチBがスイッチAより先に閉じるのであれば、反時計回りだ。

回転方向を決定したマイクロコントローラは、あなたが音量をどのくらい上下させようとしているか判別するため、パルスの数を数える。

マイクロコントローラにこのような応答をプログラムすることは見た目より複雑だ。こうしたプログラムは通常のさまざまな手順だけでなく、ロータリーエンコーダにより生成される接点バウンスを無視する必要があるからだ。さいわいこれについては心配ない。今回はエンコーダをマイクロコントローラと組み合わせて使うわけではないからだ。ちょっとおかしなプランを考えている。

ついでに言えば、センサのためのセクションなのに、どうしてロータリーエンコーダが関係あるのだ？　と考えている読者もいるかもしれない。これって入力デバイスであってセンサではないのでは？　と。

その通り。これはセンサではない。入力デバイスだ——しかし知っておけば役に立つものだし、私はこれをセンサとして使おうとしているのである。

ランダムになりうるもの

エンコーダが左右対称に作られており、ツマミがランダムな位置に回されるのであれば、出力AとBがともにロー、AがハイでBがロー、AがローでBがハイ、AとBがともにローである確率は、それぞれ同じになるだろう。

ふーむ……この組み合わせって、なんだか2個の2進数にありえるすべての組み合わせみたいではないか……。その通りである。これはそのように使うことができるのだ。

このアイディアについてはMake:誌でMagic 8 Boxについて書いた時にちょっと触れた。Magic 8 Boxというのは、昔のMagic 8 Ballというおもちゃの機能を模したものだ。アイディアは、エンコーダの軸に鉛のカウンターウェイトを取り付けるというもので、図33-6のようになる。

図33-6　普通は釣り人が使う鉛のオモリを、亜鉛メッキの丈夫な針金の先に付けてエンコーダに取り付けた。

エンコーダのプラスチックの軸にドリルで穴開けし、鉛の小さなオモリにも穴を開けて、両者にAWG14番の亜鉛メッキ線を挿してエポキシで固定した。

このメッキ線は金物店の普通の品で、1オンス（約28グラム）の鉛のオモリは小さなパックをウォルマートで買った。こちらは釣り人が仕掛けを沈めるのに使うものである。わたしは釣りには行かないのでオモリの本当の使い方はよくわからないが、ほかのことに使うのだから普通の使い方を知っている必要はない。スポーツ用品売り場の中の釣道具コーナーに置いてある。

さて、ロータリーエンコーダを、回路を入れたボックスの中にしっかり固定したとしよう。ボックスをいろいろな向きにぐるぐる回したとする。なんでそんなことをするのかって？　たとえば回路のオンオフスイッチを底部に設ければ、使いたい人がスイッチを見つけるにはボックスをひっくり返す必要があるだろう。付けてあるオモリの慣性がエンコーダの軸を回す——そして誰にもわからないところで止まる。

さらに面白くするため、ロータリーエンコーダをもう1つボックスの内側に、最初のそれと90度違いに取り付けるものとしよう。こうすると、ボックスの動きは2つの異なる軸により検知される。エンコーダはそれぞれが2ビットの2進数00、01、10、11と解釈できる出力をするので、2つのエンコーダからの出力は0000から1111の範囲の4文字の2進数にまとめることができ、しかもその値は完全に予想不能である。これをデコーダチップの入力やマルチプレクサの制御ピンに与えれば、0から15の乱数の選択に使うことができる。

ほかのアイディアも可能である——まさに1つ思いついているものがある。

エンコーダ出力を4つまとめて単一のハイ／ロー出力を生成する、ということができる。これはおもちゃのディシジョン・メイカー、つまりだいぶ低レベルの易経のようなものとして機能する。質問を思い浮かべ、ボックスを手に取り、よく振ってまた置いてからボタンを押せば、イエスまたはノーのLEDが光るのだ。

このおもちゃの魅力の一部として、ボックスを振っている時にエンコーダのクリックが感じられるというのがある。何か本当に複雑でミステリアスなことが起きているかのように感じられるのだ。（これは何だと聞かれたら、説明するには複雑すぎるしミステリアスすぎると答えておこう。）

イエスかノーかでしか答えないのにエンコーダを2つも用意し、それぞれに4つの異なる状態を生成させるのはどういうわけかと思っているかもしれない。これはデバイスが可能な限り予測不能であり、また、入力を加えれば加えるほど結果の予想が難しくなるべきであるからだ。

でも、どうやって4つの出力を1つにまとめるというのか。XORすればいい。これを図33-7に示す。エンコーダ出力に接続して規定の電圧を保つ4個のプルダウン抵抗が必須であることに注意。

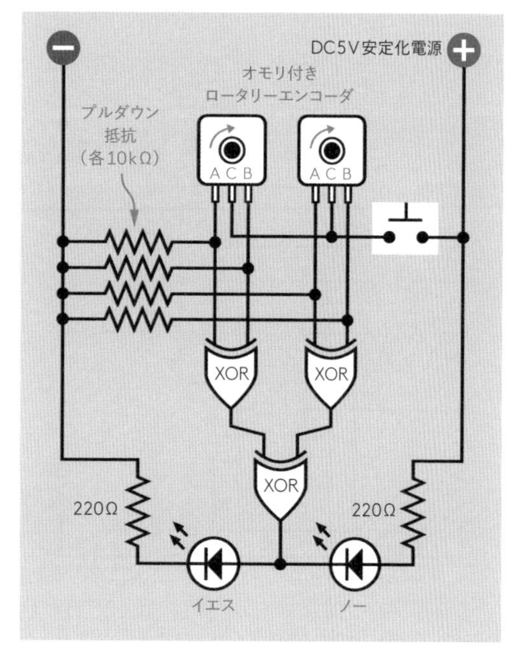

図33-7　普通は釣り人が使う鉛のオモリを、亜鉛メッキの丈夫な針金の先に付けてエンコーダに取り付けた。

回路の論理をたどれば、ロータリーエンコーダが左右とも同じように回る限り、一番下のXORゲートからの出力のハイとローは同じ確率になることがわかるだろう。

このシンプルな回路の嬉しいところとして、オンオフスイッチを必要としないというのがある。エンコーダは電力を消費しないので、先にボックスを振って位置を変えてから、静置してボタンを押せばよい。ボタンを押した時に「イエス」のLEDに通電するのか、「ノー」のLEDから電流をシンクするのかは、一番下のXORゲートがハイかローかによる。74HCシリーズのロジックゲートはソースできる電流とシンクできる電流が同じであることを思い出してほしい。

- この回路ではHCシリーズのチップを使う必要がある。もっと古いシリーズのチップでは、出力電流が足りない、またはこれほどの電流をシンクできないのである。

回路図を図33-8に示す。

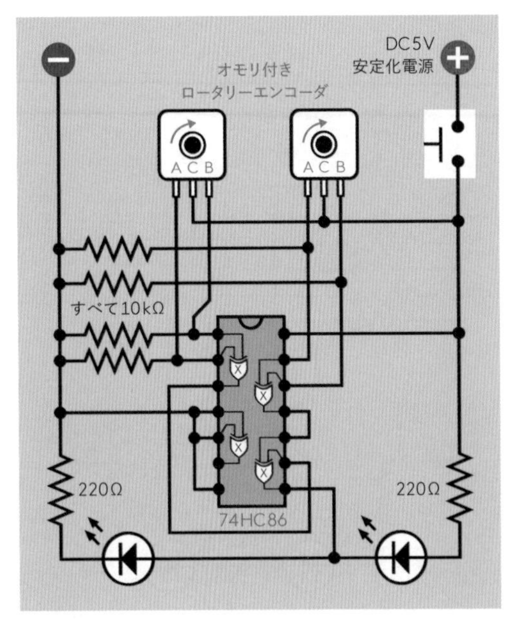

図33-8　エンコーダベースのイエス／ノーディサイダー玩具の回路図。

ロータリー・イクイボケータ（優柔不断器）

優柔不断とは決断をしたくないときにあなたが取る態度のことだ。選出された議員がいつでもやっていることである。例を挙げれば、私が議員で誰かに「ロータリー・ディサイダーをロータリー・イクイボケータにすることができますか?」と聞かれたとする。私は言うだろう。「そうですね、これには2つの側面があります。両方とも議論されるべきことであり、さらに研究が必要なトピックです。」

私は議員ではないのでこんなことは言わない。「はい、ロータリー・イクイボケータならもちろん作れますよ。」と言う。

図33-9にそのロジック図を示す。これは左のXORがハイ出力で右のXORがロー出力の時「そうかも」のLEDを点灯するというものだ。状態がこの逆であるときは「違うかも」を点灯する。

しかし、XORが両方とも同じ出力（どちらもローまたはどちらもハイ）だった場合はどうするのか?　このときは3番めのXORがロー出力となって3番目のLEDを通じて電流をシンクする。これは「よくわからない」を示すのだ。

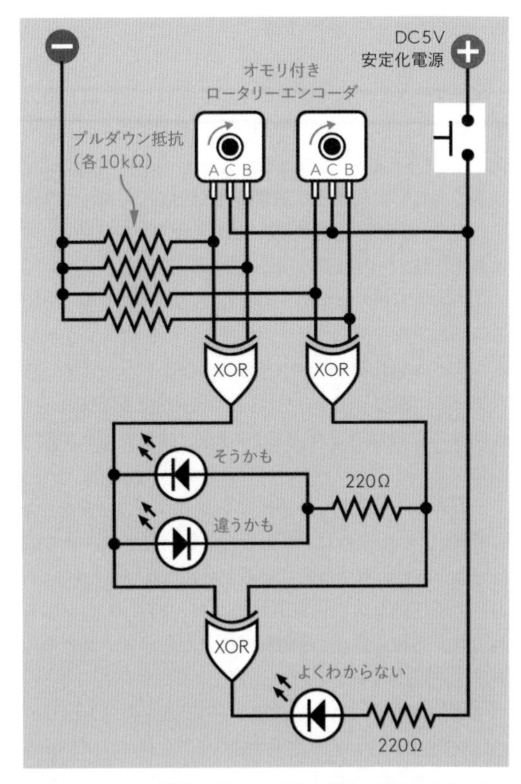

図33-9　Yes/No回路を変更して優柔不断な回答を与えるようにした。

回路図を図33-10に、実際の回路の写真を図33-11に示す。写真の回路で使っているLEDは抵抗内蔵品だ。ロータリーエンコーダは鉛のオモリ同士がぶつからずに回るように遠く離してある。

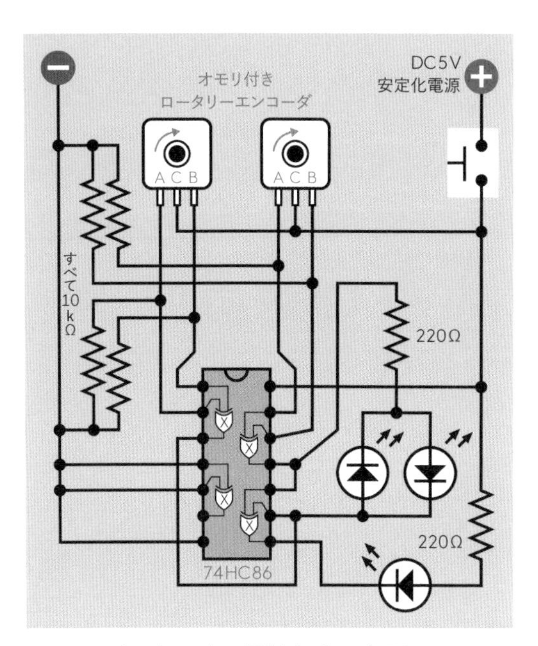

図33-10　上のイエス／ノー回路をわずかに変更するだけでできるロータリー・イクイボケータ回路。

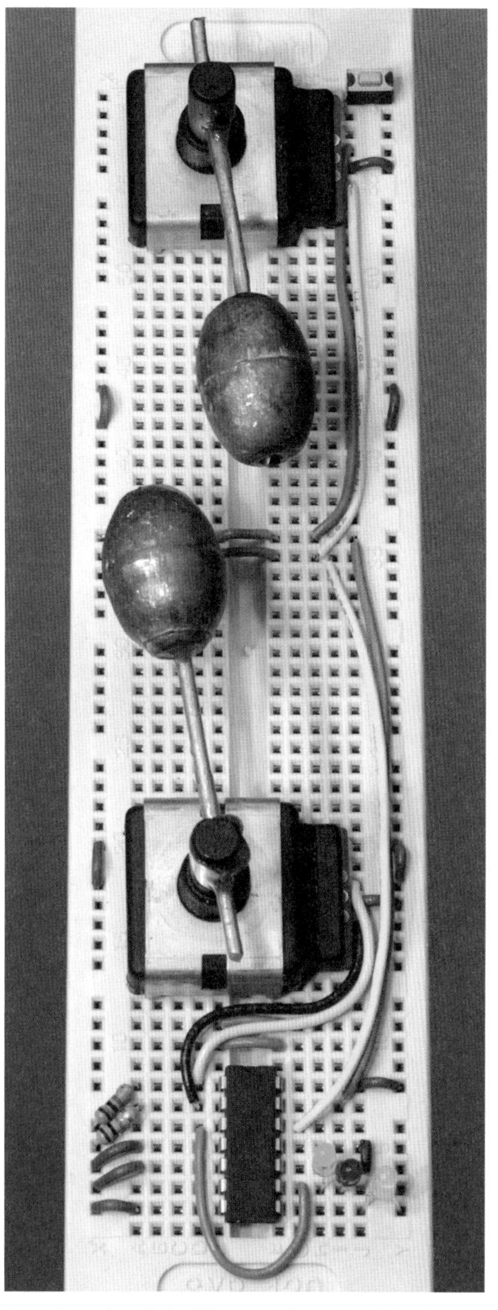

図33-11　ブレッドボード版のロータリー・イクイボケータ。LEDの直列抵抗は内蔵されているためここには含まれていない。

図33-9のロジック図を追えば、「よくわからない」の出力がほかの出力の2倍の確率になっているのがわかるだろう。これはこのおもちゃが可能な限り役に立たないことを保証するためのものである。

政界にお友達がいる読者は、キャンペーンでの貢献として、これを寄付するのもよいのではないだろうか。

本気のランダム

ロータリーエンコーダへの、このちょっとした寄り道は、難しいプロジェクトが続く中に簡単なものも織り交ぜたかったというのと、部品を意図されていない用途で使うのが楽しいからだ。ロジックチップ1個、LEDいくつか、押しボタンスイッチだけで作れるおもちゃ、というのも好きなのだ。DC5ボルトのボルテージレギュレータを使う場合、9ボルト電池で何年も持つだろう。

ほかのタイプのセンサは、ランダム性の生成にもっともっと向いている。次のセクションではいくつか選択肢をお見せしよう——ただし「完全な」ランダム性に到達する方法を示したり、その本当の意味について論じてからである。

環境センシング

Ambient Sensing

この節では、以前に使った基本コンセプトに立ち戻る。高速タイマーを任意の瞬間に停止することで乱数を選択するというものだ。

これは実験28の易経および実験21のホットスロットゲームで使用したテクニックだ。ただしこれらのゲームでは、プレイヤーはタイマーを停止するために何かをする必要があった。ここで論ずるのは、センサによって、ユーザー入力なしのランダム要素導入を行う方法である。

最初に低速動作の単安定タイマーの基本構成について復習しよう。これを使って、カウンター駆動用の高速無安定タイマーを起動・停止する。以下のセンサベースのランダム化では、毎日これを使う。

次にちょっと箸休めとして、乱数シーケンスの範囲を定めるためのタイマーの配線方法をお見せする。0から15や0から9のカウントに替え、もっと小さなあらゆる値でカウントすることができるようになる。0から1までのカウントにすることだってできるのだ。

そして最後にセンサを導入する。

タイマーでタイマーを制御する

図34-1の回路図の一番上の7555は図27-1と同様の配線になっており、DPDT押しボタンが押された時にクリーンな単一のパルスを生成する。

最初の555からの出力はLED（黄色の丸）を点灯する。これは動作中であることを知らせるだけのものだ。これは第2の555タイマーの4番ピン（リセット）にも接続している。リセットピンがハイの時、タイマーは動作可能になる。このため、最初の555からのハイ出力は第2の555をアンロックする（規定の時間だけ）。

第2の555はリングカウンターに連続パルスを送り、これにより0から9のラベルが付いたLEDがシーケンスをカウントする。

最初の555がサイクルの終わりに達すると、これは第2の555のリセットピンをプルダウンして停止させ、1つのLEDが点灯したままになる。

「カウンターリセット」ボタンを押し、それから「再実行」ボタンを押す（これはバウンス除去されてない。テスト用であり、低速タイマーのパルスが停止する前に手を離すことを前提にしているためだ）。

サイクルの終わりには毎回同じLEDが点灯しているはずである。ここに乱数性はない――部品たちはわれわれの期待することをやる。彼らは常に変わらない動作をしているのだ。

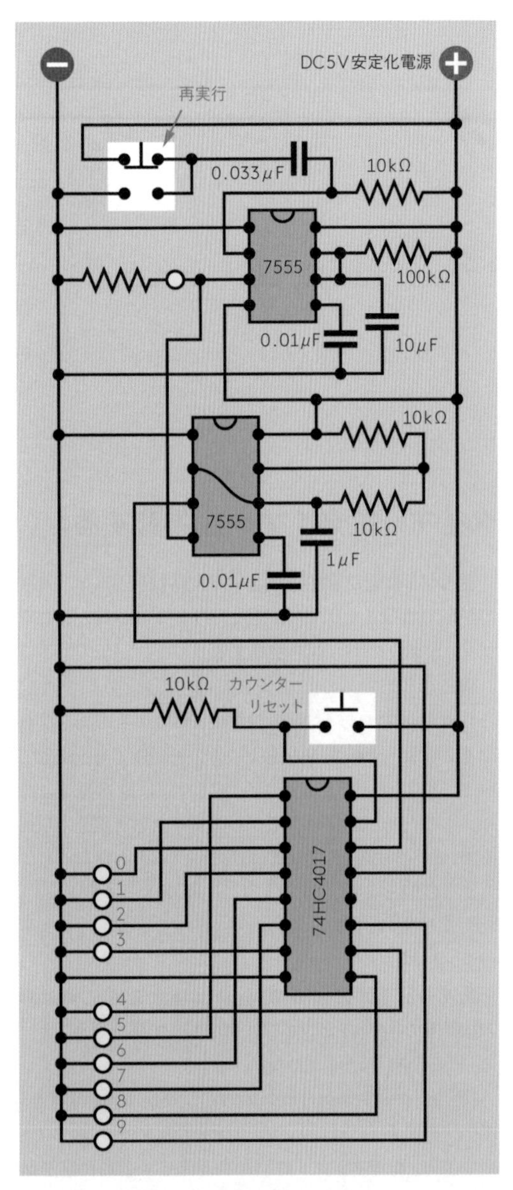

図34-1　この基本回路は低速なタイマーが高速なタイマーを一定時間だけ有効にする、というコンセプトの実現例だ。高速なタイマーに制御されたリングカウンターは、実行前にカウンターリセットボタンを押す限り、毎回同じ状態で停止するはずだ。

温度制御

それではサーミスタを使うことで、もうちょっと面白いことをしよう。サーミスタは抵抗器のようなものだが、温度に応じて抵抗値が変わるという違いがある。サーミスタの写真を図34-2に示す。これは非常に小型だ。小さければ小さいほど温度変化に素早く追随できるからである。リード線は長い。これも長ければ長いほどサーミスタ本体とやり取りする熱が少なくなるからだ。同じ理由でリード線の太さも、きわめて細くなっている。

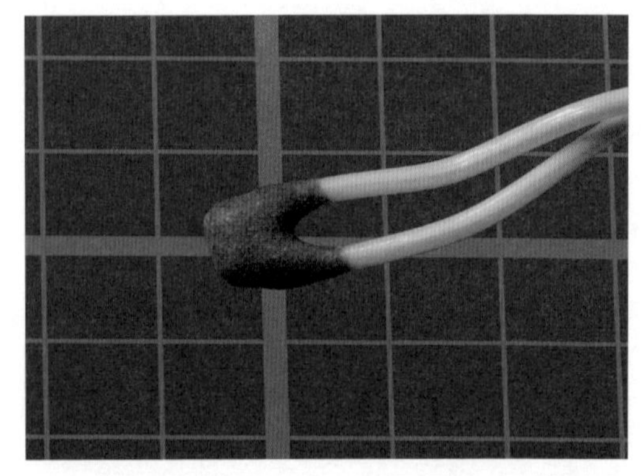

図34-2　高品質のサーミスタ。サイズが小さいため、温度変化に素早く追随できる。

用意してほしいサーミスタは100kΩのものだ。この値は25℃のときにあるべき基準抵抗値である。サーミスタには極性がないので、どちら向きに接続しても構わない。

回路への組み込みは、第1の555の100kΩ抵抗器を抜いてサーミスタに交換するだけでよい。

サイクルを繰り返す。サーミスタの温度が一定であれば、毎回同じLEDが点灯することになるはずだ。なぜならこの場合、第1の555が第2の555に与えるカウント動作の幅が一定になるからだ。

何度か繰り返しテストしてみよう。テストするたびにカウンターリセットボタンを押すのを忘れないこと。それではサーミスタを指でつまんで温度を上げてみよう。それからまたテストをしてみよう。結果は変わっただろうか。

ランダム・ファクター

サーミスタの抵抗値以外にも、さまざまなファクターが結果に影響を与えうる：

- タイマーは使用にともなって温まり、これによりわずかに性能が変わる。
- 再実行ボタンが毎回厳密に同じ動作をするとは限らない。
- 電源に変化があるかもしれない。
- ブレッドボードでの接続にはいくらかの電気抵抗があり、これは配線や部品に触れることで変わるかもしれない。
- これ以外にも思いもよらない環境要因があるかもしれない。

ランダム化回路の自動化

テストのプロセスはユーザー入力を捨てることでスピードアップできる。

その最初のステップは、第1の555をワンショットモードから無安定モードに変更することだ。1秒動作、1秒停止、また1秒動作……という形にしよう。こうすれば、再実行ボタンを押し続けるかわりに、ゆったり座って結果を見るようにすることができる。図34-3はそのように配線を組み替えた回路だ。

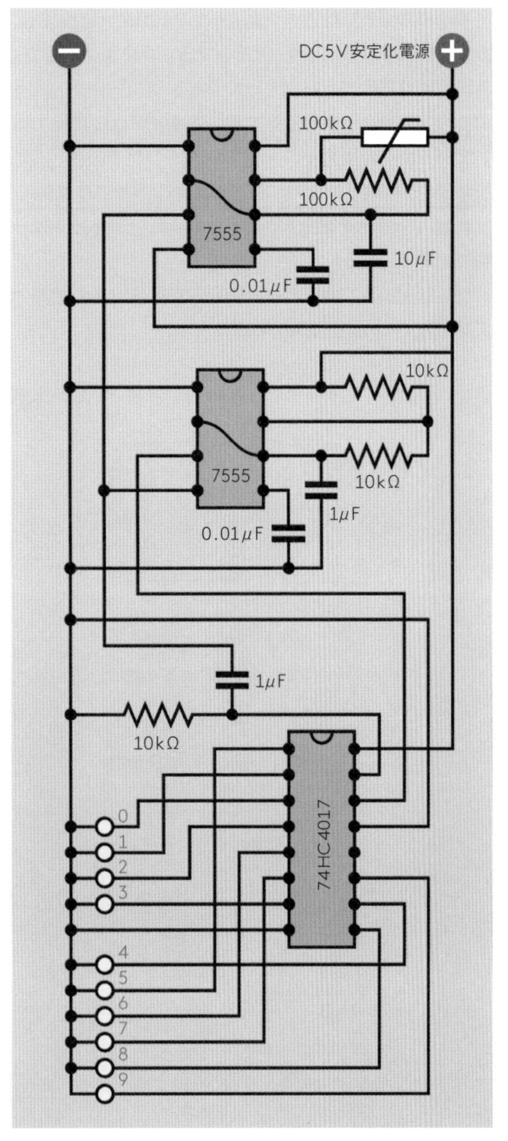

図34-3　前バージョンのランダム性テスト回路を再配線し、テストがユーザー入力なしで自動的に実行されるようにした。

第2のステップはカウンターリセットボタンを排除し、カウンターが自分自身をリセットするように直すことだ。74HC4017カウンターのリセットピンはローからハイへの立ち上がりエッジに応答する。各サイクルの最初で第1の555からの出力がローからハイに上がるので、これをカウンターのリセットピンに接続することにしよう——これはコンデンサを介す。そうすればリセットピンは一瞬だけハイになる。

図34-3にはこの改造も取り込んである。この回路のブレッドボード版が図34-4だ。

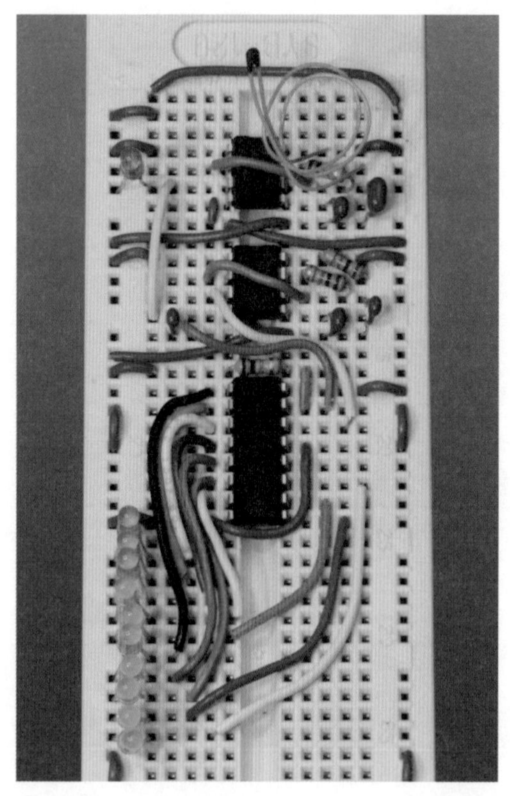

図34-4　本文の通り、最初のサーミスタテスト回路をユーザー入力なしで自動実行するよう改造した。

これでシステムは自分自身を実行するはずだ。

背景：小さい値のカウント

リングカウンターの話題から離れる前に、重要な細部について言及しておこう。

- ほとんどのカウンターは簡単な改造で、より小さい数をカウントできるようになる。リングカウンターも例外ではない。

74HC4017カウンターの1番ピンは通常、5番目のLEDをハイにする。それではこの1番ピンと15番のリセットピンの間をジャンパで接続したらどうなると思うだろうか。

カウンターはいつも通り、LEDの0、1、2、3、4番を点灯するだろう。ところが通常は5番のLEDを点灯する1番ピンまで行くと、ハイ出力はリセットピンにフィードバックされるのだ。一瞬のうちにカウンターは0にリセットし、1番ピンへの出力をやめる。このため、5番目のLEDには見えるだけの光を出力するチャンスはない。

つまり、カウンターは0からのカウントを続けるのだ（クロックパルスが続いていれば）。それは0から4までのシーケンスを無限に繰り返すことになり、10進カウンターは半10進カウンターとなる。

- 出力ピンをリセットピンに戻し接続することはカウンターのサイクル長を変更する標準的手順である。

これはデコードされた出力のカウンターでは特に簡単である。カウンターのサイクルの打ち切りに、どの数字を選んでもよいからだ。重み付けのあるバイナリ出力のカウンターでは選択肢が少なくなる。たとえば、第3のバイナリ出力ピンをリセットピンに戻し接続することを考えてみよう。3番めは4という値を持っているので、カウンターは0から3までカウンターしたところでリスタートすることになる。それではたとえば6という値でリスタートしたければどうなるだろう。もうちょっと難しくなるのだ。

この問題は、ロジックゲート（複数かも）を使ってサイクル長に対応するピンの組み合わせを選択することで解決できる。第2と第3のピンをANDゲートで結べば、カウンターが110、つまり10進数の6に達した時に、正の出力が生成できる。このAND出力をリセットピンに接続すれば、バイナリカウンターは000から101（10進で0から5）までを繰り返すようになる：

- カウンターの範囲限定は、カウンターを使って普通と違った範囲の乱数を選びたいとき（ゲームなど）に有用なテクニックだ。
- 74HC4017カウンターが0と1だけを繰り返すようにしたければ、4番ピン（値2のピン）をジャンパ線でリセットピンに接続するだけでよい。

それではセンサとランダム性に戻ろう。

スピード調整

自動化したランダムカウンター出力値のばらつきが十分な大きさに達しないときは、第2の555の動作速度を上げる必要があるだろう。50Hzは非常に低速であり、これを選んだのはLEDが順番に光るところが見えるからというだけのことだ。2番目の555から1μFのコンデンサを外し、代わりに0.1μFのコンデンサを入れて500Hzにしよう。0.01μFのコンデンサを使って5,000Hzにしてもよい。

第2の555が速くなればなるほど、動作時間の小さな変化によって得られる中断のばらつきは大きくなる。これは図34-5のように説明できる。

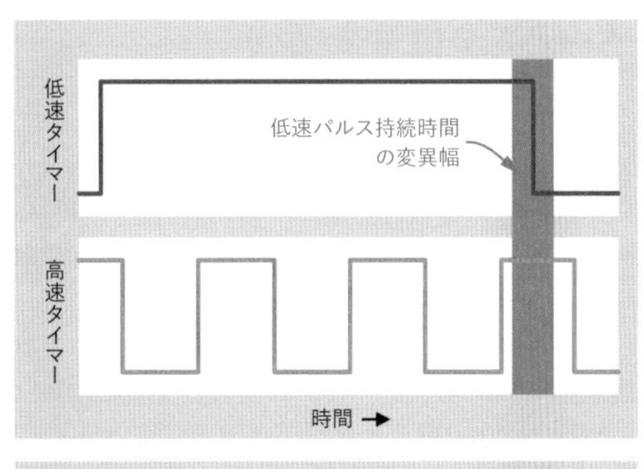

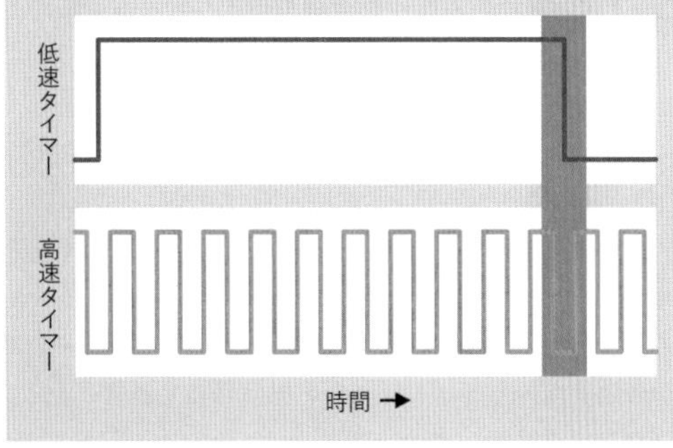

図34-5　低速なタイマーが第2のタイマーを制御するとき、低速タイマーの持続時間の変動（濃い青の領域幅）によって第2タイマーの終止パルスが変わるが、この変動量は第2タイマーが高速で動作するほど大きくなる。

この図の低速タイマーのパルス長（紫）は、センサの変動によって計時回路の値が変わるため、濃い青で示した範囲で変動する。上図では第2のタイマー（オレンジ）はあまり高速で動作していないため、低速タイマーの変動幅が最大になったときも最小になったときも、同じ番号のパルスで停止する。

下図では第2のタイマーは高速で動作している。このため、低速タイマーの変動幅の最大から最小までの間に、停止する可能性のある2つの異なるパルスが存在する。

0.001μFのコンデンサを使って50,000Hzを生成すれば、第2のタイマーは毎回違った位置で停止するだろう（それが認識できるかはともかく）。

つまり、ゲームの動作をランダム化することで予想不能にするという問題全体が自動的に解決したのだろうか。

まあ、たぶんそうだ。

これについては、まずはサーミスタの話をもう少し掘ってみよう。

サーミスタはやわかり

サーミスタは温度に応じてその抵抗値を変える。NTCタイプは温度上昇で抵抗値が下がるもので、それなりに広い温度範囲（通常−40℃から+125℃程度）で線形応答する。PTCタイプは温度上昇があると抵抗値が急激に大きくなる。

NTCはNegative Temperature Coefficient（負温度係数）、PTCはPositive Temperature Coefficient（正温度係数）の略である。PTCタイプはヒューズの代替として、電源の電流が最大値を超えたときの遮断によく使われる。

NTCタイプはわれわれがここで使っているものだ。

サーミスタは安価だ。多くは50セントもせず、非常にさまざまな基準抵抗値（通常は25℃での値）がある。

サーミスタのテストの際は、マルチメータをkΩ計測にセットして、リード線にプローブをしっかり当てる。このとき手を触れないように注意する。触れるとサーミスタの温度のみならず、計測中の抵抗値にも影響が出る。プローブを絶縁の台の上でサーミスタのリード線にしっかり当て、読みが安定するまで待つ。

それでは手をサーミスタに近づけてみよう。プローブの接触への影響を避けるため手は触れないようにする。サーミスタがあなたの皮膚からの熱を感知することで抵抗値が変わるのがわかるはずだ。物理的に小さなサーミスタの方が、大きなサーミスタよりも熱される、あるいは冷やされる質量が小さいため、反応が早い。

サーミスタをよりランダムに

回路を取り巻く温度に影響する要素はたくさんあるが、回路自身が発生する熱もその1つだ。サーミスタを回路を入れるボックスの中に入れるのは1つの手だ。サーミスタの反応を激しくするには、220Ωの抵抗器を電源に直列に接続する方法もある。抵抗器はDC5ボルトでおよそ100ミリワットを消費し、これは1/4ワットという定格に十分収まるが、ちょっとした熱を生成するには十分だ。当然ながら、これは電池を電源にする場合にはあまり利口なやり方ではない。サーミスタを定格ぎりぎりで使うのも避けた方がよい。あまりないことだが、破壊されて温度に反応しなくなることがある。

ほかに、サーミスタが外気にさらされるように、箱の裏に取り付けることもできる。これならその場の温度の変化に反応するようになるだろう。もっとよいのは、2本のサーミスタを使い、1本はボックスの中、もう1本は外に配置して接続することだ（直列でも並列でもよい）。

これでも十分にランダムでないなら、さらに面白い方法を探してみよう。

湿度センサ

室内の湿度は普通（風呂や台所がすぐ近くにない限り）、かなりゆっくり変化する。しかしこうした低速の変化を、タイマー制御回路に組み込むことは可能だ。

Humirel HS1011湿度センサはParallaxで（およびほかのサプライヤで）販売されており、10ドルもしない。これのリード線は2本だけで、両者の間の容量値が湿度の変化によって変化する。

そう――容量値なのだ。こいつは斬新なコンセプトだ。どうやってタイマー制御回路に使おうか。

簡単だ！　図34-4の第1の555の計時コンデンサを湿度センサに置き換えるだけである。Humirelのデータシートによれば、このセンサの容量値は177pFから183pFの間で変化する。これは小さな値なので、小さな値の計時抵抗を使わなければならない。

湿度制御

湿度センサは潜在的には加湿器のオンオフに使うことができるだろう（湿度制御された環境がうれしい方向（かたむ）け）。書籍、紙、古いオーディオテープ、そしてヒトの副鼻腔は、空気中の水分量が制御されている方が調子がよいものだ。

これを実現する方法の1つは、容量変化を高速動作の無安定555の速度調整に使い、第2の555がこれを短時間だけ動作させるようにすることだ。この無安定出力は4ビット2進カウンターに接続する。カウンターは4ビットマルチプレクサに接続する。そしてその16の入出力ピンを直列接続し、1本の長い分圧器を形成するのだ。マルチプレクサによって選択された電圧は、コンパレータの入力とする。コンパレータの参照入力は可変抵抗によりセットする。この可変抵抗が湿度制御ツマミになる。このコンパレータの出力を、加湿器をオン・オフするソリッドステートリレーに持っていくのだ。

だいぶ複雑になったかしら？　これはすべてを正しく動作させるのに少なくとも丸一日はかかる感じのプロジェクトだ。たぶん市販のヒューミディスタット（サーモスタットの湿度版）を買ってきた方がうまくいくだろう。しかしそれではメチャクチャ退屈だ！　自分で作ることのいらだち、そしてついに完成したときの歓喜、これに続く、不要不急のガジェットを作る巨大な喜びを理解しない友人からの当惑の視線の方が、望ましいのではないだろうか。

私自身は断然この、いらだち〜歓喜〜当惑サイクルの方を好む——時間が許せば。今は駄目だ。次のセンサに行かなければ。

加速度センサ

加速度センサについては以前Make:誌にコラムを書いた。今では非常に安くなったこれは、これはあらゆる方向の力に反応するので、重力を測ることにより、どちらが上かを検知できる。ハンドヘルドデバイスであれば、そのデバイスを持っている手を少し動かすだけで、加速度センサの抵抗値が変わる。つまり、これもランダムな抵抗値の源になるかもしれないということだ。

実際の加速度センサは小型の表面実装デバイスだが、ブレイクアウト基板に取り付けられたものも販売されている（図34-6）。これにより、使用は実に簡単になっている。

図34-6　ブレイクアウト基板に取り付けられた表面実装加速度センサ。加速度センサはあらゆる加速度を測定し、重力加速も例外ではない。このため、その出力はどちらを上にしているかに応じて変化する。出力はブレイクアウト基板のピンの間の抵抗値の変化に変換される。方眼は0.1×0.1インチ（2.54ミリ）である。

タッチセンサ

私が思うに、これは一番有望なデバイスだ。フレキシブルなプラスチックのフィルムで、間に感圧抵抗器をサンドイッチしてある。図34-7に写真がある。私はこれの動作を本当には知らないが、信頼性は高いように見えるし、その抵抗値には非常に大きな幅がある。まったく触れていない時の抵抗値はほとんど無限大だ。強く押せば、1kΩ程度まで降下する。

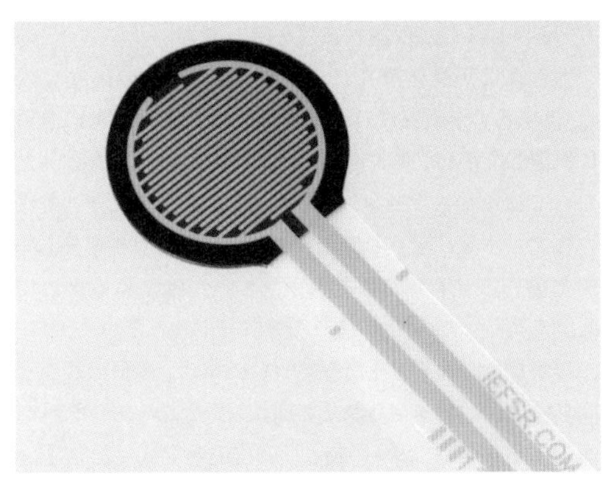

図34-7　タッチセンサパッドは指先で押すことにより抵抗値が変化する。

これはタイマーの動作だけでなくスタートボタンの代替にもなる。つまり、タッチセンサはハイテクのオンオフスイッチとランダム性の生成器という一人二役ができるということだ。その抵抗値の範囲は非常に広いので、ランダム値の範囲も非常に広くなるだろう。

しかし認めねばなるまい。私はこれを推測で言っている。このセンサがきちんとバラエティに富んだ値になるかどうか、たとえば1,000サイクルほどのチェックもしていないのだ。そうした時間があるとしても、触り方によっては、ある抵抗値の頻度がほかより高くなる傾向が出るかもしれない。私が使ったときはうまくいっても、ほかの人が一定の触り方で触った場合には、あまりランダムにならないかもしれない。

この部品のパフォーマンスを「もしこうなら」「もしああなら」と永久に疑い続けることになりそうに感じるのである。

自分が懐疑的な方であることは認めるが、本当の問題は私がこれまでの実験を実証的にやってきたことにある。

実証問題

「実証」研究とは、結果が観察や実験に基づいた研究のことである。

ほうほう——何が問題なの？　座ったままで何が起きそうか考えているだけよりよほどよいだろうに。

その通り。ハンズオンの作業は、何が起きるかあいまいに推測することより価値がある（そしてそれこそこの本の言わんとすることだ）。ほとんどの研究は観察をもって結論を確かなものとする。しかし研究には別の側面もある：しばしば理論的基盤を持つのだ。

たとえば天文学者が、水星が太陽のこちらの端に没し、あちらの端から現れる見かけ上の位置を非常に慎重に計測したのは、暇があって機材のテストがしたかったからではない。アインシュタインの相対性理論が、太陽の重力は水星に反射した光を曲げていることを予測していたのだ。学者たちはそれが正しいか確かめるために観測を実行したのである。（確かに正しかった。）

しかし理論的基盤を持っていない場合、今日の観察と同じ結果が明日も得られると期待したところで、それを保証するものはない——特に、いろいろな人々がいろいろな押し方でセンサを押すなど、制御できないファクターがたくさんあるのであれば。

あなたはサーミスタを、または湿度センサを、加速度センサを、感圧センサを、どのユーザーに対しても同じように動作し、ランダム値の良好な分布を生成するものであるべきだと感じるかもしれないが、それを確信することはできない。誰かに尋ねられたときの正しい答えはこうなる：

- 今日の出力はランダムみたいだけど、明日ランダムじゃない理由は見つからない。でも証明はできないんだ。

では、部品をいくつか接続することで予測不能な数字のストリームをすべて自力で、外部要素による干渉抜きに生成するものが本当に作れるといったらどうする？　それが毎回同じ数字の並びになることが数学的に保証されているとしたら？　そしてその並びは非常に長くすることができるため、次の数字が何になるかヒトの脳では予測不能であるとしたら？

これは完璧な疑似乱数生成器に見える（毎回同じ位置から開始したりすることがない限り）。しかし複雑なものにも見えるし、必要かどうか疑問に思う人もいそうだ。

これは大して複雑なものではない。必要かどうかは何に使いたいかによる。

ランダムってどのくらいランダムなの？

よくある電子ゲームでわれわれに必要なのは、ちゃんとランダムに感じられるインプットだ。0から15の間で任意の数を生成するとして、数百ゲームやると13がほんの少しだけほかの数よりも多いとして——たぶん問題ではない。

ホットスロットでは、後攻のプレイヤーは12.5％の利益が期待できる。ゲームの乱数生成器が、あるスロットを0.5％くらい多く選ぶとして——たぶん問題ではない。

しかしある種の実験では、正確に等しく重み付けされた数字が必要だ。1と0による乱数列を長期にわたって生成するなら、その数列には50％の1と50％のゼロが含まれることを——50.1％と49.9％でないことを——確信できる必要があることがあるのだ。

そんな厳密性が必要になることなんてありそうにないと思うかもしれない。しかし実験15のテレパシーテストを思い出してみよう。2人用の実験だったものを1人用に変更することを考えてみる。

試行としては、誰かがサイキック・パワーを（それが存在するなら）発揮して、LEDのオンオフを推測するものになるだろう。LEDをオン・オフする回路はランダムに感じられるものであり、しかもたとえば254回のテストにおいて、LEDが127回のオンと127回のオフになることが確実である必要がある。そうでなければ、被験者が半分よりわずかに正しく推測したとしても、その人のパフォーマンスを正確に見積もることができなくなる*。

超自然研究においては、中央値からのわずかな逸脱も有意となることがあり、ゆえに、ある数字がほかの数字よりわずかに多く生成されることは本当に問題になりうるのだ**。

* 訳注：そんなことはない。個数を合わせるアルゴリズムの方が予測可能となり不適だ。連続一様分布乱数の数学的性質はそういうものではない。まあ、この部分は次章のLFSR法への前振りなので、数学的知識のある読者も怒らずに読み続けてほしい。ちなみにテスト上も単に正誤数を検定すればよいので問題にはならない。

** 訳注：もちろんそんなことはない。

きわめて安定した結果をもたらす1人プレイバージョンのテレパシーテストを作ることができるだろうか。実は私はこれを非常に難しいとすら思っていないし、やってみようと思う。

この課題には2段階のアプローチを取ろう。まずは完璧な疑似乱数生成器を生み出す方法からお見せしよう。それからこれをテストに組み込むものとする。

LFSR

The LFSR

われわれはブラックボックスを持っているものとする。それは環境からの影響を一切受けずに数字のストリームを生成する何らかの回路を内蔵したものである。このストリームが乱数であるかどうか、どうやって判断したらよいだろうか。私は2つの要求を満たすべきだと考えている：

- 繰り返しが比較的少ないべきである。「比較的」と言ったのは、独立型の数生成器は十分に長いこと動作させれば繰り返しが起きるものだからである。目的はヒトの記憶や注意時間の限界を超える長さあるいは複雑さのシーケンスを生成することだ。（数値生成器は量子効果が影響することがないだけの十分な物理的大きさを持つものとする。）
- 等しく現れることが想定される数字の範囲を指定することができるなら、それらはシーケンスに同じ確率で現れるように等しく重み付けされ、落とされる数字はないべきである。

これら2つの要求をほぼ満たすような回路が存在する。線形帰還シフトレジスタ、LFSR（linear feedback shift register）である。その出力シーケンスは（ほとんど）あらゆる長さになりえ、その出力は（ほとんど）厳密に等しく重み付けされる。LFSRを製作したら、これらの「ほとんど」を無視できるほど小さくする方法をお見せする。

LFSRを知ろう

図35-1の単純なテスト回路から始める。これは図27-2のシフトレジスタ回路にそっくりだ。ただしデータ入力スイッチは省かれている。回路は入力データをリサイクルで自己生成するからだ。

メモリ位置E、F、G、Hの出力は未接続だが、これはA、B、C、Dだけがアクティブな方が、回路機能がわかりやすいためだ。LED（左下の黄丸）を図のように横一列に並べるのも、わかりやすくなるのでお勧めだ。もちろんLEDの入力側をブレッドボード上の同じ段に入れるわけにはいかない。これらは別々に点灯させるからだ。だからリード線を曲げることでLEDの本体が横一列に並ぶようにしよう。

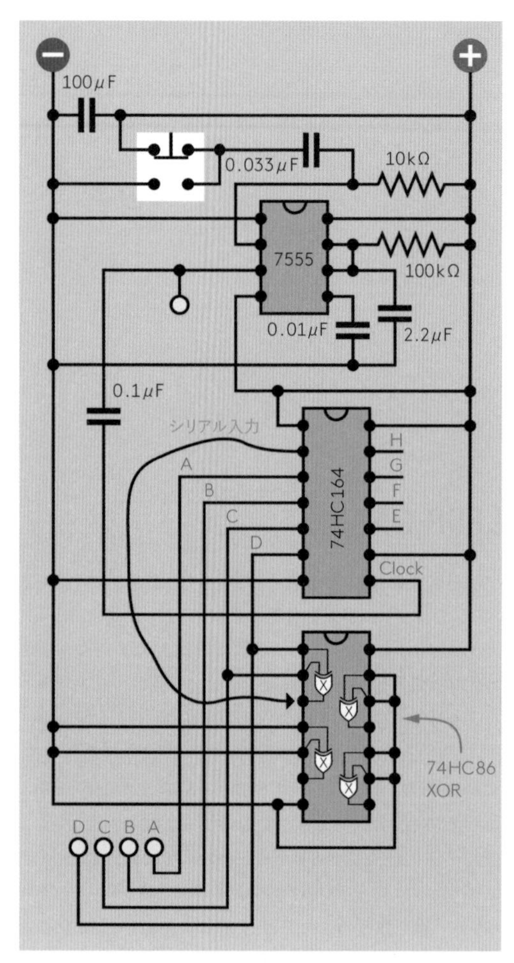

図35-1　線形帰還シフトレジスタのもっとも単純なデモ回路。

ブレッドボード上に組んだ写真を図35-2に示す。

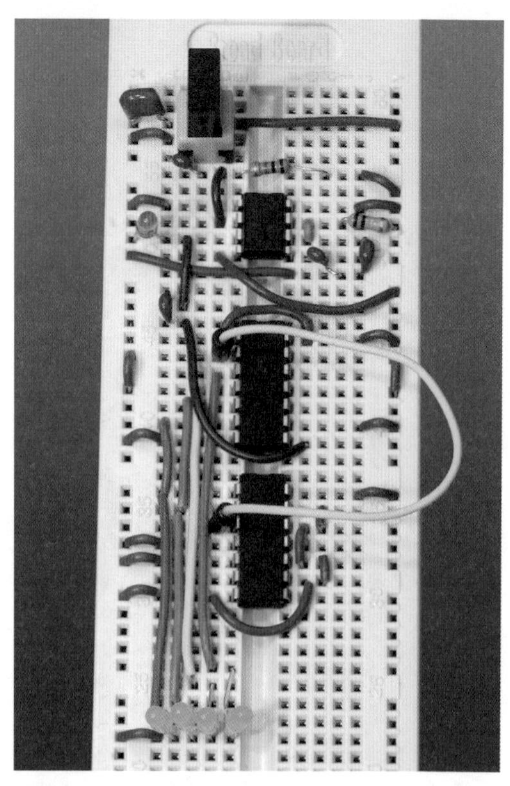
図35-2　線形帰還シフトレジスタをテストする。

手動でのデータ入力に代え、ここではメモリ位置CとDの出力にXORゲートをタップ（接続）して、その出力をシリアルデータ入力にフィードバックする。この接続はフレキシブルなジャンパ線を使うので、曲がった線で示してある。両端に小さなプラグの付いたやつだ。最初は両端とも指定の位置に接続しておく。

メモリ位置CとDの状態は還流される。唯一の問題は、シフトレジスタにクリーンに電源投入すると、メモリ位置のすべてがロー状態になることだ。さらに、XORゲートが2つのロー入力を受けたときは、出力もローになる。すなわちこのフィードバックは何も起こさない。ロー状態がぐるぐる回り、LEDは点灯しないままだ。

回路の電源を入れたとき、突入電流なり電源のノイズなりでシフトレジスタに何らかのランダムな値が入ることはある。回路図の100μFのコンデンサはこれを防ぐために入れたものだが、絶対ではない。

こうしたランダムな値が入ると、LEDのいくつかは点灯するかもしれない。

これが起きようと起きまいと、私はシフトレジスタのすべてにハイ状態をロードしたい。このためにXORチップに接続されているジャンパ線下側のコネクタを抜き、正極バスに接続する。これでシフトレジスタのシリアル入力はハイになる。それでは押しボタンスイッチを4回押して、メモリ位置A、B、C、Dへのロードを実行しよう。

4個のLEDすべてが点灯したら、ジャンパをXORチップの3番ピンに接続し直す。そしてボタンを16回押すと、図35-3と同じシーケンスが現れるはずだ。これは15ステップごとの繰り返しになっており、タイマーをワンショットモードから無安定モードに変更すれば、このシーケンスは自走し始める。

LFSRはやわかり

見てきたことをまとめよう：

- LEDディスプレイが2進数0000に対応したロー状態にあるなら、その状態からは抜け出せない。LFSRはゼロを再循環するだけだからだ。
- LEDディスプレイが0000以外の値のときは、15の異なったパターンを繰り返す。0001から1111までのすべての値が現れるが、数字の順ではない。落とされる数字は（0000以外には）なく、シーケンスの繰り返しが起きる前に繰り返される値もない。

困るのはこのシーケンスがあまりに短く、繰り返しが起きていることをヒトの目と脳がすぐに認識することだ。

もしかしたら、シフトレジスタの8つのメモリ位置をすべて使用し、LEDの数を4から8に増やせば、パターンの種類が増え、繰り返しが起きるまでにもっと長くかかるかもしれない。ありそうなことだが、これをやってみる前に、起きていることを厳密に解説しておきたい。

ビットシフトをクローズアップする

図35-3の一番上に並んでいる赤い四角はシフトレジスタの各メモリ位置の状態だ。この図では位置のシフトはA、B、C、Dの文字が示すように右から左に起きる。ほかでの解説ではビットが左から右に動いていくものもよくあるが、私がそうしなかったのは、シフトレジスタの出力を2進数の表現に使おうとしているからである。このような場合はビットを右から左にシフトにした方が直感的にわかりやすいものだ。

シフトレジスタの動作を思い出そう。入力されたデータは、クロックパルスによってメモリ内容が移動して場所が空くまでは、入力バッファに格納されている。つまり、位置CとDの現在の状態をXORして入力に戻しても、次のクロック信号が来るまでは入力バッファに留まるということだ。この時が来ると、CとDの新しい状態のXORが入力バッファに入り、次のクロックサイクルが来て……という繰り返しだ。

それぞれのメモリ位置が、よくある2進数桁数字の8、4、2、1に割り当てられていれば（左から右に読む）、当初の10進値は8+4+2+1=15だ。しかしXORゲートからのフィードバックにより一番右のビットはゼロに変わる。これはこのXORが2つのハイ入力を受けるからで、これはもちろんロー出力を生成する。だから2行目では、各メモリ位置を足すと8+4+2=14となる。図の各行で、2進数を合計した10進値を、白い四角の中の黒い数字で示してある。

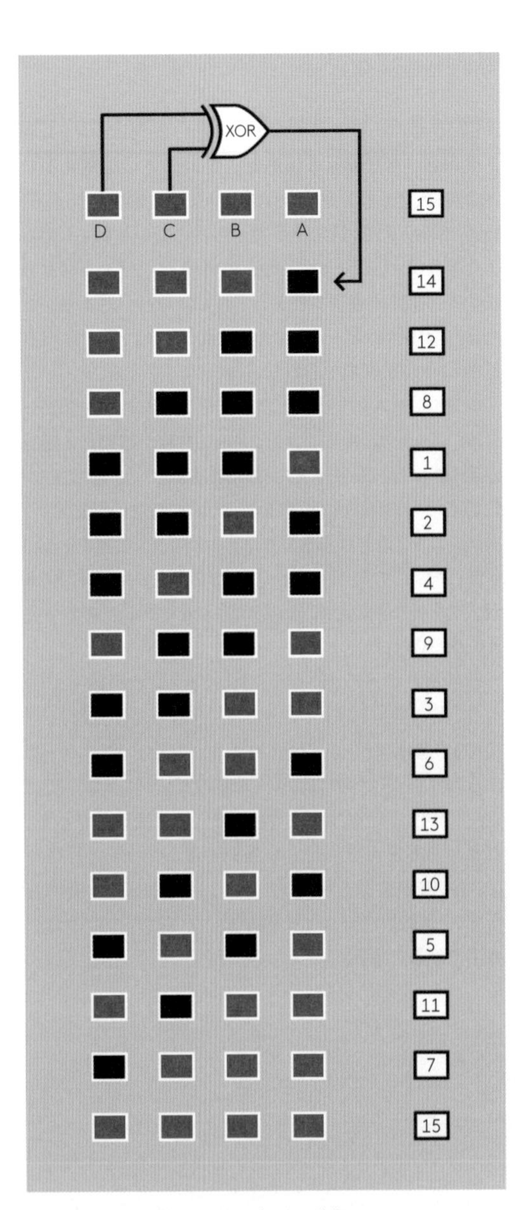

図35-3　4ビット線形シフトレジスタの動作。

ゼロ並びの問題

電源投入時にすべてのメモリ位置がローであるために反応がないように見えるというLFSRの問題への対処法は、教科書的にはほかの値を入れておくというのが典型的だ。

これはシフトレジスタのデータ入力をハイにしたままで少しの間クロックを動かすことで実現できる。しかし私ならこんな要求は避けたい。

もっと簡単な答えがあるのだ：XORゲートの代わりにXNORゲートを使って回路を組み直せばよい。XNORは今ではあまり使われるものではないが、依然として74HCシリーズにも4000Bシリーズにも存在する。（XORゲートの出力を反転させるという手もあるが、これはもちろんインバータというロジックゲートの追加が必要だ。）

実験15の図15-5では、XNORゲートの出力はXORゲートの出力の反転であることを示した。このゲートの2つのロー入力への応答はハイ出力である――つまり線形帰還シフトレジスタにおいては、シフトレジスタが0000で起動しても動作するということだ。

XORゲートの代わりにXNORゲートを使ったときのシーケンスを図35-4に示す。ここには0000から1110までのすべての2進数（0から14の10進数）が含まれている。少し考えれば、1111はXNOR回路をロックアップすることがわかると思う。XOR回路が0000でロックアップしたのと同じだ。XNORゲートは単に0000の代わりに1111を落とすだけのことである。でありながら、それは電源投入時に自力で起動するというタスクをこなしてくれる。

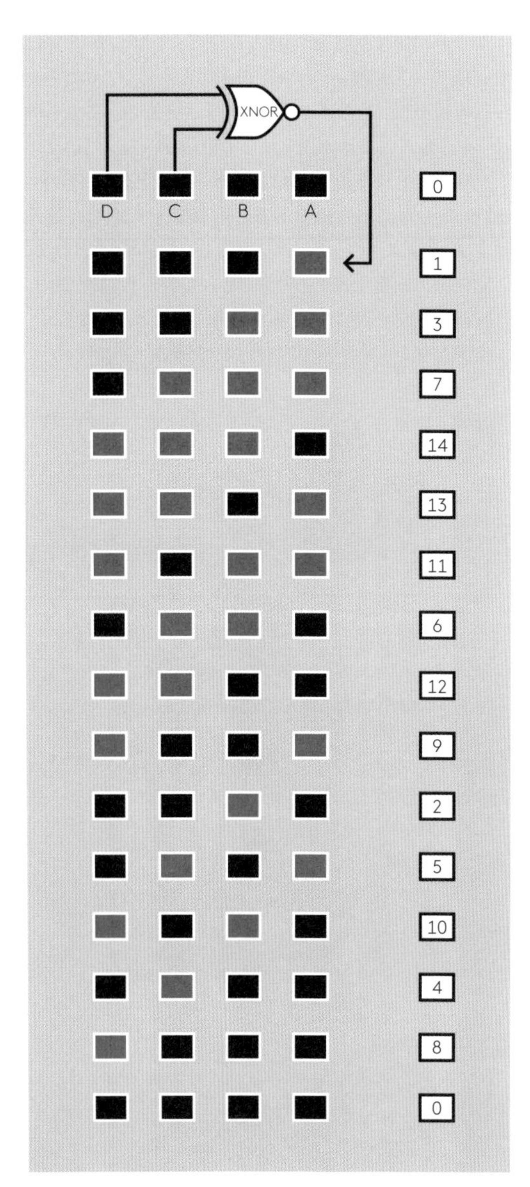

図35-4　XNORゲート1本を使って0000から始まる4ビット値を処理する線形帰還シフトレジスタのシーケンス。

無循環の探求

4回路2入力XNORチップを使ったテスト回路再構築を始める前に、循環問題に戻っておこう。シーケンスの循環までに15ステップしかない状態からどうしても脱出しておきたい。

よろしい。もし8個のメモリ位置のすべてを使えば、出力範囲は2進で00000000から11111110（10進で0から254）となり、循環までに255ステップかかることになる。

これは希望がある感じだが、ではこの場合、どこにフィードバック用のXNORを入れたらうまくいくだろうか。GとHからタップして入力バッファにフィードバックするだけで動作するだろうか。

しない。やってみればわかるが、これはうまくいかない。8個のビットをシフトするときは、図35-5のように、3本のXNORが必要だ。（XNORでなくXORを使う場合も、ゲートを入れる位置は変わらない。シフトレジスタの内容がすべてがゼロだと起動できないことが唯一の違いだ。）

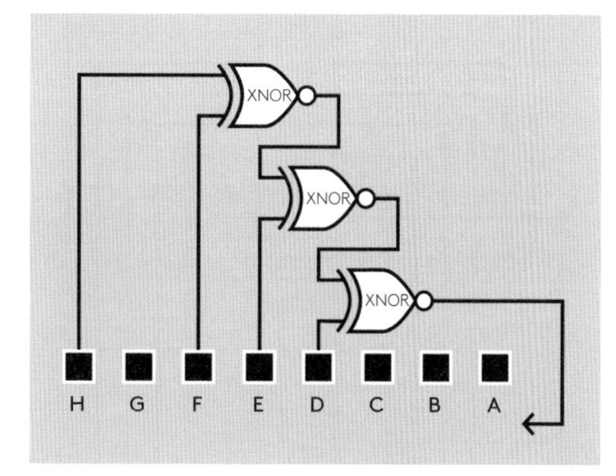

図35-5　8ビット線形シフトレジスタを構成するには3本のXNORゲートが必要だ。

XNORゲートはなぜ3本必要で、それはなぜこの特定の位置になければならないのだろうか。

もし少なかったり多かったりした場合、あるいは違った位置に入れた場合、回路はおそらく0から254で欠番も重複もないシーケンスを生成しなくなるからだ。

どうして知っているのかって？

数学的に証明されているのだ。ただこの証明は簡単ではない。「原始多項式」や「有限体演算」といった、理解が難しく、しかも（私にその資格があるとして）解説に多くのページが必要な分野に踏み込むことになる。

私が証明できなかったとして、どうやってそれが正しいとわかるのだろうか。

答えは、われわれは観察により理論をテストできる、である。図35-6は図35-5のロジックを再現した線形帰還回路だ。これを追っていくのは非常に簡単だ。

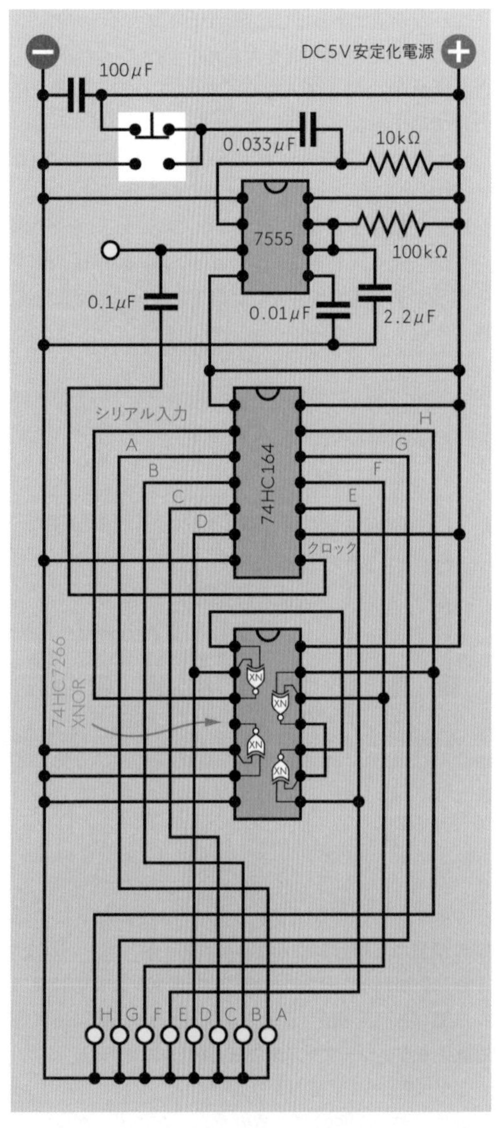

図35-6　8ビット線形帰還シフトレジスタのテスト回路。

シフトレジスタの出力HとFからタップした信号はXNORチップの右上のゲートの入力となる。このゲートからの出力は、その下のゲートの入力となる。こちらのもう一方の入力には出力Eからの信号が入る。このゲートでXNORされた出力は左上のゲートに回るが、そのもう1つの入力は出力Dである。両者をXNORした信号がシフトレジスタのシリアル入力にフィードバックされる。

回路図の一番上はデバウンスされた押しボタンがあり、これを使うとシーケンスを任意に飛ばすことができる。

実際にブレッドボード化したものを図35-7に示す。

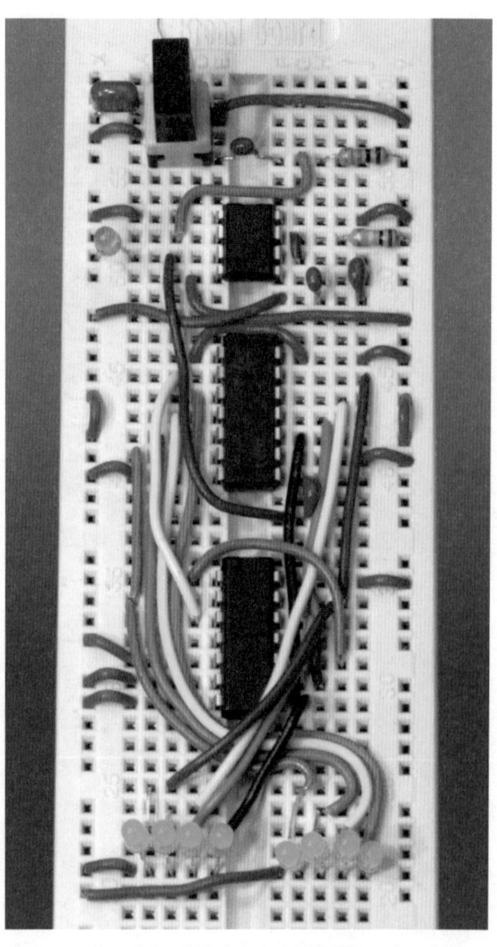

図35-7　ブレッドボード化した8ビット線形帰還シフトレジスタ。

警告：XNORの特殊さ

XNORチップの配線の際には特に注意が必要だ。内部配線がほかのロジックチップとまったく違うのである。ピン配置を図35-8に示しておく。ORゲートやXORゲートのように配線してしまうと、チップを壊すことがある。

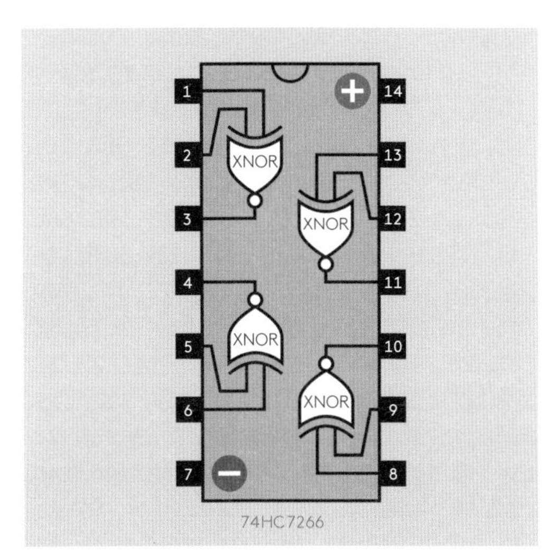

図35-8　4回路2入力XNORチップのピン配置。このチップの内部接続はほかのどのロジックゲートチップとも違っている。

もう1つ注意してほしいのは、XNORチップには74HC7266と一文字しか違わない派生品、パーツナンバー74HC266というチップがあることだ。74HC266は100ミリアンペアまでの負荷を制御することを意図したオープンドレイン出力版のXNORチップであり、ほかのチップには絶対に接続してはならない。例としてはTexas Instruments SN74HC266Nがある。間違えて買わないこと！

買うべきは74HC7266だが、これはほとんどのロジックチップよりちょっとばかり高価だ。代わりに4077（昔のCMOS版）を使ってもよい。こちらは1/4の値段だ。ピン配置はまったく同じである。

テストの実行

あなたのテスト結果が私のと完全に一致するようにするため、シフトレジスタの初期状態を私のそれと揃えていただきたい。すべてのメモリ位置を確実にロー状態にするということである。電源投入時にこれができていない場合は、4ビットLFSRテストのときと同様、マニュアル操作で面倒を見る必要がある。

次のステップ通りに気をつけてやること：

1. XNORゲートの左上の出力に接続されているジャンパ線のゲート側のプラグを抜く。シリアルインジャンパだ。上側のプラグは接続したままにする。
2. 抜いたプラグを負極バスに差す。
3. 押しボタンを8回押して8個のゼロをクロックインする。
4. 超！　注意しながら、移動したジャンパをXNORゲートの出力に接続するように戻す。

これでLFSRを作動させれば、出てくるシーケンスが以下でお見せするものと一致する。

そのシーケンスとは図35-9に並べたもので、ここでは0がLEDオフ、1がLEDオンの状態を示す。ボタンを押すたび、ブレッドボード上のLEDは図中の次行とマッチした状態に移る。

00000000	11001000	01111001	10000100
00000001	10010001	11110010	00001000
00000011	00100011	11100100	00010000
00000111	01000110	11001001	00100000
00001111	10001101	10010011	01000000
00011110	00011011	00100111	10000001
00111101	00110111	01001110	00000010
01111010	01101111	10011100	00000101
11110100	11011111	00111000	00001011
11101000	10111110	01110000	00010110
11010000	01111101	11100001	00101100
10100001	11111010	11000011	01011001
01000011	11110101	10000110	10110011
10000111	11101010	00001100	01100110
00001110	11010100	00011000	11001100
00011100	10101001	00110001	10011001
00111001	01010010	01100011	00110010
01110010	10100100	11000110	01100101
11100101	01001001	10001100	11001010
11001011	10010010	00011001	10010101
10010111	00100101	00110011	00101011
00101111	01001010	01100111	01010111
01011111	10010100	11001110	10101110
10111111	00101001	10011101	01011100
01111111	01010011	00111010	10111001
11111110	10100110	01110100	01110011
11111101	01001101	11101001	11100111
11111011	10011010	11010010	11001111
11110111	00110100	10100101	10011111
11101110	01101001	01001011	00111110
11011100	11010011	10010110	01111100
10111000	10100111	00101101	11111000
01110001	01001111	01011011	11110001
11100011	10011110	10110111	11100010
11000111	00111100	01101110	11000101
10001110	01111000	11011101	10001010
00011101	11110000	10111010	00010101
00111011	11100000	01110101	00101010
01110110	11000001	11101011	01010101
11101101	10000010	11010110	10101010
11011010	00000100	10101101	01010100
10110100	00001001	01011010	10101000
01101000	00010010	10110101	01010000
11010001	00100100	01101010	10100000
10100011	01001000	11010101	01000001
01000111	10010000	10101011	10000011
10001111	00100001	01010110	00000110
00011111	01000010	10101100	00001101
00111111	10000101	01011000	00011010
01111110	00001010	10110001	00110101
11111100	00010100	01100010	01101011
11111001	00101000	11000100	11010111
11110011	01010001	10001000	10101111
11100110	10100010	00010001	01011110
11001101	01000101	00100010	10111101
10011011	10001011	01000100	01111011
00110110	00010111	10001001	11110110
01101101	00101110	00010011	11101100
11011011	01011101	00100110	11011000
10110110	10111011	01001100	10110000
01101100	01110111	10011000	01100000
11011001	11101111	00110000	11000000
10110010	11011110	01100001	10000000
01100100	10111100	11000010	00000000

図35-9　8ビット線形帰還シフトレジスタの255の出力シーケンス、プラス、初期状態の繰り返しが1つ。

このリストをどうやって出したのか疑問に思うかもしれない。デバウンスされたボタンを押しながら頑張って1つ1つタイプしたとお思いだろうか。まあ、そんなことはしない。線形帰還シフトレジスタをエミュレートする小さいプログラムを書いて出力を貼っただけだ。ただし実際の回路による出力との比較は実際にやった――今や、あなたにもできる。

2進数はヒトの脳で解釈するのが難しいので、同じシーケンスを10進数値でも生成した。これがそうだ：

0、1、3、7、15、30、61、122、244、232、208、161、67、135、14、28、57、114、229、203、151、47、95、191、127、254、253、251、247、238、220、184、113、227、199、142、29、59、118、237、218、180、104、209、163、71、143、31、63、126、252、249、243、230、205、155、54、109、219、182、108、217、178、100、200、145、35、70、141、27、55、111、223、190、125、250、245、234、212、169、82、164、73、146、37、74、148、41、83、166、77、154、52、105、211、167、79、158、60、120、240、224、193、130、4、9、18、36、72、144、33、66、133、10、20、40、81、162、69、139、23、46、93、187、119、239、222、188、121、242、228、201、147、39、78、156、56、112、225、195、134、12、24、49、99、198、140、25、51、103、206、157、58、116、233、210、165、75、150、45、91、183、110、221、186、117、235、214、173、90、181、106、213、171、86、172、88、177、98、196、136、17、34、68、137、19、38、76、152、48、97、194、132、8、16、32、64、129、2、5、11、22、44、89、179、102、204、153、50、101、202、149、43、87、174、92、185、115、231、207、159、62、124、248、241、226、197、138、21、42、85、170、84、168、80、160、65、131、6、13、26、53、107、215、175、94、189、123、246、236、216、176、96、192、128、0

私にはこれは十分よい感じの疑似乱数に見える。私のプログラムは各値が1度だけ出ていることを、つまり欠落や重複がないことも確認するようになっている。

1と0

図35-5のロジック図が本当に宣伝文句の通りに動作するのに満足したら、次のステップではこのシーケンスを縮めて1個の1または0だけを生成するようにする方法を決める。これはテレパシーテストに使うつもりであることを思い出してほしい。回路は1個のLEDをオンまたはオフすることになるのだ。

1つの方法は、実験33のロータリーエンコーダ出力と同じように、シフトレジスタの出力をXORすることだ。これはうまくいくだろう。XORを3段階「ツリー」にして格段で前段の出力をまとめることで、0か1という出力に落とすことができる。

とはいえ、そこまでやる必要はない。シフトレジスタのメモリ位置Aだけを取って使えばそれで済むのだ。

これでは意味がないのではないか。シフトレジスタから多くの出力を取ってきたのは、反復するまでに多くの状態を取るシーケンスを得たかったからである。その追加分を捨ててしまうというのだろうか。

そうではない。8つのメモリ位置は依然としてすべてフィードバック過程に使われている。8番目、6番目、5番目、4番目のメモリ位置は依然XNORされており、つまり反復までに255の状態を取るシーケンスは保持したままなのだ。それをサブサンプルすることができると言っているだけのことだ。

この1と0のパターン全体が反復までに255ステップかかることに変わりはない。

信じがたいことかもしれない。実際私も本当に納得しているわけではない。理論はそれが真実だと言うが、それでも私はさらなる観察で確認することにした。先ほどのプログラムを改造し、このプロセスの255ステップの一番右の数字だけをサンプリングして、以下の1/0シーケンスを得た：

```
01111010000111001011111110111000
11101101000111111001101101100100
01101111101010010010100110100111
10000010010000101000101110111100
10011100001100011001110100101101
11010110101011000100010011000010
00000101100110010101110011111000
1010101000001101011110110000000
```

それから一番右のLEDだけを見ながら実際の回路を動作させた。まったく同じシーケンスだった。

何かを予測し、それが厳密に正しいことがわかるのであれば、それが毎回起きるはずであるという素晴らしい証拠になる。

このシーケンスが完全にランダムとは思えないと反論する方もいるかもしれない。0000000や1111111といったパターンが入っているからだ。まさに入っている。しかしランダムなシーケンスには実はこうした繰り返しが入っているものなのである。コイントスをするときに表または裏が何度か繰り返すことがあるのを思い出してほしい。実際、同じ数字の繰り返しが出る確率は試行回数が増えるほど大きくなるのだ。

だから、上のシーケンスに繰り返される数字がいくらかあるということは問題ではない。もちろん、シーケンスのほとんどが11111111と00000000の組み合わせになっているようなら、それは別の問題だ。ここでのパターン分布は実際かなり良好なものである。1と0の繰り返しシーケンスの頻度を見ると、次のようになる：

0のみ——33回
00——16回
000——8回
0000——4回
00000——2回
000000——1回
0000000——1回

合計：値0の例数は128。

1のみ——32回
11——16回
111——8回
1111——4回
11111——2回
111111——1回
1111111——1回

合計：値1の例数は127。

重み付けの問題

上に示したリストにはただ1つ正しくないように見える部分がある。単一の0が33回あるのに対して、単一の1は32回なのだ。いったい何が？　このシーケンスは厳密に等しく重み付けされていたはずではないのか！

そうではない。私は「（ほとんど）厳密に等しく重み付けされる」と言ったのだ。

問題はここにある（そしてこれがソリューションにつながる）。すべての可能な値によるシーケンスの全体は00000000から11111111までが含まれる。ところが、われわれはXNORゲートをフィードバックに使っており、このXNORベースのシフトレジスタというのは11111111が表示できず、それをスキップするのだ。この値の最後の数字が1であるため、すべての値から最後の数字をとった表には1つの1が欠けることになるのである。

最後の数字をやめ、最後から2番目の数字を使うことで問題を回避しようとするというのはどうか。駄目だ。これは解決にはならない。11111111がないことに変わりはないので、結果として得られる表ではやはり1より0が1つ多くなるのだ。

それではこれに対処しよう。

254を飛ばす

1つの答えはシフトレジスタを1回路追加することだ。4回路をチェーンして32文字の2進数シーケンスを格納できるメモリを使ったとしよう。このLFSRから得られるシーケンス全体は、反復までに4兆以上の数字が現れる。このシーケンスでは、32個の1と0を使ったパターンのうち、32個の1が現れる最後の1つ以外のすべてが表現される。失われる1個の数字は今や4兆以上の数字に埋もれることになる――これならどんな用途にも十分だと私は思う。

残念ながら作業は多くなる。4つのシフトレジスタに何個になるかわからないXNORを結線して線形帰還回路を作り、さらにいくつも部品を使って、テレパシーテストの出力をより完璧にするというのはやりたい作業だろうか。そうならそうで凄い！　誰かやったらぜひ見たい！

しかし個人的には、そんな時間はない――すでに言っている通り、この本を書き上げて、あなたが読めるようにしなければならないのだ。

代わりにもっと簡単な方法はないだろうか。シフトレジスタに（どうにかして）最後の0を作る8ビットパターンをスキップさせて、最後の1を作る11111111と釣り合わせることができるのではないか。こうすれば出力は等しくなる。

11111111がないのであれば、同様に捨ててよいのは11111110だろう（これは10進数の254だ）。これなら簡単だ：7入力ANDゲートでメモリ位置BからHまでが1111111になるのを検出し、ハイになった出力を使って次の値にクロックを進めればよい。図35-10に完全なロジック図を示す。

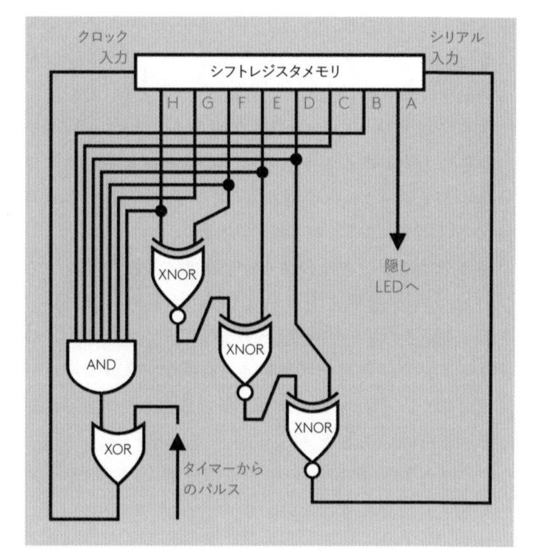

図35-10　レジスタに11111110をスキップさせることで等しい重み付けを達成した2進出力線形帰還シフトレジスタ。

7入力のANDゲートなんてものがあるだろうか。ない。しかし8入力なら販売されている。8番目の入力を電源正極側に接続すれば、残り7本によるANDができる。このチップは74HCシリーズではなく昔の4000Bシリーズだが、きちんと動作する。

クロック入力の共有

7入力ANDがシフトレジスタのクロック入力に直接フィードバックしていないことにお気づきだろうか。こちらはクロック入力が、いつもシフトレジスタを進めているタイマーなどからも使えなければならないからだ。これを「レギュラークロック」と呼び、「AND入力」と区別するものとする。

XORゲートはこれに対処するために追加したものだ。仮想的なシーケンスは次のようになる：

1. XNORフィードバックがスキップしたい値11111110に達する。これは入力バッファに印加される。
2. レギュラークロックが禁止状態11111110をシフトレジスタに入れる。
3. 8入力ANDゲートは即座にこれを検知してハイ出力を送出する。これはXORゲートに入る。
4. レギュラークロックのパルスは終わっていないので、XORゲートは2つのハイ入力を得る。ゲートはロー出力となる。
5. レギュラークロックのパルスが終わる。しかし禁止状態11111110は依然ANDゲートからのハイ出力を生成し続けている。
6. XORはこれによりANDゲートからのハイ出力とレギュラークロックからのロー出力を得る。このためXOR出力はハイになる。
7. ハイ出力になったXORは、シフトレジスタを次の状態への移行をトリガする。
8. ANDゲートは禁止状態11111110を検知しなくなるので、その出力はローになる。
9. シフトレジスタは次のレギュラークロックパルスが来るまで安定となる。

ここから見て取れる通り、禁止状態11111110がアクティブになる瞬間は存在する。しかしそれはクロックパルスの続く間だけである。パルスを十分短くすれば、11111110状態はほぼ即座にスキップされることになる。テレパシーテストの場合、この状態がLEDを点灯させるほど長く続くことはない。

少なくとも、私はそのように動作するものと見ている。次の実験ではこれがうまくいくことを確認する。

ほかの選択肢は？

1つの入力パターンをブロックするというのはエレガントな解とは言い難い。たぶんもっとよい方法があるだろうが、あったとしても私には確信できるものがない。巨大なLFSRで疑似乱数を生成するような暗号ビジネスにいる友人たちに相談するまでしてみたが、彼らももっとたくさんシフトレジスタを使え以上のことは言ってくれなかった——大変すぎるとすでに結論づけた方法だ。

だからこの問題への私の解は入力のスキップである。よかれ悪しかれ。

シーディング

1つやっておくべきだったことがある。電圧スパイクでもない限り、シフトレジスタは常に00000000から始まるではないか。

ゲームが予測不能に思えるようにしたくても、毎回まったく同じ始まりになるようでは無理なので、シーケンスの不明の位置から開始するようにしたい。どうしたらいいだろうか。

答えは非常に単純だ。乱数生成器を毎回違った値で「種まき」するのは標準的な手法なのだ。コンピュータプログラムの場合はシステムクロックがよく使われる。クロックが表現する時間は常に異なるからだ。XNORランダマイザの場合、理想的には出力をゲームで使う前に、適当なサイクル数動作させておくのがよいだろう。

よし——問題ない！　実験34で書いたシステムを使えばよい。電源投入時に抵抗とコンデンサの組み合わせで1パルスの低速タイマーをトリガし、タイマーパルスの持続時間は何らかのセンサで変える。そしてこのパルスの持続している間、高速の非同期タイマーが動作するようにするのだ。この非同期タイマーがLFSRのクロック入力を回す。低速タイマーのパルスが終わると、LFSRは不可知の状態で停止し、まずまず完全バランスの疑似ランダムというものが準備できる。

Make Even More：ほかのゲーム、ほかの数字

テレパシーテストに行く前に、LFSRの出力を使う方法がどのくらいあるのかお見せしておきたい。私はこれを「万能8ビットランダマイザ」と呼ぶことにする。用途は以下のようなものになる。

LEDのキラキラを作る

8個のLEDがあるものとしよう。赤2個、緑2個、青2個、黄色2個だ。LEDの各ペアは線形帰還シフトレジスタの2つの出力により駆動されるものとする。一方の出力は330Ωの抵抗器を、もう一方は1kΩの抵抗器を経由する。これで各色は4つの状態を持つことになる：オフ、ロー、ミディアム、ハイだ。図35-11はこれをどのように実現するか示したものだ。ダーリントンアレイを使うことで明るい大電流のLEDが使用できる。

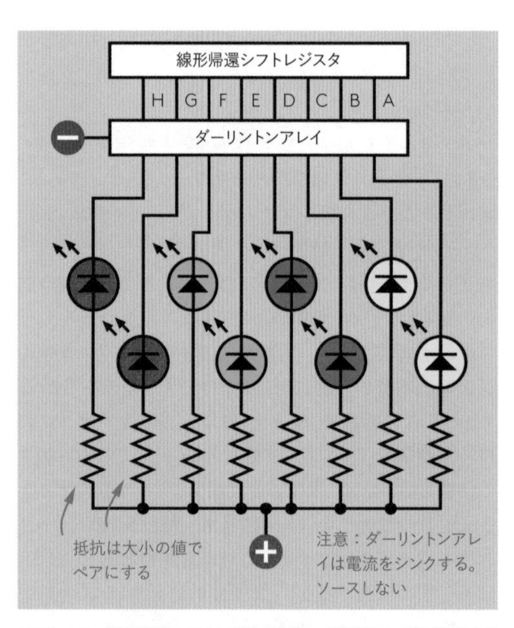

図35-11　線形帰還シフトレジスタを使って擬似ランダム発光LEDを作る。

LEDを拡散パネル（埋め込み蛍光灯のプラスチックディフューザーのようなもの）の裏に取り付け、シフトレジスタを比較的高いクロック速度で動かせば、魅惑のキラキラ効果が得られる。

スロット・セレクタ

線形帰還シフトレジスタはホットスロット・ゲームのマルチプレクサの駆動に使える。シフトレジスタの出力を4本、マルチプレクサの制御線に接続するだけでよい。

別種のリングカウンター

実験26では、リングカウンターで16本のLEDを連続的に点灯させた。LFSRならこれをランダムに点灯できる。マルチプレクサ経由で駆動すればよいのだ。LEDそれぞれの脇に付いた16のボタンもあるなら、LEDが点灯している間にボタンを押すという遊びになる。

LEDを点灯させているのと同じ電源が押しボタンの接点に印加されるなら、反対側をブザーにつないで、LEDがオンの間にボタンを押すことでブザーが鳴ってスコアが上がる。図35-12参照。

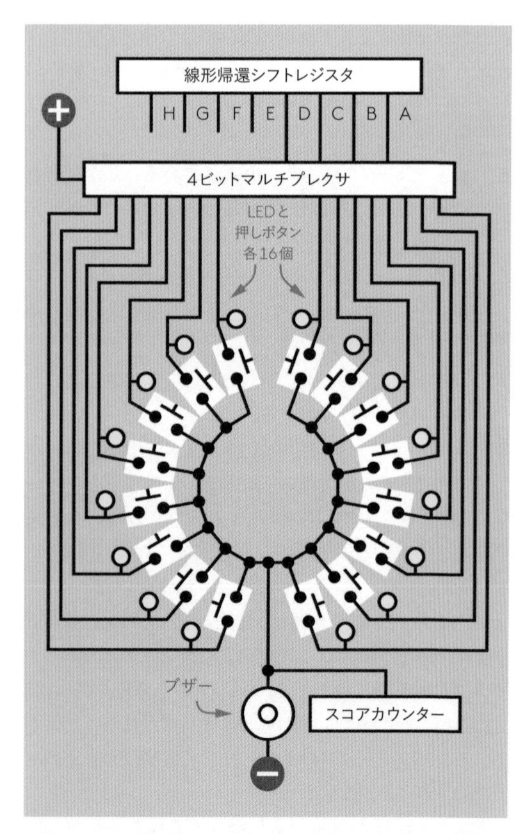

図35-12　実験26のリングカウンターを使ったゲームは、線形帰還シフトレジスタでLEDをランダムに点灯するように作り直すことができる。プレイヤーはLEDの点灯中に、その横にあるボタンを押そうとする。

押しボタンでなくリードスイッチを使うなら、LEDを含めてすべてを透明プラスチックの薄膜の裏におさめるとよい。リードスイッチは各LEDの横に入れる。そしてプレイヤーは先端に磁石のついたスタイラスでLEDを指すことで、その横のリードスイッチを作動させる。これはエレガントなユーザーインターフェイスだし、複数のスイッチを同時押しするチートの問題を排除できる。もちろん、1つのリードスイッチだけを作動させ、ほかのスイッチに影響しない高信頼の動作になるように、磁石の強さを選ぶ必要がある。

ランダムな音色

この場合も4本の出力を使ってマルチプレクサを制御する。このマルチプレクサを16の抵抗器を介して可聴周波数動作のタイマーに接続するのだ。固定値の抵抗器ではなく半固定抵抗器を使えば、それぞれが全音階の中の音程を作り出すようにチューニングできる。(正しくチューニングするにはキーボードのついた楽器が必要だろう。)

出てくるものは音楽などと言えるものではないが、ゆっくりピッチが変わるようにすれば、なかなか面白いものになるだろう。図35-13参照。

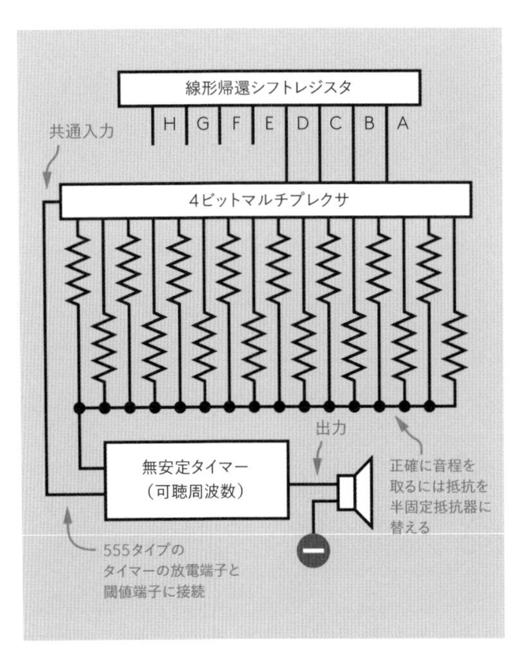

図35-13 LFSRで16のランダムな音階を生成する。

2つのマルチプレクサを使い、8つあるシフトレジスタの出力からそれぞれ4本ずつ使うという方法もあるだろう。一方のマルチプレクサが音程を、もう一方が出力とグランド間に入れた抵抗/コンデンサを制御することで音質を、それぞれセットするようにするのだ。図35-14参照。

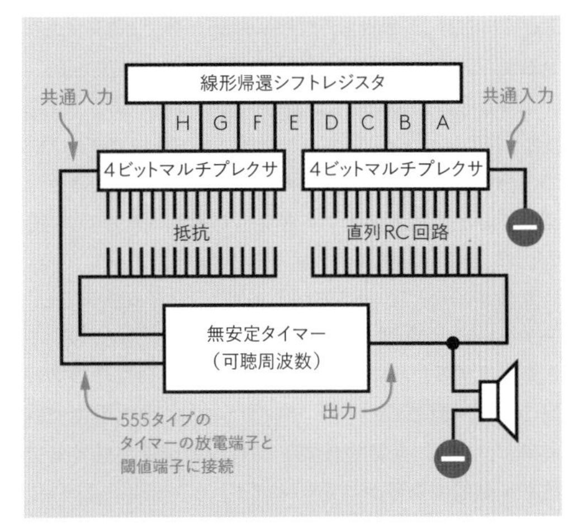

図35-14 第2のマルチプレクサにより抵抗とコンデンサの組み合わせ(直列RC回路)がランダムに選ばれることで、ランダムトーン・ジェネレータのトーンに変化が加わるのだ。

易経入力

易占ちゃん(27章参照)でお勧めした指先抵抗ランダマイザーの代わりに、線形帰還シフトレジスタの4つの出力を使うことでデコーダチップの制御をすることができる。

Make Even More：
マイクロコントローラのランダム性

線形帰還シフトレジスタのコンセプトはコンピュータ言語での疑似乱数列生成に使われている。マイクロコントローラで使われる高水準言語も同じだ。マイクロコントローラによって異なる、何らかの命令文により、プログラムから必要に応じてランダム的な数字を生成できる。

しかしその分布は等しい重み付けになっているのだろうか。PICマイコンに実装されたBASICの1つ（PICAXE）で乱数関数を調べた時に、あまり感心しなかったことは言っておかねばなるまい。指定した範囲に対して、明らかに多く出る数字がいくつかあったのだ。

ArduinoのC言語の方がよりよいランダム性シミュレーションを提供してくれそうだと思う方がいたら、テストして確認することをお勧めしたい。チップの未接続のピンの値を内蔵のアナログ-デジタルコンバータ経由で読み取り、内部の乱数生成器を不可知の値で開始する方法が一般的である。

1人用超自然パラダイム

The One-Person Paranormal Paradigm

実験 36

計画は以下の通りだ。スクリーンの向こうに1個のLEDを置く。電子回路がLEDをオンまたはオフする。それからプレイヤーにどちらの状態か推測させる——もしもそれを持っているほど幸運であれば、サイキック・パワーを使って。

プレイヤーはLEDがオンだと思えば右側のボタンを、オフだと思えば左側のボタンを押す。回路は推測が正しかったか正しくなかったか教え、あとは繰り返しだ。

回路を製作するのに必要な知識はすべて揃っているように思う。揃ってないのは結果を評価する方法だ。単なる偶然とはとても思えないという結論に達するには、何回の不正解に対して何回正解する必要があるのだろうか。この評価方法については、回路ができ上がってから説明することにしよう。

最後のロジック図

前回の実験では、0または1を出力するXNORランダマイザーのロジック図を掲載した。私が頭に思い描いているテレパシーテスト回路と互換性があるように、これを少し改造したのが図36-1だ。

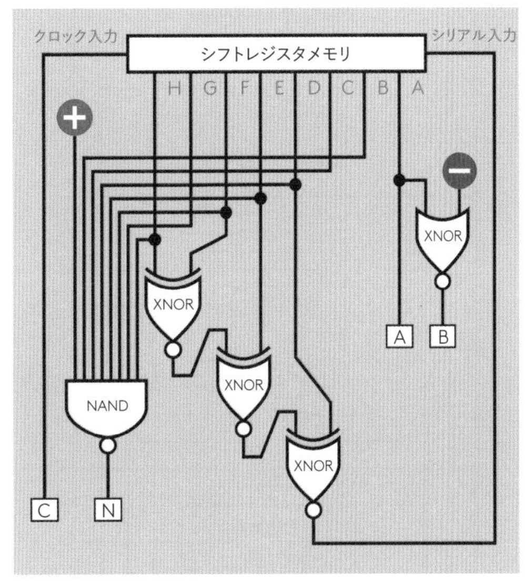

図36-1　1人用テレパシーテストのロジック図、パート1。A、B、C、Nとラベルされた入力および出力はパート2に接続する。

- 7入力ANDに代えて7入力NANDゲートを使用した。前回は通常時ロー出力、禁止状態の1111111を検出したときハイになったが、これを使えば通常時ハイ出力でローに変わる。この方が次段のロジックで使用しやすいのだ。
- 2進出力の脇にXNORゲートを追加した。2進出力がハイのときXNOR出力はローに、2進出力がローならXNOR出力はハイになる。つまりこれはインバータのように機能するということだ。ではなぜインバータを使わなかったのか。これはシフトレジスタ向けのフィードバックを処理する4回路2入力XNORチップのゲートが1本余っていたからだ。インバータチップを追加するくらいなら余ったゲートを使おう。

図36-2は回路図のパート1だ。これは前の実験の回路に非常によく似ている。目につく違いといえばNANDゲートの追加だ。A、B、C、Nで示されている入力と出力はパート2の回路に接続する。

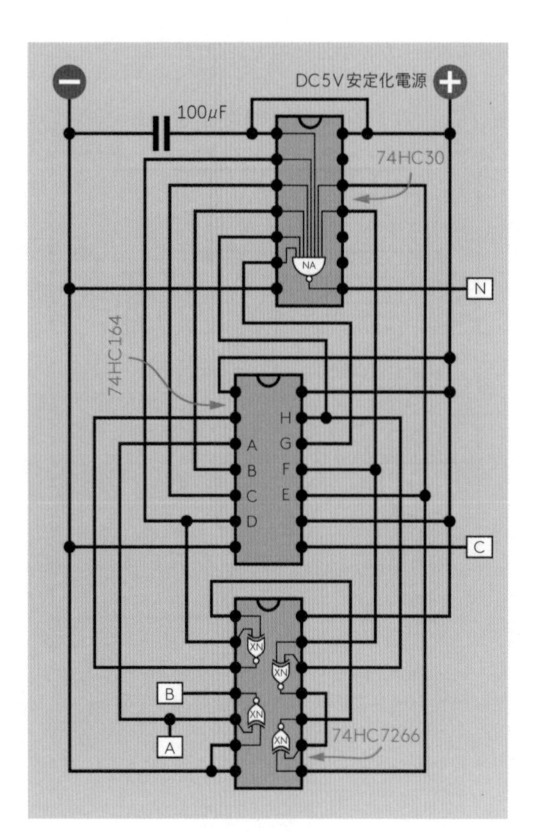

図36-2　1人用テレパシーテスト回路の回路図パート1。

パート2を見る

図36-3にロジック図のパート2を示す。この図では555タイマー回路を見やすくピンク色で示している。また図36-1と接続する4本の入出力ラインがある。

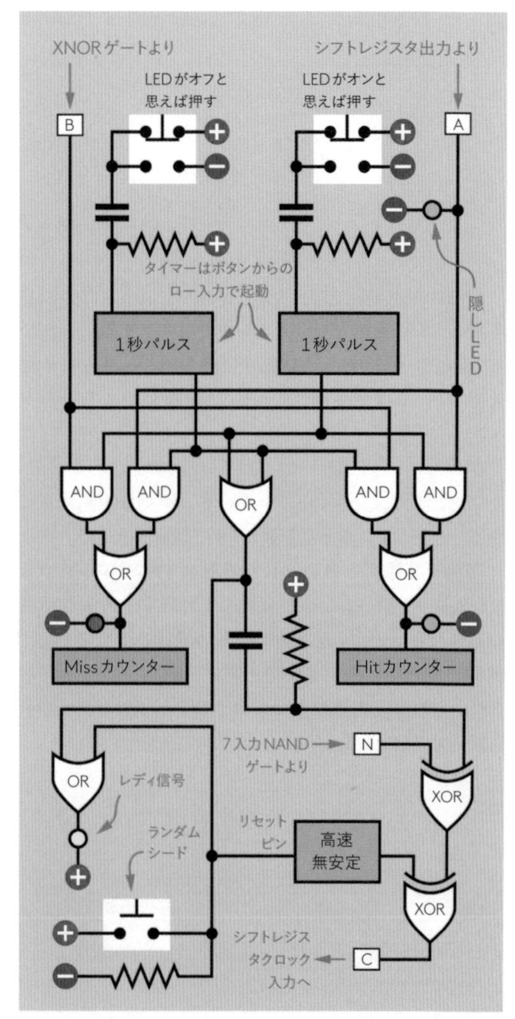

図36-3　1人用テレパシーテストのロジック図パート2。ユーザー入力の処理、フィードバック、線形帰還シフトレジスタのシーディングを行う。

パート2部分の機能は次のようにまとめられる：

1. プレイヤーはレディ信号を確認する。
2. プレイヤーはLEDがオンだと思ったらボタンAを押す。オフだと思ったらボタンBを押す。
3. レディ信号が約1秒オフになる。このインターバルの間、回路はhit（あたり）かmiss（はずれ）かを知らせ、ヒットカウンターまたはミスカウンターをカウントアップする。
4. レディ信号がまたオンになり、プレイヤーはステップ2以降を繰り返す。

舞台裏ではもうちょっと複雑なことが起きている。

入力ロジック

正確性がきわめて重要なこの回路では、入力ボタンに接点バウンスのリスクがあってはならない。ゆえに2つの入力には、1秒タイマーを使ってクリーンなパルスを生成することにする。これはボタンを長く押し続けてしまっても再トリガーされることのない、これまでも使ってきたのと同じ設定のものを左右とも使う。

この1秒タイマーの出力を、先ほどのロジック図からの出力と比較する必要がある。シフトレジスタの出力は右側に来ており、これは隠されたLEDがオンのときハイになる。XNOR出力は左側に来ており、これは隠されたLEDがオフのときハイになる。

推測が正解する場合は2つある：

- 隠されたLEDがオンであり、かつプレイヤーが「LEDはオン」のボタンを押す。
- または隠されたLEDがオフであり、かつプレイヤーが「LEDはオフ」のボタンを押す。

同様に、推測が不正解の場合が2つある：

- 隠されたLEDがオンであり、かつプレイヤーが「LEDはオフ」のボタンを押す。
- または隠されたLEDがオフであり、かつプレイヤーが「LEDはオン」ボタンを押す。

このロジックの実現には、2ペアのANDゲートがそれぞれのORゲートに信号を与える、という回路を使う。これはもとの2プレイヤー版で2ペアのANDゲートがそれぞれのORゲートに信号を与えたのと、ほとんど同じ方法だ。

2本のLED（赤と緑の丸印）はプレイヤーに推測の正解不正解を即座に知らせ、2つのカウンター（オプション）で正解数／不正解数を記録することができる。このカウンターについては後で採り上げる。

回路の残りの部分は左または右の入力タイマーがトリガされたときに動作させる。ゆえに両タイマーの出力を中央のORゲートに接続する。このORからの出力でやるべきことはいくつかある。

レディ信号

ORゲートの出力は左に分岐し、レディ信号を制御するもう1つのORゲートに行く。これはつまり何をするものだろう？　うん、レディ信号は通常時にはオン、以下の2つの状況でオフにしたいんだ：

- プレイヤーが推測ボタンを押したあとの1秒間
- または起動時のシフトレジスタのランダムシーディング時（回路がまだレディ状態じゃないとき）

図のように黄色のレディ信号LEDを電源正極側に接続することで、この条件を満たすことができる。

上記以外の場合には左のORゲートには2つのロー入力がかかるので、レディ信号がゲートにシンクされることでLEDが点灯する。74HCシリーズのロジックチップはかなりの電流（最大20ミリアンペア）をソースするだけでなく、シンクもできることを思い出してほしい。どちら向きにも使えるのだ。

ここにNORゲートを使い、レディ信号LEDは逆にグランドに接続する方法もあったが、それはたった1個のNORのためにチップを追加することを意味する。今はORゲートが1本余っていたので、それを活用することにしたのだ。

ランダムシーディング

実験35で、線形帰還シフトレジスタをランダムシードする必要性について触れた（35章参照）。私はこれをプレイヤーに手動で行わせることにより、低速タイマーと高速タイマーの組み合わせではなく、高速タイマー1個で済ませられるようにした。ロジック図左下のランダムシードボタンを押していないとき、高速無安定タイマーのリセットピンはロー状態に保たれている。ロー状態のリセットピンがタイマーを停止することを思い出そう。ランダムシードボタンを押すと、これがもたらすハイ状態によりタイマーが動作する。

高速タイマーからの出力は右下のXORゲート経由でシフトレジスタのクロック入力にパルスを送り込む。

新規の実験を開始するプレイヤーは、適当な長さでランダムシードボタンを押すことを忘れてはならない。これは本気の超自然研究ツールなので（!）、プレイヤーがランダムシードの儀式を忘れないものと信じることにする。

あと2つのXOR

ここからちょっと複雑だ。中央のORゲートに戻ろう。これの出力はコンデンサを経由して下方のXORゲートに接続されている。このコンデンサはこれまでの実験で使用したどのコンデンサよりも小さな値になっている。これはロジックチップの入力が非常に鋭敏なためだ。私の実験では、68pFコンデンサならXORゲートをトリガしながら複数回の"偽陽性"を出さない短いパルスが出る。回路をテストしてみたときに予測不能なふるまいをするようであれば、コンデンサの値を増減してみるとよい。ショッピングリストには、これが楽にできるように置き換え用の47pFと100pFを入れてある。

• 1,000pF=1nFであることに注意。

XORゲートの右側入力はプルアップ抵抗があるので通常時ハイである。左側入力も回路前段の7入力NANDゲートに接続しているので通常時ハイである。このNANDは禁止された状態1111111を検知しない限りハイなのである。

XORゲートは2つのハイ入力のときロー出力を生成する。つまり第1のXORゲートの出力は通常時ローということになる。

この出力は第2のXORゲートに行く。これの左側入力も無安定タイマーが動作していない限りローである。つまり第2のXORゲートは2つのロー入力を持つので、その出力はロー、これがシフトレジスタのクロックに接続されている。

プレイヤーがボタンを押すと何が起きるだろうか。何も起きない。1秒間のタイマーパルスが終わるまでは。パルスが終わるとき、1秒タイマーの出力はハイからローに遷移する。68pFコンデンサはこの遷移を非常に短いローパルスとして伝達する。

この短いパルスが続く間、第1のXORゲートは右側にロー入力を、左側にはまだハイ入力を持つことになる。こうしてその出力はハイになる。そして第2のXORの入力はハイとローになるので、こちらの出力もハイになってシフトレジスタのクロックを進める。

コンデンサからのローパルスは非常に短い。このパルスが終わればプルアップ抵抗が再度引き取ってハイ状態とするため、2本のXORゲートは最初の状態に戻る。シフトレジスタはクロックして新しい値を生成し、レディ信号が点灯して、プレイヤーに次の回答を促す。

これは比較的シンプルだが、処理に2本のXORゲートが必要になるのはなぜだろうか。シフトレジスタがクロックされるべき状況が実は3つあるから、である。

1. プレイヤーがボタンを押したとき。これによりシフトレジスタが次の値に進む様子については、たった今解説した。
2. 開始時に無安定タイマーでシフトレジスタを回すとき。
3. シフトレジスタが禁じられた11111110状態に達したとき。

2本のXORゲートは、これらすべての状況が同時に、あるいはほぼ同時に起きた場合まで対応する。これがこの回路の理解しにくい部分だ。

タイミングがすべて

図36-4は、プレイヤーがボタンを押して1秒タイマーの1つがパルスを送出するという通常の状況で、ゲートがどのように動作するかを示している。パルスが終わってタイマー出力がローになると、カップリングコンデンサがこの遷移を伝達し、それがXORゲートの出すハイパルスとなってシフトレジスタを次の状態に進める。

通常動作時
無安定タイマーは
動作していない
1秒タイマーからの出力
終了によりコンデンサに
ローパルスがかかる
これがシフトレジスタの
クロック入力を
トリガする
1秒タイマーの
パルス終了
7入力NAND
ゲートより
XOR
高速
無安定
XOR
シフトレジスタ
クロック入力へ

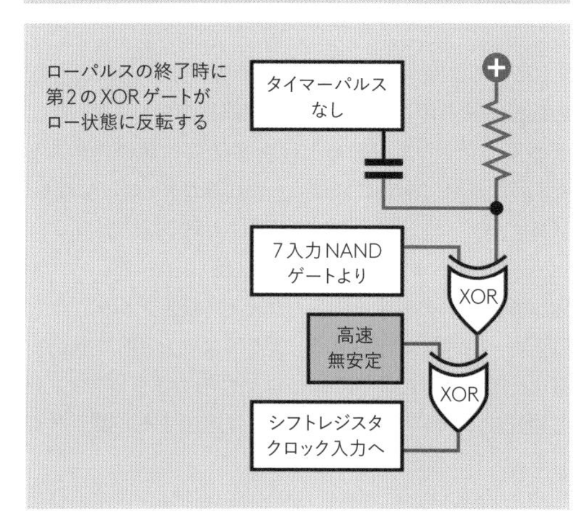

図36-4　カップリングコンデンサのロー状態への応答として、2本のXORゲートはシフトレジスタにハイパルスを送出する。

しかしシフトレジスタが11111110の禁じられた状態に進んだときは、どうなるのだろうか。図36-5がそのシーケンスである。パート1にあったNANDゲートは7本のハイ入力への応答として、その出力をローとする。しかしカップリングコンデンサからのローパルスはまだ終わってないので、クロック出力はローになる。

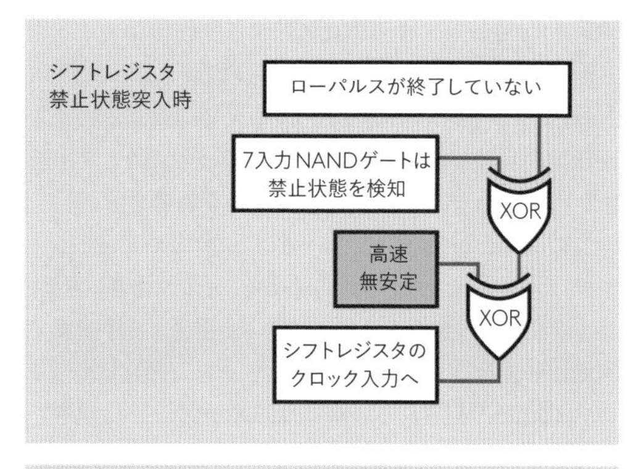

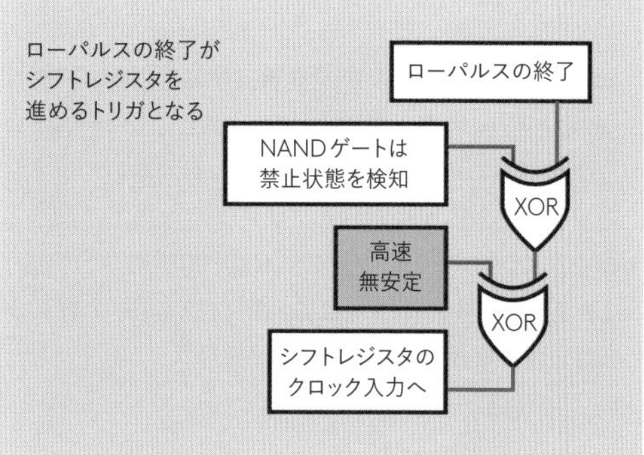

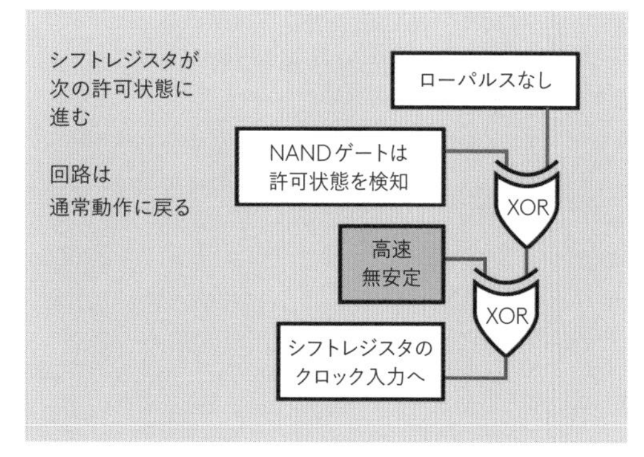

図36-5　2本のXORゲートがパート1回路のNANDゲートからのロー信号(シフトレジスタが禁止状態11111110に達したことを示す)を処理する様子。

ローパルスが終わるとすぐ、プルアップ抵抗が第1のXORゲートの入力をハイにする。これはクロックへの出力をハイにし、シフトレジスタを次の状態に進める。

NAND出力はハイ状態に戻る。なぜなら新しい状態は禁じられていないからだ。クロック出力はローとなり、回路は均衡状態に戻る。

同様の一連のイベントは、高速無安定タイマーでシフトレジスタをシードする際にも起きる。動作中のタイマーがシフトレジスタを禁止状態に入れると、2本のXORゲートがシフトレジスタをスキップさせるのだ。これは禁止状態に到達したときにタイマーが停止したとしても起きる。シフトレジスタは動き続け、そこを通過する。

このシステムが動作しないのは、この2つのイベントがほぼ同時に起きたときのみである。そんなときにさえ、起きうる最悪の事態とは、ユーザーがボタンを押すまで回路が禁止状態に留まることだ。ボタンを押せばシフトレジスタはトリガされる。なぜならXORゲートに起きた変化は必ずクロックを叩くことにつながるからである。

- ロジック系にフィードバックを導入すると、その影響は複雑なものになりうる。コンピュータではシステムクロックがすべてのチップが（おおむね）同期していることを保証し、私が今解説してきたようなことが起きるのを防ぐ。コンピュータシステムは「同期型」なのだ。
- 1人用テレパシーテストは非同期型であり、これによるさまざまな興味深い現象をともなう。

すべての回答をカウントする

実験における成功率はどのように評価したらいいだろうか。手で書くのが嫌、そしてマイクロコントローラがあるというのであれば、正解出力を1つの入力ピンに、不正解出力をほかの入力ピンに与え、これらをカウントしてLCDに合計を表示する、小さなプログラムを実行するとよい。

それではマイクロコントローラを持っておらず、それでも回答を自動集計したいとしたら？　市販の「イベントカウンター」を2個購入するという手はある。eBayで“digital counter”または“digital totalizer”を検索すればよい。これらは便利な小型デバイスで、中国からの出品なら1個たぶん8ドルくらいだ。非常にさまざまな電源や入力のものが用意されているだろう。必要なのは、あなたの回路のグランドと出力を（DCが流れないようにコンデンサを介して）カウンターに接続することだけだ。

ちなみに、紙に印をつけていくのはそんなに悪い選択ではない。机に座ってどちらかのボタンを押しているだけなので、空いている方の手でペンを使うのは簡単だ。

回路図パート2

図36-6は図36-3の論理演算を実行するための部品の構成方法を示したものだ。私が部品たちをスペースに収めるのにぎりぎり締め上げた様子にお気づきのことだろう。それでもここにはたった6個のチップしかなく、ブレッドボードに楽に収まり、配線も比較的単純だ。

赤、黄、緑、青の丸はそれぞれLEDを表している。注意してほしいのは、黄色のレディ・プロンプトのLEDをORゲートと電源正極（グランドではない）の間に接続することだ。ほかの3つのLEDはいつものようにグランドに接続する。当然ながら直列抵抗は追加する必要がある（LEDがそれを必要とする場合）。

ポイントA、B、C、Nは、隣においたブレッドボード上のパート1回路のポイントA、B、C、Nに接続する。

図36-7と図36-8はブレッドボードに実装した様子だ。この写真にはテスト用に追加したLEDも写っている。

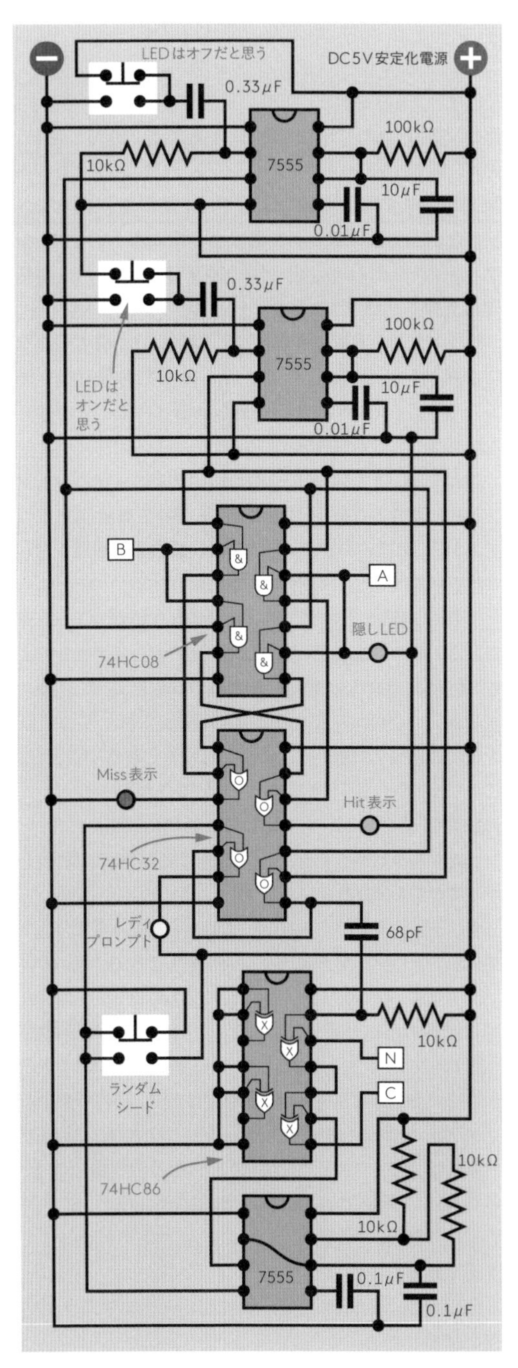

図36-6　1人用テレパシーテスト回路のパート2部。

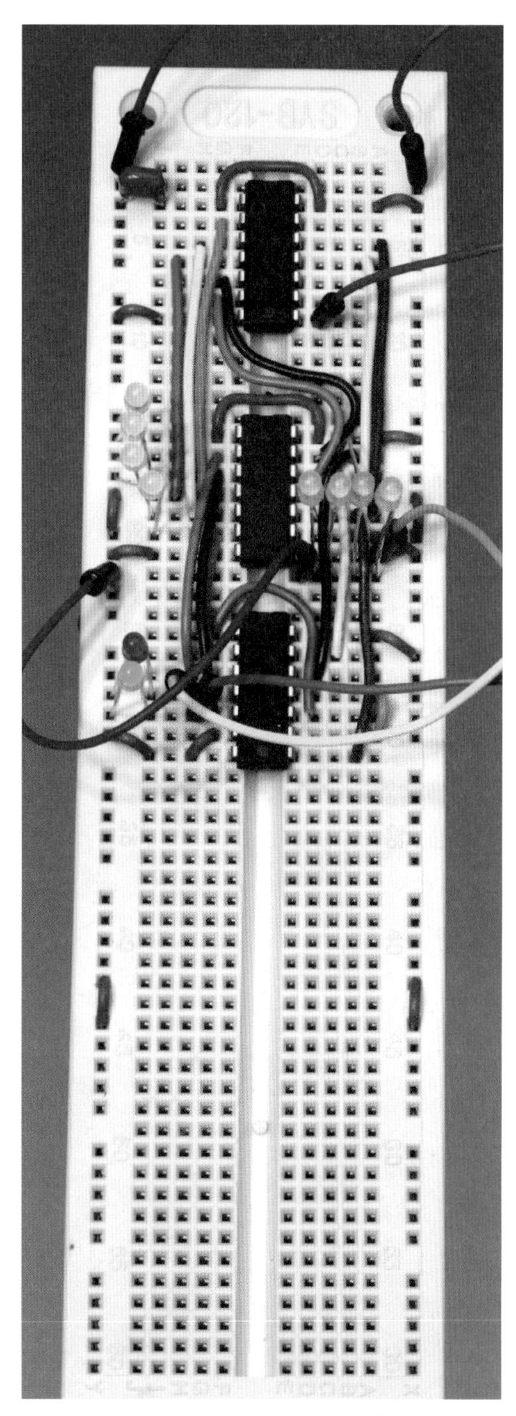

図36-7　1人用テレパシーテスト回路パート1のブレッドボード。シフトレジスタの状態を示すLEDをテスト時に追加している。

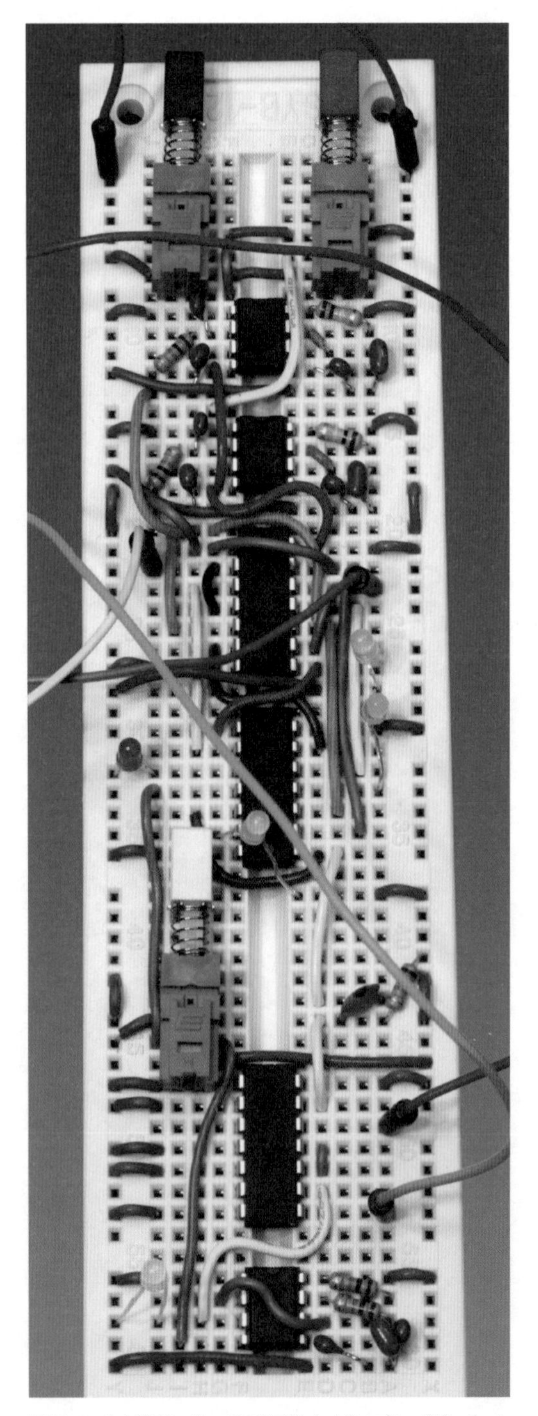

図36-8　1人用テレパシーテスト回路パート2のブレッドボード。カラーキャップ付きの3個の押しボタンスイッチはブレッドボードに寝かす形で差し込まれている。

テスト回路のテスト

まず、ブレッドボード下部の高速無安定タイマーを、6番ピンのコンデンサを10μFにすることで低速にする。また、第1のブレッドボードのシフトレジスタの出力に小電流LEDを追加する。DC12ボルト用に直列抵抗を内蔵したLEDを使えば、消費電流が非常に小さいので、シフトレジスタからNANDゲートやXNORゲートへの伝達に支障をきたすことがない。

ランダムシードボタンを押し続ければ、シフトレジスタに接続したLED群が、今やおなじみの線形帰還シーケンスで点灯していくところが見られるはずだ。そうならない場合、どこかに配線ミスがある。

次は「LEDはオフ」と「LEDはオン」の各回答ボタンをテストだ。両方とも1秒程度持続するパルスを生成するのであれば、ここからがテストの楽しい部分だ。回路が禁じられた状態を正しくスキップするか確認するのである。

最初に電源を入れたとき、ランダムな値がシフトレジスタに入ることから来る変動は100μFのコンデンサによって防がれているはずだ。問題は、電源を切って再投入する際に、このコンデンサによってチップが以前の状態を保てる程度の電気をもらっているかもしれないことだ。このチャージは最終的にはリークして失われるが、それには時間がかかる。すぐ終わらせるには100μFコンデンサをショートする（ただしやる前に絶対確実に電源を切り離しておくこと）。

シフトレジスタが8つのロー状態から始まる場合、ランダムシードボタンをすばやく24回押すことで（10μFコンデンサで遅い動作をしているので）シフトレジスタを禁止状態の直前に持っていくことができる。（図35-9を参考にしてほしい。）

ここでランダムシードボタンを押したり、回答ボタンのいずれかを押したりすると、シフトレジスタが26番目の状態（禁止）をスキップして直接27番目の状態に入る。私の組んだ回路ではこれは確実に動作した。ここで問題が出る場合、最初にすべきは68pFコンデンサの値を変えてみることだ。

回路が動くようになったら興味深い部分にいこう：結果の解釈である。

ESPはどのくらいありえるのか?

1,000回推測する試行を行うものとしてみよう。平均的には約500が正解となるはずである。それでは、510の、あるいは520や530の正解があったと仮定してみよう。中央値からどのくらい外れたときに、結果は偶然とはいえないとみなせるのだろうか。

これは複雑な質問なので最初は単純化しよう。推測を4回だけ行うものとし、正答をY、誤答をNで表現すると、可能なシーケンスは16あり、そのすべては等しく起きうる：NNNN、NNNY、NNYN、NNYY、NYNN、NYNY、NYYN、NYYY、YNNN、YNNY、YNYN、YNYY、YYNN、YYNY、YYYN、YYYY。

あなたがどのシーケンスを出したかには着目しない。着目するのは正答数のみである。ということは、正答と誤答をシーケンスに関わらずグループ分けする必要があるということだ。つまり次のようになる：

- NNNN：正答数0が1種類。
- NNNY、NNYN、NYNN、YNNN：正答数1が4種類。
- NNYY、NYYN、YYNN、NYNY、YNYN、YNNY：正答数2が5種類。
- YYYN、YYNY、YNYY、NYYY：正答数3が4種類。
- YYYY：正答数4が1種類。

正答3回のパターンが4種類、パターンの総数が16種類なので、4回のうち3回（順序を問わず）正答する確率は4/16、すなわち25%だ。

ちょっとまった——4回中4回正解したとしたら？　もっとよいということだ！　だったら質問を言い換えるべきである。3回またはそれ以上正解する確率はどうなるか？

取りうる選択肢を追加したため、可能性は上がってしまって5/16、すなわち31%ちょっとになる。

この計算システムを拡張して、回答数を5や6、またはそれ以上に増やしていく様子をみれば、Y/Nの組み合わせの数が非常に急速に増えていくのがわかるだろう。とはいえ組み合わせの数を見つける方法というものが存在する。これを図36-9に挙げる。この数字の並びの使い方は次の通り：

1									1
1	1								2
1	2	1							4
1	3	3	1						8
1	4	6	4	1					16
1	5	10	10	5	1				32
1	6	15	20	15	6	1			64
1	7	21	35	35	21	7	1		128
1	8	28	56	70	56	28	8	1	256

図36-9　パスカルの三角形は、正答と誤答が等しく起きうるときの、各正答数の確率の算出に使うことができる。

各段の第2の数字は試行における回答数である。たとえば、一番下の段では8回の回答を行った試行についての記述となる。

各段の数字は正答のパターンが何種類あるかを示す（これは順列の数である）。正答ゼロの場合から始まり（これは1パターンしかないことが一番左の1という数字で示されている）、すべて正答の場合（これも1パターンしかないことが一番右の数字で示されている）で終わる。両端の値の間には、正答数1、2、3……n-1の場合のパターンの数が入っている（ただしnは正答誤答を問わない総回答数）。つまりたとえば、最下段は8回の回答をしたときを示しており、4回正解したときのパターン数が知りたいとすると、答えは70である。「0、1、2、3、4」と言いながら最下段の数字を見ていくだけだ。これで70にたどり着く。

- 各段の最初の数字（どれも1）が正答数0の場合であることを忘れないこと。2番目の数字は1回正答するパターンの数だ——といった調子で、最後はすべて正答のパターンの数（常に1）となる。
- 右の行の白抜き数字は三角形上の黒数字の値の合計である。つまりこれは、正答と誤答から成る異なるすべてのシーケンスの数ということになる。この数字が三角形の段ごとに2倍になっていることに注意。

これでオッズが計算できる。前の例に戻ろう。8回中4回正答する確率が求めたいのであれば、4回の正答パターンの数（どのパターンでもよい）として70を取り、順列の総数に256を取る。すなわちきっちり4回正答するオッズは70/256となる。

それでは、ある範囲の回答数について知りたいときはどうすればいいだろうか。8回の回答をする最下段において、6回以上正答するオッズはいくらになるのか？　足し算しよう。28+8+1で37/256となる。これは約14%だ。これが純粋に偶然起きる確率は、およそ1/7ということになる。

三角形の累乗

数学をよく勉強した方は、図36-9がパスカルの三角形だとわかるだろう。詳細に立ち入るスペースはないが、この三角形上の数字は1を除いてすべて、直上の2つの数字を足し合わせることで計算できるという面白い性質がある。

つまり理論的には、1,000回回答した試行について求めたければ、2番目の数が1,000になるまでパスカルの三角形を下に下に拡張すればよいだけだ、ということである。これで1,000回中で何回正答したか、0回から1,000回までのあらゆる数についてのオッズが出る。

ただ1つ問題なのは、パスカルの三角形の数字というものが非常に急速に、非常に大きくなっていくことである。一般的なプログラム言語ですらこの処理に不十分なほど大きくなるのだ。4倍長の整数型（数字全体を32個の2進数で表現）を扱える言語を使っているとしよう。10進数では、4倍長の整数は（プラスまたはマイナス）2兆以上の値を持つことができる。しかしこれではパスカルの三角形の最初の32行しか計算できないのだ。1,000行の三角形における数字の大きさとなると大変なことになる。

ジョン・ウォーカーの確率

さいわい、これを想像する必要はない。ジョン・ウォーカー（John Walker）という名のスマート・ガイが、すでにやってくれているからだ。それだけではない。彼は結果をネットに載せてくれている。

ウォーカーはAutodeskの創業者だ。MS-DOSを使った最初の本格的なCADソフトを販売した会社である。彼はまた、たまたま超自然現象に興味を持っており、余暇にその興味を追求しているのだ。

彼が作ったページ（http://www.fourmilab.ch/rpkp/experiments/bincentre.html）には、1,024回回答したときのあらゆる正答数についてどのくらい起きやすいかを示した確率表が掲載されている。たとえば、厳密に半分の回数だけ（1,024回中512回）正答する確率は約2.5%である。

この数字がもっと大きくないのはなぜか。これは正答数が511や513になることがほとんど同じ確率で起きるからだ。本当に意味があるのは（繰り返すが）範囲である。

たとえば、正答数562回——以上——になる確率はどうだろうか。つまり、中央値より50大きい数——以上——である。ウォーカーはこの種の質問に答える必要性を認め、表には累積確率（指定の数字以上になる確率）が示されている。562回以上の正答について、彼の表に挙げられている確率は0.000981032である。これをパーセンテージにするため100をかけると、この確率が約0.098%であることがわかる。つまり、これに達する可能性は（表によれば）1,019回の試行につき1回ということになる。

これが実際に起きたと仮定しよう。これってあなたが超自然的パワーを持っているに違いないと考えるべきだろうか。うーん、私にはわからない。1,000度に1度の成功は普通のことではないが、定義により、これは1,000度に1度は偶然のみで起きるのだ！　カジノでたまたま大金を稼ぎ出した人がいれば、同じ論理により、彼もまたサイキックに違いないということになるではないか！

ただし、ウォーカーの表における確率は、正答数が増えれば急速に小さくなっていく。たとえば、1,024回の回答で600回以上正答する確率は47,491,007分の1である。すなわち、偶然のみによって1,024回中600回以上正答する確率は、約5,000万回の試行につき1回なのである。これをやった人がいたら感銘を受けるだろう——とはいえ御存知の通り、5,000万回に1回というのはほぼロッタリーのジャックポットの確率とほとんど同じなのである。ジャックポット・ウィナーは全員サイキックだという結論でいいのだろうか。

問題はそういうことだ。均等な重み付けの乱数生成器をでっちあげるのにありとあらゆる苦労をした挙げ句、標準からの逸脱をどのくらい本気で受け止めるべきか考えるのはやっぱり難しい、となるのである。たとえ1,024回全部を正解したとしても、依然として偶然によるものかもしれないのだ——ゼロといっていいほど起きそうにないにしても。

とはいうものの、自分をテストするのは依然楽しいものである。1,024はちょっと大きな数字に感じられるかもしれないが、3〜4秒に1度の割で回答していれば、全部終わるのにたったの1時間程度である。あなたが超能力を持っていると疑いなく証明することは不可能かもしれない——でも逆に、あなたのスコアが平均的だったらどうだろうか。これは依然として有用な結果である。なぜならそれはあなたが超自然的能力を持っていない強い兆候だからだ！

興味深い質問ではないか。あなたはどちらでありたいですか？　サイキック？　それとも非サイキック？

このことを考えてから、私は超自然的パワーの存在しない世界の方に住みたいと思うようになった。なぜなら、すべてに対して合理的な説明が存在すると信じる方が好きだからだ。

私は合理主義の大ファンだ。結局のところ、科学の歴史上すべての有効な理論の背景には合理的思考過程が存在する。そうした理論のすべては合理的な研究によって検証され、数学という究極の合理分野がエンジニアたちにその応用を可能にさせているのだ。近代以降の歴史を通じ、すべての橋梁、建築、自動車、航空機、宇宙機、そしてコンピュータは、数学に依存して建造されている。

こうした脳の合理性により実現した驚異的に素晴らしい成果たちを見ると、たとえ何らかの超能力が存在したとしても、結局これほど印象的なものにはなりえないのではないか、という気がするのだ。

これだけですか?

Is That All?

もはや時間もスペースも残っていないようだ。含められたかもしれないトピックを考えることは簡単だが、私はこの統合されたパッケージの構成内容を、もう選択したのである。フォトトランジスタ、分圧回路、コンパレータ、カウンター、マルチプレクサ、ヒステリシス、論理ゲート、ランダム性、タイマー、そしてセンサという最重要の部品と概念のすべてが、こちらのプロジェクトからあちらのプロジェクトへと繰り返し現れた。ほんのちょっとの想像力で、もうご自分の作品にこうしたツールやテクニックを応用できるようになっているはずだ。

私の書いたすべては、なかなか凄いアカデミックな資格を持つ人々にファクトチェックを頂いた。これは私がそうした学位をまったく持っていないからである。本書を執筆するための知識は正式な指導を受けずに得たものである、と告げておくのは当然と感じる。

この学習法が万人向けではないのはよく分かっている。また、独学が分野の不完全な理解につながりやすいこともよく分かっている。だがしかし、もし私がある題材について本を書き上げるに足る知識が得られるのであれば、私が「発見による学習」と呼んでいるそのプロセスは、あなたにもうまくいくかもしれないのだ。

われわれはみんな教科書を読んだ経験が——特に試験が迫っているときには——あるし、その多くを1、2週間で忘れてしまった経験もあるだろう。何かを自分で制作しようと情報を掘り漁り、それで実験し、何が起きるか見ることで学習すれば、その経験はまったく違ったものになると思う。そうした知識は記憶に埋め込まれるのだ。

また、外部からの助けなしに問題を解決するイニシアチブを取らざるを得なければ、あなたはイノベーションを起こす能力を発達させることになる。

ハードウェアいじりは長い技術史における偉大な慣習だ。もし本書が、これができる、とあなたが感じる助けになるなら——つまり、既製品を分解して動作を推測したり、修理したり、ほかの目的に転用したり、改造したり、改良したりすることができるように感じるなら——あなたは価値あるスキルとエンパワーされたマインドセットを身につけたことになるし、私は自分の目的を果たしたことになる。

私にとってはここが終点だ。あなたにとってはここが出発点であることを、私は願うものである。

——チャールズ・プラット

付 録

文献

Bibliography

ウェブを巡れば、あらゆることのあらゆるものを学ぶことができるものではあるが、紙の本は依然として非常に効率的な情報獲得手段である。以下の書籍と情報源はすべて本書の執筆に使用したものである。アスタリスクが付いているのは私が特に重要だと思うものである。

*『123Robotics Experiments for the Evil Genius』Myke Predko著、McGraw-Hill、2004

『50Electronics Projects』A. K. Maini著、Pustak Mahal、2013

『The Art of Electronics』Paul Horowitz、Winfield Hill共著、Cambridge University Press、1989

『Basic Electronics Theory』Delton T. Horn著、TAB Books、1994

『Beginning Analog Electronics through Projects』Andrew Singmin著、Newnes、2001

『The Circuit Designer's Companion』Tim Williams著、Newnes、2005

『CMOS Sourcebook』Newton C. Braga著、Prompt Publications、2001

『Complete Electronics Self-Teaching Guide』Earl Boysen、Harry Kybett共著、John Wiley and Sons, Inc.、2012

『Electronic Components』Delton T. Horn著、TAB Books、1992

*『Electronic Devices and Circuit Theory』Robert L. Boylestad、Louis Nashelsky共著、Pearson Education, Inc.、2006

『Electronics Explained』Louis E. Frenzel, Jr著、Newnes、2010

『Fundamentals of Digital Circuits』A. Anand Kumar著、PHI Learning、2009

*『Getting Started in Electronics』Forrest M. Mims III著、Master Publishing, Inc.、2000

*『Practical Electronics for Inventors(第3版)』Paul Scherz、Simon Monk著、McGraw-Hill、2013

*『TTL Cookbook』Don Lancaster著、Howard W. Sams & Co, Inc.、1974

パーツの購入

Shopping for Parts

本書の実験用の部品の購入には予算とお好みにより4つの手段がある。

1. **最小ショッピング**：プロジェクトが完成したらその都度分解するようにすると、部品を再利用してコストを抑えることができる。最小ショッピングリストはこの方法を基本にしたものだ。ほとんどすべての部品を再利用することになる。317ページ「最小ショッピング：実験1～14」参照。
2. **中間ショッピング**：テスト用の実験を取っておく必要はないが、遊んで楽しい完成プロジェクトは持っておきたいというのであれば、もっとも必要とおぼしき部品群が中間ショッピングリストに入れてある。319ページ「中間ショッピング：実験1～14」参照。
3. **最大ショッピング**：このリストには、36ある実験のすべてを製作、保存しておくのに必要な部品がすべて入っている。また、非常に破損しやすかったり、焼き切れてしまいやすいタイプの部品についてはスペアパーツも入れてある。323ページ「最大ショッピング：実験1～14」参照。
4. **逐次ショッピング**：部品を少量だけ買いたい場合や、あるプロジェクトについて必要な部品をチェックしたいというときのために、個別の実験ごとの必要部品をまとめた「逐次ショッピング」リストがある。326ページ「逐次ショッピング」参照。

最初の3つの選択肢（最小、中間、最大ショッピング）は実験1～14、実験15～25、実験26～36に分けてある。

キットという選択肢

本書用の部品キットが販売されている。これは上の「中間ショッピング」と同じ方針のもとでまとめられたものである。

販売元

キットを使わず自分で部品を買いたい方向けには以下の2つが購入先になる：

オンライン小売店

もっとも重要なルールは、複数の販売元を見る意志を持つことだ。個人的によくパーツを探す場所を以下に示す：

- http://www.mouser.com
- http://www.radioshack.com
- http://www.jameco.com
- http://www.newark.com
- http://www.digikey.com
- http://www.alliedelec.com
- http://www.allelectronics.com
- http://www.sparkfun.com

どこかで置いてない部品があっても、競合店は持っていることが多い。

http://www.allelectronics.comは基本的には余剰部品のディスカウント店で、大規模で網羅的な在庫というのは持っていないので注意してほしい。RadioShack、Jameco、Sparkfunはホビースト志向で、つまり我々が興味を持つような種類のものを置いてあることが多い。とはいえこれらはMouser、Newark、Digikeyの驚異的な在庫多様性というものを持ってはいない。

結果をフィルターするにしたって、オンラインサーチに時間がかかるのはよく承知している。これは紙のカタログを1冊は持っておくべき理由である。特にMouserのカタログは優れた索引がついており、そのウェブサイトより素早く見て回ることもできる。Jamecoのカタログはずっと小さいが、考えたこともなかったようなパーツのお勧めが載っていることがあって、なかなか有用だ。

MouserもJamecoも本気の顧客には無料でカタログを配布している。

Buy it now

eBayはあまり出回ってない部品や昔の部品を探すのに良い場所だ。最新のアイテム、例えばLED照明モジュールなどを買うのにも良い。また、LEDや抵抗といった汎用部品をバルクで買うこともできる。

国際航空便で配送するアジアのベンダーを恐れるのはやめよう。私は中国、カンボジア、タイに注文したことがあるが特に問題はなかった。記述は正確、価格は低廉、航空便サービスは普通信頼できる。ただ配送には2週間くらいかかるだろう。

一般部品

ショッピングリストに、どんなタイプのLEDを買えとか、どこのブランドの抵抗器を買えとか書いていないのに気づくだろう。これはこれらがすでに一般（ジェネリック）部品になっているからだ。また、コンデンサについてはいちいち耐圧を書くことをしなかった。これは本書で使うコンデンサにDC16ボルトより大きな耐圧は不要であるからだ。

自力で購入する場合に知っておくべきことは以下である。

抵抗器

製造者は問わない。リード線の長さも重要ではない。1/4ワットの電力定格（もっともよくあるもの）でよい。1/8ワットなら小型にできるが、使うときに抵抗が定格を超えることがないか毎回チェックすること。便利に使うのに1/8ワットは小さすぎるという人もいるし、1/2ワットならブレッドボード上で不便なくらい場所を取るものだ。

誤差も10%品でよい。10%誤差品のカラーバンドは5%品や1%品より読みやすくもある。とはいえお望みならば、1%誤差の抵抗器を買うのは自由だ。

図B-1はコンデンサや抵抗器で一般的な倍率を示したものだ。たとえば抵抗器では1kΩや1.5kΩという値が一般的で、10kΩや15kΩ、100Ωや150Ωというのもそうだ。黒字で書いてある倍率値はあまり一般的ではない。

1.0	1.5	2.2	3.3	4.7	6.8
1.1	1.6	2.4	3.6	5.1	7.5
1.2	1.8	2.7	3.9	5.6	8.2
1.3	2.0	3.0	4.3	6.2	9.1

図B-1　抵抗器やコンデンサによく使われる伝統的な倍率値は最上段の白抜き文字で示してある。他の黒字の数字は5%許容誤差の抵抗器の値のフルレンジだ。

大昔、抵抗器の多くやコンデンサのほとんどすべてはプラスマイナス20%という精度であり、1kΩの抵抗器が実際には1+0.2=1.2kΩ、1.5kΩの抵抗器が1.5−0.3=1.2kΩなどということがあり得たのだ。このため、20%抵抗器でこれらの中間の値、たとえば1.4kΩを作ることは上下の値と重なるため無意味だった。逆に1.5kΩではなく1.7kΩを作れば、値の範囲にギャップができてしまう。

白抜き文字で書かれている6つの値、図B-1の最上段の数字は、許容誤差20%の部品向けのもともとの倍率である。これらは抵抗器の許容誤差5%が一般的になった現在でも、もっとも広く使われている。5%用倍率のその他の数字は黒字で示されている。

ほとんどのプロジェクトでは、これら5%誤差の値の部品は不要だ。白抜き文字の6個の倍率のものだけでよい。本書ではこれらの値だけを使っているので、こうした広範囲の値の抵抗器を買う必要はない。

図B-2は備蓄用に買うときに目安となる数字である。この表に示した量は本書のすべてのプロジェクトに十分な数、プラス50%以上となっている。220Ωと10kΩの数字が他よりずっと多くなっているのが不思議な方もあるかもしれない。220ΩはLEDの直列抵抗に最もよく使われ、10kΩはロジックチップの入力ピンのプルアップ／プルダウン抵抗としてよく使われるものである。

- 既成のセット品を買えば特定の値のパーツを少しずつ買おうとするより安く済むだろう。抵抗器の価格はまとめて買うと途端に極端に安くなるものである。

抵抗値	数量	抵抗値	数量	抵抗値	数量	抵抗値	数量
22Ω	10	1kΩ	40	10kΩ	150	100kΩ	60
47Ω	10	1.5kΩ	10	15kΩ	10	150kΩ	10
100Ω	60	2.2kΩ	20	22kΩ	10	220kΩ	10
220Ω	150	3.3kΩ	50	33kΩ	10	330kΩ	10
330Ω	50	4.7kΩ	30	47kΩ	10	470kΩ	10
470Ω	60	6.8kΩ	10	68kΩ	20	680kΩ	10
680Ω	40					1MΩ	10

図B-2　この表には、本書のすべてのプロジェクトを十分まかなえる抵抗器の数+50%以上という量が示してある。

ここにある数ぴったりを購入する必要があるというわけではもちろんない。表にある値の抵抗が10本ずつ入った既成のセット品を見つけることができるかもしれない。そこに、たくさん必要なものを買い足せばよいのだ。

コンデンサ

製造者は問わない。ラジアルリード型*の方がよい。動作電圧はDC16ボルトで最大だ。これより耐圧の高いものも使用できる。積層セラミックコンデンサがお勧めだ。容量が10μFを超える場合、セラミックコンデンサは高価になるので電解コンデンサを使ってもよい。

図B-3は在庫するコンデンサのお勧めで、本書のすべてのプロジェクトに十分な数+50%以上の予備となっている。表の左側3列分のコンデンサはできるだけセラミックコンデンサにすること。10μF以上となると、純粋に予算の都合的に、電解コンデンサを使いたいかもしれない。

容量（μF）	数量	容量（μF）	数量	容量（μF）	数量	容量（μF）	数量
0.001	20	0.1	30	1	20	10	30
0.01	50	0.15	5	1.5	5	15	10
0.022	10	0.22	5	2.2	10	47	10
0.033	20	0.33	20	3.3	5	68	10
0.047	10	0.47	5	4.7	5	100	10
0.068	10	0.68	20	6.8	5	330	10

図B-3　手元に置いておきたいコンデンサの推奨。本書のプロジェクトすべてに十分な数+50%以上の予備となっている。

0.001μF=1nFであることに注意。本書の回路図ではnF（ナノファラッド）単位を使わないようにした。この単位はヨーロッパでは一般的だが、米国ではあまり広く使われていないからである。

積層セラミックコンデンサは1990年代以降に急激に小型化と低価格化が進み、その耐久性の高さにより魅力的な選択肢となっている。電解コンデンサは同等のセラミックコンデンサより大型で寿命が短いと言われているが、これには議論の余地がある。

多くの権威筋が、電解コンデンサは定期的に電源に接続して内部の化学物質を活性化する必要があるので経年劣化する、と警告している。しかし私がここに持っているコンデンサは15年も保存しているが、使えばちゃんと使えるように見えるのだ。信じるべきは専門家だろうか、自分の経験だろうか。私にはわからない。とはいえセラミックコンデンサなら、この問題はそもそも生じない。

セラミックコンデンサの問題はひとつ、表面にプリントされている情報が非常に乏しいことだ。容量をマルチメータでチェックすることもできるが、それはこの機能を搭載したものがある場合に限られるし、多くのマルチメータでは20μF以上の値は測れず、しかもコンデンサの定格として定められた動作電圧を測ることはまったくできないのだ。

＊訳注：パッケージの下から2本のリード線が出たもの。日本で販売されているのはほぼこれ。

こうした部品の保存容器にはラベルを貼る必要があるが、容器から出してプロジェクトで使ってしまえば、電圧定格がどうであったか覚えていられるはずもない。というわけで、コンデンサはすべて同じ定格電圧のものを買っておくのがわかりやすいだろう。動作電圧DC16ボルトというのは許容できる最小電圧で、コンデンサは一般的に定格の3/4以上では使うべきではないということを考慮した値だ。

LED

製造者は問わない。LEDの形状や大きさには目まいもせんばかりのバリエーションがあるが、買うべきは「標準のスルーホール型」のように書いてあるものだ。

本書ではテスト回路や出力の確認にしょっちゅうLEDを使っている。この用途には直径3ミリのLEDが便利だ。ブレッドボードの隣合わせに並べて配置することができるからである。

- 3ミリLEDはT-1サイズと書かれている場合がある。

色、輝度、照射角、透明か半透明かは自分で選ぼう。74HCxxシリーズのチップから駆動する場合、最大順方向電流10ミリアンペアのものがお勧めだ。典型的な順方向電圧はDC2ボルトである。

この仕様に合致するLEDの例としてはKingbright WP132X*Dがある。アスタリスク(*)は色を指定する文字が入る場所で、たとえばWP132XGDは緑色である。互換品としてはVishay TLHK4200がある。こうした一般タイプのLEDは米国では15セント以下で買えるはずだ。まとめ買いならずっと安くなる。

テストインジケータとしては順方向電流2ミリアンペアの小電力LEDが便利で電池寿命も延びる。動作確認にしか使わないのであれば、比較的暗いことは問題にならない。

抵抗内蔵LED

これは指定の供給電圧に対して適切な値の抵抗器を内蔵した部品で、外部に抵抗器を追加する必要がない。ブレッドボード作業にはきわめて便利であり、普通のLEDの2倍ほどの額を払う用意がある方には強く推奨する。Vishay TLR*4420CU(アスタリスク部は色指定文字で置き換え)が一例で、DC12ボルト定格だがDC9ボルトや5ボルトでも使用できる。Chicago 4302F1-12V、4302F3-12V、4302F5-12V(それぞれ赤、アンバー、緑)でもよいが、わずかに高価だ。

Avago HLMP-1620およびHLMP-1640はDC5ボルト定格である。個人的にはDC12ボルト定格品を買っているが、これはテスト用なので輝度はあまり重視していないこと、DC12ボルト定格なら9ボルトや5ボルトでも使用できるためだ。

- ショッピングリストで「汎用」LEDを指定している部分は、抵抗内蔵型でない日常的なタイプであり、外付けの抵抗器で保護してやる必要があることを示している。

警告:直列抵抗

本書のブレッドボード回路の写真にあるLEDはその多くが抵抗内蔵型であり、外付けの直列抵抗が付いていない。汎用のLEDを使用する場合、自分で直列抵抗器を追加するのを忘れないこと。

LEDに抵抗が内蔵されていない場合、DC9ボルト回路であれば470Ωの、DC5ボルト回路であれば220Ωの抵抗がおおむね適切だ。9ボルト回路であり電圧降下が最大、抵抗器を通るのは7ボルトで15ミリアンペアと想定すると、1/4ワット定格の抵抗器が使用できる。この場合の消費電力はおよそ100ミリワットであり、抵抗器の定格の半分以下のワット数になる。

プロジェクトとして完成したものとして作りたい回路があるなら、もっと大型で明るいLEDを使いたいところだ。このようなときに使うLEDの定格はさまざまであり、それを流れる電流を制限する直列抵抗の値はデータシートを参考に自分で決める必要がある。

チップの基本

製造者は問わない。チップの「パッケージ」とは、その物理サイズや接続方法を規定するものなので、発注時にはよく確認すること。ロジックチップはすべてDIPパッケージ（デュアル・インライン・パッケージ、0.1インチ間隔のピン列が2列ある）であること。これはPDIP（プラスチック・デュアル・インライン・パッケージ）とされていることもある。「スルーホール」と表記されていることもある*。DIPやPDIPといった表記には、DIP-14やPDIP-16のように、ピン数を伴うことがある。この数字は無視してよい。

表面実装チップのパッケージ記述子は、SOTやSSOPのように、Sで始まるものが多い。「S」タイプのパッケージのチップを買わないこと。これは使用できない。

推奨するチップファミリーはHC（ハイスピードCMOS）シリーズで、その一般型番は74HC00、74HC08のようになる。これらの型番の前後に各メーカーが付加した文字や数字がついて、SN74HC00DBR（Texas Instrumentsのチップ）やMC74HC00ADG（On Semiconductor製）などとなる。われわれの用途では、これらはすべて機能的に同一とみなせる。注意して見れば、それぞれのメーカー固有型番の中に74HC00という一般型番が埋め込まれているのがわかる。

HCチップの最大ソース／シンク電流を4ミリアンペア～6ミリアンペアと定めている販売者も多いが、製造者の出している情報（たとえばFairchild SemiconductorのNote 313）は、25ミリアンペア以下をソースすることでHCシリーズのチップを破壊することはないと明確に定めている。

ただし、あるロジックチップの出力が、他のチップの入力とLEDを同時に駆動する場合、ロジックチップの出力電圧が大電流によって降下するため、10ミリアンペアまでを安全な電流値とする。電圧が3.5ボルト未満まで降下すると、受け側のロジックチップはこれをハイ状態と認識できないことがある。最低DC4ボルトはあることが望ましい。

ロジックチップはベンダーのサイトで一般型番（74HC86など。これは4回路2入力XORチップ）だけで検索して見つけることができるものだ。チップがDC5ボルト電源で動作する限り、製造者特有の文字や数字は無視されるのが普通である。HCシリーズのチップについては、スペックには2～6ボルトと書いてあることが多い。

古い4000Bシリーズのロジックチップには、74HCファミリーにラインナップされていない機能を持つチップがあることがある。たとえば4入力ORゲートはHCシリーズには存在しないが、4072Bは2回路の4入力ORゲートを内蔵している。

4000Bシリーズのロジックチップは、ソース／シンク電流の小ささが許容できる場合、74HCシリーズのチップの代わりに使うことができる。4000Bシリーズのロジックチップのほとんどは、LEDではなく他のチップと接続するように設計されている。

図B-4は4000Bシリーズおよび74HCxxシリーズでハイ／ローのロジック状態と解釈される入力／出力電圧範囲である。これらのチップが相互に問題なくお互いを理解できるはずであることが見て取れるだろう。

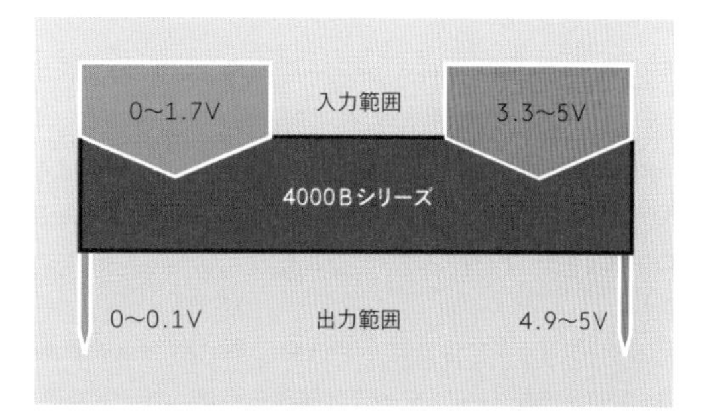

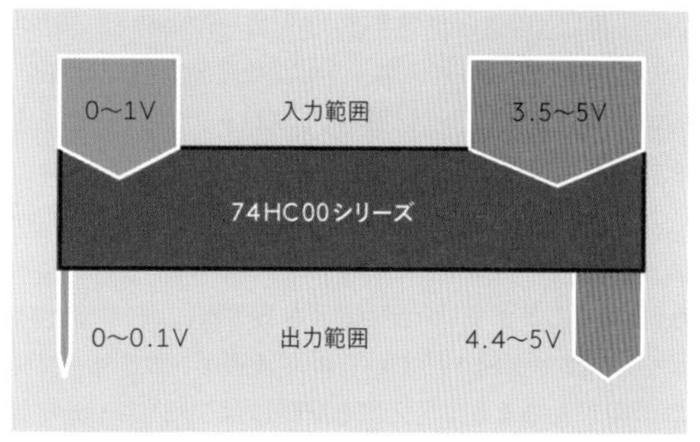

図B-4　4000Bおよび74HCxxファミリーロジックチップの許容入力電圧および保証出力電圧（ソース／シンク）。出力電圧は出力電流4ミリアンペア（74HCチップ）および0.5ミリアンペア（4000Bチップ）を想定した値である。電流が増えれば電圧は降下する。

74LSシリーズのようなTTLロジックチップには、顕著な互換性問題が存在する。本書のプロジェクトでは、これらを一切推奨しない。

* 訳注：「基板用」という表記もある。

トランジスタ

利便性を考慮して、本書で使用するトランジスタは1種類のみである：2N2222だけだ。この一般型番にしばしば製造者による接頭字Pが付き、PN2222、PN2222A、PN2222ATFRなどとなっている。このパーツナンバーの頭についた文字による機能の違いはない。

ただしP2N2222を買わないように注意すること。これはオンライン販売店の検索アルゴリズムが代替品として出してくることがあるものだ。この部品の場合、頭に付けられた文字と数字（P2）が大きな違いを生むのである。P2N2222は他のすべてのタイプと比べ、ピン配列が逆になっている。これは混乱、フラストレーション、そして多大な時間の無駄の元となる。

スイッチ類

本書のプロジェクトでよく使われているスイッチには4つのタイプがある：タクトスイッチ、押しボタンスイッチ、DIPスイッチ、トグルスイッチである。

タクトスイッチは非常に小型の押しボタンスイッチであり、ブレッドボードに（またはお望みならユニバーサル基板に）差し込むことができる。メーカーや型番は一般的には無関係だ。「スルーホール」型で表面実装ではないものであればよい。ピン間隔は、ブレッドボードの0.1インチ間隔の列に合うものであること。

ごく一般的なタクトスイッチは寸法が6ミリ×6ミリ（およそ1/4×1/4インチ）となっており、カタログには「6×6」とあることが多い。ピンは4本あるが、2本ずつがスイッチ内部で接続されているのが普通で、つまり一見2本の極があるように見えても実際にはSPSTスイッチである。

本書のプロジェクトでは、私はハーフサイズのタクトスイッチ（よく3.5×6ミリサイズとされているもの）を多く使用した。これにはピンが2本しかなく、ブレッドボードで1列しか専有しない。Mountain Switch TS4311Tシリーズがその例で、実際の型番としてはTS4311T5201やTS4311T1601がある。両者の違いはボタンの色と、スイッチ接点を閉じるのに必要な押し下げ圧だけである。

プロジェクトで使用した押しボタンスイッチは、用途によってDPDT、4PDT、6PDTタイプを使い分けた。これらはモメンタリ・スイッチ（手を離せば初期状態に戻るもの）でもよいし、二度押し型のラッチングスイッチ（2回目にボタンを押すことで初期状態に戻るもの）でもよい。これは完全に個人の好みであり、プロジェクトの説明文を読んでどのような使い方をするか理解してから決めればよい。押しボタンスイッチはどんなブランドのものでもよいが、ハンダ付け用のピンを持つ「スルーホール型（基板用）」であるべきで、できればピン間隔が0.1インチのものがよい（「2.54ミリ」と書かれていることが多いが、2.5ミリでも大丈夫だ）。アルプスAPUJシリーズが典型例である。E-Switch PBHシリーズも使用可能だ。これのPBH4UOA-NAGXの4という数字は4極スイッチであることを示している。

押しボタンスイッチのほとんどにはキャップ、つまりボタン部分が付属していないことに注意。別売りのものを自分で選ぶことが想定されているのだ。つまり、さまざまな色、形、サイズから選ぶことができる。

DIPスイッチのピン形式はブレッドボード中央の溝をまたげるデュアル・インラインである。「ポジション数」は1個の部品に内蔵されている超小型の個別スイッチの数のことである。個々のスイッチはSPSTだ。この部品はブレッドボードに載せるため、必ずピン間隔2.54ミリ（0.1インチ）の「スルーホール型」（または「基板実装型」、「ハンダ付けピン型」）である必要がある。

C&K SwitchesのBDシリーズが典型例で、部品番号を見ると「ポジション数（スイッチ数）」がわかるようになっている。たとえばBD02は2ポジション、BD04は4ポジション、などとなっている。

トグルスイッチは本書では電源のDC5ボルトと9ボルトの切り替えにしか使っていない。SPSTかSPDTの「スルーホール」型でハンダ付け用のピンが出ているものか、基板実装用となっているもの、つまりピン間隔が0.1インチ（2.54ミリ）や0.2インチ（5.08ミリ）のものが1個必要だ。

例としてはMountain Switch 108-2MS1T2B3M2QE-EVXがある。こうしたプロジェクト用としてここで挙げているトグルスイッチは、あまり重い用途には使わないので、見つかる中で一番小型で一番安いものを買えばよい。

電源、ブレッドボード、配線材

各プロジェクトではDC9ボルト(これは9ボルト電池でもよい)か安定化DC5ボルトの電源が必要だ。詳しくは「準備」の項(xvページ)を参照。

完成状態で取っておきたいプロジェクトがある場合は、必要な電源の数は自分で決めるしかない。9ボルト電池駆動の場合はスナップオンコネクタの買い忘れがないように。

ブレッドボードの必要数は、いくつのプロジェクトを取っておくかによって2〜30枚となる。(1枚に収めるには大きすぎて2枚必要なプロジェクトというのもいくつかあるので、最小必要数は2枚である。)私が推奨するタイプのブレッドボードは、eBayでアジアのベンダーから買えば非常に安い。5枚で10ドル、送料無料というのを見たことがある。

「準備」では配線とジャンパ線についても論じている。

入手についての情報は以上だ。以下はリストである。

最小ショッピング:実験1〜14

抵抗器、コンデンサ、LED、ロジックチップ、トランジスタ、スイッチ等の一般部品については312ページ「一般部品」参照。

数量はすべてカッコ内の数字で示している。指定がない場合の数量は1である:

電源:

- 1.5ボルト電池(2)
- 9ボルト電池と電池スナップ
- DC5ボルト電源にLM7805レギュレータとコンデンサ2個、抵抗器1本、LED1本(以下に含まれている)が必要だ

抵抗器:

- 22Ω、47Ω、100Ω、220Ω(2)、470Ω(5)、1kΩ(3)、1.5kΩ、2.2kΩ(10)、3.3kΩ、4.7kΩ(2)、10kΩ(4)、33kΩ、68kΩ(2)、100kΩ(10)、150kΩ(2)、220kΩ、1MΩ(2)

コンデンサ:

- 0.01μF(2)、0.047μF、0.068μF、0.1μF(3)、0.33μF(3)、0.68μF(2)、1μF(5)、10μF(3)、15μF、47μF、100μF、330μF

スイッチ類:

- トグルスイッチ(SPSTまたはSPDT)
- タクトスイッチ

LED:

- 3ミリ汎用(4)

半固定抵抗器:

- 5kΩ、10kΩ、500kΩ(2)、1MΩ

トランジスタ:

- 2N2222(3)

集積回路チップ:

- 555タイマー。従来からのバイポーラ型(2)
- LM339コンパレータ
- LM741オペ・アンプ
- LM386パワーアンプ

センサ:

- フォトトランジスタ。PT334-6Cまたは類似品。白色光に反応するもの
- マイクロフォン(エレクトレット型。汎用の2端子タイプ)

オーディオ出力:

- スピーカー。φ5センチ、63Ω以上のもの
- ブザー。DC9ボルトまたは12ボルト、最大100ミリアンペア

その他:

- ミノムシクリップ(2)
- 両端にミノムシクリップの付いたパッチコード(3)
- ダンボール。15センチ×30センチ以上のもの(1枚)
- 木工用ボンド(少量)
- LM7806ボルテージレギュレータ
- UA78M33ボルテージレギュレータ
- 1N4001小型整流用ダイオード(2)

- ラッチングリレー。DS1E-SL2-DC3Vまたは類似品。SPDTまたはDPDT形式、コイル電圧DC3ボルト、接点容量2アンペア以下のもの
- 1.5ボルト電池2本で動くデジタル目覚まし時計

最小ショッピング：実験15〜25

抵抗器、コンデンサ、LED、ロジックチップ、トランジスタ、スイッチ等の一般部品については312ページ「一般部品」参照。

数量はすべてカッコ内の数字で示している。指定がない場合の数量は1である：

- ここでは「最小ショッピング：実験1〜14」に挙げられた部品を購入済みであり、実験15〜25に再利用可能であることを前提としている。つまり以下に挙げられている数量は、あなたがすでに持っている部品に追加で必要になるものである。

抵抗器：
- 100Ω（10）、220Ω（10）、330Ω（10）、470Ω（7）、4.7kΩ、10kΩ（15）

コンデンサ：
- 0.001μF（2）

スイッチ類：
- タクトスイッチ（5）
- 押しボタンスイッチ、2PDT
- 押しボタンスイッチ、4PDT（6）
- 押しボタンスイッチ、6PDT（2）
- 押しボタンスイッチのキャップ（9）
- DIPスイッチ、4ポジション（2）
- DIPスイッチ、8ポジション（2）

LED：
- 3ミリ汎用（12）

半固定抵抗器：
- 50kΩ

集積回路チップ：
- 74HC08 4回路2入力ANDチップ（2）
- 74HC32 4回路2入力ORチップ
- 74HC02 4回路2入力NORチップ
- 74HC86 4回路2入力XORチップ（2）
- 74HC4075 3回路3入力ORチップ
- 74HC4002 2回路4入力NORチップ
- 74HC4514デコーダまたは4514Bデコーダ
- 74HC237デコーダ（2）
- 4067Bマルチプレクサ
- 4520Bカウンター
- 74HC148エンコーダ（2）

オーディオ出力：
- ブザー。DC9ボルトまたは12ボルト（2）

その他：
- プレーン（銅箔なし）基板（15センチ×15センチ以上）

その他の任意購入品：
- 多色のリボンケーブル（60センチ）
- 押しボタンスイッチ、3PDT
- 押しボタンスイッチ、2PDT（3）
- 押しボタンスイッチ、1PDT（3）
- 押しボタンスイッチのキャップ（7）

最小ショッピング：実験26〜36

抵抗器、コンデンサ、LED、ロジックチップ、トランジスタ、スイッチ等の一般部品については312ページ「一般部品」参照。

数量はすべてカッコ内の数字で示している。指定がない場合の数量は1である：

- ここでは「最小ショッピング：実験1〜14」および「最小ショッピング：実験15〜25」に挙げられた部品を購入済みであり、これらが実験26〜36で再利用可能であることを前提としている。つまり以下に挙げられている数量は、あなたがすでに持っている部品に追加で必要になるものである。

抵抗器：

- 220Ω（10）、330Ω（10）、680Ω（20）、3.3kΩ（20）

コンデンサ：

- 47pF、68pF、100pF、0.033μF（2）、2.2μF（20）

LED：

- 3ミリ汎用（40）または実験28でライトバー（37）を使用する場合はそれに加えて3ミリ汎用（10）
- 5ミリ汎用（16）

半固定抵抗器：

- 1kΩ、2kΩ、100kΩ

集積回路チップ：

- 7555タイマー（3）
- 74HC4017カウンター（3）
- 74HC164シフトレジスタ（3）
- 4078B 1回路8入力OR/NORチップ
- 74HC7266 4回路2入力XNORチップ
- 74HC30 1回路8入力NANDチップ
- ULN2003ダーリントンアレイ（3）（実験28でライトバーを使う場合）

センサ：

- SPSTリードスイッチ（タイプ問わず）
- バイポーラ型ホール効果センサ（ATS177または類似品）
- 透過型赤外線フォトインタラプタEverlight ITR9606または類似品（16）
- サーミスタ100kΩ
- ロータリーエンコーダBourns ECW1J-B24-BC0024Lまたは類似品。24PPR、24クリック、直交型のもの（2）

その他：

- 配線用ジャンパ線（35）
- 鉄製の小型棒磁石（6×6×40ミリ程度）または超小型のネオジム棒磁石（6×1.5×12ミリ程度）
- 鉛の釣具用オモリ（2）
- 亜鉛メッキの太い針金（解説は実験33）（30センチ）

その他の任意購入品：

- ピンヘッダ（切り離し可能なもの）（33）
- ピンソケット（33）
- リング磁石（4）
- ボール磁石
- アルミ管 本文参照

中間ショッピング：実験1〜14

抵抗器、コンデンサ、LED、ロジックチップ、トランジスタ、スイッチ等の一般部品については312ページ「一般部品」参照。

数量はすべてカッコ内の数字で示している。指定がない場合の数量は1である：

電源：

- 1.5ボルト電池（2）
- 9ボルト電池と電池スナップ（5セットまで）
- DC10〜12ボルト1アンペア以上、固定出力のACアダプター
- DC5ボルト電源回路。必要部品は以下（別に取っておきたいプロジェクトの数だけ揃える）：
  - ――LM7805ボルテージレギュレータ
  - ――2.2kΩ抵抗
  - ――0.33μF、0.1μFのコンデンサ
  - ――トグルスイッチ（SPSTまたはSPDT）
  - ――3ミリ汎用LED

抵抗器：

- 22Ω（5）、47Ω（5）、100Ω（5）、220Ω（5）、470Ω（10）、1kΩ（10）、1.5kΩ（5）、2.2kΩ（10）、3.3kΩ（5）、4.7kΩ（5）、10kΩ（15）、33kΩ（5）、68kΩ（5）、100kΩ（20）、150kΩ（5）、220kΩ（5）、1MΩ（5）

抵抗器はごく安価なので、このリストでは最小購入数を5としている。

コンデンサ：

- 0.01μF(10)、0.047μF(5)、0.068μF(5)、0.1μF(5)、0.33μF(5)、0.68μF(5)、1μF(5)、10μF(10)、15μF、47μF、100μF(2)、330μF

10μF未満のコンデンサはごく安価なので、このリストでは最小購入数を5としている。

スイッチ類：

- タクトスイッチ

LED：

- 3ミリ汎用(10)

半固定抵抗器：

- 5kΩ、10kΩ、500kΩ(4)、1MΩ(3)

トランジスタ：

- 2N2222(7)

集積回路チップ：

- 555タイマー。従来からのバイポーラ型(7)
- LM339コンパレータ(3)
- LM741オペ・アンプ(3)
- LM386パワーアンプ

センサ：

- フォトトランジスタ。PT334-6Cまたは類似品。白色光に反応するもの(3)
- マイクロフォン。エレクトレット型。汎用の2端子タイプ(4)

オーディオ出力：

- スピーカー。φ5センチ、63Ω以上のもの(3)
- ブザー。DC9ボルトまたは12ボルト、最大100ミリアンペア

その他：

- ミノムシクリップ(2)
- 両端にミノムシクリップの付いたパッチコード(3)
- ダンボール。15センチ×30センチ以上のもの(1枚)
- 木工用ボンド(少量)
- LM7806ボルテージレギュレータ
- UA78M33ボルテージレギュレータ
- 1N4001小型整流用ダイオード(2)
- ラッチングリレー。DS1E-SL2-DC3Vまたは類似品。SPDTまたはDPDT形式、コイル電圧DC3ボルト、接点容量2アンペア以下のもの
- 1.5ボルト電池2本で動くデジタル目覚まし時計

その他の任意購入品：

- 蒸留水または脱イオン水
- 食塩

中間ショッピング：実験15～25

抵抗器、コンデンサ、LED、ロジックチップ、トランジスタ、スイッチ等の一般部品については312ページ「一般部品」参照。

数量はすべてカッコ内の数字で示している。指定がない場合の数量は1である。

このリストは単独で完全なものであり実験1～14で購入したものは必要ではない：

電源：

- 1.5ボルト電池(2)
- 9ボルト電池と電池スナップ(5セットまで)
- DC10～12ボルト1アンペア以上、固定出力のACアダプター
- DC5ボルト電源回路。必要部品は以下(別に取っておきたいプロジェクトの数だけ揃える)：
  - —LM7805ボルテージレギュレータ
  - —2.2kΩ抵抗
  - —0.33μF、0.1μFのコンデンサ
  - —トグルスイッチ(SPSTまたはSPDT)
  - —3ミリ汎用LED

抵抗器：

- 100Ω(15)、220Ω(15)、330Ω(10)、470Ω(15)、1kΩ(5)、3.3kΩ(5)、4.7kΩ(5)、10kΩ(20)、33kΩ(5)

抵抗器はごく安価なので、このリストでは最小購入数を5としている。

コンデンサ：

- 0.001μF（5）、0.01μF（5）、0.1μF（5）、100μF

10μF未満のコンデンサはごく安価なので、このリストでは最小購入数を5としている。

スイッチ類：

- タクトスイッチ（10）
- 押しボタンスイッチ、2PDT
- 押しボタンスイッチのキャップ
- 押しボタンスイッチ、4PDT（12）
- 押しボタンスイッチのキャップ（12）
- DIPスイッチ、4ポジション（2）
- DIPスイッチ、8ポジション（2）

LED：

- 3ミリ抵抗内蔵型（35）
- 5ミリ汎用（10）

半固定抵抗器：

- 50kΩ

トランジスタ：

- 2N2222

集積回路チップ：

- 555タイマー。従来からのバイポーラ型（3）
- 74HC08 4回路2入力ANDチップ（4）
- 74HC32 4回路2入力ORチップ（2）
- 74HC02 4回路2入力NORチップ
- 74HC86 4回路2入力XORチップ（4）
- 74HC4075 3回路3入力ORチップ（2）
- 74HC4002 2回路4入力NORチップ
- 74HC4514デコーダまたは4514Bデコーダ（2）
- 74HC237デコーダ（2）
- 4067Bマルチプレクサ
- 4520Bカウンター
- 74HC148エンコーダ（2）

センサ：

- フォトトランジスタ。PT334-6Cまたは類似品。白色光に反応するもの

オーディオ出力：

- ブザー。DC9ボルトまたは12ボルト（3）
- スピーカー。φ5センチ、63Ω以上のもの

その他：

- プレーン（銅箔なし）基板（15センチ×15センチ以上）

その他の任意購入品：

- 多色のリボンケーブル（60センチ）
- 押しボタンスイッチ、3PDT
- 押しボタンスイッチ、2PDT（3）
- 押しボタンスイッチ、1PDT（3）
- 押しボタンスイッチのキャップ（7）

中間ショッピング：実験26〜36

抵抗器、コンデンサ、LED、ロジックチップ、トランジスタ、スイッチ等の一般部品については312ページ「一般部品」参照。

数量はすべてカッコ内の数字で示している。指定がない場合の数量は1である。

このリストは単独で完全なものであり実験1〜25で購入したものは必要ではない：

電源：

- 9ボルト電池と電池スナップ（5セットまで）
- DC10〜12ボルト1アンペア以上、固定出力のACアダプター
- DC5ボルト電源回路。必要部品は以下（別に取っておきたいプロジェクトの数だけ揃える）：
  —LM7805ボルテージレギュレータ
  —2.2kΩ抵抗
  —0.33μF、0.1μFのコンデンサ
  —トグルスイッチ（SPSTまたはSPDT）
  —3ミリ汎用LED

抵抗器：

- 100Ω (5)、220Ω (50)、330Ω (20)、470Ω (5)、680Ω (20)、1kΩ (5)、3.3kΩ (20)、4.7kΩ (5)、10kΩ (20)、100kΩ (5)、1MΩ (5)

抵抗器はごく安価なので、このリストでは最小購入数を5としている。

コンデンサ：

- 47pF (5)、68pF (5)、100pF (5)、0.001μF (5)、0.01μF (10)、0.033μF (5)、0.1μF (5)、0.33μF (5)、1μF (5)、2.2μF (5)、10μF (5)、100μF

10μF未満のコンデンサはごく安価なので、このリストでは最小購入数を5としている。

スイッチ類：

- タクトスイッチ (2)
- 押しボタンスイッチ、DPDT (4)
- 押しボタンスイッチのキャップ (4)

LED：

- 3ミリ汎用 (40)。実験28のデモ用。ライトバー(14) でもよい
- 3ミリ抵抗内蔵型 (40)
- 5ミリ汎用 (20)

半固定抵抗器：

- 1kΩ、2kΩ、100kΩ

トランジスタ：

- 2N2222 (2)

集積回路チップ：

- 7555タイマー(8)
- 74HC4017カウンター(3)
- 74HC08 4回路2入力ANDチップ (2)
- 74HC32 4回路2入力ORチップ (2)
- 74HC86 4回路2入力XORチップ (2)
- 74HC7266 4回路2入力XNORチップ (2)
- 4078B 1回路8入力OR/NORチップ
- 74HC30 1回路8入力NANDチップ
- 74HC164シフトレジスタ (5)
- 74HC4514デコーダまたは4514Bデコーダ
- 74HC4017カウンター
- ULN2003ダーリントンアレイ (2)。実験28でライトバーを使う場合は (5)

センサ：

- SPSTリードスイッチ (タイプ問わず)
- バイポーラ型ホール効果センサ (ATS177または類似品) (2)
- 透過型赤外線フォトインタラプタEverlight ITR9606または類似品 (16)
- サーミスタ100kΩ
- ロータリーエンコーダBourns ECW1J-B24-BC0024Lまたは類似品。24PPR、24クリック、直交型のもの (2)

その他：

- 配線用ジャンパ線 (50)
- 鉄製の小型棒磁石 (6×6×40ミリ程度) または超小型のネオジム棒磁石 (6×1.5×12ミリ程度)
- 鉛の釣具用オモリ (2)
- 亜鉛メッキの太い針金 (解説は実験33) (30センチ)

その他の任意購入品：

- 多色のリボンケーブル (60センチ)
- ピンヘッダ (切り離し可能なもの) (33)
- ピンソケット (33)
- リング磁石 (4)
- ボール型電池とアルミ管 (各1) 本文参照

最大ショッピング、実験1～14

抵抗器、コンデンサ、LED、ロジックチップ、トランジスタ、スイッチ等の一般部品については312ページ「一般部品」参照。

数量はすべてカッコ内の数字で示している。指定がない場合の数量は1である：

電源：

- 9ボルト電池と電池スナップ（8セットまで）
- DC10～12ボルト1アンペア以上、固定出力のACアダプター
- DC5ボルト電源回路。必要部品は以下（別に取っておきたいプロジェクトの数だけ揃える）：
  ——LM7805ボルテージレギュレータ
  ——2.2kΩ抵抗
  ——0.33μF、0.1μFのコンデンサ
  ——トグルスイッチ（SPSTまたはSPDT）
  ——3ミリ汎用LED

抵抗器：

- 22Ω（5）、47Ω（5）、100Ω（5）、220Ω（10）、470Ω（10）、1kΩ（10）、1.5kΩ（5）、2.2kΩ（10）、3.3kΩ（10）、4.7kΩ（10）、10kΩ（20）、33kΩ（5）、68kΩ（10）、100kΩ（40）、150kΩ（5）、220kΩ（5）、1MΩ（5）

抵抗器はごく安価なので、このリストでは最小購入数を5としている。

コンデンサ：

- 0.01μF（10）、0.047μF（5）、0.068μF（5）、0.1μF（5）、0.33μF（5）、0.68μF（10）、1μF（5）、10μF（10）、15μF（3）、47μF（5）、100μF（5）、330μF（3）

10μF未満のコンデンサはごく安価なので、このリストでは最小購入数を5としている。

スイッチ類：

- タクトスイッチ

LED：

- 3ミリ汎用（10）

半固定抵抗器：

- 5kΩ、10kΩ、500kΩ（4）、1MΩ（3）

トランジスタ：

- 2N2222（10）

集積回路チップ：

- 555タイマー。従来からのバイポーラ型（10）
- LM339コンパレータ（5）
- LM741オペ・アンプ（7）
- LM386パワーアンプ

センサ：

- フォトトランジスタ。PT334-6Cまたは類似品。白色光に反応するもの
- マイクロフォン（エレクトレット型。汎用の2端子タイプ）

オーディオ出力：

- スピーカー。φ5センチ、63Ω以上のもの（5）
- ブザー。DC9ボルトまたは12ボルト、最大100ミリアンペア

その他：

- ミノムシクリップ（2）
- 両端にミノムシクリップの付いたパッチコード（3）
- ダンボール。15センチ×30センチ以上のもの（1枚）
- 木工用ボンド（少量）
- LM7806ボルテージレギュレータ
- UA78M33ボルテージレギュレータ
- 1N4001小型整流用ダイオード（2）
- ラッチングリレー。DS1E-SL2-DC3Vまたは類似品。SPDTまたはDPDT形式、コイル電圧DC3ボルト、接点容量2アンペア以下のもの
- 1.5ボルト電池2本で動くデジタル目覚まし時計

その他の任意購入品：

- 蒸留水または脱イオン水
- 食塩、予備のトランジスタ
- 電流計（50マイクロアンペア）
- 電流計（10ミリアンペア）

最大ショッピング：実験15～25

抵抗器、コンデンサ、LED、ロジックチップ、トランジスタ、スイッチ等の一般部品については312ページ「一般部品」参照。

数量はすべてカッコ内の数字で示している。指定がない場合の数量は1である。

このリストは単独で完全なものであり実験1～14で購入したものは必要ではない：

電源：

- 9ボルト電池と電池スナップ（5セットまで）
- DC5ボルト電源回路。必要部品は以下（別に取っておきたいプロジェクトの数だけ揃える）：
  —LM7805ボルテージレギュレータ
  —2.2kΩ抵抗
  —0.33μF、0.1μFのコンデンサ
  —トグルスイッチ（SPSTまたはSPDT）
  —3ミリ汎用LED

抵抗器：

- 100Ω（30）、220Ω（10）、330Ω（10）、470Ω（20）、1kΩ（5）、3.3kΩ（5）、4.7kΩ（5）、10kΩ（55）、33kΩ（5）

抵抗器はごく安価なので、このリストでは最小購入数を5としている。

コンデンサ：

- 0.001μF（5）、0.01μF（5）、0.1μF（5）、100μF（2）

10μF未満のコンデンサはごく安価なので、このリストでは最小購入数を5としている。

スイッチ類：

- タクトスイッチ（16）
- 押しボタンスイッチ、2PDT
- 押しボタンスイッチ、4PDT（18）
- 押しボタンスイッチ、6PDT（2）
- 押しボタンスイッチのキャップ（21）
- DIPスイッチ、4ポジション（3）
- DIPスイッチ、8ポジション（4）

LED：

- 3ミリ汎用（10）
- 3ミリ抵抗内蔵型（50）
- 5ミリ汎用（10）

半固定抵抗器：

- 50kΩ

トランジスタ：

- 2N2222

集積回路チップ：

- 555タイマー。従来からのバイポーラ型（3）
- 74HC08 4回路2入力ANDチップ（8）
- 74HC32 4回路2入力ORチップ（4）
- 74HC02 4回路2入力NORチップ（2）
- 74HC86 4回路2入力XORチップ（6）
- 74HC4075 3回路3入力ORチップ（3）
- 74HC4002 2回路4入力NORチップ（2）
- 74HC4514デコーダまたは4514Bデコーダ（3）
- 74HC237デコーダ（3）
- 4067Bマルチプレクサ（2）
- 4520Bカウンター（2）
- 74HC148エンコーダ（3）

センサ：

- フォトトランジスタ。PT334-6Cまたは類似品。白色光に反応するもの

オーディオ出力：

- スピーカー。φ5センチ、63Ω以上のもの
- ブザー。DC9ボルトまたは12ボルト

その他：

- プレーン（銅箔なし）基板（15センチ×15センチ以上）

その他の任意購入品：

- 多色のリボンケーブル（60センチ）
- 押しボタンスイッチ、3PDT
- 押しボタンスイッチ、2PDT（3）
- 押しボタンスイッチ、SPDT（3）
- 押しボタンスイッチのキャップ（7）

最大ショッピング：実験26〜36

抵抗器、コンデンサ、LED、ロジックチップ、トランジスタ、スイッチ等の一般部品については312ページ「一般部品」参照。

数量はすべてカッコ内の数字で示している。指定がない場合の数量は1である。

このリストは単独で完全なものであり実験1〜25で購入したものは必要ではない：

電源：

- 9ボルト電池と電池スナップ（6セットまで）
- DC5ボルト電源回路。必要部品は以下（別に取っておきたいプロジェクトの数だけ揃える）：
  ――LM7805ボルテージレギュレータ
  ――2.2kΩ抵抗
  ――0.33μF、0.1μFのコンデンサ
  ――トグルスイッチ（SPSTまたはSPDT）
  ――3ミリ汎用LED

抵抗器：

- 100Ω（5）、220Ω（70）、330Ω（20）、470Ω（5）、680Ω（20）、1kΩ（5）、3.3kΩ（20）、4.7kΩ（5）、10kΩ（25）、100kΩ（10）、1MΩ（5）

  抵抗器はごく安価なので、このリストでは最小購入数を5としている。

コンデンサ：

- 47pF（5）、68pF（5）、100pF（5）、0.001μF（5）、0.01μF（15）、0.033μF（10）、0.1μF（5）、0.33μF（5）、1μF（5）、2.2μF（5）、10μF（5）、100μF（3）

  10μF未満のコンデンサはごく安価なので、このリストでは最小購入数を5としている。

スイッチ類：

- タクトスイッチ（4）
- 押しボタンスイッチ、DPDT（5）
- 押しボタンスイッチのキャップ（5）

LED：

- 3ミリ汎用（40）。実験28でライトバーを使う場合は3ミリ汎用（4）とライトバー（39）
- 3ミリ抵抗内蔵型（60）
- 5ミリ汎用（20）

半固定抵抗器：

- 1kΩ、2kΩ、100kΩ

トランジスタ：

- 2N2222

集積回路チップ：

- 7555タイマー（11）
- 74HC4017カウンター（3）
- 74HC08 4回路2入力ANDチップ（2）
- 74HC32 4回路2入力ORチップ（2）
- 74HC86 4回路2入力XORチップ（3）
- 74HC7266 4回路2入力XNORチップ（2）
- 74HC30 1回路8入力NANDチップ
- 4078B 1回路8入力OR/NORチップ
- 74HC164シフトレジスタ（6）
- 74HC4017カウンター（3）
- 74HC4514デコーダまたは4514Bデコーダ
- ULN2003ダーリントンアレイ（2）。実験28でライトバーを使う場合は（5）

センサ：

- SPSTリードスイッチ（タイプ問わず）（2）
- バイポーラ型ホール効果センサ（ATS177または類似品）（2）
- 透過型赤外線フォトインタラプタEverlight ITR9606（20）
- サーミスタ100kΩ（2）
- ロータリーエンコーダBourns ECW1J-B24-BC0024Lまたは類似品。24PPR、24クリック、直交型のもの（3）

その他：

- 配線用ジャンパ線（50）
- 鉄製の小型棒磁石（6×6×40ミリ程度）（2）または超小型のネオジム棒磁石（6×1.5×12ミリ程度）（2）
- 鉛の釣具用オモリ（2）
- 亜鉛メッキの太い針金（解説は実験33）（30センチ）

その他の任意購入品：

- 多色のリボンケーブル（60センチ）
- ヘッダピン（40）、ヘッダソケット（40）
- リング磁石（4）
- ボール型電池とアルミ管（各1）本文参照

逐次ショッピング

抵抗器、コンデンサ、LED、ロジックチップ、トランジスタ、スイッチ等の一般部品については312ページ「一般部品」参照。

以下のリストは各実験に必要な部品の必要数を厳密に求めて示したものである。数量はカッコ内に示してある。指定がない場合の数量は1である：

実験1

電源：9ボルト電池と電池スナップ
抵抗器：220Ω
トランジスタ：2N2222
LED：種類問わず
その他：ミノムシクリップ（2）、両端ミノムシクリップ付きのパッチコード（3）、ダンボール（15×30センチ以上）（1枚）、木工用ボンド等のホワイトグルー（最小限）
その他の任意購入品：蒸留水または脱イオン水、食塩、予備のトランジスタ

実験2

電源：安定化DC5ボルト
抵抗器：220Ω、470Ω（5）、1kΩ、1.5kΩ
半固定抵抗器：1MΩ
トランジスタ：2N2222

実験3

電源：安定化DC5ボルト
抵抗器：100Ω、3.3kΩ、10kΩ、33kΩ
コンデンサ：0.01μF、10μF
集積回路チップ：555タイマー。従来からのバイポーラ型
センサ：フォトトランジスタ。PT334-6Cまたは類似品。白色光に反応するもの
オーディオ出力：スピーカー。ϕ5センチ、63Ω以上のもの

実験4

電源：安定化DC5ボルト
抵抗器：3.3kΩ
センサ：フォトトランジスタ。PT334-6Cまたは類似品。白色光に反応するもの

実験5

電源：安定化DC5ボルト
抵抗器：100Ω、3.3kΩ、10kΩ（2）、33kΩ、150kΩ
コンデンサ：0.01μF、10μF（2）、47μF
集積回路チップ：555タイマー。従来からのバイポーラ型
センサ：フォトトランジスタ。PT334-6Cまたは類似品。白色光に反応するもの
オーディオ出力：スピーカー。ϕ5センチ、63Ω以上のもの

実験6

電源：安定化DC5ボルト
抵抗器：470Ω、3.3kΩ、100kΩ
LED：3ミリ汎用
半固定抵抗器：500kΩ（2）
集積回路チップ：LM339コンパレータ
センサ：フォトトランジスタ。PT334-6Cまたは類似品。白色光に反応するもの

実験7

電源：9ボルト電池と電池スナップ（回路テスト用）、1.5ボルト電池（時計用×2）、DC10〜12ボルト1アンペア以上、固定出力のACアダプター（長期使用のため）
抵抗器：47Ω、220Ω（2）、1kΩ（2）、3.3kΩ、10kΩ（4）、100kΩ（2）、220kΩ、1MΩ（2）
コンデンサ：0.01μF（2）、0.1μF（2）、0.33μF（2）、1μF（5）、100μF
スイッチ：タクトスイッチ
LED：3ミリ汎用（2）
半固定抵抗器：500kΩ（2）
トランジスタ：2N2222（2）
集積回路チップ：LM339コンパレータ、555タイマー（従来からのバイポーラ型）（2）
センサ：フォトトランジスタ。PT334-6Cまたは類似品。白色光に反応するもの
その他：LM7806ボルテージレギュレータ、UA78M33ボルテージレギュレータ、1N4001小信号整流用ダイオード（2）、ラッチングリレーDS1-SL2-DC3Vまたは類似品（SPDTまたはDPDT形式でコイル電圧DC3ボルト、スイッチ電流2アンペア）、電池駆動のデジタルアラーム時計（本文参照、必ず1.5ボルト電池2本のもの）

実験8

電源：9ボルト電池と電池スナップ
抵抗器：4.7kΩ
センサ：マイクロフォン（エレクトレット型。汎用の2端子タイプ）

実験9

電源：9ボルト電池と電池スナップ
抵抗器：4.7kΩ、100kΩ（10）
コンデンサ：0.68μF（2）
集積回路チップ：LM741オペ・アンプ
センサ：マイクロフォン（エレクトレット型。汎用の2端子タイプ）

実験10

電源：9ボルト電池と電池スナップ
抵抗器：470Ω、1kΩ（2）、4.7kΩ、10kΩ、100kΩ（10）
コンデンサ：0.68μF（2）
LED：3ミリ汎用
トランジスタ：2N2222
集積回路チップ：LM741オペ・アンプ
センサ：マイクロフォン（エレクトレット型。汎用の2端子タイプ）

実験11

電源：9ボルト電池と電池スナップ
抵抗器：2.2kΩ（10）、10kΩ、100kΩ（10）、1MΩ
半固定抵抗器：5kΩ
集積回路チップ：LM741オペ・アンプ

実験12

電源：9ボルト電池と電池スナップ
抵抗器：22Ω、100Ω、3.3kΩ、4.7kΩ、10kΩ、68kΩ（2）、100kΩ、150kΩ
コンデンサ：0.047μF、0.1μF、0.68μF、10μF（2）、330μF
半固定抵抗器：10kΩ
集積回路チップ：LM741オペ・アンプ、LM386パワーアンプ
センサ：マイクロフォン（エレクトレット型。汎用の2端子タイプ）
オーディオ出力：スピーカー。φ5センチ、63Ω以上のもの

実験13

電源：9ボルト電池と電池スナップ
抵抗器：100Ω、1kΩ(2)、3.3kΩ、4.7kΩ、10kΩ(4)、33kΩ、68kΩ(2)、100kΩ、1MΩ
コンデンサ：0.01μF、0.068μF、0.68μF、10μF(3)、100μF
半固定抵抗器：1MΩ
トランジスタ：2N2222
集積回路チップ：LM741オペ・アンプ、555タイマー（従来からのバイポーラ型）
センサ：マイクロフォン（エレクトレット型。汎用の2端子タイプ）
オーディオ出力：スピーカー。ϕ5センチ、63Ω以上のもの

実験14

電源：9ボルト電池と電池スナップ
抵抗器：220Ω(2)、470Ω、1kΩ(3)、4.7kΩ(2)、10kΩ(4)、68kΩ(2)、100kΩ、150kΩ(2)
コンデンサ：0.01μF(2)、0.1μF、0.68μF、10μF(3)、15μF
LED：3ミリ汎用(2)
半固定抵抗器：1MΩ
トランジスタ：2N2222(2)
集積回路チップ：LM741オペ・アンプ、555タイマー（従来からのバイポーラ型）(2)
センサ：マイクロフォン（エレクトレット型。汎用の2端子タイプ）
オーディオ出力：ブザー。DC9ボルトまたは12ボルト、最大100ミリアンペア

実験15

電源：安定化DC5ボルト
抵抗器：220Ω、10kΩ(4)
スイッチ：タクトスイッチ(4)
LED：3ミリ汎用
集積回路チップ：74HC08 4回路2入力AND、74HC32 4回路2入力OR

実験16

電源：安定化DC5ボルト
抵抗器：10kΩ(4)、LEDに必要な場合は220Ω(6)も
LED：3ミリ(6)（テスト用）、抵抗入りまたは上記の直列抵抗を使用。または5ミリ仕上げ用(6)
集積回路チップ：74HC08 4回路2入力AND(2)、74HC86 4回路2入力XOR(2)、74HC02 4回路2入力NOR

実験17

必要部品なし

実験18

電源：9ボルト電池と電池スナップ
抵抗器：100Ω(6)、220Ω(6)、470Ω(2)、330Ω(6)
スイッチ：4PDT押しボタン(6)、キャップ(6)
LED：5ミリ抵抗入り(8)、または上記の抵抗を入れる
オーディオ出力：ブザー。DC9ボルトまたは12ボルト(3)
その他：銅箔なしプレーン基板(15×15センチ以上)、オプションで多色リボンケーブル(60センチ)

実験19

電源：安定化DC5ボルト
抵抗器：10kΩ(4)、LEDに必要な場合は470Ω(6)も
スイッチ：タクトスイッチ(4)、4ポジションDIPスイッチ
LED：3ミリ抵抗入り(6)、または上記の抵抗を入れる
集積回路チップ：74HC4514または4514Bデコーダ、74HC32 4回路2入力OR、74HC4075 3回路3入力OR

実験20

電源：安定化DC5ボルト
抵抗器：10kΩ（6）、100Ω（10）、LEDに必要な場合は220Ω（10）も
スイッチ：4PDT押しボタン（6）、キャップ（6）
LED：3ミリ抵抗入り（10）、または汎用（10）と上記の抵抗
集積回路チップ：74HC237デコーダ（2）、74HC08 4入力2回路AND（2）、74HC4075 3回路3入力OR、74HC4002 2回路4入力NOR

実験21

電源：9ボルト電池と電池スナップ
抵抗器：470Ω、1kΩ、10kΩ（4）
コンデンサ：0.001μF、0.01μF、0.1μF、100μF
スイッチ：タクトスイッチ（4）、DPDT押しボタン、トグルスイッチ、8ポジションDIPスイッチ（2）
LED：3ミリ抵抗入り、または上記の抵抗を入れる
集積回路チップ：4067Bマルチプレクサ、4520Bカウンター、555タイマー（従来からのバイポーラ型）

実験22

電源：安定化DC5ボルト
抵抗器：100、1kΩ、3.3kΩ、4.7kΩ、10kΩ（4）、33kΩ
コンデンサ：0.01μF（2）
半固定抵抗器：50kΩ
トランジスタ：2N2222
集積回路チップ：555タイマー（従来からのパイポーラ型）（2）、74HC86 4回路2入力XOR
センサ：フォトトランジスタ。PT334-6Cまたは類似品。白色光に反応するもの
オーディオ出力：スピーカー。φ5センチ、63Ω以上のもの

実験23

電源：9ボルト電池と電池スナップ
抵抗器：470Ω（7）（LEDに必要な場合）
スイッチ：4PDT押しボタン（9）
LED：3ミリ抵抗入り（7）、または上記の抵抗を入れる

実験24

電源：安定化DC5ボルト
抵抗器：10kΩ（6）、LEDに必要な場合は220Ω（4）も
スイッチ：4ポジションDIPスイッチ（2）
LED：3ミリ抵抗入り（4）、または上記の抵抗を入れる
集積回路チップ：74HC86 4回路2入力XOR（2）、74HC08 4回路2入力AND（2）、74HC32 4回路2入力OR

実験25

電源：安定化DC5ボルト
抵抗器：10kΩ（19）、LEDに必要な場合220Ωも
スイッチ：6PDT押しボタン（2）、8ポジションDIPスイッチ（2）
LED：3ミリ抵抗入り（15）、または上記の抵抗を入れる
集積回路チップ：74HC4514デコーダ、74HC148エンコーダ（2）
オプション：3PDT押しボタン、2PDT押しボタン（3）、1PDT押しボタン（3）

実験26

電源：安定化DC5ボルト
抵抗器：10kΩ(4)、100kΩ、LEDに必要な場合は220Ω(3)も
コンデンサ：0.01μF(2)、0.033μF、0.1μF(2)、1μF
スイッチ：DPDT押しボタン、タクトスイッチ
LED：3ミリ抵抗入り(30)、または上記の抵抗を入れる
半固定抵抗器：100kΩ
集積回路チップ：7555タイマー(2)、74HC4017カウンター(3)、74HC08 4回路2入力AND
その他：オプションで多色リボンケーブル(60センチ)、ヘッダピン(33)、ヘッダソケット(33)、またはフレキシブルジャンパ線(33)

実験27

電源：安定化DC5ボルト
抵抗器：10kΩ(2)、100kΩ、LEDに必要な場合220Ω(9)も
コンデンサ：0.01μF、0.033μF、0.1μF、2.2μF
スイッチ：DPDT押しボタン、タクトスイッチ
LED：3ミリ抵抗入り(9)、または上記の抵抗を入れる
集積回路チップ：7555タイマー、74HC164シフトレジスタ

実験28

電源：安定化DC5ボルト
抵抗器：220Ω(18)、3.3kΩ、4.7kΩ、10kΩ(3)、1MΩ
コンデンサ：0.001μF、0.01μF(2)、0.1μF(2)、0.33μF、100μF
スイッチ：タクトスイッチ
LED：3ミリ汎用(36)デモ用。本文の通りライトバー(36)でもよい
トランジスタ：2N2222
集積回路チップ：7555タイマー(2)、74HC164シフトレジスタ(3)、74HC4514デコーダまたは4514Bデコーダ、4078B 1回路8入力OR/NOR、オプションでライトバー仕様の場合にULN2003ダーリントンアレイ(3)

実験29

電源：9ボルト電池と電池スナップ
抵抗器：470Ω
LED：3ミリ汎用
センサ：SPSTリードスイッチ(タイプ問わず)
その他：鉄製の小型棒磁石(6×6×40ミリ程度)または超小型のネオジム棒磁石(6×1.5×12ミリ程度)、オプションでリング磁石、ポール磁石、アルミ管(本文参照)

実験30

電源：9ボルト電池と電池スナップ
抵抗器：1kΩ
LED：3ミリ汎用
センサ：バイポーラ型ホール効果センサ(ATS177または類似品)
その他：鉄製の小型棒磁石(6×6×40ミリ程度)または超小型のネオジム棒磁石(6×1.5×12ミリ程度)

実験31

電源：安定化DC5ボルト
抵抗器：デモ用なら100Ω、220Ω、1kΩ。完成させるなら330Ω(16)、680Ω(16)、3.3kΩ(16)
LED：デモ用なら汎用5ミリ、完成させるなら5ミリ(16)
半固定抵抗器：1kΩ、2kΩ
集積回路チップ：74HC32 4回路2入力OR、ULN2003ダーリントンアレイ(2)完成品用
センサ：透過型赤外線フォトインタラプタEverlight ITR9606または類似品。デモ用なら(1)、完成させるなら(16)
その他：両端がプラグ型のフレキシブルジャンパ線(9)

実験32

必要部品なし
オプション：リードスイッチSPST(18)および適当なマグネット

実験33

電源：安定化DC5ボルト
抵抗器：220Ω（2）、470Ω（2）、10kΩ（4）
スイッチ：タクトスイッチ
LED：3ミリ汎用（3）
集積回路チップ：74HC86 4回路2入力XOR
センサ：ロータリーエンコーダBourns ECW1J-B24-BC0024Lまたは類似品。24PPR、24クリック、直交型のもの（2）
その他：釣具用オモリ（2）本文参照、亜鉛メッキの太い針金（30センチ）本文参照

実験34

電源：安定化DC5ボルト
抵抗器：10kΩ（4）、100kΩ（2）、LEDに必要な場合は220Ω（8）も
コンデンサ：0.01μF（2）、0.033μF、1μF、10μF
スイッチ：DPDT押しボタン
LED：3ミリ抵抗入り（8）、または汎用と上記の抵抗
集積回路チップ：7555タイマー（2）、74HC4017カウンター
センサ：サーミスタ100kΩ

実験35

電源：安定化DC5ボルト
抵抗器：10kΩ、100kΩ、LEDに必要な場合は220Ω（8）も
コンデンサ：0.01μF、0.033μF、0.1μF、2.2μF、100μF
スイッチ：DPDT押しボタン
LED：3ミリ抵抗入り（8）、または汎用と上記の抵抗
集積回路チップ：7555タイマー、74HC164シフトレジスタ、74HC86 4回路2入力XOR、74HC7266 4回路2入力XNOR

実験36

電源：安定化DC5ボルト
抵抗器：10kΩ（5）、100kΩ（2）、LEDに必要な場合220Ω（8）も
コンデンサ：47pF、68pF、100pF、0.01μF（4）、10μF（2）
スイッチ：DPDT押しボタン（3）
LED：3ミリ抵抗入り（4）、または汎用と上記の抵抗
集積回路チップ：7555（3）、74HC164シフトレジスタ、74HC86 4回路2入力XOR、74HC7266 4回路2入力XNOR、74HC30 1回路8入力NAND、74HC08 4回路2入力AND、74HC32 4回路2入力OR

訳者あとがき

『Make: Electronics』の続刊、『Make: More Electronics』（原書名）をようやくお届けする。

本書は、エレクトロニクスの重要な基礎知識のうち前書で扱えなかったもの、すなわちロジック回路とオペアンプ、その他のさまざまな周辺部品について独習し、あなたの回路技術の基礎を完成するものである。

（本書は「デジタル電子回路の基礎」と謳ってはいるものの、ここに含まれているオペアンプ、およびそのフィードバック回路の考え方は、アナログエレクトロニクスの重要トピックだ。これが前書『Make: Electronics』に入っていなかったのは学習勾配の問題だと思うが、ついにようやくお届けできる。）

本書の教材に使われるのは木工用ボンドからフォトトランジスタ、擬似乱数生成器から易占マシン、危機一髪型のコインゲームまで、ちょっと変わったプロジェクトの数々だ。

前書と本書は「21世紀のエレクトロニクス教科書」として、アカデミックな電子回路教科書のほとんどのトピックを独習できるように構成されているが、もちろんチャールズ・プラットは教科書どおりにやるつもりなんてさらさらない。教科書以上のものが上乗せされているのだ。

たとえば加算器については、半加算器と全加算器がちゃんと取り上げられているのに加え、通常のスイッチ（ただし多極多投のもの）だけで構成した加算器、などというものまでが登場する。加算器なんて知ってるよ、というあなた、この回路を想像できるだろうか。

そして前書『Make: Electronics』でも多用された555タイマーは、ここでもいろいろな役割を担う。たとえばロジック回路のハンズオンとして、2つの555タイマーで生成した波形同士をXORして聞いてみよう、というのがある。音が想像できるだろうか。

この回路はまた「発見による学習」のひとつの例でもある。「発見による学習」は、まずはハンズオンでその概念に親しんでしまい、それから概念を見ていくという、人間の理解のしかたに沿った楽しい学習方法だ。新登場の部品はまず回路を組んで、動作を見てから中身を考えていく。こうした部品にはフォトトランジスタ、コンパレータ、エレクトレットコンデンサマイク、LM386オーディオアンプチップなど多岐にわたる。

歴史的なうんちく話も興味深い。シリコンバレーがお行儀の悪い凄腕エンジニアを当然のように受け入れていた時代の逸話を紹介し、しかも彼が作ったアナーキーな装置を再現する。

こうしたさまざまな手法を使うことで、一本道で学べばよいという段階をすでに超えつつある読者に、回路同士を組み合わせて新しいものを作り出すことの重要性と、その実践方法を見せてくれる。ごく簡単な回路同士を組み合わせるだけで、突飛な応用プロジェクトがいとも簡単に出現するのだ。その発想力の豊かさとともに、実装の簡潔さも見てほしい。

プラットの弱点は一部の数学にあるようで、ところどころに訳者がツッコミを入れた部分もある。とはいえ実用的に考えれば、限られた知識だけで数学パズル的なアプリケーションを作り出し、確率事象を扱う際にはパスカルの三角形の理解だけを要求するなど、これまたユニークな切り口が楽しめるものでもあろう。

訳出にあたっては前書と同様に原文の雰囲気を保存しつつも、「理解力のある中学生ならどうにかなる」といったあたりを目指した。すこし上の知識には道筋を補ってあるので、好奇心の強い読者であれば、読むのに支障はないだろう。

本書を通読すれば、インターネットで説明等に使われている回路図で理解できないものはほとんど無くなるはずである。ブレッドボードでの回路作成にはそれなりに面倒なものもいくつかあるが、すべてを作らなければならないわけでも、全体を作らなければならないわけでもない。おもしろそうなものだけでも製作してみようではないか。

読者が電子回路を楽しめるようにならんことを。

―― 鴨澤 眞夫

索引

数字

A

D

E

F

H

I

L

N

O

P

U

V

X

あ

か

さ

た

著者について

Charles Platt チャールズ・プラット

チャールズ・プラットは、「Make:」誌でエレクトロニクス関連のことを書いているレギュラーコラムニストである。著書『Make: Electronics』の成功に続き、『Encyclopedia of Electronic Componets』の執筆を開始した。こちらは三分冊の電子部品百科事典である。プラットは元は「Wired」誌のシニアライターであり、さまざまなコンピュータ本を執筆してきた。プロトタイプデザイナーとしての彼は、医療用に使用される半自動急速冷却装置や、ファーストレスポンダー向けの空中投下可能な機器の製作を行い、また4本の数学グラフィックソフトウェアパッケージを独力で開発したテープレコーダーと軍放出品のリレーから電話応答マシンを組み上げた15歳のときからずっとエレクトロニクスに魅せられてもいる。北アリゾナの原野地域に独立の作業場を持つ彼は、そこでプロトタイプや「Make:」誌に書くプロジェクトの制作をしながら暮らしている。

訳者について

鴨澤 眞夫 かもさわ まさお

昭和44年生まれ。大家族の下から2番目として多摩川の河川敷で勝手に育つ。航空高専の航空機体工学科に入った頃から一人暮らしを始める。高専を中退して琉球大学の生物学部に入学。素潜り三昧。研究室ではコンピュータと留学生のお守りと料理に精を出す。進化生物学者を目指しRedqueen hypotesisまわりの研究をしていたが、DX2-66MHzの超高速マシンを手に入れてLinuxや*BSDやOS/2で遊ぶうち、英語力がお金に換わるようになって、なんとなく人生が狂い始める。大学院を中退後も沖縄に居着き、気楽に暮らしている。日本野人の会名誉CEO。趣味闇鍋。jcd00743@nifty.ne.jp。訳書に『Make: Electronics 第2版』、『Pythonチュートリアル 第4版』、『Core Memory —ヴィンテージコンピュータの美』など。共訳書に『集合知プログラミング』、『Pythonクックブック』(いずれもオライリー・ジャパン)。また「Make:」日本語版の記事翻訳・技術検証も多数行なっている。

Make: Electronics 実践編

36の実験で独習できるデジタル電子回路

2021年　6月25日　初版第1刷発行

著者　Charles Platt（チャールズ・プラット）
訳者　鴨澤 眞夫（かもさわ まさお）

発行人　ティム・オライリー
カバーデザイン　根津 小春（STUDIO PT.）、中西 要介（STUDIO PT.）
本文デザイン　寺脇 裕子
編集協力　今村 勇輔

印刷・製本　日経印刷株式会社

発行所　株式会社オライリー・ジャパン
〒160-0002 東京都新宿区四谷坂町12番22号
Tel (03) 3356-5227 Fax (03) 3356-5263
電子メール japan@oreilly.co.jp
発売元　株式会社オーム社
〒101-8460 東京都千代田区神田錦町3-1
Tel (03) 3233-0641（代表） Fax (03) 3233-3440

Printed in Japan（ISBN978-4-87311-943-4）